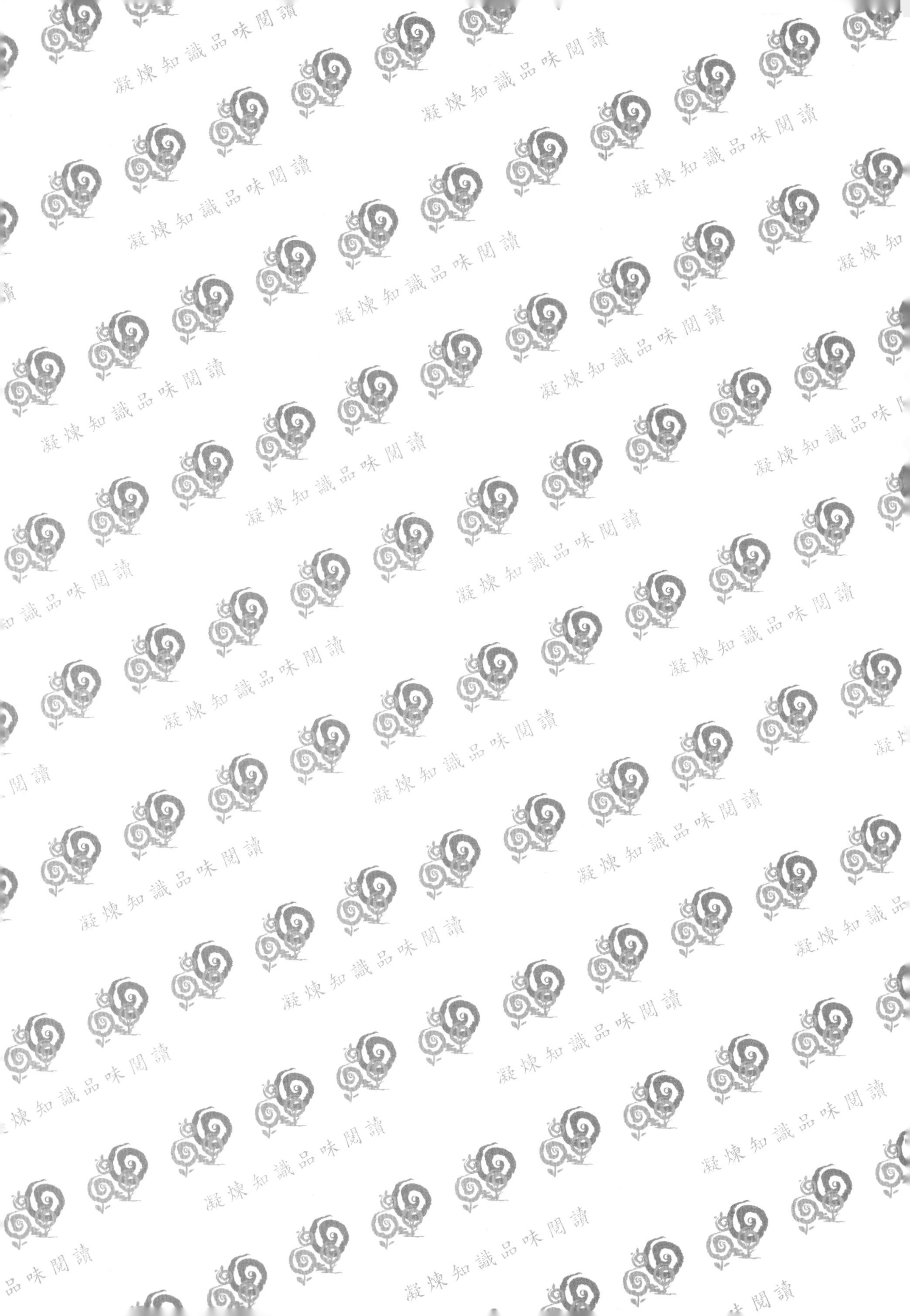
凝煉知識品味閱讀

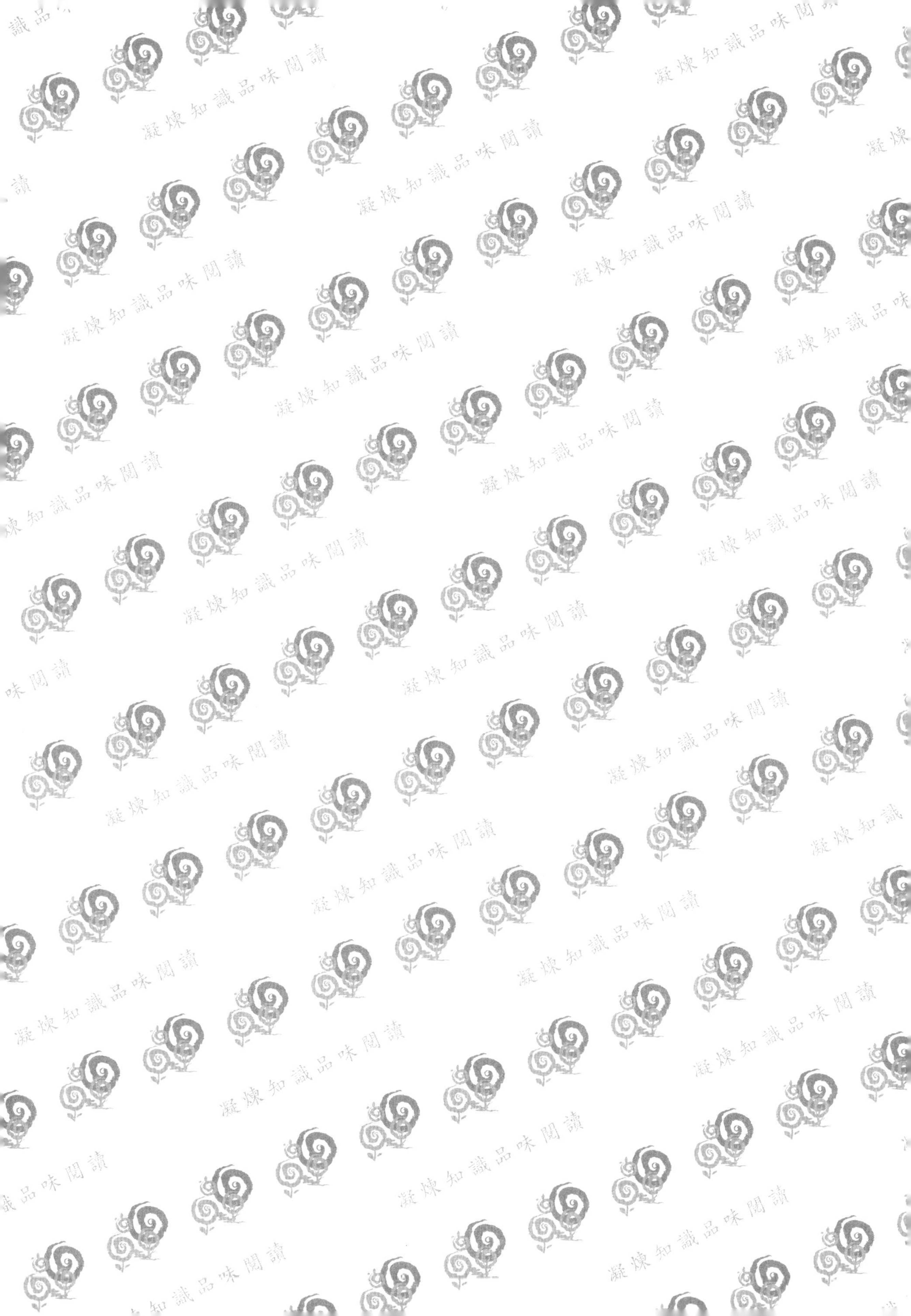

人力資源管理

洪贊凱、王智弘　著

五南圖書出版公司 印行

作者序言

人力資源管理是一門正在迅速發展的學科，是一門系統研究組織內人力資源招募和甄選、教育訓練和發展、績效管理、薪酬管理的客觀規律與具體實踐的科學。有人甚至說人力資源管理是門當代的顯學，在任何組織中，人力資源管理都是一項最關鍵的管理職能。人力資源管理是各項管理理論中之重要組成部分，亦是各項專業管理的基礎。基於它是一門廣泛吸收多學科知識的科學，具有很強的實踐性和應用性，本書試著透過一系統性的架構貫穿現代企業中人力資源管理的各種功能，幫助讀者提高人力資源管理知識水準，尤其是認識人力資源管理與企業競爭優勢的關係，透過精選的案例分析，希望能幫助讀者掌握人力資源管理的基本知識、原理，培養出人力資源管理理論分析與解決企業實際問題的能力，同時期許本書能啟發在學學生對於人力資源的興趣與提升其專業素養，為日後成為一成功的人力資源管理專業人士奠定基礎。

本書特點

一、理論與實務兼具

本書十分重視學理基礎，及實務運用。分為六篇，共十五章，第一篇為人力資源管理基礎篇，第二篇為任用管理篇，第三篇為訓練發展篇，第四篇為績效管理篇，第五篇為薪酬管理篇，第六篇為特殊議題篇。每章的開頭會先以不同的故事切入，並明示學習目標，接著引進人力資源管理理論與原理，依循理論脈絡再行展開各章應有的邏輯順序及內容鋪陳。

二、跨領域專長結合

人力資源管理者為企業的策略夥伴，從事於人力資源管理工作，本身須具有擁有不同領域的知識與開放的思維。本書的作者由不同領域所組成，為取專業分工之效，本書作者在整個既有的架構下，依個人的專業與寫作風格，整合為一，對於讀者而言，可有更為廣闊的視野了解人力資源管理。

三、個案分析重實用

本書的個案介紹多為業界實際案例，讀者可以在充分瞭解每章的內容後，思考個案如何跟文中所提之理論與實務的結合，精選之個案的特色是讓讀者不僅能思考本書所介紹的內容、提升理解度，若讀者有興趣於人管實作，亦能於將其所提到的人管技術，例如：職能模式、平衡計分卡、OKR等，應用於實際職場相對應的領域之中。

四、注重時事與趨勢

全球化的環境之下，人力資源管理者對於時事與趨勢的掌握要能更加確實，因此本書討論許多當代國際上或國內目前所關心的議題，例如：道德議題、全球化衝擊及勞資議題等，皆有詳盡的說明。希冀讀者能除了對人力資源管理有一全面性的瞭解，更能有效率地延伸人力資源管理現有知識，以不懼的姿態面臨未來更為複雜的企業環境。

作者們雖戮力於本書的著作水準與品質，惟書中難免有疏漏之處，仍需廣大的讀者能批評指正。本書的撰寫過程，特別感謝中原大學企管系卓明德博士在薪酬及道德議題上的資料提供與積極建議，在此僅致謝意。

洪贊凱、王智弘

目 錄

Part 1

人力資源管理基礎篇

人力資源管理導論

> 我們盡一切努力讓員工擁有「終身就業能力」，儘管我們沒法保證每個人都能「終身就業」。
>
> ——「全球第一 CEO」GE 前 CEO　傑克・韋爾奇（Jack Welch）

學習目標

本章透過對人力資源管理的前身「人事管理」歷史的追溯，闡述了人力資源管理理論與實踐的產生和演變過程，並對現代環境下的人力資源管理及其特性進行了討論。本章之學習目標有二：首先瞭解人力資源管理相關的理論，再進一步探討人力資源管理的實務功能等相關知識。

創立於 1878 年的通用電氣（以下簡稱 GE），如今已經歷了 140 多年，跨越了三個世紀。自 1896 年道瓊工業指數設立以來，GE 是唯一至今仍在指數榜上的公司。GE 在傑克・韋爾奇在任期間，曾連續 9 年保持兩位數的高增長，如今 GE 每年盈利超過 150 億美元，相當於每年創造出一個新的全球 500 強公司！

在全球企業界，GE 被譽為「經理人的搖籃」、「商界的西點軍校」，全球 500 強中，有超過三分之一的 CEO 曾經服務於 GE，最新的例子如：曾與傑夫・伊梅爾特競爭 GE CEO 的 McNerny 和 Nardelli，在傑夫・伊梅爾特勝出後離開 GE，曾分別任 3M 和 Home Depot 兩家全球 500 強公司的 CEO。

現代人力資源管理的根本特性和基本點是「以人為本的策略性激勵」。相對於傳統人事管理，現代人力資源管理的根本特性總的來說是「策略性」的；相對於其他非人力資源管理，現代人力資源管理是以「激勵」為核心的。與傳統人事管理不同，現代人力資源管理的主要特性表現在：一是策略層次上的管理；二是以人為本的管理；三是全員參與的民主管理；四是講究科學和藝術性的權變管理。總之，人力資源管理不是「管人」，而是愛人、善待人、尊重人、理解人。

2010 年，美國 IBM 公司對全球來自 61 個國家的 700 多個組織的人力資源主管和首席執行長（CEO）進行了調查，其結果是，在管理學領域，人力資源管理已經發展成為一門重要的學科，這更引起了學術界愈來愈多的關注。在我們確定人力資源管理及其重要性的同時，必須對今天人力資源管理理論和實踐的發展歷史做一個回溯，這對認識人力資源管理以及其對組織發展的作用有著深刻的意義。在人力資源領域應更加注重三個關鍵能力：第一，培養有創新意識的領導者——他們能夠在複雜的全球環境中更敏捷地領導企業；第二，提高速度和靈活性——培養更優秀的能力，以調整基礎成本，並且更快地配置人才；第三，利用集體智慧——透過日益全球化的團隊更有效的協作而實現。

一、人力資源相關理論

在管理學領域，人力資源管理已經發展成為一門重要的學科，這更引起了學術界愈來愈多的關注。在確定人力資源管理及其重要性的同時，必須先對人力資源管理理論和轉變的歷史有所認知，這對認識人力資源管理以及其對組織發展的作用有著深刻的意義。再者，人力資源管理強調組織應該如何來管理人以使組織的績效和個人的滿意度達到最大化。「人」作為組織中一個有價值的資產，這種觀點已經被許多企業所接受。

人力資源管理的發展與轉變

人力資源（Human Resource）是指企業內所有與員工有關的資源，包括員工的知識、能力、技術、特質和潛力。而人力資源管理（Human Resource Management）是指企業內所有人力資源的開發、領導、激勵、溝通、績效評估及維持的管理過程和活動。人力資源管理的概念即指出員工也是企業的資源。從資源的角度來看，人力資本是指以組織內員工所受教育訓練、員工個人經驗、判斷力、智慧、人際關係及洞察力等員工特徵作為基準，而建構出的組織經驗價值。從上述人力資源管理理念的四項演變可知：人力資源價值定位從「人力資源」概念向「人力資本」概念轉變。從現代企業的發展歷史看，人力資源管理經歷了從人事管理到人力資源管理再到人力資本管理這三個發展階段，這也是對企業中人的價值定位的認識和理念發展變化的三個階段。人事管理是早期企業對人的價值定位認識及其相應的管理措施。在農業經濟和工業經濟時代，土地和資本是生產力的第一要素，這一時期企業中的人被視為機器，管理模式也處在簡單的人事管理階段，對人員的雇傭和管理所發生的各種費用被視為企業的成本負擔。

人力資源管理出現於 20 世紀 60、70 年代的後工業經濟時代，1954 年當代著名的管理學家彼得・杜拉克（Peter F. Drucker）在其《管理的實踐》一書中首次提出「人力資源」一詞後，管理理念上發生了重大轉變，認為人是一種可以開發，且透過開發可以產生更大價值的特殊資源，由過去將人員視為企業的成本負擔轉向視為企業的利潤來源。管理實踐進入人力資源管理階段，強調對人力資源管理中的開發意識和功能，透過採取科學有效的選、育、用、留等措施，實現人力資源價值的最大化。人力資本的概念緣起於美國著名經濟學家舒爾茨（Theodore William Schultz）所提之人力資本理論，進入到 20 世紀 80 年代，隨著知識經濟時代的到來，智慧資本成為促進生產力發展的第一要素，人力資本理論得到了進一步的發展。與人力資源概念相比，人力資本概念更加強調人這種資源的特殊性和重要性，把人視為一種可持續開發、投資和增值的資本，並且在投資回報上，把人這種特殊資本與貨幣資本和實物資本等同看待。人力資本是人力資源的資本化，是承載了資本關係的人力資源，是企業可變資本的一部分。

(一) 人力資源管理意義

人力資源管理意指人力資源的積極選用、訓練、運用、維持以及安定的全部管理過程與活動，於商業環境裡是組織成敗之關鍵。其積極意義為重視員工的價值，關注組織人力資源的持續性管理，從過去控制員工的消極觀念，轉為規劃員工的積極觀念；以發展人力資本，提升企業的競爭力及創造附加價值。員工的素質維繫著一個組織本身的成敗。大部分組織的成功因素為尋得具有必需技能的適合人選來成功地執行組織任務，是故用人與人力資源管理決策與方法即是確保組織人力資源雇用，與正確人員有效運用的關鍵所在。簡言之，人力資源管理是組織對人力運用的基石，有助於組織有效整合相關資源使其符合長期策略計畫與目標。人力資源是組織的主體，人力資源管理幾乎就是組織的管理，其功能之落實必能使人力資源的效用發揮到極致，進而使得組織管理過程更為順暢。

(二) 策略性人力資源管理

策略性人力資源管理（Strategic Human Resource Management, SHRM）是以總體導向出發，將「組織的策略」與「人力資源管理系統」相結合，以策略性整合方法管理組織中最有價值之人力資源的發展與活動。策略性人力資源管理需要結合組織整體經營與競爭策略，在設計人力資源管理系統的組成部分使其與組織發展部門結構能連貫一致、相輔相成，亦即確認組織整體發展的策略與目標、掌握市場機會並考量資源條件、充分開發運用現有人力，以改善企業績效、發展組織文化。其目的在於增加組織的效率與效能、建立競爭優勢、增強組織優勢，從策略性觀點來從事人力資源管理，較具前瞻性之長遠面向。

(三) 人力資源管理程序

人力資源管理程序是用來尋找組織所需的人力，並經由人力資源規劃、招募、甄選、新進人員指導、訓練、績效評估與生涯發展，來維持高度的員工績效。因此，組織人力資源管理程序的主要構成要素，代表八項活動步驟：策略性人力資源規劃、招募與淘汰、甄選、職前講習、訓練與發展、績效評估、薪酬與福利、安全與健康等，如果這些活動能適當進行，將會使組織獲取有助於長期維持其績效水準之能幹、績優的員工。具體而言，前三步驟代表策略性人力資源規劃，透過招募增加員工，及經由裁員減少員工，以及甄選，這些步驟可以達成確認及選出有能力的員工。一旦獲得有能力的人，我們就必須幫助他們適應組織，並確保其工作技能與知識不致落伍。我們透過對新進人員的指導和訓練，來達成組織的目標。人力資源管理程序的最後幾個步驟，是用來確認問題和解決問題，並協助員工在整個生涯過程中，維持高度的效能。所包括的活動有績效評估、薪酬與福利以及安全與健康。

人力資本理論

人力資本包括組織運作所需的知識和技能，這些知識技能必須符合組織策略目標。組織應該將人看作資本，並如同投資於機器一樣投資於人，對員工的培訓、保留、激勵的成本應該看作是投資於組織的人力資本，物質資本和人力資本投資共同構成組織的資本投資。基於人力資本理論，當員工所具有的人力資本能夠對顧客產生價值時，便成為企業獲取競爭優勢的來源。Youndt 等人的人力資本理論觀點認為，組織的成員所具備的技能與知識、能力等是具有經濟價值的，而且人力資源管理活動對於人力資本的提升具有正向關係。這些提升人力資本的人力資源管理活動對組織績效的發揮是最有利的。由過去的實證研究結果也可發現，這些活動與組織績效間的確存在正相關。

如何理解各項人力資源管理活動都可以實現對企業人力資本的投資，不同學者的解釋差異不大。人力資源管理活動的觀念經常應用到諸如甄選、訓練、薪資等各種人力資源管理活動上，而嚴格甄選、廣泛訓練與具有競爭力薪酬等可代表直接的人力資本投資活動。

而所謂高效能人力資源活動可透過員工技能、激勵、工作組織等三方面達到增進組織績效的效果。在員工技能的提升方面，透過取得或發展人力資本以增進員工技能；在激勵方面，人力資源管理活動可鼓勵員工更努力且更有效率的工作；在工作組織方面，也可透過提供鼓勵員工參與以及工作改善等活動以改善組織與工作結構。企業為降低員工學習組織專屬技能後離職所

特殊議題

人事管理、人力資源管理與策略性人力資源管理之不同點

人事管理是作業取向，強調人事管理本身功能的發揮，偏重規章管理，依人事管理有關規定照章行事，是屬於反應式的管理模式，著重目前問題的解決或交辦事項的執行。人力資源管理，強調人力資源管理在組織整體經營中所應有的配合，重視變革管理與人性管理，依組織利益與員工需求作彈性處理，是屬於預警式的管理模式，著重於防患未然，協助組織健全體質，以確保永續經營目標達成。策略性人力資源管理（SHRM），其人力資源部門被視為策略夥伴（Becker & Gerhart, 1996），人力資源管理必須與組織的策略結合，以有效運用人力資源，透過具有競爭力的人力提高組織的競爭優勢。故 SHRM 主張將人力資源管理、策略性目標相互結合，以快速改善企業的經營績效；同時發展組織文化以培養員工的創造力及應變能力，並且在過程中有計畫的運用人力資源管理行為，確保組織能夠達成目標。

承擔的風險，在實施人力投資活動的同時，組織有必要提供員工工作上的保障，如內部升遷、生涯規劃等的活動，除了可提高員工學習專屬技能的動機外，並可維持組織與員工之間長期合作的決心。若員工因組織實施人力資本的投資而擁有高度的技能與知識，但組織卻沒給員工機會，充分運用其專屬技能與知識，則人力資本的投資效益將無從發揮。因此，改善組織內的工作結構將是有助於人力資本有效運用的重要活動。例如：寬廣的工作定義、員工參與、團隊工作以及地位平等化等都是人力資本投資的重要關鍵。此外，人力資源管理活動的差異還可以反映出人力資本投資的水準高低，並可由此分析出人力資本投資類型的不同。Lepak 與 Snell（1999）以人力資本的價值性及獨特性作為選擇雇用模式的策略性決定因素，並將價值性及獨特性兩構面並置，即衍生出四個象限結構，內容包含：人力資本的策略特性、雇用模式、雇用關係、人力資源構型，如下圖 1-1 所示，並分述如下：

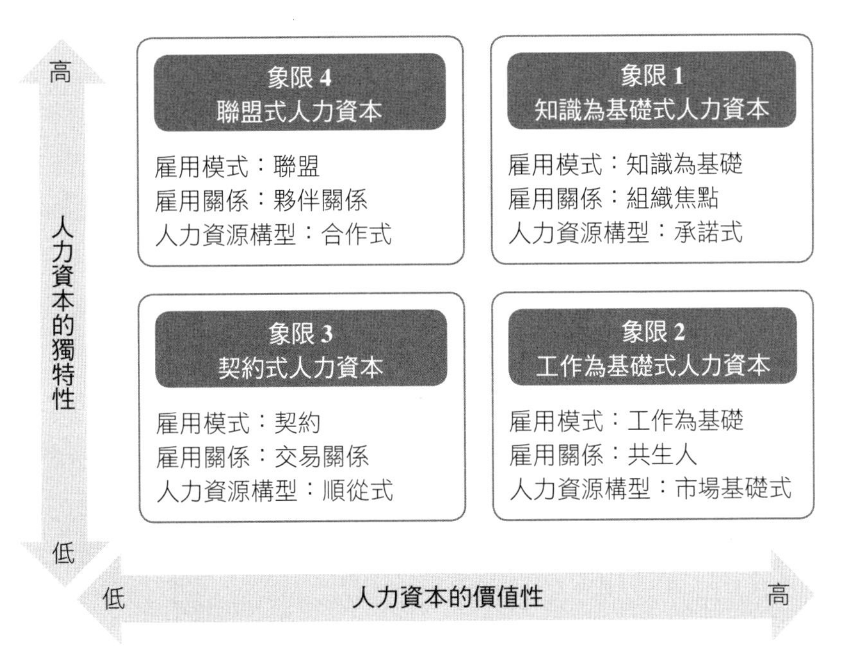

圖 1-1 人力資本策略特性

行為理論

另一個在策略性人力資源管理中常用到的理論是行為觀點理論

（Behavioral View），此理論主要是源於權變理論。社會心理學的學者將角色行為定義為，一個人的行為與他人的行動發生適當關聯時，能產生可預期的結果。SHRM 的行為觀點理論的主要論點是：員工的行為是策略及組織績效的中介變項，而人力資源實務是為了誘導或控制員工的態度與行為，不同的組織特性及經營策略則會引發不同的態度與行為需求，由此可以推論在策略性人力資源管理的系統中，由於每一個策略所需要的人員態度與行為不同，組織的人力資源實務也將隨之改變。換句話說，人力資源管理是組織的重要工具，以傳遞角色資訊，支持期望達到的行為，以及審核角色表現，以達到組織的目標。

行為理論植根於角色理論，關注員工與組織之間相互依賴的角色行為。行為理論認為，角色行為是員工的個人重複行為，並且與其他人的重複性活動相聯繫，員工行為與組織行為的互動最終導致預期結果的產生。行為理論對於理解 SHRM 系統對組織績效的影響提供了另一種途徑。組織的人力資源管理系統暗含了組織所期望的員工角色資訊，員工遵循這一角色資訊採取相應的行為，從而導致不同的個人績效與組織績效。員工的行為方式反映了其對組織整個人力資源管理系統的理解與解釋。行為理論假設組織將策略人力資源實踐作為管理員工行為的工具，並且認為不同的策略強調不同的行為規則。有效的人力資源管理系統包括：準確地識別實施公司策略的行為，為員工提供機會以實現想要的行為，保證員工具有必備的勝任力，激勵員工朝組織需要的行為努力。

有些學者認為，人力資源管理實踐必須隨著策略的不同而改變，這是因為組織必須透過人力資源管理實踐促進員工的行為，才能推動策略（Miles & Snow, 1984）。因此，有效的人力資源管理可增進組織績效，亦可協助員工符合組織的利害關係人的期望，並產生正面的效應。由此可見，行為觀點對於釐清人力資源管理系統對組織的影響有莫大的幫助。

資源基礎理論

資源理論認為，有價值的、稀缺的、不可模仿的、獨特的資源是企業獲取競爭優勢的源泉，強調資源是組織制度和過程（Procedure）的決定性因素。組織透過獲取和留住稀少的、有價值的和不可模仿的資源從而取得成功。將資源理論應用於策略人力資源管理，對於理解組織如何透過管理人力資源提高組織績效提供了進一步的理解，這導致了策略人力資源管理研究方向的變革。該理論也成為策略人力資源管理研究中使用最為廣泛的理論基礎，常用於理論模型的開發和實證研究的推理。基於資源理論，人力資源被看作是企業的策略性資源，能透過有效的人力資源管理得到培育，從而導致企業的高績效。基於資源理論的策略人力資源管理系統最具特色的是將人力資源看成一個系統，它是一種策略性資產，具有難以交易、難以模仿、稀少、獨特等特點，這為企業帶來了競爭優勢。組織的競爭優勢透過嚴格的選拔過程、持續的培訓、高吸引力的薪酬計畫、支持性的組織文化以及其他策略人力資源管理實踐而獲取。

資源基礎觀點（Resource-Based View, RBV）認為，組織在市場上的經營活動以及競爭優勢的來源乃是來自內部所擁有之核心能力與資源，而其競爭優勢來源乃因組織所擁有資源具有異質性（Heterogeneity）以及不可移動性（Immobility）。換言之，當組織所擁有內部資源具有價值性、稀少性、不易被競爭者模仿及無法取代之特性時，才能具有較大彈性與競爭優勢。而廠商的核心能力及資源可透過內部的培養與累積，亦可經由外部加以取得。由於組織所擁有的人力資源具備這些特質，因此，其能成為企業為達成競爭優勢所不可缺少之重要條件。企業藉由擁有的獨特性人力資源優勢，足以讓其在競爭市場中立於不敗之地（Wright & McMahan, 1992）。Wright、McMahan 與 McWilliams（1994）均指出，人力資源乃為公司競爭優勢來源。

最早應用在策略性人力資源管理的理論是組織經濟學及策略管理文獻中經常提到的資源基礎觀點。人力資源管理活動為何能夠對組織績效產生影響，資源基礎理論做了一個有力的解釋。資源基礎理論強調組織的競爭優勢是由組織內部資源所產生，因此組織所擁有的資產、能力、內部程式、技能、知識等能被組織所控制，而有助於組織策略的形成與執行，皆有助於建立人力資源管理系統對組織績效影響競爭優勢的有利資源。因此可形成組織競爭優勢的資源不僅是有形資源，尚且包括無形資源。

資源基礎理論還區分出三種組織資源，包含了實體資本（Physical Capital）、人力資本（Human Capital）及組織資本（Organizational

Capital）。實體資本指工廠、設備、技術及地理位置等；人力資本指組織成員的經驗、判斷與智識；而組織資本則包括結構、規劃、控制與協調系統，以及群體間的非正式關係。其中人力資本以及組織資本則顯示了人力資源管理對於建立組織競爭優勢所可能做出的貢獻，因人力資本代表員工本身的競爭力，組織資本則代表了用以發展、整合人力資本的人力資源系統。組織可透過人力資源管理系統而建立自身的持久競爭優勢，進而提升組織的績效表現。

Wright 與 McMahan 認為如果個人的能力分配呈現常態分布，可以透過四個方向思考人力資源管理實務能否創造競爭優勢：

1. 某種人力資源要能創造持久性競爭優勢，必須是因為該資源可以為企業提供價值，企業對勞動力的需求必須是異質的，而且必須有異質的勞動供給。
2. 這些人力資源必須是稀少的，如果人力資源能力分配真的呈常態分配，則高素質的人力資源自然相對稀少，組織甄選系統的目標都是希望能夠雇用到好的員工，可是能不能真的吸引並留住好的人才，則是一個值得思考的問題。理論上企業要能雇用到好的人才並藉以創造優勢必須透過有效的甄選系統，即有吸引力的薪酬系統。
3. 為了維持競爭優勢，人力資源必須是不可轉移的，人力資源實務往往不是其他組織可以隨意學習的，也不易因為人員的移動而改變。由此可以知道，人力資源所創造的競爭優勢不易模仿。
4. 若要成為競爭優勢來源，資源必須是不可取代的。若一個企業擁有高素質人才，一旦其他競爭者發展新的技術，提高了生產率，該企業將失去競爭優勢；不過若該項技術可以模仿，則該企業可以透過取得技術並加以發展，使其重獲競爭優勢。也就是說，技術是可能被取代的，而人力資源才是持久競爭優勢的來源。

基於人力資本理論、行為理論和資源理論整合，策略人力資源管理可對組織的績效產生貢獻。首先，組織透過策略人力資源管理系統從企業內、外部獲取或開發具有獨特知識和經驗的員工，提高員工能力，例如：有效的人力資源規劃政策、招聘和選拔政策、良好的薪酬和福利待遇可以吸引並留住員工，從而提升組織的人力資本存量；同時，透過員工教育訓練和工作輪調等人力資源開發政策，提高組織人力資本的存量。其次，能力本身並不必然意味著好的組織績效，還需要員工具有與組織目標相一致的行為，只有員工有意願向組織貢獻自身的能力時，具有高技能的員工才是公司的競爭優勢所在。因此，組織必須制定有效的人力資源管理政策促進員工的行為符合組織的需要，激勵員工的行為，例如：有效的績效管理政策、薪酬激勵政策、員工晉升政策可以形成高的員工承諾、工作敬業度和相互合作，從而引導員工的行為方式與組織的目標一致。第三，員工的能力和行為並不是相互獨立的系統， 員工能力和員工行為相互影響，相互支持。一方面，既有的人力資本的品質與數量會對員工的行為產生影響，這是因為只有當員工具備一定的技能與知識時，員工績效、出勤、生產率及公民組織行為等行為將得到改善，並與組織的要求一致；另一方面，當組織認可員工的行為並為員工提供更多的發展機會時，將弱化員工的轉職或跳槽動機，從而留住人力資本。當員工能力和行為相互配適時，其所掌握的知識和能力才能嵌入組織的日常行為和程式中，並演化為企業的專用性人力資本，促進組織核心知識的創造，最終實現組織績效。

人力資源管理發展中有關問題的討論

人力資源管理理論已日益為學術界和企業界所接受。人力資源管理理論與實踐已經有了很大的發展，其理論體系與框架已日趨成熟。但是，隨著經濟社會和科學技術的迅速發展，人力資源理論和實踐也必將隨之而發展。在人力資源管理理論演變的過程中，許多人力資源管理學家從各自的研究角度出發，對人力資源管理理論和實踐做了深入的探討。

(一) 人力資源管理的環境

對於人力資源管理環境的爭論，主要集中在人力資源管理應在多大程度上考慮組織的外部環境，諸如組織外部的社會問題對組織的影響。有些學者認為，只要對組織的人力資源管理有利，能夠使組織儘可能提高效率和效益，人力資源管理就應該更多地考慮這種外部環境對人力資源管理的影響。另一種觀點認為，僅僅考慮組織對環境的影響以及它對供應者，如有技能的員工的依賴程度就足夠了。

(二) 人力資源管理的策略

在人力資源管理如何變得更具有策略性方面也存在不同的看法。對組織來說具有策略意義的許多重要問題，如健康安全計畫、教育等，還沒有成為人力資源管理的重要方面。在這些方面，人力資源管理還沒有承擔起它所應承擔的責任。大多數人認為，人力資源管理的職能可能需要考慮擴展到這些方面。若人力資源管理人員對組織整體運作，如策略規劃、發展方向、生產經營等方面的知識和資訊有具體瞭解，就能使得人力資源管理可進一步發揮它在企業策略上的作用。

(三) 員工技能多樣化

身處知識經濟時代，人力資源專業人員需要進一步培訓或掌握一定的科學技術知識，如果僅僅在有限的範圍或實踐上進行培訓，較無法達到提高其效率的目的。人力資源專業人員不僅需要學習有關人力資源管理方面的知識，掌握有關策略管理方面的知識，更需要瞭解心理學方面相關的知識。

(四) 勞資關係問題

勞資關係問題是現代人力資源管理理論和實踐需要探討的問題。傳統上勞方與資方之間是一種對立的關係，人力資源部門的角色是儘可能地在他們之間建立一種和諧的關係模式。人力資源管理專業人員需要嘗試找出他們之間的共同點，減少勞資雙方不必要的衝突。對於人力資源管理來講，人力資源管理的目的不是指實現自身部門或某個部門經理的利益，而是指企業的整體利益。人力資源經理的職責是和其他經理與員工共同努力以實現企業和團體的最大利益，這才是人力資源管理者在真正意義上的企業策略夥伴。

(五) 員工離職留任問題

許多企業在測量離職率時，通常將好的離職率與壞的離職率合計在一起，但是，企業卻無法分辨出哪一類的員工離職居多。為了改善留才率，企業應使用不同的方法來測量員工的離職率和留任率；因此，企業為了留住好人才，應當關注此四種比率：自願及非自願的好人才留任率；公司整體、部門及工作別的好人才留任率；兼職人員及全職人員的好人才留任率；好人才的回任率。從上述四種比率，可以發現強調部門、工作別、各組織類別好人才的留任率之詳細測量，公司因此可以實際掌握好人才的去向，亦能增加企業莫大的利益。

(六) 接班人計畫

企業接班人計畫（Succession Plan），又稱管理繼承人計畫，是指公司確定和持續追蹤關鍵崗位的高潛能人才，並對這些高潛能人才進行開發的過程。高潛能人才是指那些公司相信他們具有勝任高層管理位置潛力的人。企業接班人計畫就是透過內部提升的方式，系統地且有效地獲取組織人力資源，它對公司的持續發展有至關重要的意義。Rothwell（2005: 8-81）進一步依據接班人計畫與管理實施之步驟，提出「系統性接班人計畫與管理模式」作為組織採行接班人計畫之參考準據。依照該模式，一項系統性的接班人計畫與管理，應包含（見圖 1-2）：

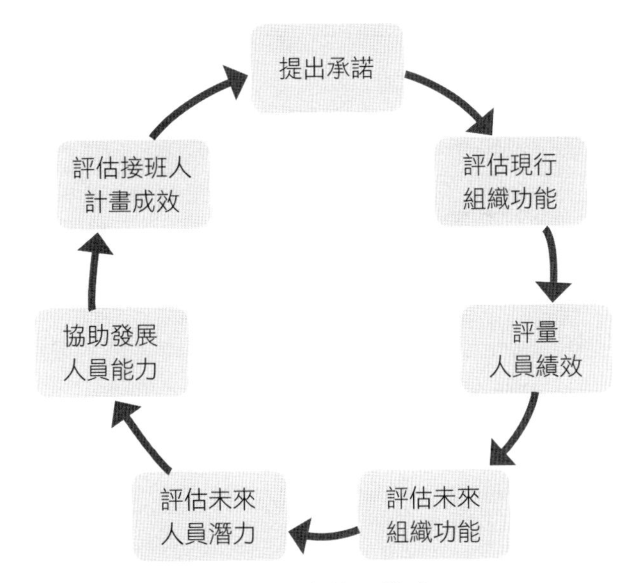

圖 1-2 Rothwell 之系統性接班人計畫與管理模式

1. 確認實施接班人計畫之需要，及提出確實實施的承諾。
2. 依據組織所面對之環境與競爭，評估現行組織功能與員工工作之要求。
3. 依照上述之功能與要求，評估員工現有績效表現。
4. 針對組織未來之功能需求與員工必備之工作能力預作評估。
5. 依上述結果評估員工是否具備符合未來組織要求之潛力。

6. 界定並運用方法與工具，協助發展員工能力，及縮小組織成員能力之落差。
7. 評估接班人計畫施行成效，並提出改進辦法等七大步驟。

對企業來說，一個好的接班制度，可以讓組織預見未來的人才需求；可以觀測重點培育人才的學習進程，並不斷把他們放到可以面對成長與挑戰的新位置，持續提供企業當下需要的管理菁英團隊，減少挖角帶來的失敗風險及組織內部士氣打擊。

簡而言之，在 20 世紀，組織中人力資源管理的原則已經發生了徹底的變化。現在，組織和人力資源管理專業人員可以選擇多種管理方式。許多學者也可以表達他們對人力資源管理中存在的問題的看法，但是，他們都未能回答上述所有問題。當人類前進的腳步由後工業化社會邁入知識經濟社會時，傳統上的人事管理已被「人力資源管理」所代替，這種比名稱改變更為重要的，是企業開始推行以「人」為中心的人力資源管理，它反映了人力資源管理在組織中作用和地位的不斷變化與發展。日益增強的有效的人力資源管理正在影響著組織的行為，不論是大的組織還是小的組織。與此同時，對於組織的成功而言，人力資源管理變得愈加重要。許多組織已經認識到人力資源就是組織中最具有競爭優勢的資源。這也反映出在外部環境不斷變化的今天，組織要想取得競爭優勢，不能僅僅依靠傳統金融資本的運作和領先的科學技術，還必須依靠人力資本的優勢來維持組織的競爭優勢，並使組織取得成功。在這之前，無論是人事管理還是後來的人力資源管理，都沒有像今天這樣對組織的發展和生存具有如此重要的作用。

現代的人力資源管理就是為了保證有效地利用人們的才能，實現組織的目標而進行的一種正式的系統設計。由於社會的不斷發展和變化，人力資源管理面臨著前所未有的挑戰，人力資源管理在管理活動、管理作用和管理職能方面都發生了或正在發生著變化。總之，所謂人力資源管理，主要指的是對人力資源進行有效開發、合理利用和科學管理。從開發的角度看，它不僅包括人力資源的智力開發，也包括人的思想文化素質和道德智商的提高；不僅包括人的現有能力的充分發揮，也包括人的潛力的有效啟發。從管理的角度看，它既包括人力資源的預測與規劃，也包括人力資源的組織和培訓。

特殊議題

勞退新制度對企業與勞工的影響

臺灣於民國 94 年 7 月推行的勞退新制對於員工與企業造成極大的影響，而許多企業為了規避提撥 6% 的退休金，也紛紛祭出許多方式來規避費用。但是 2009 年修法通過增加的「勞保年金」條例，是針對「勞工保險條例」規定請領保險給付，與「勞工退休金條例」的勞退新制沒有關係，兩者可以同時請領，不會衝突。而新設立的「勞保年金」也合併了傳統的農、漁保，全部整併為勞保年金。因此不會像以往有許多種保險組合，直接整合為單一保險年金，並且提供有工作的勞工可多領一筆退休金。以下就勞保年金對於社會經濟、企業與勞工作三方面的分析：

對整個社會經濟之影響

根據統計資料，臺灣 1993 年 65 歲以上人口占 7%，進入聯合國世界衛生組織所稱「高齡化社會」，2006 年 65 歲以上人口已達 10%，並即將邁入「高齡社會」；但生育率卻同時急遽下降。鑑於人口結構改變，國人 60 歲退休到死亡平均餘命約 22 年，而勞工領取一次退休金及一次老年給付有金額上限，且領取給付後常因通貨膨脹貶值或投資不當而耗盡，近年已陸續完成重要社會安全法制因應，包括 2005 年 7 月 1 日推行勞工退休新制，2008 年 10 月 1 日開辦國民年金保險，以及 2009 年 1 月 1 日實施勞保年金保險。在實施勞保年金之後，對於整個社會福利來說，有大幅的益處，可使數百萬人受惠。

對企業之影響

在新制執行之後，企業必須針對勞委會制定的薪資級距表所列的「月投保薪資」與「日投保薪資」的差異為企業員工提撥保險金。在確定提撥退休金的辦法下，企業只要每個月固定幫員工按數額提撥保險費即可。而由於同時又有國民年金可供選擇，發現國民年金所得替代率只有 1.3%，勞保年金卻有 1.55%，後者未來每月可領到月退金額會較高，且勞保還有生育給付等其他好處。因此工會投保人數暴增，每個月約有 3 萬人左右。

對勞工權益的影響

勞保年金經三讀通過，將所得替代率提高為 1.55%，及勞保費率先提高至 7.5% 再逐年增加至 13% 不等。依最新資料統計，勞保費年收入近 1,600 億元，費率若從 6.5% 提高至 7.5%，每年將增加企業和勞工超過 250 億元負擔。其中企業負擔勞保費率比例高達 7 成，勞工也占 2 成，在遭遇前所未見的景氣嚴峻時刻，提高費率進而加重勞、資負擔，可能提高失業率。以下為個案模擬之公司，簡稱 W 公司。

W 公司導入勞保年金之薪酬策略

針對 W 公司因應勞保年金的實施所帶來的影響，公司先檢測目前原有的薪資結構。並根據 W 公司原本的代扣款，勞工保險費：員工每月之勞工保險費，其中 20% 由個人薪資中扣減，70% 由公司支付，其餘 10% 由政府補助。員工之負擔勞保費，計算方式如下：平均月投保薪資×6.5%×20%×1。針對新制方式予以修改。

首先公司根據勞委會公布之新制度試算方式：

※第一式：

保險年資×平均月投保薪資×0.775%＋3,000 元

※第二式：

保險年資×平均月投保薪資×1.55%

幫助每位員工計算哪一種方式可請領的退休金比較多，並把每個計算方式整理好，寄給所有的員工，例如：W 公司有位員工投保資訊如下：

今年 32 歲又 2 個月、目前年資 5 年、月薪 43,000元（根據勞委會月投保薪資級距在 43,900 元），估計投保至 60 歲年資為 33 年。

因此根據第一式公式計算為：

保險年資 33 年×平均月投保薪資 43,900 元×0.775%＋3,000 元＝14,227 元

第二式計算為：

保險年資 33 年×平均月投保薪資 43,900元×1.55%＝22,455 元

由該位員工的例子可以發現，在屆滿 60 歲之後請領老年年金時，用第二式可以請領較多的老年年金。因此 W 公司就以每個員工目前的投保年資預估至該名員工 60 歲之後可請領的退休金來計算，並告知員工，若員工在保險年金上有

任何問題，也可以至人事部專辦的職員詢問與接洽。

公司高階管理團隊對於相關法規的重視程度可以反映在人力資源的執行速度上。而在勞保年金條例確定實施之下，W 公司即任命人事部門相關人員蒐集資料，並且幫助公司內員工計算以及整理相關資料，並且擇一日統一解說給全體員工聽，而有問題者也可以接洽專職負責勞保年金條例的專員來詢問或接洽，可見 W 公司在法規上的重視與遵循。

特殊議題

勞動事件法對企業與勞工的影響

勞動事件法自 2020 年 1 月 1 日起施行，該法制定的主要目的是有鑑於勞工多為經濟上弱勢，為迅速解決勞資爭議事件，使勞動事件的處理更符合專業性與實質公平，迅速與妥適地解決勞資糾紛，因而誕生此法。勞動事件法為現行民事訴訟法與強制執行法的特別法，從此企業的勞資關係與勞資爭議處理邁入新的里程碑。

勞動事件法的重點

1. 專業的審理：各級法院均應設立勞動專業法庭或專股。
2. 擴大勞動事件的適用範圍：所稱勞工，除一般受雇人外，也納入技術生、養成工、見習生、建教生、學徒及其他與技術生性質相類之人，以及求職者與招募者間等所生爭議；且與勞動事件相牽連的民事事件亦可合併起訴或於訴訟中追加或反訴。
3. 新增勞動調解程序：於起訴前應先行勞動調解程序，由勞動法庭的法官1 人及勞動調解委員 2 人，組成勞動調解委員會行之。
4. 迅速：加速調解及訴訟審理期限，調解程序應在三個月內以三次期日內終結，訴訟程序則以一次辯論終結為原則，第一審應於六個月內審結。
5. 減少勞工的訴訟障礙：突破民事以原就被原則、大幅暫減免勞工起訴所需繳納的訴訟費用、執行費用及保全程序的擔保金額、開放工會及財團法人選派的人，可以擔任勞工於訴訟上的輔佐等。

6. 強化保全處分功能：在確認雇傭關係存在等特定勞動事件，法院可依勞工聲請定暫時狀態，讓雇主繼續雇用勞工並給付工資。
7. 雇主文書提出義務及舉證責任的調整：雇主依法令應該備置之文書，有提出義務，並減輕勞工的舉證責任等。勞動部表示，將會配合司法院訂定相關子法，讓勞動事件法儘快施行。

企業人資應注意事項

1. 為配合勞動事件法有關舉證責任的規定，企業必須及早重新檢視與調整勞動契約及工作規則。
2. 減少勞工的訴訟障礙，將使勞工對雇主提出訴訟的成本降低，雇主應謹慎以對。
3. 勞動事件法有關保全處分之規定，將使雇主於確認雇傭關係存在之訴訟確定前，仍需繼續雇用勞工並支付勞工薪資；如勞工有確實提供勞務，縱使勞工判決敗訴，雇主不得請求其返還薪資。
4. 調解程序對後續訴訟程序影響甚大，企業不應掉以輕心，應審慎以對。

個案介紹

臺灣惠氏之接班人計畫

臺灣惠氏是唯一沒有撤廠、反而加碼投資臺灣的國際藥廠，並且在臺締造出高成長的業績。在臺灣已有 60 幾年的臺灣惠氏，旗下知名品牌產品包括：善存、挺立、克補、新寶納多孕補錠、諾比舒咳等；在臺生產行銷的西藥有抗生素、精神科用藥、腸胃用藥及心血管用藥，以及 S26 金幼兒樂系列配方奶粉等諸多大家耳熟能詳的日常保健與醫療藥品。

對於企業來說，積極培養人才、用對的人才，可說是企業追求成長及永續經營的不二法門；而臺灣惠氏穩定成長的背後，正反映出對人才培育的不遺餘力，臺灣惠氏人力資源暨行政經理林虹君說：「惠氏非常重視員工未來發展，每一位員工都有專屬的 IDP 計畫。」

量身訂作制定個人專屬 IDP

IDP 計畫為 Individual Development Plan（個人發展計畫）的簡稱，即使是最基層的惠氏員工，都有個人專屬的 IDP，並每年進行更新。而透過實施 IDP 流程所帶來的效益更是多元，從而據以發展出員工專業職能、訂定職位說明書（Position Profile），以及發展員工學習計畫等。惠氏主管每年都會與員工共同討論工作目標、長短處分析、須熟悉哪些作業、未來有哪些發展方向等。主管與員工透過共同討論形成共識，並確保員工學習的方向，能與公司發展方向一致。IDP 帶來的最大效益，莫過於「讓員工充分感受被高度重視」。主管鄭重地與每個員工談「未來的發展」、充分顯示惠氏對人才的經營態度，因此成為有效的留才措施之一。此外，惠氏的 IDP 計畫也包括「外派意願的調查」。林虹君表示，惠氏的員工背景非常多元（Diversity），在績效良好的前提下，惠氏只看職能，外派意願及人格特質等選項只是作為用人的參考，「外派意願充分被尊重，即使不願意接受外派，也不會影響員工未來的發展空間。」另外，為讓主管具備能與員工討論未來發展計畫的教練型教導（Coaching）能力，只要升任主任級（Supervisor）以上，惠氏新竹廠都會提供主管 8 小時的管理發展訓練課程，以提升主管級同仁的帶人功力。

掌握 Key Talent，不怕無才可用

對企業主來說，經營企業最怕無才可用。惠氏培育人才的措施，除了 IDP 計畫外，Key Talent（關鍵人才）計畫也占有吃重角色。

惠氏的關鍵人才計畫分為「生產線」與「職員」兩部分，按員工工作的重要性、不可取代性、稀有性等，找出績效好（High Performance）、高潛力（High Potential），以及掌握關鍵技術的關鍵人才。林虹君表示，「如此一來，既可以培育人才，也能留住關鍵技術。」對惠氏來說，實施關鍵人才計畫，是控管經營風險很重要的一環。唯有如此，當企業發現內部缺乏優秀人才，或是在位主管表現欠佳時，才能採取因應措施。惠氏每季會審視是否給予關鍵人才充分的發展機會，以及關鍵人才負責任務的完成度。每半年，廠長等主管還必須針對轄下的有關人才，向公司高階主管進行簡報，為的是確保「Key Talent 的確在持續進步中」。培養關鍵人才，需要跨部門的資源及合作，因此，高層具備共識是絕對必要的。

循序漸進培育關鍵人才

除實施關鍵人才計畫外，針對廠長等關鍵職位，惠氏也透過員工舉薦與校園招募，建立關鍵人才庫（Talent Pool），將人才分為：可立即勝任、短期（1-3 年）可勝任、中期（3-5 年）、長期（5 年以上）培養等。在在不難看出，惠氏將人才培育視為企業經營的基礎功夫。而在執行關鍵人才計畫的過程中，值得注意的是，惠氏並不會主動告知員工本人已被選為公司長期培養的 Key Talent。「這是因為在等待位子出缺的過程中，除非有很強動力，否則很容易陷入惆悵情緒裡」，這容易導致人才流失的負面效果。Key Talent 的精神在於「聚焦重點人才」；落實 IDP，則可讓惠氏清楚掌握關鍵人才的興趣以及專長，是否與公司的發展方向吻合。「Key Talent 加上 IDP，讓惠氏可有系統地執行人才培育計畫」，而這也是企業是否能留住核心人才、永續發展的重要關鍵。

二、人力資源管理的實務功能

為了實現人力資源管理的目標，人力資源管理活動通常由幾組內部相聯繫的活動組成，它們包括：人力資源策略規劃、任用管理、績效管理、薪酬管理、員工關係及接班人計畫等。雖然並不是每一個組織的人力資源管理都同時具有這七個方面的活動，但在今天激烈競爭的環境中，任何一個有效的組織都應該具有這方面的人力資源管理活動。黃英忠（1995）認為組織的人力政策應根據組織目標設定，組織的人力資源管理實務可分為四個體系：

1. **人力之確保管理**：包含人力規劃及任用管理。
2. **人力之開發管理**：包含教育訓練、績效考核等。
3. **人力之報償管理**：包含薪資管理、福利措施等。
4. **人力之維持管理**：包含勞資關係等。

並將此四個體系與環境條件相結合，以確立有系統的人力資源管理系統。Huselid（1995）認為人力資源管理透過取得（Acquisition）與發展Development）上的投資，影響組織的人力資本投資。Noe、Hollenbeck、Gerhart 與 Wright（2008）定義人力資源管理為有關影響員工行為、態度與績效之政策、措施及系統。所有人力資源管理活動，都必須基於強化整體組織績效的策略而進行。人力資源管理對人力資本以及組織績效的影響力如圖 1-3 所示，圖中顯示出人力資源管理會對人力資本造成影響，進而影響組織績效。對於人力資源管理措施之種類及權責範圍說明如下：

1. **工作分析與設計**：工作分析、設計、說明。
2. **招募與甄選**：人員招募、職缺公告、面試、測驗、協調運用人力。
3. **訓練與發展**：新人指導、訓練技能、生涯規劃。
4. **績效管理**：績效評量、績效評估之準備與管理、獎懲。

人力資源管理 → 人力資本 → 組織績效

圖1-3 人力資源管理的影響力

5. **薪資和福利**：薪資管理、獎金制度、保險、休假管理、退職規劃、分紅、股票認購計畫。
6. **勞資關係**：意見調查、勞資關係、員工手冊、公司出版品、符合勞工法律規範、轉職與新職安排。
7. **人事政策**：擬定政策、諮詢與溝通、保存記錄、人資系統。
8. **合乎勞工法規範**：確保工作行為合法的政策、通報、公布資訊、安全視察。
9. **支持公司決策**：人力資源規劃與預測、變革管理。

當今的人力資源問題很多，並且仍在不斷擴大的趨勢。人力資源經理面對大量的挑戰，從不斷變化的勞動力，到應付不斷出現的許多被政府所限制的行為等。人力資源問題對於企業發展極具重要性，所以引起高層管理者的日益關注，許多問題需要直接報告給董事長或總經理，而其他的問題也會逐級遞交給他們。人力資源經理透過人力資源管理系統來開展工作，其職能領域包括：人力資源計畫、招聘和選擇；人力資源開發；報酬和福利；安全和健康；員工和勞動關係；人力資源研究等。

人力資源管理功能

就管理的層面，人力資源管理具有下列四個功能：

1. **晉用功能**：始於策略性人力資源規劃，以確定組織的策略目標及人員需求，平衡組織、人員間的供給與需求。當然也包含員工的招募與甄選，以及對員工的指導。
2. **發展功能**：包括員工訓練，強調員工技能的發展；員工發展，著重員工知識的獲得與強化；組織發展，意指促進組織的轉變；生涯發展，目的在連結個人的長程目標與組織需求。
3. **激勵功能**：首先應確認激勵技術的恰當與否，其次利用工作再設計、提升工作滿足感、降低員工疏離感，落實績效評估、回饋員工、連結報酬與績效等來達到激勵的目的。
4. **維持功能**：著重在提供適宜的工作條件，維持員工對組織的認同。因此必須提供有效的福利制度、建立安全與健康的工作環境，同時確保溝通管道的暢通。

(一) 晉用功能

成功的人力資源管理依賴於對組織內部和外部環境的預測和分析以及人力資源計畫的制定。在外部環境中，一個重要的考慮是法律方面的要求，法律方面的要求影響著人力資源管理活動的各個方面。此外，還要預測和分析國內和國際競爭對手的狀況、勞動力和人口多樣性的變化，以及社會經濟和組織發展的趨勢等方面。在內部環境中，要重點考慮組織的策略和技術、高層管理的目標和價值觀、組織的規模、文化和結構。人力資源管理人員要不斷地瞭解、預測和分析這些外部環境和內部環境，這樣才能保證人力資源管理活動為組織的需求服務，以及在進行人力資源管理決策時，充分考慮環境的需要。接著須制定人力資源需求計畫：首先預測組織短期和長期的人力資源需求，接著須根據技能和能力的要求，對組織的職務進行分析，即工作分析。

人力資源計畫是人力資源管理活動得以有效實施的基礎。一般認為，人力資源計畫在人力資源管理活動中，有以下的作用：(1) 確定員工的分類和組織在目前和未來的人員需求；(2) 確定組織獲取員工的方式，如是透過外部招聘，還是透過內部工作的調換和晉升；(3) 組織人力資源訓練與發展需求的確定。事實上，人力資源計畫的這兩個組成部分是影響整個組織人員配置、培訓和開發的主要因素。如圖 1-4。

組織的人力資源計畫需求一經確定，就需要透過人員配置活動來加以實現。人員配置活動，包括招聘和甄選。這兩項活動都必須遵從法律所規定的公平和平等的原則。候選人一經確定，必須進行嚴格的甄選。通常的甄選過程，包括：獲取申請表格和個人簡歷、面試、審核各種學歷證明、工作經歷和推薦信以及組織各種形式的考試。人員編制是企業人力投資的一個基本依據。一個企業需要多少員工，需要什麼樣的員工，由企業的生產條件和經營方式所決定。進行人力投資，首先必須確定合理的企業人員編制。制定合理的人員編制，並透過員工錄用和員工調配加以落實，是企業人力資源管理的重要任務。

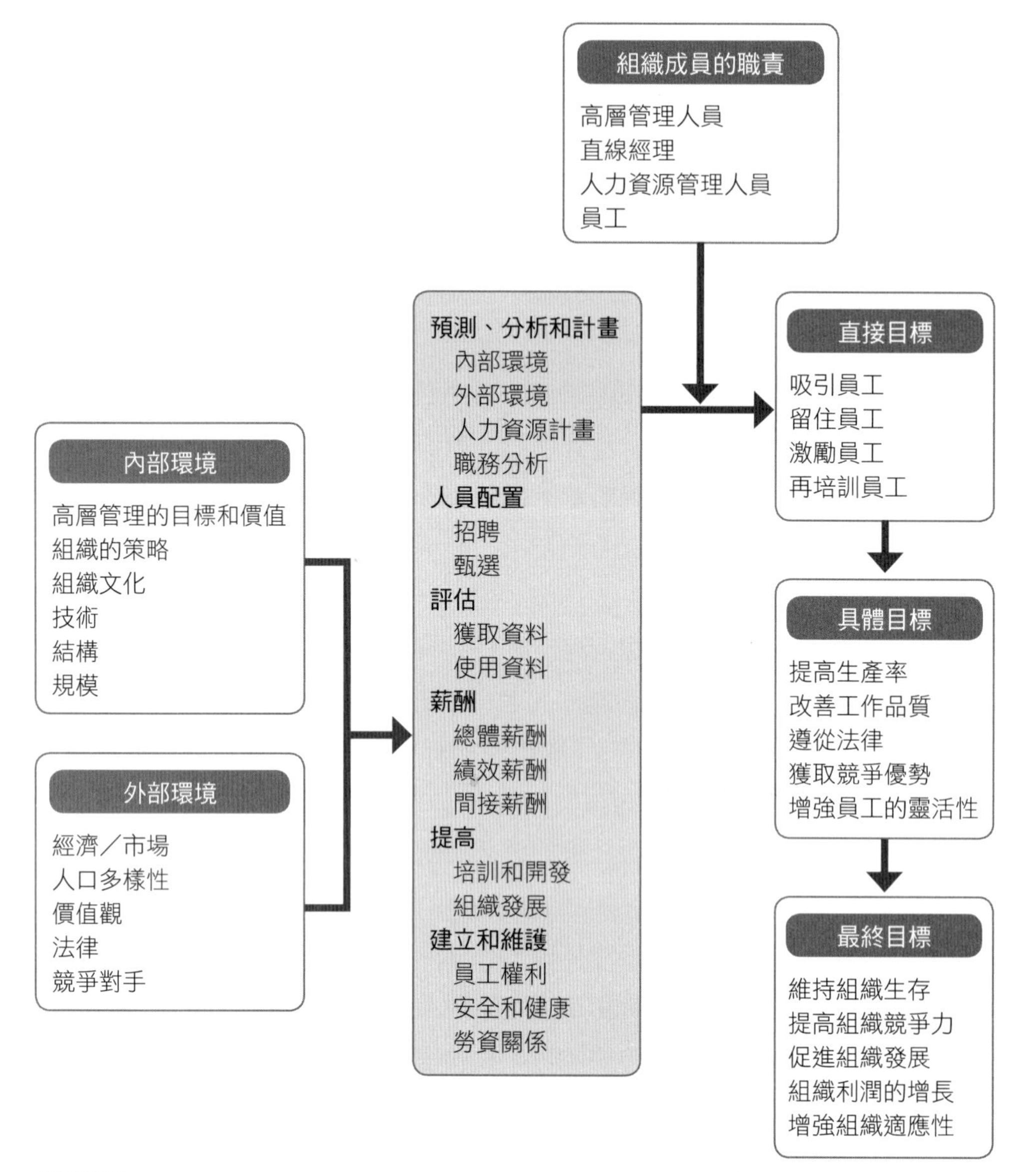

圖 1-4 人力資源管理目標和環境

資料來源：Schuler, R. S. & Huber V. L. (1993). *Personnel and Human Resource Management* (5th ed.), p.32, MN: West Publishing Co..

(二) 發展功能

隨著知識經濟的到來，知識是無價之寶的理論愈來愈廣泛地被接受，國家之間、企業之間的競爭實際是知識的競爭，知識的競爭體現在人才的競爭，人才的競爭歸根結底是教育的競爭。對企業而言，使自己比競爭對手學得更快更好，從而獲得真正持久的優勢至關重要，一些著名的大公司如：IBM、MOTOROLA、SAMSUNG 等都是不斷增加對員工的培訓與人力資源開發的投資。人是企業的根本，企業除了致力於引進最佳的人才，也要訓練既有的人力。Delaney 與 Huselid（1996）以美國 590 家營利與非營利機構作為研究對象，進行人力資源管理實務對於組織績效的影響之研究，發現人力資源管理活動中的訓練，對認知的組織績效與認知的市場績效有正向且顯著的影響。組織一定要對員工的績效進行評估，透過績效評估反映存在的問題，組織可以有針對性地對員工進行培訓，可以改進激勵機制或者是對工作進行重新設計。但是，這項活動必須由人力資源管理人員和直線經理透過對績效評估資訊的蒐集和利用來共同完成。在評估中，由於缺勤、遲到和工作表現不好，常常會有員工不能得到好的評估結果。對於這種員工，不能簡單地透過解雇他們來解決上述問題。由於員工權利不斷上升，組織社會責任的增加以及員工替代成本的提高，一些組織已經在尋找更好的方法來留住員工、提高員工的工作績效以解決績效評估中所面臨的問題。他們透過績效評估回饋系統來說明和改進績效評估較差的員工績效。同樣，績效評估的結果也有助於組織確定員工訓練需求和員工的薪酬。

(三) 激勵功能

員工通常根據他們工作職位的基本價值、他們對組織的貢獻和他們的工作績效來決定他們的報酬。儘管根據工作績效來確定其工作報酬可以起到激勵員工的作用，但是我們常常還是根據工作職位的價值來確定報酬。改善工作環境是人力資源管理活動的一個主要方面。組織中人力資源競爭力的提高是透過改善工作環境來實現的。這些活動主要包括：(1) 培訓員工，給管理人員提供更多發展的機會；(2) 提高生產和服務品質的水準；(3) 加強革新；(4) 降低成本。但是，這些活動的實現都是建立在工作的重新設計和改進與員工溝通的基礎之上的。透過這些活動的實施，可以提高員工的滿意度和回報率，從而保證員工具有組織所需要的能力和靈活性。

(四) 維持功能

在人力資源管理活動中，建立和維護有效的員工關係是透過以下幾個方面的活動來實現的：(1) 尊重員工權利；(2) 提供一個安全和健康的工作場所；(3) 在組織活動過程中，瞭解員工採用的方法和原因；(4) 和員工及其代表組織協商解決員工投訴。保證員工的安全和健康，是目前企業環境的首要課題，如果不能滿足員工的安全和健康條件，勢必會造成成本上升甚至違反法律。同時，隨著員工權利的增加，組織在做出與員工有關的決策時（如解雇、開除或是降級），一定要非常小心。在任何時刻，經理們都應該認識到員工權利的重要性，而人力資源管理人員更是要時刻提醒直線經理注意保護員工的權利。

人力資源管理職能的變化

隨著世界經濟的全球化程度日益加深，組織所面臨的不斷加劇的競爭壓力，使得人力資源管理在組織中的地位愈加重要。人力資源管理人員對組織的成功和績效起著舉足輕重的作用。傳統的人力資源管理職能正在被不斷地更新和擴大。

(一) 組織結構的變化對人力資源管理職能的影響

人力資源管理的基本職能之一就是管理組織的機構。但是，當組織的機構發生變化後，它也必然會對人力資源管理產生影響，也會使人力資源管理的職能發生變化。任何一個時代都有符合時代需要的組織結構，以維持組織的正常運轉。當新經濟時代來臨時，企業的組織結構發生了變化。直線制的科層式的組織結構已經不能適應組織發展的需要了。新型組織結構的出現使原本科層式的組織層級結構向「扁平化」組織層級結構方向發展。組織中的層級在逐漸減少，員工的工作變得豐富化，組織的管理從強調個人轉向強調工作團隊，員工被授予了更多的權力。隨之而來的人力資源管理職能也在不斷變化和發展。人力資源管理的職能更傾向於為員工提供有限的晉升途徑、晉升水準和直接為員工設計職業生涯，授權的擴大使人力資源管理人員能和員工一起分擔組織的職責，概括性的工作描述代替了詳細的工作描述，薪酬系統的設立從強調員工個體到更多地強調工作團隊的績效，人力資源訓練與發展更趨於通用性和靈活性。管理人力資源不再是人力資源管理人員的唯一職責，而是組織中所有管理人員的職責。

(二) 人力資源管理角色的變化對人力資源管理職能的影響

人力資源已經從一個組織的成本中心變成了組織的利潤和產出中心。在這種轉變中，人力資源管理的角色也處於轉變之中。事實上，人力資源管理所從事的角色是多重的而不是單一的。人力資源管理已漸成策略性角色，主要集中於把人力資源管理的策略和行為與組織的經營策略結合起來。透過有效的人力資源管理來提高組織實施策略的能力，把組織的事業策略轉化為人力資源管理活動，並透過人力資源管理活動所提供的有效產出來說明組織實現其策略目標。人力資源管理貫穿於企業整個生命週期的不同階段，但是，企業處於生命週期的不同階段所表現出來的業績是不同的。一般來說，企業初期和後期的銷售增長率較低，而中期的銷售增長率較高。因此，在企業發展的初期、後期以及中期，使用銷售增長率來評估人力資源管理對企業效益的貢獻，就會呈現為同樣的人力資源管理策略所導致的結果是不同的。當然，企業在生命週期的不同階段人力資源管理策略和實施成果肯定是差異較大的，不過從長遠觀點看，人力資源管理對企業貢獻的效益在一定的指標衡量下是不同的。

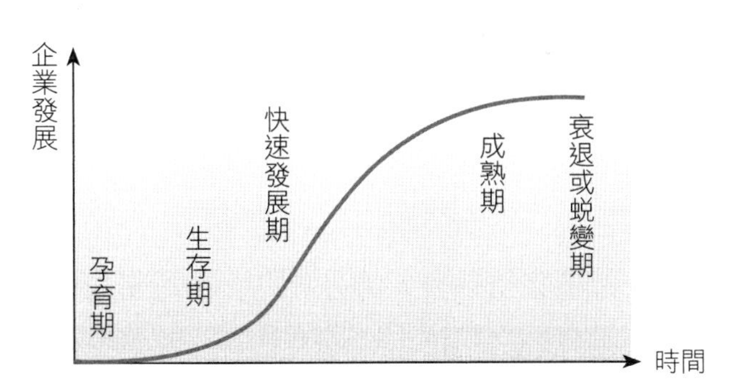

圖 1-5　企業生命週期

在分析人力資源管理與企業效益之間的關係時，需要根據企業所處發展階段的特點，制定出適合本階段的效益衡量指標體系，比如在企業發展的初期，注重於企業的生命力評價，中期注重於企業的成長率評價，而後期則應該注重企業的創新能力評價等。只有這樣，對處於發展不同階段的企業人力資源管理以及不同企業之間的人力資源對企業發展的產出貢獻進行相互比較，方能彰顯人力資源管理效能。

人力資源管理的管理組織的機制結構角色，是人力資源管理的一個傳統角色。它要求透過人力資源管理來設計和提供有效的人力資源流程及組織內部人員的人事、培訓、獎勵、晉升，以及其他涉及組織內部人員流動的事項。作為承擔管理組織機制結構角色的人力資源管理，必須保證有效地設計和實施這些組織的流程，以使其有效產出，即行政效率達到最高。

組織的轉型是指組織內部基層文化的變化，作為承擔管理轉型與變化角色的人力資源管理，在實施轉型的過程中，既是組織文化的捍衛者又是組織文化的傳播者。管理轉型和變化的有效產出是組織應變的能力。在轉型的組織中，透過人力資源管理活動來幫助員工拋棄舊有思維，並接納新的文化來充當事業的夥伴。

IBM 首席人資長認為，要想跨界限運作並發揮人員的潛力，必須應對三項關鍵差距——培養未來的領導者，快速培養人員技能和能力，以及推動知識分享和協作。若缺乏有創造力的領導者，在未來三年內，識別、培養和激勵行動高效且敏捷的領導者的能力，對於首席人資長至關重要。英國一位人力資源主管說：「我們擁有優秀的管理人員，而不是領導者——我們需要優秀的領導者來實現我們的策略目標。」為了向企業注入必要的敏捷度和靈活性從而抓住轉瞬即逝的機遇，企業必須超越傳統的領導能力培養方法，並尋找向候選的領導者灌輸新能力的方法：不僅僅是高效管理所需的經驗式技能，而且包括開發創新解決方案所需的識別技能。與期望培養有創造力的領導者這一目標一致，企業必須採取有創造力的學習舉措才能實現這一目標。

1. 培養有創造力的領導者

首席人資長需要注重培養有能力的領導者，因為這些領導者能夠以完全不同的方式看待機遇和挑戰。這些領導者必須能夠提供指導，並激發、獎勵和推動日益分散的員工創造優秀的成績。

2. 提高速度和靈活性

企業必須願意簡化流程，並提供快速、有適應能力的人力解決方案，以滿足快速變化的市場的要求。在當前瞬息萬變的環境中，具有高度回應能力的人力資本供應鏈以及鄰國分配資源的能力，是實現競爭優勢的根本所在。

3. 發揮集體智慧

瞭解大量的系統性的知識對於開創和維護創新文化至關重要。企業必須適應創新，將創新應用到組織中，並且尋求新的方式將人員與人員和人員與資訊聯繫在一起，無論是組織內部，還是外部。

個案介紹

美國航空公司的人力資源靈活性

美國航空公司是一家領先的全球客運航空公司，公司每天的 3,400 多個航班飛往 40 多個國家的 250 座城市。完成這一巨大任務需要大量人員，美國航空公司在全球擁有近 82,000 名人員。多年來，公司管理著支援這些內部員工所需要的所有人力資源職能。然而，儘管公司的人力資源服務中心和技術非常優秀，但技術日益老化，而且維護和升級費用高昂。更重要的是，所有工作都在內部完成，這使公司幾乎不能靈活地隨著發展而擴展業務，同時儘量降低對業務的干擾。因此，在 2007 年，公司決定外包多項 HR 職能，但保留更具策略意義的部分在公司內部完成。透過與人力資源外包合作夥伴密切配合，美國航空公司確定了希望外包的職能、可實現收益的領域以及滿足公司需求的最佳應用。

另外，公司還優化了許多人力資源流程，並為順利過渡，制訂了一個路線圖。美國航空公司目前正在實現其目標，並利用一套強大的服務、標準和技術來管理員工學習、人才管理和福利等行政流程。除了滿足功能要求外，美國航空公司新的人力資源業務模式使公司能夠動態地回應不斷變化的經濟形勢，透過可變的定價結構實現成本可變，並且建立了一個可以根據業務需求而擴展或修改的技術基礎。目前，美國航空公司能夠靈活地處理所有的可能事件。

資料來源：http://www-935.ibm.com/services/c-suite/chro/study.html。

問題與討論

1. 如何運用人力資源管理的理論，思考人力資源管理的問題？
2. 面對全球化的經營環境，企業如何培養現代化的人才？

參考文獻

一、中文部分

吳秉恩（2004）。企業人力資源管理定位與功能轉型。《人力資源管理學報》，4（3），1-27。

許世穎（2007）。工研院學習網。《人才資本雜誌》，第 6 期。

黃英忠（1995）。現代人力資源管理。臺北：華泰文化。

二、英文部分

Becker, G. S. (1964). *Human Capital: A Theoretical & Empirical Analysis with Special Reference to Education*. New York: Columbia University Press.

Baker, G. S. & Gerhart, B. (1996). The impact of human resource management on organizational performance: Progress and prospects. *Academy of Management Journal, 39*(4): 779-801.

Delaney, J. T. & Huselid, M. A. (1996). The Impact of Human Resource Management Practices on Perceptions of Organizational Performance. *Academy of Management Journal, 39*(4), 949-969.

Drucker, P. F. (1993). *Post Capitalist Society*. New York: Harper Collins.

Gatewood, R. D. & Field, H. S. (1998). *Human Resource Selection* (4th ed.). Forth Worth, TX: The Dryden Press.

Lepak, David P. & Snell, Scott A. (1999). The human resource architecture: Toward a theory of human capital allocation and development. *Academy of Management Review, 24*(1), 31-48.

Miles, R. & Snow, C. (1986). Organizations: new concepts for new forms. *California*

Management Review, 28(2), 68-73.

Huselid, M. A. (1995). The Impact of Human Resources Management Practices on Turnover, Productivity, and Corporate Financial Performance. *Academy of Management Journal, 38*(3), 635-672.

Ngo, H. Y., Turban, D., Lau, C. M., & Lui, S. U. (1998). Human Resource Practices & Firm Performance of Multinational Corporations: Influences of Country Origin. *International Journal of Human Resource Management, 9*(4), 632-652.

Noe, R. A., Hollenbeck, J. R., Gerhart, B., & Wright, P. M. (2008). *Fundamentals of Human Resource Management* (3rd ed.). Boston: McGraw-Hill Higher Education.

Robbins, S. P. & Coulter, M. (2008). *Management*. New Jersey: Prentice-Hall.

Rothwell, W. J. (2005). *Effective succession planning: Ensuring leadership continuity and building talent from within* (3rd ed.). New York: AMACOM.

Schuler, R. S. & Huber, V. L. (1993). *Personnel and Human Resource Management* (5th ed.). MN: West Publishing Co..

Schultz, T. W. (1961). Investment in Human Capital. *American Economic Review, 51*(1), 1-17.

Wright, P. M. & McMahan, G. C. (1992). Theoretical perspectives for strategic human resource management. *Journal of Management, 18*, 295-320.

Wright, P. M., McMahan, G. C. & McWilliams, A. (1994). Human resources and sustained competitive advantage: A resource-based perspective. *International Journal of Human Resource Management, 5*(2), 301-326.

人力資源管理與組織績效

“

雖有千里之能，食不飽，力不足，才美不外見，且欲與常馬不可得，安求其能千里也。

——唐　韓愈〈雜說四・馬說〉

”

學習目標

本章的學習目標有二：首先瞭解人力資源在組織中的角色，再者為探討人力資源管理與組織的策略連結。

FMC（Food Machinery Corporation）這家美國最多角化的公司之一，共有工業化學品、功能性化學品（Performance Chemical）、貴金屬、國防設備、機械設備等五個事業部，下設有 21 個部門，以及超過 300 條產品線。總部在芝加哥，全球營收超過 40 億美元。

從 1984 年開始，公司每年的投資報酬率都超過 15%。再加上 1986 年的資本結構重整，使股東價值明顯超越業界平均值。1992 年，他們完成了策略檢討工作，決定未來提高股東價值的最佳途徑。根據那次的檢討，公司決定採取一套成長策略，以達成極具企圖心的營運績效目標。這項策略需要更大的對外目標，並瞭解營運上的優先次序。因此，FMC 決定使用平衡計分卡，來推動這項轉變。而在現今更為競爭的經濟環境之下，策略對於組織的重要性，及人力資源管理者對於組織策略的參與以及貢獻已不可同日而語。

一、人力資源管理在組織中的角色

人力資源管理之所以在社會組織中具有舉足輕重的地位，是因為它能實現人與事、人與人的和諧，使事得其人，人能盡其才，才能盡其用，進而幫助企業達成策略目標，實現績效最大化之功能。人力資源管理與企業績效之間的關係不是來自抽象的理論概括，而來自企業裡每個人實實在在活動的結果，即來自企業員工個人的具體工作以及它們相互之間結成的關係。個人活動的結果取決於個人與工作的配合以及它們所依存的環境，這兩者的配合過程正是人力資源管理的所在。惟隨著策略人力資源管理模式的不同、企業組織類型的不同以及企業環境的變化，個人與工作的配合效果也就會是不同的。

人力資源為何能夠對組織績效產生影響？Barney 於 1986 年提出的資源基礎理論（Resource-Based Theory）提供了一個有力的解釋。傳統競爭策略理論通常認為同產業內之企業擁有相似且具高度可移轉性的資源（Barney, 1991）；而資源基礎觀點則將研究重點置於組織內部，強調組織的競爭優勢乃是由組織內部資源所產生。舉凡組織所擁有的資產、職能、內部程序、資訊及知識等能為組織所控制，進而幫助組織策略形成與執行者，均是有助於建立組織競爭優勢的有用資源。因此，能建構組織競爭優勢的資源不僅止於有形資源，不易被模仿的無形資源往往最能幫助組織在這競爭日益激烈的市場中立於長久不敗之地。

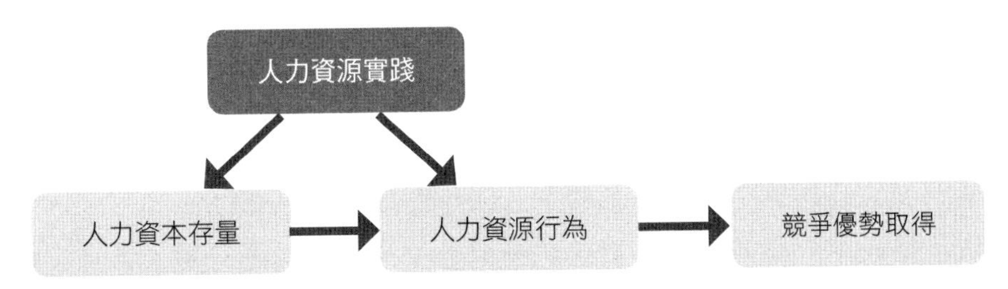

圖 2-1　作為競爭優勢源泉的人力資源模型

資料來源：Wright, P., McMahon, G., & McWilliams, A. (1994). Human resources competitive advantage: a resource-based perspective. *International Journal of Human Resource Management*, *5*(2), p.318.

策略人力資源管理模式與組織績效

隨著時間的變化，一個企業會形成穩定的運作模式，並對企業的市場行為產生影響。企業的運作模式是由企業的環境、經營策略、人力資源管理和高層管理人員指導員工行為的價值觀與行為相互作用決定的。這些變數通常以零亂的方式出現，而不是有計畫地表現出來的。然而，一旦這些模式方式建立了起來，它們就會指導員工的行為，形成相對穩定的形式而且很難改變，並影響著不同層次的組織績效。人力資源管理者可以運用這些模式診斷組織目前所處的狀態，並採取相應的變革來提高組織的競爭力。由於企業運作模式是多個因素相互作用的結果，因此從理論上講，其模式可能有許多種，但是只有很少的一部分在實踐中可以發生。

不同的組織運作模式，相應地形成了企業的策略人力資源管理模式，以及人力資源管理與環境、經營策略和管理者價值觀、行為的適配形式。其中，策略夥伴角色主要集中於把人力資源的策略和行為與經營策略結合起來。在這一角色中，人力資源人士以策略夥伴的面貌出現，透過提高組織實施策略的職能來幫助保證經營策略的成功。職能專家角色要求人力資源人士設計和提供有效的人力資源流程來管理人事、教育訓練、獎勵、晉升，以及其他涉及組織內部人員流動的事項。員工的支持者角色意味著人力資源人士需要幫助維持員工和企業之間的心理契約，把精力投入到員工日常關心的問題和需求上，積極地傾聽、積極地反應，並向員工提供為滿足他們不斷變化的要求所需的資源。創造一個學習的氛圍和環境，讓企業員工置身於其中，激發出一種自然的學習動力和工作成就感。變革的宣導者要求企業人力資源人士本著尊重和欣賞企業的傳統和歷史的同時，具備為未來競爭的觀念和行動。原先企業人力資源管理作為行政附屬部門，其權力來源是由組織賦予，經常隨著企業高層管理者的經營理念的變化而變化，具有相當的不確定性。現在人力資源部門擔負起企業發展的策略夥伴、職能專家、變革推動者和員工的支持者四個角色後，其權力將是內生的，即來自於它的專業知識和策略服務功能。

Boxall（1996）認為需要在員工利益和企業利益之間尋求某種平衡。美國康乃爾大學的研究顯示，人力資源管理策略可分為三大類：

1. **吸引策略**（Inducement Strategy）：其競爭策略常以價廉取勝，企業組織結構多為中央集權，而生產技術一般較為穩定。
2. **投資策略**（Investment Strategy）：其競爭策略常以創新性產品取勝，生產技術一般較為複雜。
3. **參與策略**（Involvement Strategy）：企業將決策權力下放至最低層，使員工有更多參與決策的機會。人力資源管理策略是達成人力資源管理目標所採用的手段，一方面具有人力資源管理政策的性質，用以指導人力資源管理業務和活動；另一方面在實施人力資源管理活動時，可作為人力資源管理作業的程序。總而言之，人力資源管理策略對人力資源管理活動而言，具有方向性與指導性，可促進組織內部人力資源管理作業和活動的一致性，俾使各部門能相互搭配，彼此連貫，以發展出一套適合自身的人力資源管理系統。人力資源管理策略是人力資源管理者為求達成組織人力運用目標而採取的政策方針，亦是人力資源管理活動和作業的最高指導原則。有了良好的人力資源管理策略，組織才能順暢推行人力資源管理程序與活動，進而提升組織營運的績效。

惟人力資源管理策略必須依據組織的內、外部環境條件訂定，只有審慎瞭解影響策略的各項環境因素，才能釐訂可行的人力資源管理策略。例如：企業機構由外界吸取原料、土地、勞力、資本、資訊等進入機構內部，經過運作而製成產品，再輸出到市場上的整個過程中，原料的吸取、市場上的行銷，都來自外部環境。企業內部生產活動等的策略、規劃、作業都屬於內部環境的運作。近年來，人力資源部門在組織內的地位已漸提升，人力資源管理儼然成為新興的專業領域。1980 年代起，歐美企業逐漸體認人力資源才是組織的命脈，又有鑑於「人」是企業生產要素中較難控制的一項，故開始對其獲得、維持、運用及發展，主張以異於傳統人事管理的方式來運作，人力資源管理因勢而生。而面對多變的企業環境，又漸發展成「以組織策略為依歸」的策略性人力資源管理。

人力資源管理策略型態

Schuler（1989）將人力資源的策略型態分為累積型（Accumulation）、效用型（Utilization）及協助型（Facilitation）三種：

(一) 累積型

特色為強調終生雇用關係，謹慎選擇優秀人才，並投入大量經費於人員的訓練發展，對於人力資源管理活動的推展，通常以長期的眼光來考量，對外的招募活動以基層工作人員為主要對象。

(二) 效用型

特色為企業採取任意雇用原則，公司與員工之間的雇用關係是建立在員工所提供的工作技能上，一旦公司認為員工無法勝任該項工作，公司則會停止雇用關係，對人力資源管理活動的評估多以短期的觀點衡量，較不重視員工的訓練發展。公司所需要的人員通常以對外招募的方式取得。

(三) 協助型

此種人力資源管理哲學可說是建立在累積型與效用型之間，特色為強調長期的雇用關係，但不提供終身雇用的就業保障，對於員工的訓練發展，公司本身則站在協助的立場，提供支援，員工可在公司的資助下，參加其他團體所提供的訓練計畫，至於人員的任用方面，則內部晉升與外部招募並重。

Delery 與 Doty（1996）對人力資源策略型態的分類方法，發展出兩套對應的人力資源管理系統，一為市場導向型（Market-Type System），另一則為內部發展型（Internal System）系統：

(一) 市場導向型

以短期、交易的觀點來看待員工，勞資關係建立在相互利用、各取所需的基礎上。是故，當構成這雇用關係的基礎條件消失後，雇用關係也隨之瓦解。在此類的人力資源策略下，所實行的人力資源措施，包括：由外部管道招募員工、沒有提供正式訓練的機制、傾向結果導向的績效評估、利用誘因型獎酬、缺乏工作保障、員工參與決策程度較低，以及廣泛的工作定義等。

(二) 內部發展型

以長期、培育的觀點來對待組織員工，組織願投入時間、資源於栽培員工，同時也希望員工能對組織忠誠，進而產生長期的貢獻。其人力資源措施包括：優先由內部管道招募員工、提供廣泛的訓練課程、績效評估以行為為依據、較少使用誘因型獎酬、員工工作有保障，以及讓員工高度參與決策等。

二、人力資源管理與組織的策略連結

有學者主張組織的人力資源策略須與策略規劃的程序與組織特徵（如組織策略、結構、文化、作業系統等）相互配合，以便獲得由人力資源所創造的競爭優勢（Delery & Doty, 1996）。此立論基本的觀點為，為了有效地推動組織策略，組織需要具備特定的特質、技術與職能的員工以執行此一策略，若透過人力資源管理活動能培養出組織所希望的員工特質、技術與行為，則組織策略成功的機率將會增加。而這些支援組織策略的人力資源措施，需要由策略的觀點有系統地加以規劃與管理，此即為所謂策略性導向的人力資源管理作法。

職能與組織策略的結合

職能（Competency）這個名詞，最早是由美國哈佛大學教授 D. McClelland 在 1970 年代初期提出，乃是針對高等教育普遍運用智力測驗來篩選學生的運作方式提出挑戰，他認為應重視實際影響學習績效的能力（Competency），而非智商。後續的研究發展出工作能力評鑑法（Job Competence Assessment Method），希望對以往重視工作分析、工作說明書的情況加以改變，試圖從主管人員及高績效的工作者身上，找出達成高績效的能力因素（Spencer & Spencer, 1993）。再將這些高績效工作者共同具有的能力加以歸納分析，就可找出此項工作的職能模式（Competency Model），此職能學說隨著師範教育、職業教育及管理能力發展等領域逐漸接受「職能」概念後，有關職能範圍、意義的研討極大幅的增加，並且開始應用在人力資源管理上。

個人核心職能應包含完整 KSAOs（即 Knowledge：知識；Skill：技能；Ability：能力；Other Characteristics：其他特質），且和組織目標與競爭力聯結之策略觀所論述個人職能的要求，與組織因應環境改變的策略需求關係，文獻上均顯示有正向的相關性；在全球競爭性環境中，現在的工作或許即將被淘汰，所以個人職能的 KSAOs 必須結合未來組織需求，因應迅速改變的市場狀況，是為動態職能概念的基礎。Lado 與 Wilson（1994）指出核心能力不只可應用於組織或個人及策略——資源基礎論的分析，他建議在個人核心職能與組織核心能力間建構一種緊密的聯結——是獲得持續競爭優勢的一種好方法。Kesler（1995）、Dubois（1996）均明確主張：現有與未來的員工所擁有的 KSAOs 均應以達成組織的策略性目標為依歸。Dalton（1997）就指出，職能必須為現在和未來而發展，而不能只考慮到現在的問題。個人的職能須能提供組織持續的競爭優勢（Timothy & Michael, 1999）；職能應包括：技能、知識及行為風格即完整 KSAOs，及根據組織的長期目標和使命來確認組織應有作為。Spencer 與 Spencer（1993）認為「Competency」是指一個人所具有之潛在基本特質（Underlying

Characteristic），這些潛在的基本特質，不只與工作所擔任的職務有關，更可瞭解預期或實際反應，以及影響行為與績效的表現。因為職能可作為預測績效之基礎（Spencer & Spencer, 1993），所以有效的職能可以反映在工作績效的表現上，而且職能是可以表現出比平均更高的績效行為，不是心理學上的用語，不需推論與驗證假說，而是一種可觀察行為的蒐集（Klein & Andrew, 1996），因此如何讓職能與工作績效連結，成為企業感興趣的議題。

美商宏智國際企管顧問公司（Development Dimensions International），自 1970 年代即開始對職能展開研究，該公司之研究認為職能是由：知識／技能、態度（工作動力）、行為及執行成果所共同組成，且以行為及執行成果為其最重要之組成要項，因其是否有績效產生，端看是否有行為及執行成果，並有因地、因時、因人之不同而加以權變之特性。DDI 這些研究已發展出一套以職能為基礎的人力資源管理與發展系統，且廣為歐美大型國際企業在人力資源實務上所運用。根據美商宏智國際企管顧問公司（DDI）的實務研究，職能有另一種分類方式，即在一組織內職能可分為：公司成員全體必須擁有的「核心職能」，管理階層所必須具備的「管理職能」（可再依管理階層不同細分），及各個不同功能所個別擁有的「功能職能」。這些大分類各有所屬之若干職能，而這些職能，都有其清楚的「定義」、可供衡量的「關鍵行為」及所需表現的相關「工作活動」之說明。

(一) 職能模式的發展方法

目前一般用來發展職能模式的方法，有下列四種：

1. 專家調查（Expert Surveys）

由職能研究專家調查員工職務能力的一種調查方式。由職能研究專家透過問卷、觀察或訪談等方式，來找出企業的職能模式。

2. 工作能力評鑑法（Job Competence Assessment Method）

此方式是由 McClelland 等人發展，其流程共分為五大步驟：定義績效指標、取樣、關鍵事件訪談、發展能力模式，以及驗證能力模式（Spencer & Spencer, 1993）。本方法是最標準而完整的職能發展方式，Spencer &

Spencer（1993）在其《才能評鑑法》（*Competence at Work*）一書中，將其執行流程分為六個步驟：定義有效的績效指標、選取樣本、資料蒐集、確認工作之任務及其職能需求、驗證職能模式及應用。其執行流程如圖 2-2 所示。因為此方法的完整與嚴謹，需要組織及樣本的受訪者完全的投入與配合，再加上也需要專家（訪談、分析等）的協助，故成本及時間是其執行時要考量的重要因素。

3. 專家會議（Expert Panels）

基於工作能力評鑑法有其實行上的顧慮，因此而產生了一種簡化、較易進行的職能評估方法，即稱之為「專家會議法」。Spencer 與 Spencer（1993）提出專家會議法可以分為以下四個步驟：專家會議、確認關鍵事例、資料分析及驗證職能模式。其間皆由組織內、外專家組成專案小組共同來建立職能模式。本方法主要是簡化工作能力評鑑法選取卓越績效者及一般績效者進行訪談的過程，而代之以專家會議。專家會議的成員是集合了組織內、外的專家，針對要進行職能模式分析的工作，找尋與其相關的人員，共同開會討論，以決定此項工作或職位的重要職能項目。如：該項工作或職位的主管、人力資源部門專家、顧問、顧客、該工作或職位表現優秀的員工等，都可以是「專家會議」的成員。專家會議同樣是確認目標工作的主要任務及績效指標，並分辨其中一般必備的職務能力及導致績效優良的職務能力，以及其關鍵之事例，然後再加上問卷調查來分析，以決定此工作之職能模式。最後再將此模型與選取的績效指標評比對照，即可以驗證。其執行流程如圖 2-3 所示。

4. 聯合探索法（Combined Discovery）

Kochanski 與 Ruse（1996）認為上述之方式只提供企業暫時的職能模式，須將上述的方法，加以聯合，一併來使用。其所謂的聯合探索方式，就是結合上述二種以上的方法，來找出企業真正的職能模式。

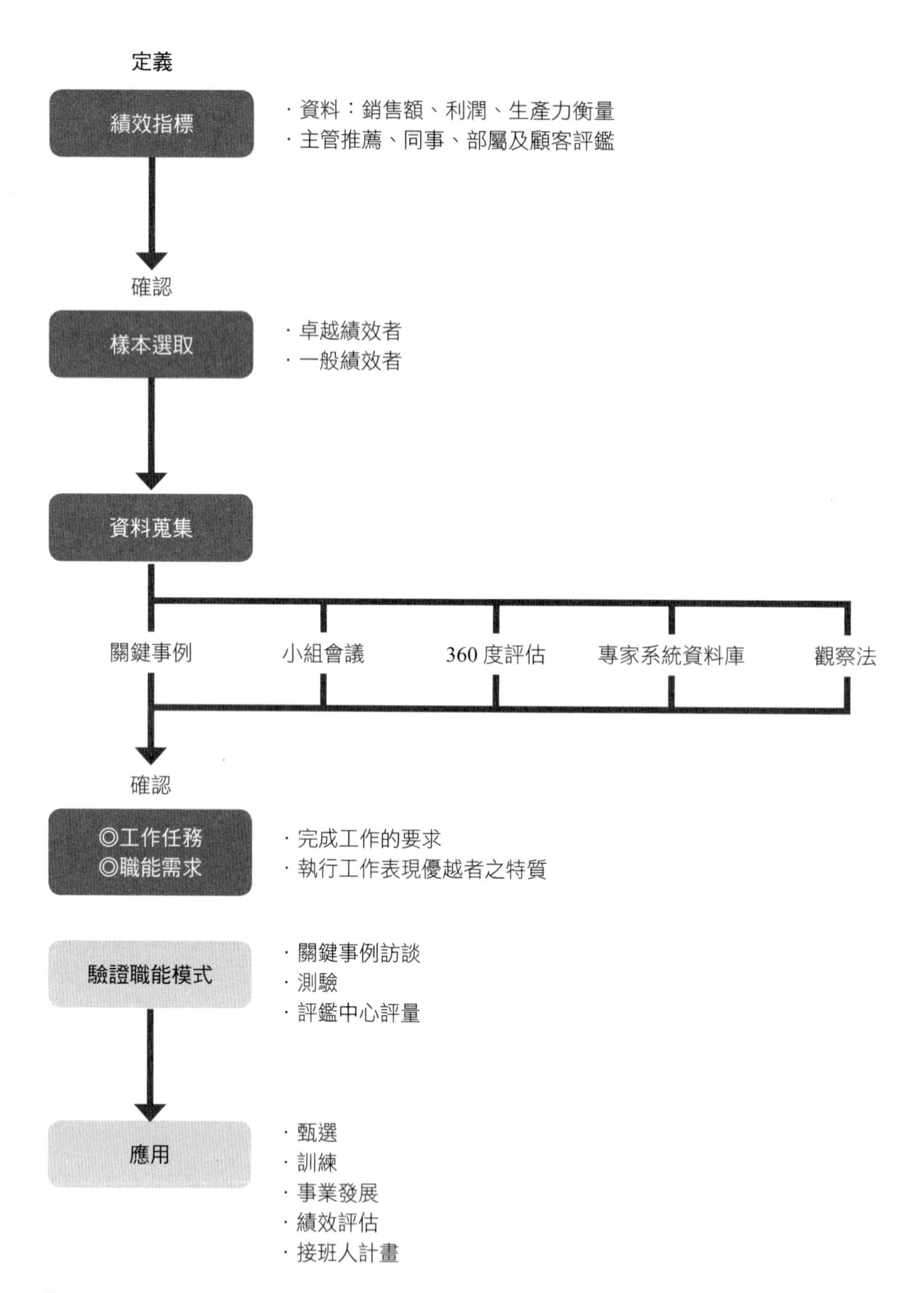

圖 2-2 工作能力評鑑法之流程

資料來源：Spencer & Spencer (1993). *Competence at Work*. New York: John Wiley & Sons, p.107.

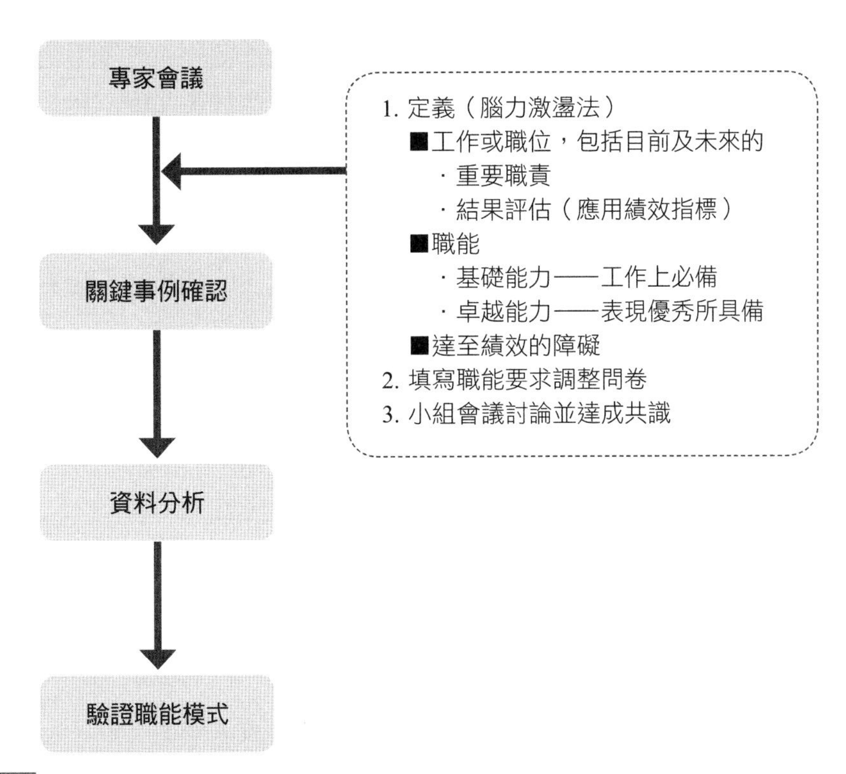

圖 2-3 專家會議法之流程

資料來源：Spencer & Spencer (1993). *Competence at Work*. New York: John Wiley & Sons, p.107.

(二) 職能模式設計基礎架構

Cardy 與 Selvarajan（2006）所發表的職能模式設計基礎架構，將依照企業現況與需求發展，分為現行工作導向、未來工作導向、個體才能導向及組織文化導向四大類型：

1. 現行工作導向（Job-Based Approach）

適用於當組織內部的策略、流程、組織結構、工作設計等各類職務的工作內容和執行方式趨近於穩定的狀況時，即可採用現在式的工作分析，萃取各職務的主要職責與執行各項主要工作的方法，以及其執行方法背後所需的關鍵知識技能與特質，進行職能模式的設計。

2. 未來工作導向（Future-Based Approach）

當組織內部的策略、流程、組織結構、工作設計等各類職務工作內容和執行方式即將發生改變，並且具有明確的整體發展方向與目標時，即可採用未來式的工作分析，規劃未來職務的主要職責、執行各項主要職責方法，以及其執行方法背後所需要的關鍵知識技能與特質，進行職能模式的設計。

3. 個體才能導向（People-Based Approach）

如果組織內部的策略、流程、組織結構與職務內容變動迅速，且不易預測時，則須著重於能適應各類環境變化和學習新事物的基本才能探索。

4. 組織文化導向（Value-Based Approach）

其職能的背後即為組織的價值觀，而當此價值觀深植於組織內部，並且形成大多數同仁的共識後，就成為組織的文化。

(三) 職能分類

不同企業由於所從事的行業、特定的發展時期、業務重點、經營策略等的差異，對人才素質的要求是不同的。在同一個企業裡，不同的職務、不同的職位對人才素質也有不同的要求。根據 Hellrigel 等人（2002）指出，職能是一組知識、技能、行為與態度的組合，能夠幫助提升個人的工作成效，進而帶動企業對經濟的影響力與競爭力。將職能分為核心職能、專業職能、管理職能、一般職能四種：

1. 核心職能（Core Competency）

為組織內所有成員必須具備的工作行為要素，具體點出所有成員必須具備的知識、技能、特質與態度。Lahti R. K.（1999）又將核心職能分為個人層級的核心職能（Individual Level Core Competencies, ILCCs）與組織層級的核心職能（Organizational Level Core Competencies, OLCCs）。

(1) 個人層級的核心職能（ILCCs）：指組織裡每個個體所擁有的，並展現出來的關鍵優勢能力。不只是個別的知識、能力、技術，而同時更是這些特質的交互作用所產生的結果。

(2) 組織層級的核心職能（OLCCs）：代表著組織核心活動的基礎，與組織特有的優勢或才能，包括了組織內部不同的生產技能與各式科技的協調成果。這些組織層級的核心職能對於組織獲利能力有著重大的影響，同時也必須建立競爭者模仿上的障礙。這些獨特的 OLCCs 搭配上組織內部獨特的價值創造流程，就形成了組織的核心商品（Core

Product）。

2. 專業職能（Functional Competency）

與工作職掌及目標直接相關，為有效達成工作目標所必須具備與工作相關之特定職能，也就是個人要有效達成工作目標或提升工作績效，所必須具備的工作相關特定職能。

3. 管理職能（Managerial Competency）

指管理階層或特定的職務角色，例如：基層主管、中階主管或高階經理人等，所需具備的工作相關特定職務能力，具體反映管理人員的領導與管理的知識、技能、特質與態度。

4. 一般職能（General Competency）

指企業中一般行政、幕僚人員所應該具備的才能，即為從事相關工作所必備的特性（通常指知識或基本的技巧，例如：閱讀、書寫能力、電腦操作技巧等）。

(四) 職能模式的應用

職能模式在人力資源管理活動中，有著重要的地位與作用。它能運用於組織工作分析、招聘任用、報酬晉升、考核評估、教育訓練發展以及人員激勵等。

1. 職能模式在職位分析中的應用

傳統的工作職位分析較為注重工作的組成要素，而基於能力特徵的分析，則研究工作績效優異的員工，突出與優異表現相關聯的特徵及行為，結合這些人的特徵和行為定義這一工作職位的職責內容，它具有更強的工作績效預測性，能夠更有效地為選拔、教育訓練員工，以及為員工的職業生涯規劃、獎勵、薪酬設計提供參考標準。

2. 職能模式在招聘與任用中的應用

傳統的人員選拔，一般比較重視考察人員的知識、技能等外顯特徵，而沒有針對難以測量的核心動機和特質來挑選員工。但如果挑選的人員不具備該職位所需要的深層次的勝任特徵，要想改變該員工的深層特質卻又不是簡單的教育訓練可以解決的問題，這對於企業來說，是一個重大的失誤與損失。

相對地，基於職能模式的選拔能幫助企業找到具有核心的動機和特質的員工，既避免了由於人員挑選失誤所帶來的不良影響，也減少了企業的教育訓練支出。尤其是為工作要求較為複雜的職位挑選候選人，如挑選高層技術人員或高層管理人員，在應徵者基本條件相似的情況下，職能模式在預測優秀績效方面的重要性，遠比與任務相關的技能、智力或學業等級分數等顯得更為重要。

根據不同層級職位要求的職能，有針對性地開發結構化面試題庫，設置有效的問題。在面試過程中透過考察應徵者是否具備職位職能模式所要求的關鍵行為，從而提高招聘的成功率。同時，職能評估結果還可用於對現有人員的調整，使具備不同職能的人能勝任與之適合的職位，達到所謂的人與工作適配（P-J fit）的目的。

3. 職能模式在績效管理中的應用

職能模式的前提就是找到區分優秀與普通的指標，以它為基礎而確立的績效考核指標，是經過科學論證並且系統化的考核體系，可真實地反映員工的綜合工作表現。讓工作表現好的員工及時得到回報，提高員工的工作積極性。對於工作績效不夠理想的員工，根據考核標準以及職能模式透過教育訓練或其他方式幫助員工改善工作績效，達到企業對員工的期望。

傳統的績效管理不僅包括業績的考核，可能還會有部分對工作態度的考察，但一個完整的績效管理在業績考核外，還應該包括職能考核，包括態度、知識、專業技能等。透過對員工職能的考核，引導員工培養企業發展所需的核心專長與技能，從而保證企業的永續發展。

一旦職能是根據企業的結果導向選擇的，那麼按照職能的要求，評價員工的績效並據此進行激勵和開發，就能引導企業向既定的方向發展，實現其策略目標。

4. 職能模式在教育訓練與發展中的應用

教育訓練的目的與要求就是幫助員工彌補不足，從而達到職位的要求。而教育訓練所遵循的原則就是投入最小化、收益最大化。各專業職能模式建立後，企業可以透過對員工的實際職能與職能模式的要求進行比較，發現每一個個體的職能優勢和弱項，從而找到組織整體的職能缺口，然後有針對性地制定職能培養發展計畫，強調突出教育訓練的重點，杜絕不合理的教育訓練開支，提高了教育訓練的效用，以各種培養手段提高個體乃至組織整體的專業職能。

透過專業職能體系，建立一個專業發展階梯，並且明確每一發展階段對職能的要求，只要達到了職能要求，就能夠進入相應的職位階梯。同時建立不同專業之間的發展通道問題，從而有效的吸引、保留、激勵員工。為企業創造更多的效益。

5. 職能模式在薪酬管理中的應用

薪酬的影響因素，包括職位、職能、績效三方面。職位的市場價值和內部價值評估決定了職位所處的工資浮動範圍，績效決定了個人績效工資的多少。職能高者在擔任不同級別的職位後，這樣職位基本工資所處的區間範圍相應就不同；在同一職位上任職的不同人員，個人基本工資落在區間內的哪個點上，也會與其職能差異關聯。透過建立與專業發展相對應的基於職能的薪酬管理體系，並輔助以績效管理，從而有效的激勵優秀員工。

6. 職能模式在員工激勵中的應用

透過建立職能模式能夠幫助企業全面掌握員工的需求，有針對性地採取員工激勵措施。從管理者的角度來說，職能模式能夠為管理者提供管理並激勵員工努力工作的依據；從企業激勵管理者的角度來說，依據職能模式可以找到激勵管理層員工的有效途徑與方法，提升企業的整體競爭實力。

企業文化導入與組織策略的結合

價值觀是企業文化的基石。企業的本質是追求成功，而價值觀提供員工一致的方向及日常行為的方針。當員工能夠分辨、接受及執行組織的價值觀時，企業才能真正的成功。成功的公司都非常注重價值觀，成功的企業之所以能成功，通常是因為組織成員能以公司的價值觀為依歸並努力執行。宏碁集團董事長施振榮先生也認為企業文化是企業很關鍵的「軟體的基礎架構」，也是一般看不見的基礎建設；實質上，企業文化可說是企業成敗的關鍵。企業文化是一群人共同的價值觀。它的產生，除了要有相同的目的、願景之外，對做事的原則與方式也必須認同。它絕對不是口號，而是日常的實際行動，但它需要口號作為溝通工具，因為有效的溝通有助於共識的達成。因此一般而言，人數愈少愈容易凝聚共識；反之，人數愈多就愈不容易達成（施振榮，1996）。

組織文化（Corporate Cultures）一詞，在美國的學術文獻上最早是由 Pettigrew 在管理學期刊 *Administrative Science Quarterly* 所發表的〈閱讀組織文化〉一文；至於更通俗的說法，企業文化一詞，是在 1976 年由 Allen 與 Silverzweig 提出；但直至 1982 年，麥肯錫（Mckinsey）管理顧問公司及哈佛大學的聯合團隊成員 Peter 與 Waterman 提出「追求卓越」計畫成功之後，企業文化一詞才廣受注意。

有學者認為企業文化及組織文化不須加以區分，企業文化即企業組織中個體所共享的主觀文化。

Schein（1992）認為企業文化是長期社會學習的產物，反映過去做了什麼，企業文化共有四個層級的組成要素：基本假設（Basic Assumptions）、價值觀（Values）、規範（Norms）及人工產物（Artifacts）。他在《組織文化與領導》一書中則說明組織文化是：「當組織學習去解決外部適應及內部整合問題時，所創造發現或發展出來之一套共享的基本假設，由於其運行得宜而被視為有效，因此傳授予新進組職成員，作為遭逢相關問題時，如何去認知、思考及知覺的正確方法。」因此組織文化可說是組織成員所共享的假設、價值觀、信念和意義體系，使組織不同於其他的組織，且組織文化除具備了整合員工並引導員工的日常活動，以達成某種既定目標外，尚可幫助組織適應外在的環境而做出適當迅速的反應。

Robbins（2001）認為文化最早根源於創始人的哲學理念，這一理念會強烈影響公司雇用準則。而且管理當局的言行，即成為員工言行的規範。至於員工如何社會化，則視新員工與組織在價值觀上「契合」的程度，以及高階管理當局偏愛何種方式而定。如圖 2-4 所示，企業文化形成過程：

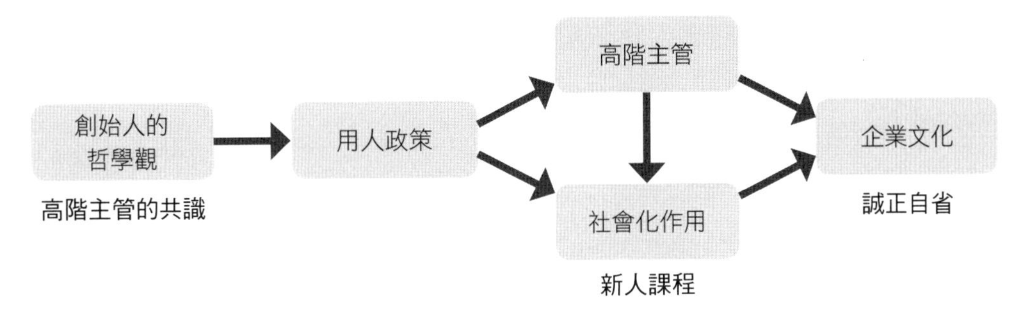

圖 2-4 企業文化形成過程

根據 Schein（1992）的豐富的顧問經驗，對於文化稽核（Culture Audit）有以下十個步驟：

1. 進入團體進行感受現有之文化，並且注意等待驚訝。
2. 系統性地觀察與檢核。
3. 尋找一個熟悉文化，可以予以評價的局外人。
4. 把蒐集的資料如驚喜、疑惑及預感等坦白地顯示給局內人以作確認。
5. 共同進行探究以找出解釋。
6. 形成假設。
7. 系統性地查檢與統合。
8. 推進到文化假定之層次，觀察其如何影響成員所看、所做與所信。
9. 不斷的文化的模型。
10. 正式的文字敘述。

根據 Sathe 在 1985 年提出的控制文化特性的模型之六個步驟，顯示出欲有效塑造企業文化可遵循的基本原則，茲說明如下：

1. **新進成員徵選**（Pre-selection and Hiring of Members）：透過甄選的程序，雇用具有與組織既有文化或期望文化一致理念的成員。
2. **新進人員社會化**（New Employee Socialization）：同時透過正式或非正式管道，如介紹、訓練計畫及與成員的互動，使新進成員產生對企業文化的認同。
3. **解雇成員**（Removal of Members Who Deviate）：解雇無法或不願意認同文化變革者。

4. **強化期望的行為**（Reinforce Desired Behavior）：藉酬賞或懲罰行為化所欲的行為。如組織中強調團隊精神，則致力於注重團隊精神的成員應受到獎勵，以強化此價值。
5. **強化價值與信念**（Reinforce Values and Beliefs）：必須要透過行動或行為以強化信念與價值。
6. **文化溝通**（Culture Communication）：即透過創制物來轉變文化信仰、價值與行為。管理者必須採取行動與員工溝通，而所採取的行動必須與希望員工所接受到的訊息一致。

上列六個步驟針對如何進行企業文化變革提供較整理性的概念，至於更具體且實際的操作，則須依據各企業體面臨的不同情境，採適宜的組合方案。然而要改變文化傳統，常需超越極大的阻力，相當耗費時間且須付出昂貴的成本。但只要企業有正確的方法及長期的努力，企業文化是可以成功被改變及塑造的，進而幫助組織達成策略目標，增進組織績效。

企業外派與組織策略結合

在全球化環境下，國際型的企業增多，為了營運上的需求，組織中的員工接受外派的機會也增加許多，如何達成外派之任務，便成為了一個重要的議題，因為外派失敗所造成的損失是遠遠超過表面的金錢損失的。因此隨著企業朝向全球化的經營，組織勢必須要在人力資源上有所調整及因應。

對於外派人員而言，他們不只是需要解決語言上的問題，若要使其能夠融入當地生活及工作環境，解決因文化上的落差而產生之問題才是最有效的方式。另一方面，對於他國的派外人員，企業也必須針對組織內部進行良好的溝通，以避免不利之衝突。企業使用外派的方式，需負擔相當高的成本，除薪資、訓練、旅行及搬家等直接支出，尚包含如銷售降低、市占率降低等間接成本。

近年來，許多跨國企業為了業務之需要，常須於他國設立營運據點，其員工之選派多為聘雇當地人員為主，而當該地缺乏人才、須與母公司進行良好的溝通時，企業就必須將員工外派至他國。近年臺商因成本問題於中國大陸之投資逐年增加，中國擁有相當可觀之廉價勞工，然而，卻缺乏技術及管理人才，許多企業必須由母國公司之技術及管理人才長期駐守或輪調。雖兩岸屬同文同種，看似無太大的距離，但在制度、法規、價值觀、態度等方面皆有相當大的差異，因此企業外派員工經常發生許多適應不良的情況，導致其工作效果不彰，甚至是外派失敗，無法完成工作任務而提前返國。外派失敗的原因大多並非外派人員能力不足，多是因為無法適應外派地點之環境及文化。因此，必須使其能夠調適其工作任務、生活習慣及風俗民情，才能增加其工作績效。過去研究發現，較為年長或資深的外派主管，可能因長時間累積之經驗造成自我心態，較不容易產生跨文化適應；另外，落後的環境、繁雜沉重之工作壓力，和遠離親友缺乏家人支持，是外派人員最常遇到的困難，且會影響其工作表現（李鴻文、徐章昱，2010）。

在 Mendenhall 與 Oddou（1985）的研究中指出，影響外派人員適應與否有四個層面：

1. **自我層面**（Self-Oriented），包含三點：
   (1) 有無強化物或替代物，也就是外派人員是否能用當地的活動、興趣來代替原有之習慣活動或是興趣。
   (2) 降低壓力的策略，也就是指外派人員能不能以適當的策略來忍受暫時退縮的情況。
   (3) 專業能力，也就是外派人員對自己能力的信心，相信自己能達成任務。
2. **他人層面**（Others Oriented），包含兩點：
   (1) 關係發展能力，也就是是否有能力與當地員工或人民建立長久之友誼關係。
   (2) 溝通意願，也就是用當地語言與當地員工或人民溝通之意願。
3. **知覺層面**：也就是能否對當地之員工或人民所表現出來的行為，做出合理且正確的歸因。
4. **派駐地的文化適應度**：因有些派駐地之文化國情較為特殊，可能會有較高的適應難度。

有些研究指出，因長時間的外派，時間及空間皆有所限制，便無法兼顧照顧家庭的責任，於是無法履行家庭角色，使得壓力外溢至工作角色上，因而影響工作上的情緒及個人表現。不同之外派人員處於不同之家庭及生涯之生命週期，便會面臨不同的問題。無論配偶或家庭是否一同前往派駐國，以及配偶是否為職業婦女，皆會面臨工作－家庭衝突，這也是導致外派失敗之主要原因之一。每個人的時間皆有限，當個人對工作有高度期望時，對家庭所投注的時間及所需承擔的責任便會產生排擠效果，且研究顯示，此種對工作的期望為工作－家庭衝突的主要來源之一，而高度的家庭期望亦是工作－家庭衝突的來源。另外，影響外派成敗的因素還包含了生活設施，如電供應不足、交通壅塞、子女無適當的學校就讀等，進而導致外國工作者離職、遭遣返或解雇，而離婚、酗酒、精神抑鬱等問題經常發生。因此，對於派駐至本國的員工或外國工作者，企業也必須給予其所需之協助，以幫助其適應本國之生活及工作環境，進而全力投入工作任務。總之，企業必須在外派制度上提升到策略程度，以因應全球化的經濟競爭局勢。

個案介紹

C 公司職能績效評估制度之建立

C 公司需要將公司願景與事業策略落實至各部門以及個人目標，並且針對價值觀與文化策略落實至各職務的職能（包含核心職能、管理職能與功能別職能）。因此該公司導入的流程，如圖 2-5：C 公司根據願景發展出策略與核心精神，而公司的策略焦點與核心精神關係著目標訂定，目前已確認出核心精神，因此 C 公司現須確認策略焦點之後，再連結策略與核心精神至各部門的目標。目標設定原則必須符合 SMART，S 是 Specific：明確的；M 是 Measurable：可以衡量的；A 是 Attainable：有機會達到的；R 是 Related to Job：與工作相關的；T 是 Time Bound：時間。而衡量因子可採用不同角度衡量：數量或金額、品質、成本、時程或頻率。針對上述的方式，發展出營運目標表。接著進行職能焦點團體訓練課程，使成員充分瞭解組織核心、管理、功能別職能的內涵，對組織達成共識與承諾，並充分掌握組織的行為準則。

職能種類分為三種：(1) 核心職能為公司內所有員工均需具備的職能，通常與公司的文化、價值觀、經營理念、使命、願景有關；(2) 管理職能為公司內從事管理工作者需具備的職能；(3) 功能別職能為從事特定專業工作之員工需具備

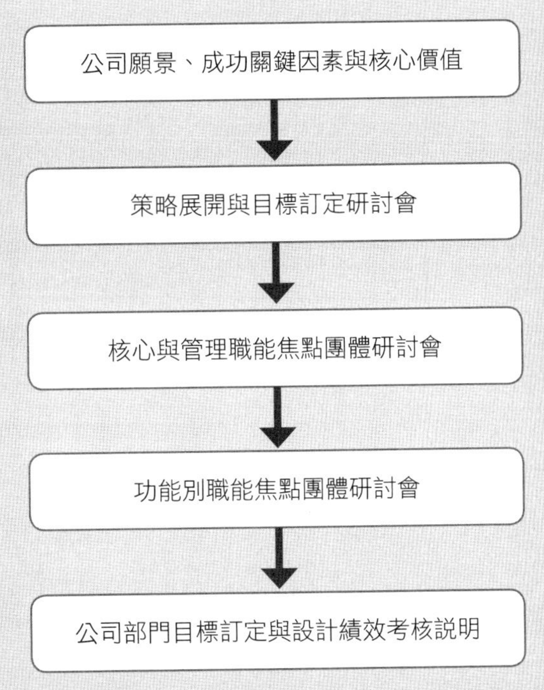

圖 2-5 職能模式導入流程圖

的職能。依據類別的定義將參加人員分為兩類：一為核心與管理職能由相關高階主管參與；二為功能別職能則由各職務的現職人員，且績效高於一般標準，並具思考開放與願意經驗分享的人格特質。C 公司的職能分析法分為兩大步驟：

1. 背景資料蒐集：蒐集公司願景、價值觀、文化與經營理念等相關資料。
2. 職能分析原則：依據 A–B–C 法則（Activities → Behavior → Competency）進行質化分析並轉化為職能意涵。此步驟由選出的焦點團體進行討論，然後確定職能項目。最後將個人、團隊和公司的目標相結合，針對需要完成什麼（目標訂定），要如何完成（職能表現）建立期望。此目的就是要讓所有員工都知道：自己的目標與公司的目標有什麼關聯；公司對我們的期望；我們該怎麼做。而整個發展績效考核表的過程是主管與部屬共同參與的，因為每個人都有自己需要承擔的責任與義務。最後所發展的績效評估考核表，績效評量的原則如表 2-1。

表 2-1 績效評量原則

	管理職				一般人員			
	協理級（含）以上	經理／副理／襄理	課長級（含）以下	營業主管	間接人員	直接人員	營業人員（空調）	營業人員（機電）
SMART 目標績效	70%（80%）	60%（70%）	50%（60%）	70%（80%）	40%（40%）	30%（20%）	70%（80%）	80%（90%）
職能績效	30%（20%）	40%（30%）	50%（40%）	30%（20%）	60%（60%）	70%（80%）	30%（20%）	20%（10%）

註：表格內未括號之數值為公司的目標；括號內之數據為自己的目標。

職能與績效評估結合，發展能夠檢視員工的工具，並且針對員工的優劣勢加以改善，此流程可以確保員工的個人目標與公司的經營目標方向一致，才能使員工的努力具有價值。個人績效指標搭配職能的導入，員工可以得知工作重心所在，也可以瞭解本身何種能力較不足以勝任工作，進一步的規劃自己的訓練發展，像是要進修或是轉換職涯等等。

個案介紹

日月光之企業文化導入

日月光的企業文化與願景

日月光設立於民國 73 年 3 月 23 日，該公司之創立係由歸國學人張虔生及張洪本等人基於工業報國之精神，並配合政府發展高科技政策，以現金及專門技術作價集資所創建，所營事業為各型積體電路之製造、組合、加工、測試及銷售等。我國半導體產業為兩兆雙星產業之一，其垂直分工之產業結構是我國 IC 產業與國外最大之不同點。根據 2001 年半導體工業年鑑，國內 IC 各個上、下游產業，包括 IC 設計、製造、封裝、測試等。民國 79 年收購臺灣福雷電子股份有限公司，以併購方式進入半導體測試業務市場。民國 88 年首購 MOTOROLA 臺灣中壢及南韓 PAJU 兩廠，藉此能與 MOTOROLA 進行長期之策略聯盟，強化集團垂直整合的力量，並擴大產品涵蓋範圍。2000 年該公司為封裝業第一名，該公司以 BGA 封裝型態為主力，蟬連龍頭寶座，成為世界第二大 IC 封裝公司，僅次於韓國 Amkor（IC Insights, 2002. www.icsights.com），其年營收大幅領先國內主要競爭對手（日月光半導體 94 年度年報）。

日月光成立 40 幾年來，在併購下規模日趨龐大，員工人數愈來愈多，而每個員工來自不同的背景環境，各自有不同的價值觀及信念，致使員工在工作上的心態及目標也會不同，在這樣的情況下，很容易造成員工對於公司的理念沒有認同一致性，如此的差異可能造成組織在管理及推行事務上某種程度的不易。而日月光立於臺灣封裝業的龍頭，在產業競爭的環境中，採績效導向的目標下，公司能脫穎而出，並非無它的道理，但公司若要永續經營，企業文化的塑造絕不可少。李誠教授於《中鋼經驗》一書中曾提及文化之於一個企業，就如同心臟之於人體，企業與文化的關聯就如同骨肉與靈魂，企業的組織與人員形成企業的骨肉，而企業文化則是企業的靈魂之所在（李誠等，2002）。在現今全球化競爭的經濟環境下，企業為了因應大環境的轉變，必須急劇的進行企業轉型與變革。然而企業文化是企業成功經驗的累積與領導者傳承的結果，也是讓企業穩定運作的基礎。一個企業的文化形成，是組織成員從上到下為某一共同願景所凝聚出來的行為與思維模式。「誠正、自省、積極、互信」一直都是日月光文化的精神指標，這樣的目標不需要改變，但是需要實際轉化成行動而非僅是口號而已。然而在這樣的轉化過程，需要的絕對是「改變」，是思維上的改變或是具體上的轉變。因為在現今這個詭譎多變的企業競爭環境下，一個企業如何能夠永續經營與持續成長是需要有絕對優勢的，期望日月光高雄廠的絕對優勢不僅是可以提供低成本製造，並且要以提供「體貼顧客」的服務品質、快速即時的交期達成與彈性配合度等服務性指標作為公司提供客戶滿意的最高精神標準。

日月光所宣示的人格特質是「誠正、自省、積極、互信」，若管理者及員工對價值的信守及行為的改變不重視，企業價值會變得空洞不具體。是否能成功塑造核心價值觀成為企業文化，使成員的行為真正的改變，而不只是口號，牽涉到每個企業的「本質」。核心價值的落實有賴將之整合於每年與員工有關的主要流程中，如甄選活動、訓練方案、晉升標準及獎酬，或必要時開除不適合員工的極端作為。組織的制度與結構是否能和塑造過程結合、過程是否受到控制與監督，是人力資源部門最主要的工作。要確保從新進人員加入的第一天起，員工就應該知道公司的每一個決策都是依照這一套價值標準做決策。

與企業文化塑造最關鍵的人力資源管理活動

1. 以核心價值作為甄選人才的標準：尋找「天生個性」符合這些價值的正確之人——即符合組織核心職能。可使用行為事例訪談法的技術，有效獲得人才的資訊。將甄試面談視為「推銷」文化價值的過程，推行結構式面談，將核心價值設計成面談問題，使文化能真正透過甄選的過程，獲得散播。
2. 規劃訓練方案：訓練可以是最快速、直接的改變認知方法。把員工訓練視為改變過程中。例如：規劃全體員工的人力資源管理概念課程，主管人員的績效管理課程等。
3. 配合薪資獎勵制度：薪酬是來自「結果」與「行為」的主客觀綜合判斷，員工表現出關於促進企業文化展現的實質有益行為，公司除給予薪資獎勵外，透過公開場合的典禮及儀式的讚揚，亦能達到宣揚企業文化的效果。
4. 連結晉升制度：除了原有只針對職務內容與職務表現的晉升判定標準外，亦可加入員工在企業核心文化上的行為，並可依職務特性調整各核心價值的比重。如此一來，更能直接將核心價值深植於成員的心中及塑造行為。

面對著新的環境與新的要求，21 世紀全球企業的人力資源管理策略必須致力於培養全球的觀念、培養協作與團隊精神、培養全球範圍的有效溝通、培養與招攬全球經理人員和全球知識工作者、重視業務單位對全球績效的貢獻、建立新的激勵機制、增進企業內外的相互信任等方面。面對新世紀的挑戰，人力資源管理的核心在於如何整合人力資源管理中零散而孤立的功能、職責和活動，透過對人的運作，來創造企業的競爭優勢。所以，人力資源主管應磨鍊自己詮釋企業策略的溝通技巧，成為企業中各項策略決策的夥伴；把自己置於企業「學習負責人」的地位，使企業全球員工都能持續分享全球知識和技術成果；注意在全球企業中創造一種學習氣氛，一種團結互助、並肩作戰的企業氛圍等。在新的全球經濟中，競爭職能將愈來愈多地依賴於創新職能。誰能成為全球的、柔性的、創新型的和擁有豐富關係資源的企業，誰就能擁有更為強大的職能和競爭優勢。全球企業需要全球資源策略。愈來愈多的全球企業採取全球策略、柔性策略、聯盟策略和合作策略來管理企業。全球企業非常重視全球人力資源管理，提高人力資源的職能。

問題與討論

1. 人力資源管理與策略性人力資源管理有何不同？
2. 人力資源管理者在組織中的角色為何？其所需具備的能力與條件為何？
3. 試評述臺灣高科技產業中，人力資源管理的環境所面臨的挑戰為何？

參考文獻

一、中文部分

王麗雲（1995）。我國海外派遣人力資源控制與績效之研究。中山大學人力資源管理研究所碩士論文。

吳萬益、陳碩珮、甘珮姍（2000）。臺灣企業派外人員跨文化訓練有效性之實證研究。《臺大管理論叢》，第 10 卷，第 2 期，頁 167-203。

李誠、張育寧（2002）。《中鋼經驗：中國式的管理典範》。臺北：天下遠見。

李鴻文、徐章昱（2010）。外派大陸主管對跨文化適應與個人生涯管理之研究。《管理實務與理論研究》，頁 39-55。

李璋偉（1998）。《人力資源管理》，第 7 版。臺北：臺灣西書。

施振榮（1996）。《再造宏碁》。臺北：天下遠見。

孫玉融（2005）。淺談外派人員的甄選、訓練與安置。《品質月刊》，2005.11，頁 88-90。

張葆華（1987）。《社會心理學理論》。臺北：三民書局；經濟部投審會（2005），經濟部投資審議委員會公報。

陳彰儀、張裕隆、王榮春、李文銓（2001）。應用傳記式問卷預測駐派大陸員工之外派適應。《應用心理研究》，第10期，頁 135-166 。

黃英忠、董玉娟、林義屏（2001）。台商派駐大陸已婚員工離開現職傾向之研究：工作——家庭衝突理論之觀點。《管理評論》，第 20 卷，第 3 期，頁 85-122。

二、西文部分

Barney, J. (1991). Firm Resources and Sustained Competitive Advantage. *Journal of Management, 17*, 19-120.

Black, J. S. & Gregersen, H. B. (1999). The right way to manage expats. *Harvard Business Review, 77*(2), 52-62.

Black, J. S. & M. Mendenhall (1991). The u-curve adjustment hypothesis revisited: A review and theoretical framework. *Journal of International Business Study, 2*, 225-247.

Black, J. S. (1988). Work role transitions: A study of American expatriate managers in Japan. *Journal of International Business Studies, 19*, 277-294.

Boxall, P. (1996). The Strategic HRM Debate and the Resource-Based View of the Firm. *Human Resource Management Journal, 6*: 59-75.

Boyatzis, R. E. (1982). *The Competence Manager: A Model for Effective Performance*. New York: Wiley.

Cardy, R. L., & Selvarajan, T. T. (2006). Competencies: Alternative frameworks for competitive advantage. *Business Horizons, 49*, 235-245.

Cardy, R. L. & Selvarajan, T. T. (2006). Assessing Ehtical Behavior: Impact of outcomes on judgement bias. *Journal of Managerial Psychology, 21*(1), 52-72.

Cooke, R. & D. Rousseau (1984). Stress and strain from family roles and work-role expectations. *Journal of Applied psychology, 69*, 252-260.

Dalton, M. (1997). Are competency models a waste? *Training and Development*, 46-49.

Delery, J. E. & Doty, D. H. (1996). Modes of theorizing in strategic human resource management: Tests of universalistic, contingency, and configurational performance predictions. *Academy of Management Journal, 39*(4), 802-835.

Dowling, P. J., Welch, D. W., & Schuler R. S. (1999). *International Human Resource Management* (3rd ed.). Cincinnati: International Thompson Publishing.

Dubois, D. D. (1996). *The executive's guide to competency-based performance improvement*. Amherst, MA : HRD Press .

Fisher, C. D., Schoenfeldt, L. F., & Shae, J. B. (1993). *Human Resource Management* (2th ed.). Boston: Houghton Mifflin.

Greenhaus, J. H. & N. J. Beutell (1985). Source of conflict between work and family roles. *Academy of Management Review, 10*(1), 76-88.

Harrison, J. K. (1994). Developing successful expatriate manager: A framework for the structural design and strategic alignment of cross-cultural training programs. *Human Resource Planning, 17*(3), 17-35.

Harvey, M. G. (1983). The multinational cooperation's expatriate problem: An application of murphy's law. *Business Horizons, 26*(1), 71-78.

Hawes, F. & Kealey, D. J. (1981). An empirical study of Canadian technical assistance. *International Journal of Intercultural Relations, 5*, 239-258.

Hellriegel, D., Jackson, S. E., & Slocum, J. W. (2002). *Management: A competency-based approach* (9th ed.). Mason, OH: Thomson South-Western.

Hofstede, G. (1980). *Culture's consequences: international differences in work-related values*. Beverly Hills, CA: Sage.

Jacobs, P. (1998). Cross-cultural connection. *InfoWorld*, May, 11, 110-111.

Kahn, R. L., Wolfe, D. M., Quinn, R. P., Snoek, J. D., & Rosenthal, R. A. (1964). *Organizational stress: Studies in role conflict and ambiguity*. New York: Wiley.

Kesler, G. C. (1995). A model and process for redesigning the HRM role, competencies, and work in a major multi-national corporation. *Human Resource Management, 34*(2), 229-253.

Klein, A. (1996). Compensation and Benefits Review. *Saranac Lake; 28*(4), 31.

Kochanski, J. T. & Ruse, D. H. (1996). Designing a competency-based human resources organization. *Hum. Resour. Manage., 35*, 19-33.

Lado, A. A. & Wilson, M. C. (1994). Human resource systems and sustained competitive advantage: A competency-based perspective. *Academy of Management Review, 19*, 699-727.

Lahti, R. K. (1999). Identifying and Integrating Individual Level and Organizational Level Core Competencies. *Journal of Business and Psychology, 14*(1), 59.

Lyle M. Spencer & Signe M. Spencer (1993). *Competence at Work: Models for Superior Performance*. New York: Wiley.

Mark S. Van Clieaf (1991). In Search of Competence: Structure Behavior Interviews. *Business Horizons*, Vol.34 Iss.2, March -April 1991.

Mendenhall, M. & Oddou, G. R. (1985). The dimensions of expatriate acculturation.

Academy of Management Review, 10, 39-47.

Mendenhall, M. E., Dunbar, E., & Odou, G. R (1987). Expatriate selection, trainig and career pathing: A review and critique. *Human Resource Management, 26*, 331-345.

Mirabile, R. J. (1997). Everything You Wanted to Know About Competency Modeling. *Training and Development, 51*(8), 73-77.

Molnar, D. E. & Loewe, G. M. (1997). Seven keys to international HR management. *Hrfocus*, May, 11-12.

Naumann, E. (1992). A conceptual model of expatriate turnover. *Journal of International Business Studies, 3*, 491-531.

Patricia A. McLagan (1980). Competency Models. *Training and Development Journal, 34*(12): 22-26.

Renen, S. (1989). Training the international assignee. In I. Goldstein (ed.), *Training and career development*. San Francisco: Jossey-Bass, 430.

Robbins, S. P. (2001). *Organizational Concepts, Controversies, and Applications* (8th ed.). New York: Prentice Hall.

Sappinen, J. (1993). Expatriate Adjustment on Foreign Assignment. *European Business Review, 93*(5), 3-11.

Schein, E. H. (1992). *Organizational Culture and Leadership* (2nd ed.). San Francisco: Jossey-Bass Inc..

Schuler, R. S. (1989). Strategic human resource management and industrial relations. *Human Relations, 42*(2), 157-187.

Spencer, L.M. and Spencer, S.M. (1993) *Competence at Work: Models for Superior Performance*. John Wiley & Sons Press, New York.

Taylor, M. S. (1987). American manager in Japanese subsidiaries: how cultural differences are affecting the work place. *Human Resource Planning, 14*, 43-49.

Timothy, R. A. & Michael, S. O. (1999). Emerging Competency Methods for the Future, *Human Resources Management, 38*(3), 215-225.

Torbiorn, I. (1982). *Living abroad: Personal adjustment and personnel policy in the overseas setting*. New York: Wiley.

Tung, R. L. (1981). Selection and training of personnel for overseas assignments. *Columbia Journal of World Business, 16*(1), 68-78.

Wright, P., McMahon, G., & McWilliams, A. (1994). Human resources competitive advantage: a resource-based perspective. *International Journal of Human Resource Management, 5*(2), 318.

Zeira, Y. & Banai (1985). Selection of expatriate managers in MNCs: The host-environment point of view. *International Studies of Managrment, 15*, 33-51.

人力資源管理的策略議題

> 才以用而日生，思以引而不竭。
>
> ——《周易外傳・震》

學習目標

本章學習目標有二：瞭解目前人力資源管理環境因素及探討國際人力資源管理現況。

104 人力銀行：中國大陸工作一年來成長近四成！

依照中國「十二五」（第 12 個 5 年計畫）的規劃，將鼓勵遷移，內陸持續增加基礎建設，以及進行產業升級，從外銷轉向至內需成長。董事長郭台銘積極規劃把曾是發跡地的工廠，從一線城市的深圳，搬遷到二、三線城市的成都、武漢與鄭州等地，嗅覺如狼一樣靈敏的他，大動作地調薪、遷廠，主要是朝著中國「十二五」規劃中的「民富」、「拉近城鄉差距」等趨勢走，為富士康以及鴻海集團奠定下一次大成長契機。

不僅鴻海進行策略性的規劃，整個就業市場也開始產生變化，根據 104 人力銀行最新調查發現，今年有四成七的企業都有進軍中國大陸市場的計畫，另外，也有三成五企業將派員工至中國大陸地區發展。而 104 人力銀行最新資料庫統計也顯示，2009 年 1 月分中國大陸地區的工作機會共有將近 5 千筆，不過到了 12 月分，中國大陸地區工作機會也隨著景氣回溫，拉高至將近 7 千筆，一年來成長將近四成！另外，欲前往中國大陸工作的求職人數則維持在每日將近 2 萬人。104 人力銀行表示，今年度兩岸商業交流將會更加頻繁，有逾二成上班族希望今年能有外派到中國大陸地區工作的機會，上班族有意轉換到中國大陸地區工作的原因，包括「中國大陸發展潛力大」（68.7%）、「未來兩岸求職者會互相競爭」（29.4%）、「兩岸互動愈頻繁，對上班族愈有利」（14.8%）、「中國大陸工作薪資、配套條件優厚誘人」（13.4%）、「中國大陸工作環境比臺灣更國際化」（12.1%）。

資料來源：摘錄自《今周刊》第 720 期，以及《104 職場新貴報》。

一、人力資源管理環境因素分析

組織是一個開放式系統，與環境有密切的互動，例如：組織會從環境中取得生產所需的資源，經過內部系統的轉換後，以另一種形式的資源釋放到外部環境中。從整體的觀點審視企業，人力資源管理功能在組織中，是組織系統內的子系統，以達成組織的策略目標為前提下，審時度勢，解決有關人力資源的相關議題。

人力資源管理的環境因素可區分成外在環境（External Environment），及內在環境（Internal Environment），如圖 3-1。外在環境因素如社會文化、政府政策、法律條件、勞動市場以及整體經濟環境等，這些外在環境皆會影響組織的人力資源管理活動的進行，而有時，企業人力資源管理功能的一些作為，也可能影響外在環境。組織的內在環境因素則包括組織文化、經營策略以及組織結構等，相較於面對外在環境的被動態勢，人力資源管理活動與組織內在因素之間具有高度的雙向互動關係；另一種影響關係為，外在環境因素是透過內在環境而影響到人力資源管理功能，顯示人力資源管理活動的複雜性。本章將對外在環境及內在環境的內涵及其可能對企業人力資源管理功能造成的影響進行討論。

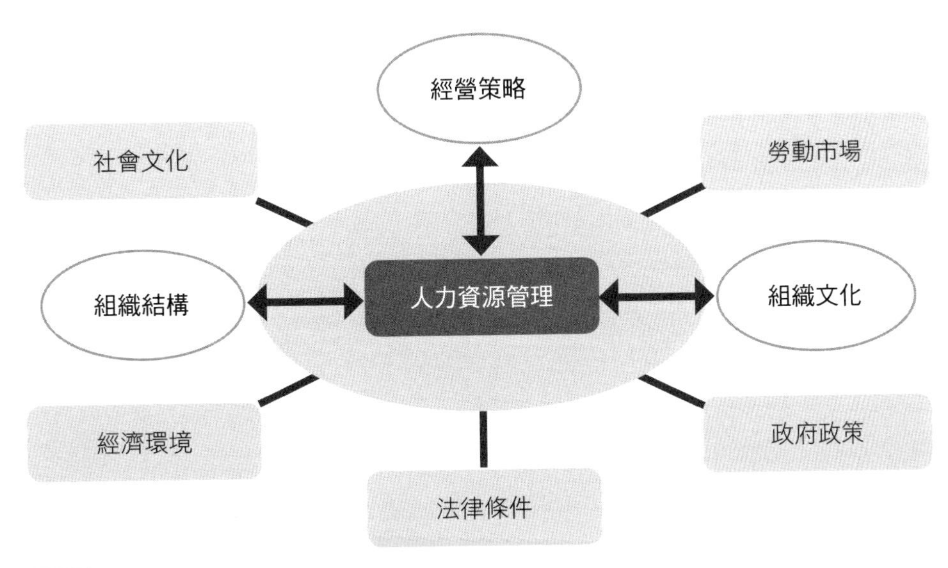

圖 3-1 人力資源管理的內外在環境

外在環境

(一) 社會文化

一國的社會文化環境可由 Hofestede 提出的四構面進行分析，該學者進行了數十個國家的跨國研究後，以權力距離、個人主義與集體主義、不確定性避免，以及陽剛與陰柔作風四個構面來描述不同的國家文化。

1. 權力距離（Power Distance）

指人們對權力、地位和待遇差異的接受程度。低權力距離的社會，認為人際間之不平等應極小化；高權力距離的社會，人們比較能夠接受不平等，其社會制度會偏向階層體系，華人因過去的歷史因素，使得民情偏向高權力距離的社會。對管理者而言，在設計管理制度時，須將權力距離的觀念納入考量，在低權力距離的社會裡，部屬會希望能參與相關的決策；相對的，在高權力距離的社會裡，部屬有較強的依賴性需求，較能接受管理者獨斷決策。

2. 個人主義（Individualism）與集體主義（Collectivism）

指文化傾向強調個人或群體利益。當個人利益和群體利益相互衝突時，高集體主義社會裡，個人很重視社會認同，以群體為主；然而，個人主義傾向的人們會以個人利益為優先考量，會關注自己的事務。因此，對於管理者而言，在制度的設計上亦須考量此文化傾向，舉例而言，在高集體主義的社會裡，就比較適合採行集體決策，但也容易出現一言堂的負面效果。

3. 不確定性避免（Uncertainty Avoidance）

指人們對於不確定情境感到壓力及試圖避免的程度。對處於低度不確定性避免社會裡的管理者而言，其部屬通常能因環境變化的刺激而成長；反之，在高度不確定性避免的社會裡，組織制度應儘可能明文規定，應該儘量避免模糊不清的潛規則。

4. 陽剛作風（Masculinity）與陰柔作風（Femininity）

陽剛作風乃指社會價值重視物質、金錢與工作成就的傾向，而陰柔作風較關心生活品質。在陽剛作風文化中，管理上可以強調目標設定與績效薪資制度；在陰柔作風文化下，則宜強調福利及工作生活平衡。

(二) 政府政策

政府的政策與產業發展息息相關，企業必須充分瞭解政府產業政策的方向，並掌握契機，跟隨政府推動各種產業結構的調整以得到更多政府資源，顯示將政府政策作為企業在擬定策略時的重要參考，策略相關的人力資源方能順利執行。當企業進入附加價值高的服務業及科技產業時，需要高素質的人力，提高企業創新及顧客導向的能力，如何管理高素質的工作者，成為人力資源管理的重要課題，包含如何培養內部的人才，或取得外部的人力，以因應企業的轉型、技術升級或國際化的需求。因此，人力資源管理者要多關注產業政策以及企業中長期策略規劃，以預先因應。過去幾年，許多產業基於臺灣人力素質提升，相對人事成本也逐漸增加，為降低成本，將製造活動外移到中國大陸，或亞洲、南美洲等其他國家，抑或直接與其他低勞動成本國家的企業進行策略聯盟，而在臺灣的員工則從事附加價值較高的活動，如研發中心、品牌發展或服務等。在轉變的過程中，人力資源管理單位要提供適當的配套制度，如教育訓練以及具有競爭力的薪酬水準。

(三) 法律條件

經營者須遵守企業面對的法律規定，以免觸法遭受懲處，也不利企業的形象。對人力資源管理部門而言，首當其衝的即是勞動相關的法規，內容涵蓋甚廣，如基本工資、工作時數、加班費計算、勞工福利、就業安全，以及境外人士來臺工作等相關議題均包括在其中。表 3-1 列舉臺灣目前與勞動相關的法規約有 9 種，人力資源部門須對勞動法規有相當程度的瞭解，才能保持中立，作為勞方與資方間的溝通橋樑。

隨著法律對勞工的保障愈多，企業必須將更多的心力放在勞工權益上，管理者自然會感受到經營壓力增加。然而，在勞雇關係中，雇主與員工的權力不對等是顯而易見的，對企業而言，當個別員工要離職時，企業損失的僅是眾多員工中的一人，影響不會太大；但是，對於員工來說，損失一份工作則可能嚴重影響個人與家庭生計。在雙方權力不均等的情況下，如果沒有適當的規範，則員工權益容易受損，政府或執法機關會以保護受雇者為出發點給予勞雇雙方限制或規範。目前按勞資關係的發展趨勢而言，勞資雙方已由對立的狀態轉變為合作的關係，應思考如何提升企業經營績效，並進而將利益合理的回饋給股東及員工，讓彼此互惠。

表 3-1 臺灣勞動相關法規

法　規	議　題
勞動基準法	最低勞動條件
工會法	勞資關係
勞資爭議處理法	勞資關係
就業服務法	反歧視、就業安全
性別工作平等法	反歧視、勞資關係
身心障礙者保護法	反歧視、就業安全
勞工保險條例	勞動條件
就業保險法	就業安全
勞工安全衛生法	勞動條件

資料來源：全國法規資料庫。

(四) 勞動市場

勞動市場是由產業中勞動力供給者與勞動力需求者所組成，其中勞動力需求者為企業，勞動力供給者即為勞動者。勞動需求會隨著經濟政策、產業政策及相關產業發展議題產生變化；而勞動供給則與人口政策與教育政策等議題有關。勞動市場的供需之間決定勞動量以及薪酬水準，當全面或部分的人力供給過剩時，失業率就會提高；當人力供給適當或不足時，失業率就會持平或是下降。對於企業而言，勞動市場供需會影響人力資源的取得，人力資源管理者須瞭解整體勞動供需的現況，以及各產業、各職位的「行情」，以規劃公司的人力資源發展策略，制定合宜的招募甄選方式，設定具有吸引力的薪酬組合，取得企業所需的人力。

(五) 經濟環境

經濟發展對企業來說，代表有更多的資源及更好的市場消費能力，會促使企業投入更多的資源，提供產品或服務，以滿足顧客需求。相對的，當經濟衰退時，必須面對更嚴酷的競爭，提升效率與降低成本，可能引發企業採行無薪假，或是精簡人力。除了本國的經濟環境外，在國際人力資源管理的範疇中，還須以全球的觀點，觀察全球各國家的經濟環境，預先進行人力資源規劃。

內在環境

(一) 組織文化

組織文化是成員價值觀、信念、情感、態度及行為的組合，所以對個別員工有很重要的影響。由於文化是長期互動所形成的，不易被競爭對手模仿，使得組織文化是能使企業保有持續性競爭優勢的重要手段。組織文化對人力資源管理制度有重要的影響。例如：高階管理者的價值觀，對於人力資源投資應該是短期的，還是長期的？薪酬策略是否採取領先策略？由不同組織文化驅使的價值觀，將導致不同的管理制度。從另一角度，人力資源管理不必然僅消極地被組織文化影響，反而人力資源管理活動會成為塑造組織文化的推手，例如：建立團體績效獎金制度，以及學習獎勵辦法，將有助企業轉型為「學習型文化」（Learning Culture）的組織。

(二) 經營策略

策略是指導組織如何在面對外在環境的限制下，達成既定的目標。當策略擬定後，組織須運用各種方式達成目標。從策略性人力資源管理的角度思考，經營策略對人力資源管理的方向具有導引的作用，制定人力資源管理活動的明確方向。相對的，組織在制定經營策略時，亦須考慮人力資源管理的可行性，方能確保經營策略的成效，兩者之間具有相輔相成的密切關係和相互影響。例如：企業以併購的方式擴張時，人力資源管理的活動就必須面對勞動法令、員工安置與任用、員工士氣、文化衝突、人資管理制度整合等議題，設計人力資源管理活動以克服問題。在組織策略與人力資源管理策略的研究中，有研究指出，不同的事業策略型態對人力資源管理的影響作用，如表 3-2 所示，研究結果呼應了事業策略與人力資源管理策略間具有一致性時，組織的績效會較佳。

表 3-2 事業策略與人力資源管理策略型態

事業策略型態	防禦者	分析者	探勘者
人力資源管理策略型態	累積型	促進型	利用型
招募與甄選			
員工來源	內部招募	內部與外部兼顧	外部招募
甄選標準	文化契合	文化與技能兼顧	工作技能
訓練發展			
訓練內容	廣泛訓練	介於廣泛與特定之間	特定工作
技能來源	長期夥伴關係	兼顧二者	外部購買
晉升管道	多種	介於二者之間	單一
職涯發展	非常廣	介於二者之間	非常窄
職涯發展重點	全方位	介於二者之間	專業取向
薪資			
調整薪資	重視工作年資	介於二者之間	重視工作表現
薪資變動	很低	介於高低之間	很高
績效評估			
評估方式	多面向評估	介於二者之間	單一面向
評估重點	行為導向	介於二者之間	結果導向

資料來源：王湧水、黃同圳、呂傳吉（2005）。事業策略、人力資源管理策略與組織績效關係之探討。《人力資源管理學報》，第 5 卷第 2 期，頁 1-18。

(三) 組織結構

企業的組織結構可區分為簡單式組織、功能式組織、事業部組織、策略性事業單位組織、矩陣式組織。簡單式組織的特色是企業主將所有決策權集中，以利控制組織，並且能快速的反應環境變化，在這種組織結構下，人力資源單位會以最簡單的形式出現，甚至由企業主主導。功能式組織結構是將企業內的子系統按照功能別分類，通常有生產、行銷、財務、會計以及人力資源管理等部門，人力資源管理部門因其專業性，具有部分的決策權；然而，以功能別分類的組織結構不易培養高階主管。

事業部組織的特色為組織授權給各事業部門，並負責盈虧的責任，雖然較容易栽培高階管理人才，但也帶來總體資源上的競爭。隨著組織的擴張，產生許多事業部門後，組織為了方便管理，會將共同策略性的部門組合成一個單位，稱為策略性事業單位，通常各個策略性事業單位有其所屬的人力資源管理部門，依各事業單位的策略發展相對應的人力資源管理活動。矩陣式組織兼具了功能專門化和產品或專案專門化的優點，但是員工除了受到所屬部門的管轄之外，尚須對專案小組負責，使得員工須同時對水平與垂直的結構負責，造成人力資源管理的活動愈益複雜，如績效考核的內容須同時包含所屬部門的績效表現，以及所屬跨部門專案團隊的績效表現。

特殊議題

多少無薪假違法？勞委會：很難認定

景氣不佳，實施無薪假企業愈來愈多，雖然行政院勞工委員會三令五申強調，無薪假一定要經勞資協商，資方不得片面實施，但究竟多少無薪假是違法，勞委會今天坦承很難認定。勞委會勞動條件處去年（2009）第四季開始，就忙著處理無薪假問題，並一再強調，無薪假一定要經過勞資協商，但仍有許多勞工指資方強迫實施，不過，勞委會至今查不到一件違法案件，勞委會坦承，很難認定資方實施無薪假是否違法。

勞委會勞動條件處指出，無薪休假不是雇主說要休就可以休，必須要有產能減縮等狀況存在，才能在「員工同意」的情況下施行。勞工若遭遇雇主違法濫用無薪休假，主動申訴是自力救濟的有效管道。

條件處官員指出，有員工指稱是在資方強迫下簽了無薪假協議書，因現在工作不好找，大多數人即使心裡不願意，但只要還有工作，即使收入減少，也會忍氣吞聲簽下協議書，一旦簽了協議書，若要認定資方違法，就須舉證，常形成勞方控資方違法，卻無法舉證。

雖然勞工在資方強迫簽無薪假協議書時可以拒絕，並要求資方依原有勞動條件給付正常工資，若資方不同意，勞工向主管機關檢舉後，資方就會因違法遭處罰，並會被要求給付正常工資，但大部分勞工為了保住飯碗，也不願這麼做。一旦勞工最後仍因公司業務緊縮遭資遣，此時再追究資方是否違法，就不易認定。

資料來源：http://www.epochtimes.com/b5/9/2/9/n2422924.htm。

註 1：勞動部（前勞委會）曾經在 2009 年 1 月頒布《地方勞工行政主管機關因應事業單位實施勞雇雙方協商減少工時通報及處理注意事項》，訂定企業施放無薪假的原則，裡面要求：無薪休假必須徵得勞工同意，並且立定勞委會的制式協議書，協議書上建議減短工時的時間，最多不應超過三個月，並要求雇主應註明實施期間與方式。此外，實施無薪假的企業，也應主動向各地勞工局通報。

註 2：2014 年 2 月 17 日，勞委會改制，升格為「勞動部」。

個案介紹

NEC 擬全球裁員一萬員工

由於全球經濟減縮導致市場對該公司手機、電腦和無線設備需求下滑，NEC 預計本財年（2011 年）虧損，這也是該公司四年來陷入第三個年度虧損。NEC 今天在一份聲明中表示，預計截至 2012 年 3 月 31 日的本財年將虧損 1,000 億日元（約合 13 億美元）。此前，該公司曾預計本財年實現利潤 150 億日元。

NEC 總裁遠藤信博（Nobuhiro Endo）今天在東京向媒體表示，這次裁員大多數將發生在該公司手機業務部門，裁員最早將於 3 月 31 日啟動。據該聲明稱，在日本約 7,000 個職位將被裁減，NEC 為重組和裁員，將花費 400 億日元。遠藤信博稱，這次裁減中，有一半將是全職員工。這次裁員消息是該公司在東京股市收盤後公布的。NEC 市值在過去 12 個月已經縮水 31%，同期它的競爭對手日本電腦製造商富士通市值縮水 23%，而同期東京股市大盤指數只下跌 17%。據彭博社的數據稱，NEC 截至 2011 年 3 月末有員工 11.584 萬人，而在2007 財年該公司有員工 15.4786 萬人。NEC 去年同聯想集團建立了一個合資企業，聯想集團同意對該合資企業投資 1.75 億美元以擴展日本市場。 據今天公布的聲明稱，NEC 截至 2011 年12 月31 日的本財年第三季度淨虧損從上年同期的 265 億日元擴大至 865 億日元，營收下降 6.7% 至 6,720 億日元。據 NEC 今天發布的聲明稱，該公司年末不會支付股息。

資料來源：http://www.epochtimes.com。

二、國際人力資源管理現況分析

通常在討論人力資源管理的內涵時，是以單一組織內的人力資源管理活動進行討論，透過分析各種組織的人力資源管理活動，彙整出幾項人力資源管理的實質內容，包含人力資源規劃、招募甄選、薪酬管理、績效評估、勞資關係、訓練發展等；換言之，上述的人力資源管理功能是組織在進行人力資源管理時共同的內涵。然而，上述的人力資源管理活動會依據組織的特性、組織所屬的產業、組織的策略規劃、經濟景氣等其他的因素，使得相異的組織在相同的人力資源管理活動上，產生有差別的制度，例如：醫療產業的人力資源管理制度以及科技產業的人力資源管理制度，兩者間必定存在差異。因此，實務上並沒有一套人力資源管理的標準公式讓組織直接套用，成為最佳的人力資源管理實務。

若我們將這些造成人力資源管理制度差異的原因，提升至國家間的差異時，即成為本節所討論的，國際人力資源管理。簡單來說，即是探討國際企業的人力資源管理，除了既有的人力資源管理功能外，更進一步討論人力資源管理制度在國際化時，會產生什麼變化。

國際人力資源管理模式

從 Morgan 發展的「國際人力資源管理模式」中，可清楚的瞭解國際企業在處理人力資源管理時的複雜度，該模式將國際人力資源管理分為三大構面（圖 3-2）：

1. **人力資源活動**：以獲得（Procurement）、配置（Allocation）以及運用（Utilization）此三種活動，廣泛地概括至人力資源規劃、招募甄選、薪酬管理、績效評估、勞資關係，以及訓練與發展等六項人力資源管理活動。
2. **人力資源活動的地理範疇**：將人力資源管理活動的國籍或國家範疇，區分為三種：

   (1) 總公司所在地——母國（Home Country）。

   (2) 子公司所在地——地主國（Host Country）。

   (3) 勞力、財務或其他投入來源——其他國（Other Country）。

3. **國際員工的類型**：依照三種人力資源管理活動的國籍或國家範疇，區分三類員工：

(1) 母國籍員工（Parent-Country Nationals, PCNs）。

(2) 地主國籍員工（Host-Country Nationals, HCNs）。

(3) 第三國籍員工（Third-Country Nationals, TCNs）。

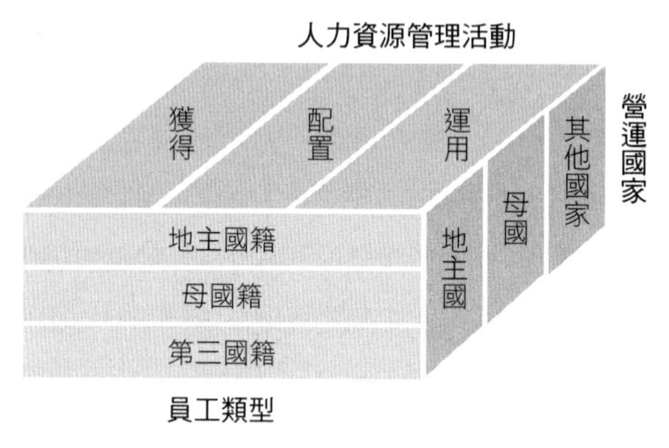

圖 3-2 國際人力資源管理模式

依據 Morgan 的觀點，國際人力資源管理所涵蓋的範疇為上述三大構面彼此間的交互作用，共有 27 種的組合，因此，國際人力資源管理所涉及的內容較單一國的人力資源管理更為廣泛與複雜。相關研究透過文獻分析，比較單一國的人力資源管理以及國際人力資源管理，認為造成國際人力資源管理較為複雜的原因，有以下六種因素（圖 3-3）：

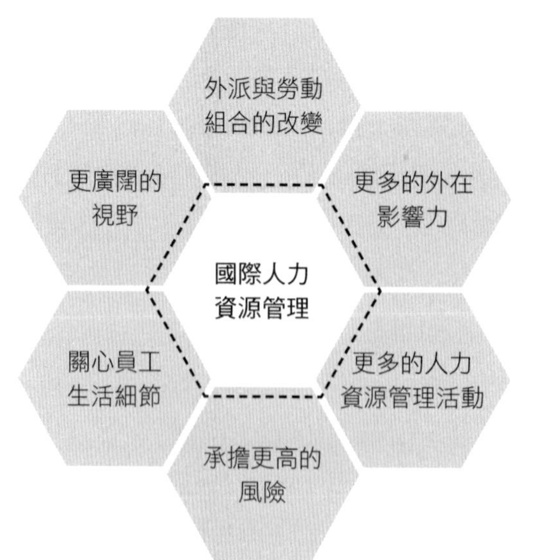

圖 3-3 造成國際人力資源管理複雜的因素

(一) 外派與當地員工勞動組合的改變

在企業拓展至他國的初期階段，企業較仰賴母國的專業人員，會外派許多母國的幹部，或是形成以母國籍員工為主的專案團隊，到當地進行相關國際事務的籌備；於此階段，母國企業將面對外派的議題，包含如何遴選外派人員、設定薪酬水準與組合內容、外派前訓練、外派人員的績效評估以及外派人員的回任。隨著拓展業務的進行以及成熟，對於母國員工或第三國籍員工的需求逐漸減少，對地主國的員工需求逐漸增加；於此階段，母國的人力資源管理重點不再是外派人員的議題，而逐漸轉變為如何對地主國的員工進行招募、地主國員工的薪酬水準之設定、對地主國員工進行教育訓練，以及組織勞動組合的轉變。從初期階段的母國為主的勞動組合，轉變為母國與地主國員工的搭配，甚至到後期以地主國為主的勞動，每個勞動組合的改變階段，都會造成不同人力資源管理內容的調整對應，使得國際人力資源管理有較高程度的複雜性。

(二) 需要更廣闊的視野

本國企業的人力資源管理活動面對的是國內的社會經濟、法律規定以及文化情境，對於社會經濟狀態以及法律規定有一定程度的瞭解，關於文化適應也無問題。然而，隨著組織拓展至其他國時，上述的社經狀態、法律規定以及風俗民情都需要重新認知與學習。例如：過去幾年，臺灣企業看重對岸的經濟市場以及成本優勢，轉向對岸發展設廠，對於中國大陸的法律相關規定，如勞動合同法，則需要重新學習，以免牴觸；況且，國際企業的據點遍及世界各國，地主國都有本身所屬的社經、法律以及文化習俗，面對此現狀，國際人力資源管理勢必以更廣闊的視野，預測可能面臨的人事問題，事先進行規劃並擬定解決方案。

(三) 需要更加關心員工的生活細節

在本國的環境下，人力資源部門對於員工的家庭生活涉入有限，也沒有立即的必要須涉入員工工作之餘的私領域；但對於國際人力資源管理而言，對外派員工的協助，除了有關工作的行政協助外，還必須包含工作外的支援。例如：母國企業外派員工至原先生活差異頗大的地主國時，對於外派人員在地主國當地的適應情形，必須有效掌握，使得國際企業的人力資源部門需要瞭解外派員工工作之餘的活動，並給予適時的協助。

(四) 承擔更高的風險

由於國際企業的據點可能遍及世界各地，因此，對於國際企業而言，還需要承擔另一項風險——恐怖主義。相關資料顯示，911 襲擊事件造成保險公司 400 億美元的損失，其中四分之三由保險公司承擔。除了母國企業在財務上的損失外，還可能造成企業的人員傷亡。在恐怖主義的考量下，許多外派人員會視外派地點做選擇，外派地點的評價將影響外派人員的外派意願。對國際人力資源管理而言，對於高度危險的外派地點，應有一套緊急對應程序，以維護員工的安全。

(五) 更多的人力資源管理活動

在國際環境下，人力資源管理部門從事的工作內容，將擴及至國際層級的差異。例如：職前訓練，包含海外外派人員住處的規劃、醫療照護的準備、語言訓練等，若外派任務屬於長期外派，還需考量家眷的遷移，提供當地教育的相關資訊，這些人力資源管理活動只有在國際人力資源管理的範疇下，才需要考量。與當地政府發展與維持良好的政商關係，也是國際人力資源管理的重要活動。許多國際企業在擴張的歷程中，往往需要開發中國家的資源，因而到當地投資設廠，直接生產；此時，人力資源管理部門若能與當地政府部門建立良好的互動，會較容易取得工作許可或相關執照，讓企業拓展更順利。

(六) 考量更多的外在影響力

國際人力資源管理面對的問題，屬於國與國之間所造成的差異，隨著母國企業的擴張，企業據點逐漸增加後，人力資源部門的決策將更為複雜，所考量的因素除了前述五點之外，站在策略性人力資源管理的角度，人力資源部門需要用宏觀的視野來看待全球經濟局勢的變化，不斷檢視母國與地主國的經濟相對發展狀況，以及地主國的國家政策，為企業在擬定策略時，提供建議。

特殊議題

全球人力資源管理趨勢

根據貝新聯合諮詢公司（Bersin & Associates）最近研究報告指出，2012 年「人才移動力」（Talent Mobility）將躍升為人力資源戰略的主流議題，其肇因於 2009 年經濟大衰退，企業進行大規模「瘦身」後，美國與西歐人才開始外移，並陷入專業能力素質停滯的狀況。相較於巴西、俄羅斯、印度、中國、東歐和新加坡等國家蓬勃的勞動市場，美國和西歐國家仍持續陷入高失業率與低經濟成長的泥沼之中，未來人才管理和人才隊伍建設，將邁入「全球在地化」的新典範。伴隨社群網路和雲端技術崛起，人才管理軟體市場將持續地增長，人力資源與訊息管理的結合亦更加緊密。此外，2013 年全球將有 47% 的勞動力來自於 1980 年後的 Y 世代，在不同工作價值觀的驅導下，人員管理模式必然出現嶄新的革命。同時，職場性別歧異的現象亦趨和緩，女性經理人逐漸在全球人才市場嶄露頭角。

英國人事與發展協會（Chartered Institute of Personnel and Development, CIPD）報導，自2008 年經濟衰退後的緩慢復甦期間，許多由公家部門精簡下的女性人力，逐漸轉進私人企業中，男性和女性失業率的比率差距，從2.5 個百分點縮小到 1.4 個百分點，且在 2011 年整體就業市場的機會占比，女性勞動參與成長率已超出男性。

資料來源：IHRCI 國際人力資源認證協會。

特殊議題

人資人員必須先國際化

國際人力資源管理諮詢公司（ECA International）於 2011 年 8 月 6 日在臺北亞太會館舉辦「ECA 國際人資主題交流聯誼聚會」，由 ECA 亞洲區域總監關禮廉（Lee Quane）及亞洲區域業務發展經理林詩琪發表演說。隨著 ECFA 開放兩岸人才市場，臺灣人才不斷湧入中國，陸資企業對臺灣人才需求大增，頻頻招手西進之際，外資也因兩岸關係逐漸冰融，持續加碼中國概念股的臺資企業，國際級人才需求的質與量直線上升；因此，對於管理國際人才的臺灣人力資源單位與人員，也將面臨全新的挑戰與考驗！ECA 最新國際調查研究數據顯示，臺資企業給付外派人員的待遇在全亞洲敬陪末座，且給付方式普遍無法反應不同地區的生活品質差異、物價水準、個人所得稅率和激勵性的誘因。這對於臺資企業吸引一流人才邁向國際化，並不是件好消息。同時，也反應臺資企業的人力資源單位在設計外派津貼的邏輯上，仍有檢視的空間。

惠而浦總公司人力資源副總 Ed Dunn 曾說過，「企業在國際化前，須先將人才國際化；而人才國際化，負責管理人才的人資人員更必須先國際化！」以目前全球最具公信力的人力資源專業證照為例，包括 PHR、SPHR、GPHR，經 IHRCI 統計，與亞洲幾個重要國家相較，臺灣 HR 在上述的證照總數敬陪末座。

資料來源：IHRCI 國際人力資源認證協會。

特殊議題

訓練思維因國而異

西方管理思維總是鼓吹企業應投資和培育人才，以創造稀少、具價值、難以被模仿且不易被取代的競爭優勢。然而，就像金融市場一樣，並非所有的投資都保證獲利，不同的投資者會將資金有效地分配到不同標的，並進行不同的避險操作。有趣的是，人才投資也往往因國情文化不同，而有不同的操作手段！

一篇發表在跨文化心理學期刊 *Journal of Cross-Cultural Psychology* 的研究，蒐集來自 6 千家以上公司、橫跨 21 個國家與不同產業的資料，發現不同國家的企業對人才投資的比重與評等有極大的差異，而其差異起因於文化價值觀的不同：

個人或群體主義

個人主義強調自我；群體主義強調群體的價值，個人皆屬於團體的一部分。研究指出，個人及群體主義與培訓支出並沒有顯著的關係。

承受不確定性的大小

有些民族偏好結構化，設法規避模糊不明或難以控制的程度，行事較為保守。反之，有些民族較能接受混沌的狀況，其承受不確定的壓力度較高。對於規避不確定性的群體，大多以消除無知或未知為由而參加培訓，以確保安全感。例如：西班牙語系國家、中國、臺灣、以色列及俄羅斯的企業，之所以派員去上課學習，經常只是因為害怕自己不知道什麼，而帶著「看新聞」或「聽聽看」的心態來受訓，並非要將所學應用在工作上。反觀美國、英國、香港、新加坡及愛爾蘭等對不確定性容忍度較高的地區，則較重視培訓報酬率。

長期或短期導向

長期導向的民族重視未來發展與延續；短期導向的民族嚴遵傳統、維持現狀和保守。重視長期導向的群體較能認同培訓的長期投資價值，反觀短期導向的群體，因急求短線的培訓投資回報率，自然吝於投資人才。例如：日本就遠比非洲、菲律賓、挪威、捷克等「活在當下」的國家投入更多的培訓資源，以維繫許多基業長青的百年企業。

權力距離的高低

高權力距離國家強調社會階級與特權；低權力距離傾向於重視平等。該研究發現，權力距離較低的群體會將培訓當作能力提升的手段；權力距離較高的群體卻將培訓當作少數人的福利。這可以解釋歐美先進國家的培訓支出占人事費用的 4-6%；但亞洲、中東、東歐的開放中國家，培訓支出僅占人事費用的 1-2%。

該研究額外發現，企業規模與產業類別同樣會影響企業在培訓上的支出比例。因大企業資源較多，且容易達成規模經濟，培訓支出自然較多。而高科技或需要經常接觸新技術的產業，在知識經濟的驅動下，被迫要不斷學習新知，而提升培訓支出。

跨國企業的人力資源從業人員在規劃人力資源發展時，往往忽略將文化價值觀納入培訓需求分析，無怪乎常出現「水土不服」的結果。無論哪個國家或民族，成人的學習動機大多決定培訓的投入感與成效。不同文化的群體可能需要利用不同的訴求來激發學習意願。

資源來源：Peretz, H. & Rosenblatt, Z. (2011). The role of societal cultural practices in organizational investment in training: A comparative study in 21 countries. *Journal of Cross-Cultural Psychology, 42*(5), 817-831；IHRCI 國際人力資源認證協會。

特殊議題

全國人才供需失衡

由世界經濟論壇 WEF 及波士頓顧問公司 BCG 所作的一份研究證明，人才短缺的危機勢必在未來幾年對全球產業產生負面影響。萬寶華 Manpower「年度人才短缺研究」指出，臺灣及中國有高達四成的企業主遭遇求才困擾。此趨勢也將促使企業將「吸引與留置人才」的重心移轉為「創造和培育人才」。研究顯示，未來全球人才短缺最嚴重的十大工作，包括：(1) 專業技師：如電工、木工、焊接工和水電工；(2) 營銷人員；(3) 技術人員；(4) 工程師；(5) 財會人員；(6) 生產線作業員；(7) 行政助理；(8) 高階主管；(9) 司機；(10) 勞力性工作者。

造成人才短缺的原因，包括嬰兒潮世代邁入退休、人口老化、教育體制與職場需求脫勾、在職訓練不足以及產業持續轉型。到了 2020 年，人才短缺影響最深的產業則包括服務業、通訊、醫療照護、資訊科技及運輸業。同時，各國對於高端人才爭奪戰也日趨白熱化，已開發國家的工作機會持續減少；開發中國家的機會激增，許多歐美人才逐漸往中國和印度遷徙，造成失業率高，但企業卻高喊人才不足的奇怪現象。事實上，企業要解決人才市場供需不平的問題，並不需要付出大量的時間和金錢，可能的解決方案如下：

1. 發展戰略人才規劃策略：研究指出，全球只有 9% 的企業會預測未來人才供需，且僅有 6% 的公司開始進行戰略性人力規劃，遑論務實的長期人才培育計畫。
2. 把員工培訓當作投資：在 2010 年，印度第二大的資訊技術外包公司 Infosys 投資了一億八千多萬美元在員工培訓上，將員工在校園中所受的教育和企業能力需求作更緊密的結合。
3. 與供應鏈夥伴合作：提供人才縱向與橫向培訓和職涯發展機會。例如：SAP 和 P&G 就有人才交換的計畫，讓領導人才在陌生環境學習產業供應鏈的知識。
4. 強化優質的產學合作：企業應設計完善的實習計畫，作為招聘和培訓高潛力人才的工具，並藉以提升企業聲望。否則不但達不到預期效果，反而會折損雇主品牌形象。

5. 投入社區就業服務：芝加哥就業服務站與當地企業合作，提供了失業者即時且有效的職業培訓，而當地企業也樂於雇用該培訓後轉介的再就業人才。

資料來源：Krell, E.（2011）. The Global Talent Mismatch. *HR Magazine*, June, 68-73.

特殊議題

國際人力資源管理面對的國際經濟因素

聯合國（UN）報告預測，全球經濟在 2012 和 2013 年將大幅縮減，除非採取積極的對策、加速改善就業市場、遏止歐債危機蔓延並提供脆弱的銀行支撐，否則今年（2012）全球經濟成長率可能只有 0.5%。

根據聯合國二度發布的《2012 年世界經濟形勢與展望》報告，全球經濟成長從 2011 年年中開始，大範圍減速，且預期今（2012）、明（2013）兩年將持續成長降溫的趨勢，微弱的成長將不足以抵銷大部分已開發國家就業市場的疲軟，導致開發中國家的收入成長減緩（表 3-3）。此報告假設，在歐債問題受到

表 3-3 聯合國經濟成長預測

單位 %

地區 ＼ 國家	2011	2012	2013
全球	2.8	0.5	2.2
美國	1.7	-0.8	1.1
中國	9.3	7.8	7.6
日本	-0.5	0.5	1.2
歐元區	1.5	-2.0	0.6
俄羅斯	4.0	-3.6	3.0
印度	7.6	6.7	6.9
東亞	7.2	5.6	5.7
巴西	3.7	0.3	2.0

資料來源：聯合國經濟與社會事務部。

控制、全球流動性危機緩解及美國聯準會（FED）維持超低利率政策等樂觀情況下，今、明兩年全球經濟平均成長率預測各為 2.6% 及 3.2%；但若是情況相反，景氣持續走低，今年全球經濟平均成長率將只有 0.5%，而明年為 2.2%。聯合國貿易暨發展會議（UNCTAD）資深經濟學家卡爾卡哥諾（Alfredo Calcagno）說，全球經濟面臨多重且互相關聯的問題，特別是源自於高失業率的風險。設法解決持續發酵的就業危機與提振下滑的經濟成長展望，將是當前最大挑戰，尤其是對已開發國家而言。

報告指出，歐洲領袖對如何化解債務問題意見紛歧，加上各國厲行財政緊縮措施，可能引發全球另一波經濟衰退。在悲觀的情況下，歐元區今年經濟將呈負成長，明年則可望回升至 0.6%。另外，已開發國家也瀕臨經濟減速的邊緣，面臨四個形成惡性循環的弱點：沉重的負債、脆弱的金融體系、高失業率與緊縮措施造成需求疲弱，及政治僵局與制度缺失造成政策癱瘓。在最糟的情況下，今年東亞地區將成長 5.6%。

資料來源：新浪網（http://finance.sina.com/bg/economy/udn/su/20120117/1743438114.html）。

外派人員的甄選任用

(一) 任用的取向

一般而言，企業擴張成國際企業時，人力需求將隨之增加，產生人力需求大於人力供給的狀況，須進行招募與甄選的人力資源管理活動，此招募與甄選活動的進行與結果，會受到任用取向的影響。例如：某美國多國籍企業，在巴西進行擴張後，巴西當地國企業對於財務長有立即性的人力需求，此時有三種方式可以進行招募甄選的方向：(1) 直接指派母國企業中適任的人才（母國籍員工，PCNs）；(2) 當地國進行招募（地主國籍員工，HCNs）；(3) 在國際勞動市場中，或其他國的子公司，找尋適任的人才（第三國籍員工，TCNs）。企業會思考幾項因素，決定採取何種方案，包含任用的難易程度、地主國政府對於雇用的相關法律條件，以及任用策略的取向，其中最被廣泛探討是任用的取向。

國際人力資源管理的範疇中，任用的取向是說明多國籍企業如何管理以及安排子公司的用人策略，分為四種類型：母國中心型（Ethnocentric）、地區分權型（Polycentric）、區域整合型（Regiocentric）與全球整合型（Geocentric），分述如下：

1. 母國中心型

當地國子公司的策略決策以及執行政策都由母公司主導，當地子公司幾乎沒有自治權，使得在人事決策上，母公司對於當地國子公司的重要職位空缺，由母公司直接進行指派；換言之，子公司的人力資源調度與職位安排，由母國籍（PCNs）的外派人員出任。母公司採取母國中心型的任用取向，是基於下述幾項理由，並將延伸出優缺點。

(1) 經調查評估後，母公司認為地主國籍員工無法適任。

(2) 由母公司直接指派母國籍外派員工，使母公司與當地國子公司之間能維持良好的溝通，提高控制程度，確保當地國子公司的策略決策以及發展方向能與母公司一致，為一種「外派控制」。

(3) 由於母公司與當地國子公司分屬兩個不同的國家，在風俗民情以及相關法令規範皆有落差的狀況下，容易產生資訊不對稱的現象，易引發投機行為，導致代理問題，使得在國際化的過程中，企業面臨較高程度的營運風險。為降低此代理問題的風險，母公司會傾向將當地國子公司的重要職位託付給「自己人」，指派較為信任的母國籍員工出任。

(4) 母國公司對當地國子公司直接進行指派，將限制地主國籍員工的升遷機會，會反應在較低的士氣、工作滿意度，以及較高離職率等重要的組織行為結果變數。

(5) 母國籍的外派人員至當地國上任後，尚需要一段外派適應期間，通常海外外派人員的文化調適會以 U 曲線分成四階段，如圖 3-4。

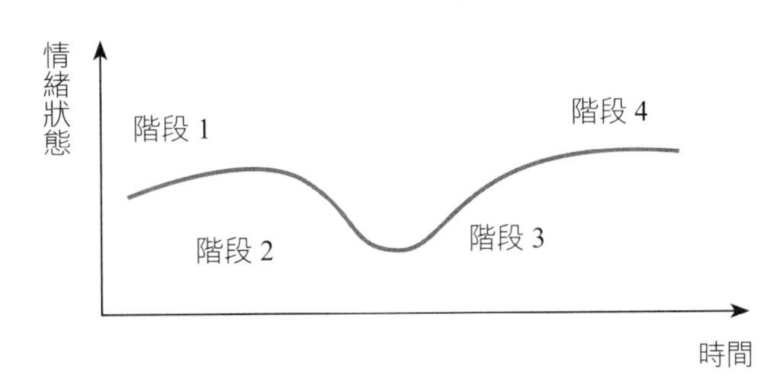

圖 3-4 文化調適階段

階段 1 是執行外派任務前的階段，外派人員會有一連串的情緒起伏波動，如加薪的興奮、面對未知未來的恐懼、未來獲得升遷機會的愉悅等，至外派地主國時，對地主國有新鮮感，有一段蜜月期。

階段 2 為該外派成功與否的關鍵，外派人員在面對新環境的挑戰，以及文化適應調整的雙重壓力下，情緒將逐漸低落，若無法改善，可能會提早由母公司召回。

階段 3 當外派人員處於階段 2 時，母公司或當地國子公司能給予適時協助，使外派人員調適得宜，開始接受與積極面對新挑戰，該外派人員的心理狀態將隨之上升。

階段 4 代表外派人員已度過外派的震盪期，處於平穩的階段。

此外派適應期可能會造成母國籍外派員工的情緒波動，增加決策失誤的機會。

(6) 母國籍的外派人員（PCNs）與地主國籍的員工之間，常常備受比較，通常母國籍外派人員的薪資水準、補貼以及福利條件都優渥，造成地主國及員工的不平衡心理，也增加母國的人事成本。研究統計發現，美國企業的外派人員中，有一半的外派人員其平均薪資是一般員工的 3 至 4 倍，有約二成比例的外派人員平均薪資更高達 4 倍。

2. 地區分權型

相較於集權的母國中心型任用取向，地區分權型的任用取向則是將決策權下放給當地國子公司。在人事決策方面，子公司通常任用地主國籍的員工（HCNs），但母公司對於升遷管道有所限制，地主國籍員工鮮少有管道升遷至母公司；相對的，母國籍員工也較無機會輪調至當地國子公司。

此分權取向的任用策略背後的原因以及優缺點如下：

(1) 雇用地主國籍員工（HCNs）能夠排除語言障礙以及文化衝擊，避免外派適應問題以及外派人員的訓練費用。

(2) 與母國外派人員相較之下，雇用地主國籍員工的薪酬水準，往往具有成本優勢。

(3) 由於人事決策權的下放，連帶影響母國公司對當地國子公司的控制程度。母國公司與當地國子公司之間的溝通較可能出現問題，包含文化差異、價值觀等，使母公司與子公司之間產生隔閡，最後演變為母公司與子公司之間僅有母子之名，但無母子之實，為一種「聯邦」型態。

(4) 當地國子公司的重要職位由當地國員工出任時，當地國員工除了可避免文化適應的問題外，於當地國子公司的人脈基礎以及地緣關係也較母國籍外派人員具有優勢，在執行策略遭遇困難時，當地國子公司的人脈基礎以及地緣關係成為重要的資源。

除了上述幾項外，母公司在地主國進行投資時，當地政府有時也會給予母公司施加壓力，或給予較優惠的投資條款，但另有但書，規定當地國子公司的管理職位須由當地國籍人員出任，作為回饋。

3. 區域整合型

當國際企業其子公司分布於多個國家，此區域整合型的取向反應出此多國籍企業的區域性策略。舉例而言，某一美國多國籍企業將所屬子公司劃分為三個區域：歐洲區、亞太區以及美洲區，各區所屬員工僅在該區域的內部勞動市場流動，如歐洲區的員工僅在英國、德國、法國等歐洲區域內流動，較無流動至亞太區或美洲區的公司任職，表示各區域間屬於分權型，但各區域內則為整合型。此類型通常為發展全球整合型的前一步。

4. 全球整合型

全球整合型的任用取向代表母公司認為國籍與能力兩者間是獨立的變數，彼此無關。例如：瑞典多國籍企業 Electrolux 並沒有僅雇用瑞典人的明文規定，以及約定俗成，不論是母公司或是地主國子公司有人力需求時，應徵人所持有的護照顏色不會影響甄選程序，其招募甄選的唯一標準是「適才適任」，不管在一般職位，或是高階管理職，甚至是董事會，都有母國籍員工、地主國籍員工以及第三國籍員工出任。此全球整合型的優缺點如下：

(1) 全球整合型的任用取向能夠自然的發展出國際經營團隊，以全球性的觀點擬定策略。
(2) 全球整合型的任用取向有較開廣的勞動市場，除了一般常見的外部勞動市場外，其內部勞動市場也蘊藏許多有潛力的人才。
(3) 避免聯邦型態的母公司與子公司的關係。
(4) 有助於跨國或跨單位的資源共享。
(5) 地主國政府或相關利益關係團體，會以當地國的法令規定限制當地企業的任用條件，往往與全球整合型的任用取向相違背，成為落實國際人力資源管理策略的阻礙。
(6) 全球整合型的任用取向必須負擔高昂的任用成本，包含文化訓練、額外津貼、優渥的福利條件、外派人員的家庭照顧以及國際人才的招募甄選的程序等。
(7) 國際經營團隊雖然具有全球性的觀點，會引發有利組織的任務性質相關的衝突（Task Conflict），但也由於彼此的國籍不同，連帶促使人際性的衝突（Relationship Conflict），研究顯示，人際性的衝突往往會帶來負面的結果。

雖然國際人力資源管理的文獻將任用取向歸類為上述四類，實務運作時，並非選取任一種取向後不做變動。企業應視國際情勢的改變，配合企業的整體策略，考量執行策略時的人力需求變化，以及瞭解聘用母國籍、地主國籍以及第三國籍的優缺點後，選擇適合的任用取向（表 3-4）。

表 3-4 企業聘用母國籍、地主國籍以及第三國籍員工的優缺點

	母國籍員工	地主國籍員工	第三國籍員工
優點	1. 維持或促進母國企業對子公司的控制程度。 2. 母國籍員工可獲得國際化經驗。 3. 確保遵守母公司的策略以及既定目標。	1. 沒有語言障礙。 2. 成本降低且不需要工作許可證。 3. 地主國政策的優惠。 4. 地主國籍員工的升遷可提升員工士氣。	1. 薪資或福利要求可能低於母國籍員工。 2. 第三國的文化認知有助發展國際經營團隊。
缺點	1. 地主國籍員工升遷機會受到限制。 2. 適應地主國需要一段適應期。 3. 母國籍員工與地主國籍員工的薪酬差異造成公平性問題。	1. 降低母公司的控制程度。 2. 不利母國籍公司員工的國際經驗。 3. 阻礙全球整合類型的任用取向。	1. 調任時需要考量國家間的歷史因素。 2. 當地政府對第三國籍員工的態度。 3. 耗費適應文化的成本。

(二) 國際化階段與外派性質

隨著企業國際化發展階段的不同，學者們普遍認為企業在外派運作上應隨之調整。在國際化的四個不同階段中，分為：(1) 母國化（Domestic）：著重在母公司所在地的市場和外銷；(2) 國際化（International）：著重在對投資當地國所發生問題的回應，以及學習的轉移；(3) 多國化（Multinational）：著重在全球策略與價格競爭文化；(4) 全球化（Global）：同時著重在投資當地國問題的回應與全球整合。

在母國化階段，文化對企業的影響非常有限。高階管理者多採用以母國為中心的中央集權制，以母國公司的管理制度為主，地主國的文化幾乎不需考慮，也不需做大幅度的因地制宜之調整。在這個階段，通常是短期的專案性質外派。

進入到國際化階段時，母國與當地國間的「文化差異」變成很重要的影響變數，由於企業逐漸當地化，由原先的中央集權制轉變為地方分權制，因此管理制度也必須逐漸修正，將從母國引進的制度修正成能契合地主國文化特性與員工需求。在此修正的過程中，母公司與子公司之間勢必有相當程度的溝通，需要長期的外派，外派人員的任務將開始著重管理性質的輔助，與技術性質的輔助並重。

在多國化階段中，產品必須與其他同樣接近全球化階段的企業競爭，成本是企業策略的重點，在考量外派人員的相關訓練成本外，並且還需要處理多國籍文化差異造成的影響，須保持文化敏感度，不能僅從母國或當地國的狹隘角度思考問題。此階段中，外派不但是長期的性質，且外派人員必定是母公司中優秀的重點人才。

最後於全球化階段中，除了低成本策略外，企業亦要滿足全球客戶在產品與服務上的高品質需求，提供合乎文化特性的產品。為求管理效率，企業開始將分屬多國的子公司劃分區域，如亞太區、歐洲區或美洲區等區域性質的劃分。在管理方面，企業面對母國中央以及投資國地方權力分配的問題，因此，通常以區域為中心的型態，使中央與地方的權力均衡，讓制度同時融合母國與當地國的優點。此時外派的重點，在於協調與整合，母公司可藉由外派的方式，訓練與培養未來的接班人選，外派任期則無一定期限。

(三) 外派人員的甄選標準

從上述的討論發現，外派人員需要耗費組織相當程度的成本，而該成本也是母公司在選取任用取向時的重要參考依據，合適的海外外派人員能夠增加外派的成功機會，如何選擇適合的外派人員是進行海外派遣時最大的挑戰，其中如何設定甄選標準，對於企業而言是極為重要的議題。以下就影響外派甄選的五項因素作說明（圖 3-5）。

1. 專業能力

專業能力是評估外派人員是否能完成任務的重要因素，因此，專業能力是進行甄選決策時首要評估的依據。2002 年 Opinion Research Corporation 在全球問卷調查中發現，七成的企業在甄選外派人員時，會以與任務相關的技能決定是否適任。外派人員通常是透過內部招募，原因在於，外派候選人的專業能力表現可依據該員工的過去績效表現進行判斷。然而，過去績效表現佳的員工，外派至海外時，是否也能有良好的績效表現，是值得討論的議題，外派人員的專業知識是否在他國的情境下完成轉移，也是企業考量的重點；換言之，外派人員的專業能力與國外文化情境因素產生的交互作用，可能影響績效表現，而提早被召回。

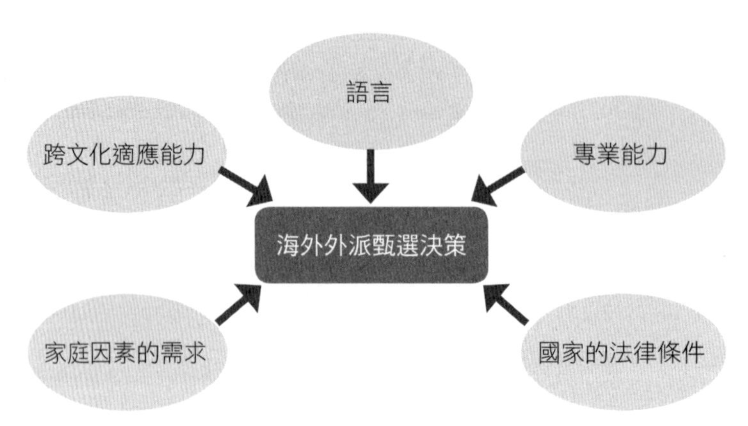

圖 3-5 海外外派甄選的影響因素

2. 跨文化適應能力

外派人員所處的文化情境所產生的文化衝擊是影響外派成功與否的關鍵因素，因此，除了外派人員具備的專業能力外，外派人員的跨文化適應能力也是甄選的重要依據。一般而言，跨文化適應能力，包括文化移情作用、適應力、社交能力、語言能力、情緒穩定度以及成熟度等。從人格特質的角度，五大人格特質中所包含的外向程度（Extraversion）、親近程度（Agreeableness）、責任感（Conscientiousness）、情緒穩定度（Emotional Stability）以及開放性（Openness）等，可作為預測外派人員的文化適應能力。

情緒穩定度高的外派人員，表示心理狀態較成熟，會降低情境因素所產生的負面影響，因此，文化適應階段 1 與階段 2 之間的落差會較小。開放性以及外向程度高的外派人員，能以積極的心態面對新挑戰，以及在陌生的環境中迅速建立良好的人際關係，可加速文化適應階段 2 與階段 3 之間所需要的時間。因此，外派人員的人格特質可作為是否具備文化適應能力的前測指標，但前提是，企業所採用的人格測驗是準確的。

3. 家庭因素的需求

在外派期間，外派人員的家庭是否獲得妥善的照顧，將影響外派人員的工作表現。若外派人員的配偶子嗣並無隨行時，因而在外派期間與家庭分處兩地，無法隨時獲知彼此的訊息以及立即回國處理，此時，企業須考量外派人員於外派期間的心理調適。若外派人員的家庭隨行時，配偶承受之壓力不亞於外派人員在工作上的壓力，因為配偶需要負責處理移居後的生活整頓，即使配偶是男性，仍然需要調適。若外派人員的家庭隨行時，子女的教育問題將成為外派人員需要考量的問題，包含學制、文憑是否能與母國接軌，子女本身的心理狀態是否已能接受不斷轉換新的環境等，都會成為外派候選人拒絕外派任務的原因。多國籍企業會提出幾項家庭照顧政策，協助解決上述的困難，例如：企業內雇用，或是透過企業間的人際網絡安插工作等。

4. 語言

慣用語言的差異被認為是跨文化溝通的障礙，外派人員的語言能力通常與跨文化適應能力呈現正向關聯，並且將影響外派工作的績效，使得語言在甄選的決策中是極為重要且基本的條件。

多國籍企業為了有效地與分屬不同國籍的子公司協調，需要採用共通的企業語言，英語系的國家如美國、英國、加拿大、澳大利亞，皆使用英文作為統一語言；在非英語系的國家中，如新興市場的亞洲地區，雖慣用語言並非英文，但為了遷就英語系國家的市場，在對外的溝通上，仍以英文作為企業語言，但日常的企業內溝通，會以慣用的語言為主，例如：國語，甚至是臺語。除了英語之外，西班牙語以及華語也是常見的國際語言。因此，外派候選人所具備的語言能力是企業在甄選決策的重要因素。

5. 國家的法律條件

多國籍企業基於地主國籍員工的專業能力不足以勝任職務時，會派任母國籍或第三國籍員工，此時，母國籍或第三國籍的員工需要取得地主國的工作許可，然而，此工作許可的申請會較複雜且受到較嚴格的法律規範。即便外派人員本身取得工作許可，但配偶可能仍不允許在地主國就業；以目前雙薪家庭的常態，外派人員考量外派後，配偶將無法就業領取日常所得時，若企業無提供相關的補貼，將大幅減低外派意願。換言之，企業所需要克服的外派問題不僅止於外派候選人本身，還須考量地主國的相關法令條件。

(四) 外派人員的回任

回任（Repatriation）是指「完成外派任務後，返回母國公司就任的程序」，完成外派的員工都被視為企業重要的資產，成功的回任管理將能為企業帶來競爭優勢；對於外派的回任者而言，他們大多認為外派經驗對其職涯有相當程度的幫助，對於回任後的職位有高度的預期。因此，企業應積極訂定回任的管理措施。

然而，實際上，外派回任的留任率卻是非常的低。究其原因在於外派人員回任時，在心態上將經歷回任的文化衝擊（Reverse Cultural Shock），失去社會地位，發揮舞臺變小；在現實面，可能遭遇可支配收入減少的財務問題、生活型態改變的問題，加上由於企業的職涯規劃不良，讓回任者僅是被安排到有空缺的位置，反而未考慮回任者的個人能力、資歷與需求，使得回任者感受到新工作和外派時的工作相較之下反而缺乏自主性、職權以及重要性。回任者基於上述面臨的問題，導致有較差的回任滿意度，最終另覓舞臺，造成回任者的低留任率狀態。

進一步分析回任的程序，可以分成四個步驟，包含準備（Preparation）、工作搬遷（Physical Relocation）、轉移（Transition）以及再適應（Readjustment）等。其中任一步驟沒有相關的明確規範或組織制度指引回任者，即容易造成回任失敗的情形。有研究曾對美國 175 家企業作調查，彙整美國企業回任方案所包括的課題，發現企業除了會提供回任者職涯路徑以及未來工作相關的問題諮詢，甚至給予一些財務性補助外，對於回任者心理層面的輔助卻非常少，且並未安插回任者在最適當的位置，而這正是六成回任者最在意的問題。上述的資料表示，企業對回任者的再適應步驟未見良好的協助。臺灣企業和美國企業的情況相似，回任人員對於組織的「前程規劃與發展」、「回任訓練與準備」以及「薪酬激勵」感到不滿意，回任後的工作自主彈性較低，導致對組織的投入降低（圖 3-6）。

為了提升回任的成功率，企業可藉由以下十一項擬定完整的回任方案，包含：

1. 組織應該努力管理外派人員的回任。
2. 職涯規劃能幫助留任回任者。
3. 提供一份書面的保證或回任協定，以減低外派者感受到的未來模糊性，若無保障回任，則應在外派前「誠實」的說明事實。

4. 一個預應性回任系統的普遍作法是指導者（Mentoring）制度。
5. 提供再適應計畫（Reorientation Program）。
6. 提供回任訓練會議（Repatriation Training Seminars）給回任者及其家人。
7. 財務諮詢與財務／稅賦支援。
8. 生活諮詢。
9. 給回任人員一段回任適應時間。
10. 外派者在派外時，應提供他們和母公司溝通的機會與管道。
11. 組織應該有明顯可見的符號象徵，顯示出它對國際經驗的重視。

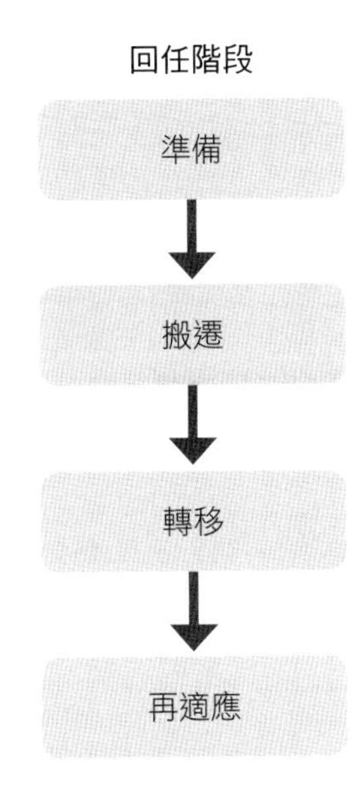

圖 3-6 回任的程序

特殊議題

外派人力的趨勢

英國 ECA International 國際諮詢公司自全球外派數據庫和調查研究資料中預測 2012 全球人才市場的趨勢：

1. 約 67% 企業在未來兩年持續增加外派人力。
2. 平均外派管理成本雖達到 5,100 歐元，但其數額僅為5 年前的一半。
3. 日本景氣持續低潮，但東京仍連登全球外派最昂貴的城市。
4. 預計 2012 年外派薪酬將小幅上升，由今年（2011）5.3% 調增為 5.6%。

資料來源：http://www.ihrci.org/content/important_news。

特殊議題

郭台銘：只有能幹與不能幹

鴻海集團總裁郭台銘於 2012 年 1 月 9 日出席「2012 決定你的人生」座談會，在臺大與青年學子會談，會談中，學生問題五花八門，包括貧富差距、全球暖化等，在會談當中，郭總裁被問及兩岸年輕人間的優劣勢，郭總裁做出簡短但如實反應其思維的回應：沒有臺幹、中幹或美幹（不同國籍的管理幹部），只有能幹與不能幹。此回應反應出鴻海集團的任用策略，是偏向全球整合型的任用取向。

資料來源：中時電子報（http://news.chinatimes.com/focus/501010330/112012011000121.html）。

個案介紹

Acer：為回任做好準備，避免人才回國被挖角

宏碁標竿學院院長楊國安指出，根據國外的研究，七成待滿任期的人，在返國一年內離職，而且通常是跳槽到競爭對手的公司，投資在這些經理人身上的成本無異於石沉大海。明碁副董王文燦表示，自己派駐歐洲長達七年，一路由基層主管爬升到主管歐洲業務，七年外派回來後，施振榮則將他帶在身邊見習品牌管理業務；如今明碁要在全球發展自有品牌，正好可將他過去所學派上用場。楊國安認為，公司必須事先講明，被派任者是屬於哪一類，使外派人員對未來的發展有心理準備，才不會造成預期上的落差。一般而言，外派人才在母公司時只是大組織下的一員，外派時卻須統領整個大局，舞臺與空間都相對變得寬廣，自己就是派駐地的國王或要角（Key Person）；一旦外派結束，即便回任後仍然在同一職等，多數人仍會感覺舞臺變小。一旦公司未有好的安排，很容易被派駐地需要這種經驗的競爭對手挖角。在具體的作法方面，宏碁電腦人力資源協理鄭兆民指出，宏碁內部為每一位外派人員增設一名「前程主管」（Career Manager），通常是由外派人員的主管擔任，這名前程主管須與外派人員密切聯繫，尤其是回任前半年，也要預先為他規劃好回任後的職務，而且在職級上一定要高一等，「讓他感受到公司對他的關切沒有變少。」並且，在公司升遷的規章內，目前則載明有外派經驗的人得以優先擢升，以明示公司對這件事的看重。

資料來源：摘錄自《商業周刊》，第 736 期。

薪酬管理

(一) 影響國際薪酬因素

在國際人力資源管理的範疇中，外派人員的薪酬管理尤其複雜，所牽涉的層面廣泛，薪酬組合內容與工作任務、稅務法律、當地風俗民情、當地物價水準以及國際匯率波動等有所連結（圖 3-7）。例如：臺灣企業以月薪計算，且三節獎金另外支付，與外商企業多以年薪作為單位的作法則有差異。因此，在設計外派人員的薪酬內容時，須同時考量上述層面，才能建立合理且具有激勵性質的薪酬內容，達成：(1) 配合企業整體策略；(2) 吸引與留任優秀的人才；(3) 節省成本；(4) 管理的效率；(5) 全球觀點下的公平性。

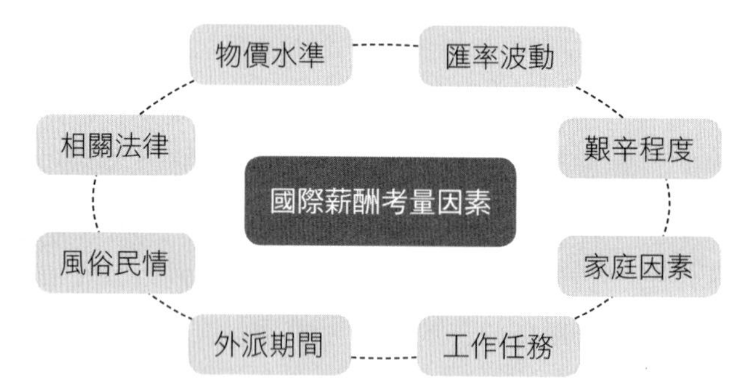

圖 3-7 國際薪酬考量因素

(二) 國際薪酬組合內容

國際薪酬的內容必須同時滿足母國籍員工、地主國籍員工或是第三國籍員工，因此在薪酬內容的設計必須同時具備周延性以及互斥性；在外派人員報酬制度的研究中，列出在東京的美國外派人員的費用項目以及金額，如表 3-5。

表 3-5 外派人員的薪酬內容

薪酬項目	金　　額
現金報酬	$45,080
再安置津貼	$51,750
津貼	$41,860
稅金	$91,310
總　　計	$230,000

具體的國際薪酬內容可約略區分為：(1) 本薪；(2) 津貼；以及 (3) 福利三大類，分述如下：

1. 本薪

無論是否為海外外派員工，本薪皆為薪酬內容中的基本項目，必須符合法律保障的最低水準。國際薪酬的本薪所考量的範圍除了相關法律的規範外，最大的差異在於本薪的水準是否隨著當地國的物價進行調整，以及國際匯率波動的影響。通常企業會在地主國水平法（Going Rate Approach/Market Rate Approach）以及平衡表法（Balance Sheet Approach/Build-up Approach）兩者之間權衡選擇。

2. 津貼

國際薪酬組合的內容中，津貼項目非常具有彈性，由於津貼項目的標準以及金額沒有一定的標準，因此成為外派人員與母公司兩者間商議的重點，有時津貼項目的總和甚至高於本薪的總額。津貼的項目可約略區分，包含住宅津貼（Housing Allowance）、離家津貼（House Leave Allowance）、子女教育津貼（Education Allowance）以及再安置津貼（Relocation Allowance）。

住宅津貼提供外派人員在當地國的居住水準能與母國持平，例如：由公司提供住宅指定給外派人員居住，或由外派人員尋找租屋處，公司提供租金補貼；為了防止外派人員在住宅津貼的過度要求，會設定租金補貼的上限，當超過上限時，由外派人員自行負擔。

離家津貼是公司給付給外派人員返家的旅程費用，協助外派人員降低工作與家庭間的衝突，維持工作與家庭間的平衡；類似於住宅津貼，離家津貼亦有限制，通常不以總金額作為標準，而是以返國的次數進行約定。有時外派人員會請求將此離家津貼作為支付家人至地主國短暫停留的費用，或是作為支付外派人員的國外旅行費用。

子女教育津貼涵蓋範圍如家教、語言課程、註冊費、書籍文具費、寄宿費、交通費等相關費用，津貼金額以當地學校品質與平均費用計算。此教育津貼通常較無爭議，若子女留在母國，通常企業會取消此教育津貼，或將公司所核定之教育津貼的部分金額，挪用至其他津貼。

再安置津貼為協助外派人員的家庭遷移至新環境時，所需要的居家費用，如搬運、倉儲、家電與購買汽車的補助金，甚至高階管理職務的再安置津貼包含聘請傭人的費用、當地俱樂部會員的優惠等。此再安置津貼的金額通常為一次性給付，並按當地物價水準以及再安置項目進行調整。

3. 福利

福利制度的複雜性也頗為困難，特別是法律制度面的福利會因國家之差異而有相當程度的差別。例如：臺灣的醫療保險制度（全民健保）與美國的醫療保險制度差異非常大，當臺灣籍員工在臺灣就醫時，因全民健保制度，只需負擔基本的費用，但外派至美國時，於美國當地就醫所需花費的醫療成本將遠高於臺灣。人力資源管理部門會以三個方向進行福利項目的規劃：(1) 在稅金上無法抵減時，是否仍對外派人員採用母國的福利制度？(2) 是否讓外派人員加入地主國的福利制度？或做些微的調整？(3) 在社會保險制度方面，採用母國的制度或地主國的保險制度，何者較為適當？

有時福利制度無法由企業或外派人員自行決定，而是受到地主國的法律限制。例如：歐洲的母國籍與第三國籍員工在歐盟境內享有可移轉的社會保險福利；或是，當外派人員無法拒絕加入地主國的制度，在這種情形下，企業會負擔所需的額外費用。除了國家的福利制度與社會保險之外，企業也會提供本身的福利項目，例如：渡假福利、定期假期、急難救助等。

(三) 選擇報償的方法

在確定薪酬水準中的本薪、津貼以及福利等細節項目後，人力資源管理部門的下一步驟是要確定整體的薪酬水準，主要有兩種方式作評估，即地主國水平法以及平衡表法。

1. 地主國水平法

多國籍企業通常從當地薪資調查中獲得資訊，作為決定外派員工薪酬水準的參考值。所謂地主國水平法是指，企業對於外派人員的薪資參考點是以地主國的薪資水準為主，即在英國營運的日本銀行，會根據英國當地的薪資水準為主，但仍有以下的問題需做決策，是以當地英國、或是其他在英國的日本競爭者、或是所有在英國營運的外國銀行為主？當地主國的薪資水準普遍低於母國時，企業會將差額以較多的福利項目或津貼進行補貼。

地主國水平法的優點為簡單明瞭，易於進行行政業務，所有外派至地主國的外派人員皆一視同仁，較無不公平的問題。缺點為外派人員皆傾向外派至生活水準較高的地主國，而開發中國家或生活水準相對較低的地主國則可能面臨外派人才短缺的狀況；且若外派人員回任至生活水準較低的母國時，在同樣的職位下，勢必面臨減薪的調整而不願意回任，或企業必須提供較佳的職位以維持外派期間與回任後的相同薪酬水準（表 3-6）。

表 3-6 地主國水平法的優缺點

優　　點	缺　　點
與當地員工一視同仁。	回任時，可能需要減薪。
簡單明瞭，易於管理。	回任時，母國須提供較高的職位。
認同地主國。	生活水準低的地主國有人力缺口。
維持不同國籍員工的公平性。	外派人員傾向被派至薪資領先的國家。

2. 平衡表法

平衡表法是國際薪酬管理中常運用的方式，其目的是維持外派人員外派至地主國時，仍能具有在母國的生活水準，再加上其他財務的誘因，使得薪酬組合的內容更具吸引力。在平衡表法中，有四類項目會被納入薪資結構，作為增修的項目，包含物品與服務（母國的費用項目，如食物、休閒、交通以及醫療）、住宅（在地主國居住的相關費用）、所得稅以及準備金（福利費用、退休準備、教育費用與社會保險等）。

當地主國任務相關成本高於母國時，企業會根據上述的項目進行調整，使外派人員保持和在母國時相同的購買力。平衡表法的優點在於提供同一國外派人員間的公平性，且回任時與母國的薪資系統無縫接軌，不會產生薪資調降的問題；但其缺點為不同國籍的外派人員外派至同一國家時，都在地主國工作與生活，但獲得的薪酬水準可能頗有差異，而產生薪酬管理上不公平的問題（表 3-7）。

表 3-7 平衡表法的優缺點

優　點	缺　點
同一國籍員工外派至不同地主國時，感受到公平。	不同國籍外派至同一國時，感到不公平。
與母國薪酬系統接軌。	
地主國的生活水準不影響外派意願。	

特殊議題

匯率、物價與薪酬趨勢

根據國際諮詢顧問公司 ECA 公布的生活物價成本數據顯示，受到市場匯率與通貨膨脹雙重因素的擾動與影響，全球生活物價指數呈現巨幅變動。

當美國採取量化寬鬆的模式時，在政策上降低美元的實際價值，讓美元兑歐元匯率產生貶值，同時造成與美元連動密切的國家或以美元為主要支付計價幣別國家的衝擊，且未來仍有延續長期下降的趨勢及隱憂，進而致使許多企業在全球各地的外派人員，因為廣泛使用美元，造成實質購買力下滑。ECA 的生活物價指數調查顯示，全球 170 多個國家中，平均年通貨膨脹率從去年（2010）4.6% 至目前 5.8%，已挑戰歷史紀錄高位。

ECA International 針對全球 60 個國家和地區，每年進行薪資趨勢調查發現，中國大陸依然保持為全球經濟成長最快的地區之一，而尋找擁有合適技能的員工日趨困難，這表示本國企業必須付出更多的薪資才能找到合適的人才。中國大陸薪資的漲幅持續超過臺灣的薪資漲幅，這也讓中國大陸與臺灣的薪資差距愈來愈小。預期 2012 年印度與越南的企業明年的薪資增幅將為 12%，其次為印尼（9.6%），中國薪資預期將有 8.5% 的增幅，成長幅度為亞太區第 4 名，香港地區將有 4.5% 的薪資增長，臺灣企業調薪幅度為 4.0%，而日本再次成為亞太區薪資增幅最低的國家。

要關注的是，薪資增幅與通貨膨脹的相抵效果，越南在計算實質薪資後，即淪為亞太區最後一名。以全球而言，實質薪資成長預計會由今年（2011）的平均

5.3% 略升至約 5.6%。當全球的薪資增幅持續上升，通貨膨脹預期則會下降，因此實質薪資增長預期將會由平均 0.7% 上升至 1.8%。

在匯率和通貨膨脹率的雙重影響下，外派物價津貼指數將呈現持續不穩定的變動狀態，為保障外派人員在海外的購買力水準，企業將可能需要支付更高的物價津貼與薪酬費用。

資料來源：摘錄自 ECA International newslines。Cost of living: the ups and downs. June/July2011.

問題與討論

1. 人力資源管理與國際人力資源管理所考量的因素有何差別？
2. 人力資源管理如何支援企業的策略？
3. 普遍而言，男性外派者比女性多，如何解釋此現象？
4. 從實務現象觀察得知，對於外派者，有些企業並無提供回任相關保障，原因為何？

參考文獻

一、中文部分

王湧水、黃同圳、呂傳吉（2005）。事業策略、人力資源管理策略與組織績效關係之探討。《人力資源管理學報》，第 5 卷，第 2 期，頁 1-18。

趙必孝（1998）。我國企業駐外回任人員的人力資源管理與組織投入因果關係之研究。《管理學報》，第 15 卷，第 3 期，頁 473-505。

二、英文部分

Adler, N. & Ghadar, F. (1990). Strategic human resource management: a global perspective. In R. Pieper (ed.), *Human resource management: An international comparison*, 235-260.

Berlin: Walter de Gruyter. Bonache, J., Brewster, C., & Suutari, V. (2001). Expatriation: a Developing Research Agenda. *Thunderbird International Business Review, 18*(4), 3-20.

Caligiuri, P. M., & Lazarova, M. (2000). Strategic repatriation practices. In M. Mendenhall, T. Kuehlmann, & G. Stahl (Eds.), *Developing Global Business Leaders: Policies, Processes, and Innovations*. Quorum Books. In press.

Dowling, P. J. (1988). International and Domestic Personnel/Human Resource Management: Similarities and Differences. In R. S. Schuler, S. A. Youngblood and V. L. Huber, St. Paul (3rd ed.). *Readings in Personnel and Human Resource Management*. MN: West Publishing.

Dowling, P. J., Schuler, R. S., & Welch, D. E. (1994). *International Dimensions of Human Resource Management* (2nd ed.). California: International Thomson Publishing.

Forster, N. (1994). The Forgotten Employees? The Experiences of Expatriate Staff Returning to the UK. *Journal of International Human Resource Management, 5*(2), 405-425.

Harris, J. E. (1989). Moving managers internationally: the care and feeding of expatriates. *Human Resource Planning, 12*(1), 49-53.

Part 2

任用管理篇

任用管理的基本架構與元素

能者不可蔽，不能者不可飾，妄譽者不能進也。

——三國·蜀　諸葛亮

學習目標

本章主要先介紹組織架構，再者，因應組織策略而採用的人力資源規劃，最後，則是廣為人力資源管理者所重視的工作分析。

有才能的人不可埋沒，沒有才能的人不可偽飾，僅有虛名的人不可進用。一般企業最喜歡用「現成的人才」，如此可以免除不必要的人力投資成本與時間成本。從企業的角度來說，生存有賴吸引好人才，找到對的人，放在對的位置上，而非期待現成的人才，這對於企業來說是非常重要的，因為人才並非靜態的，與管理者如何的對待亦有著強烈的關係。然而，人才的錯用對組織而言是不可承受之重。因此，識才、用才、留才間的關係是動態互動的，彼此不能自立於另二者之外。

一、組織結構

組織的定義及功能

(一) 組織必須具備共同的目標

組織目標是指一個組織要達到的主要目的，任何一個組織都是為一定的目標而組織起來的，目標是組織的最重要條件。無論其成員各自的目標有何不同，但一定具備有其成員所接受的共同目標。不同組織有不同的目標。組織目標是識別組織的性質、類別和職能的基本標誌。任何組織都把確定組織目標作為最重要的事，因為組織目標對組織的所有活動有著指導和溝通作用。

(二) 由一定數量、經過挑選的人員所組成

組織成員是組織存在和發展的基礎，是組織得以進行活動的先決條件，因為組織中的一切工作都要人去做。沒有一定的人，就不能構成組織。組織可以說是特定成員的結合，「特定」就是有特殊的要求，不是任何一個人都可以成為某種組織的成員。不同組織對其成員有各種不同的具體要求，比如

對知識、經驗、能力等的要求，不具備相應的要求，一般不能成為該組織的成員。

(三) 組織可分為正式組織與非正式組織

在管理上，人們把組織分為正式組織與非正式組織兩大類。正式組織一直是管理學研究的重點。所謂正式組織，指的是為了達到一定的目的，由兩個以上的人所組成的，具有明確的內部結構和制度規範的分工合作系統。正式組織與非正式組織的根本區別在於前者具有明確的制度規範，從而確定了成員系統，而非正式組織卻沒有。

1. 正式組織的主要特徵

(1) 有明確的組織目標，組織內有明確的分工與明確的職責範圍。

(2) 講求效率，工作協調，處理人、財、物及人與人之間的關係，以高效率地實現組織目標。

(3) 組織成員之間有一定的上下層次，各自分擔一定的角色任務。但組織內個人的職位可以取代，而某一成員離職後，其工作可以由另一其他成員替代。

(4) 領導者具有組織正式賦予的權力和權威，下級須服從上級；個人行動受各種規章制度的約束，強調組織行動的一致性。

2. 非正式組織的主要特徵

(1) 組織成員之間帶有明顯的個人特色及情緒互動，其連結的基礎往往是個人之間的需要、愛好與興趣。

(2) 組織的主要功能在於滿足組織成員個人的各種不同需要。主要是滿足心理需要。

(3) 組織成員個人行為受自發形成的各種行為規範所約束，其行業規範可能與正式組織相一致，也可能相牴觸。

任何組織都是由許多要素、部分、成員，按照一定的互動關係形式所組合而成的。企業組織結構，就是組織內部各個有機構成要素相互作用的聯繫方式，它涉及到決策權的集中程度、管理幅度的確定、組織層次的劃分、組織機構的設置、管理許可權和責任的分配方式和認定、管理職能的劃分，以及組織中各層次、各單位之間的聯繫溝通方式等問題。企業組織結構的本質是反映組織成員之間分工合作關係。企業設計組織結構的目的是為了更有效和更合理地把組織成員組織起來，即把一個個組織成員為組織貢獻的力量有效地合成組織的合力，讓他們有可能為實現組織的目標而協同努力。組織結構的內涵是組織成員在職、責、權方面的結構體系。所以，組織結構又可以簡稱為權責結構。這個結構體系的內容，主要包括：

1. **層次結構**：即組織中各管理層次的構成，又可稱為組織的縱向結構。組織中的管理層次反映組織的縱向分工關係，不同層次執行不同的管理任務。
2. **職能結構**：即實現企業目標所需的各項職能工作和相互關係。
3. **職權結構**：即各層次、各部門在權力和責任方面的分工及其相互關係。
4. **部門結構**：即各管理部門的構成，又可稱為組織橫向結構。組織中不同的管理部門代表不同的管理專業，部門結構就是管理分工和專業化結構。

(四) 組織的功能

成功的企業必然是高效能的企業，高效能的企業有賴於有效的組織。有效的組織必然是內部分工合理、職責明確，從而可以避免各環節之間、各部門之間業務重疊、權責不清而互相推諉。同時，有效的組織必然是以人員組合合理，各環節、各層次合理安排為特點，故自然能有效提高工作效率，儘快完成預定的目標。

組織的類別

組織結構隨著組織工作內容的發展而不斷演變，主要有以下幾種：

(一) 直線制的組織

所謂直線制的組織結構，是指整個組織結構自上到下實行垂直領導，指揮與管理職能，基本上由主管自己執行，各主管人員對所屬單位的一切問題負責，不設職能機構，只設職能人員協助主管人員工作。這種組織結構的優點是決策迅速、命令統一、機構簡單、權責分明、組織穩定，它的不足之處是組織缺乏彈性，下級對上級絕對服從，缺乏民主，容易造成獨斷專行。同時由於它要求主管熟悉所管轄範圍的全部業務，對主管在管理知識和專業技能方面要求較高，因此一般只適用於規模較小、生產過程簡單的企業，而不適用於生產過程複雜、管理任務繁重的大規模現代化企業。

(二) 直線職能制的組織

直線職能制是在直線組織基礎上增設職能機構和職能管理人員的一種形式。這種組織形式把組織機構和人員分為兩類：一類是直線指揮機構和人員，他們對下級下達命令，進行指揮，並對該組織負全部責任；另一類是職能機構和職能人員，他們只能對下級機構的工作進行建議或業務指導，但沒有決策權，也不能對下級機構下達命令，進行指揮。這種組織結構比較適應現代企業管理高度集中統一指揮的要求，有利於建立嚴格的責任制，發揮職能機構的作用。

(三) 團隊式的組織

團隊在組織中的地位與作用是組織理論中十分重要的組成部分，並在近年來的研究中得到更多的重視。為分析團隊學習的特徵，我們有必要先就團隊本身作簡要的分析。團隊由少數的人組成，這些人具有相互補充的技能，為達到共同的目的和績效目標，他們使用同樣的方法，他們相互之間承擔責任。一個能夠有效運作的團隊必須有一個良好的架構。實際上，群體與團隊不是一回事。群體的定義為：兩個或兩個以上相互作用和相互倚賴的個體，為了實現某個特定目標而結合在一起。在工作群體（Workgroup）中，成員透過相互作用來共享訊息，做出決策，幫助每個成員更好地承擔起自己的責任。工作團隊（Workteam）則不同，它透過其成員的共同努力能夠產生積極協同作用，其團隊成員努力的結果使團隊的績效水準遠大於個體成員績效的總和。這些定義有助於闡釋為什麼現今許多組織圍繞工作團隊重新組織工作過程，管理人員這樣做的目的，是透過工作團隊的積極協同作用，提升組織績效。團隊的廣泛適用為組織創造了一種潛力，能夠使組織在不增加投入的情況下，產生積極的協同作用。如果僅僅把工作群體換個稱呼，改稱工作團隊，不能自動地提升組織績效。

一個團隊需要三種不同技能類型的人：第一，需要具有技術專長的成員；第二，需要具有解決問題和決策技能，能夠發現問題，提出解決問題的建議，並權衡這些建議，然後做出有效選擇的成員；最後，團隊需要若干善於聆聽、回饋、解決衝突及擅長處理人際關係的成員。如果一個團隊不具備以上三類成員，就不可能充分發揮其績效潛能。對具備不同技能的人進行合理搭配是極其重要的。一種類型的人過多，另外兩種類型的人自然減少，團隊績效就會降低，但在團隊形成之初，並不需要以上三方面的成員全部具備。在必要時，一個或多個成員去學習團隊缺乏的某種技能，從而使團隊充分發揮其潛能的事情並不少見。一般而言，如果成員的工作性質與其人格特點一致，其績效水準容易提升。工作團隊內的位置配置得宜，也可以達到這樣的效果。團隊有不同的需求，挑選團隊成員時，應該以員工的人格特點和個人偏好為基礎。因此，在團隊中需要注意的問題有以下幾方面：

1. 建立具體目標

成功的團隊會把他們的共同目的轉變為具體的、可以衡量的、現實可行的績效目標。目標會使個體提升績效水準，也能使群體充滿能力。具體的目標可以促進明確的溝通，它們有助於團隊把自己的精力放在達成有效的結果上。

2. 確立領導與架構

目標決定了團隊最終要達成的結果，但高績效團隊還需要領導和架構來指明方向和焦點。例如：確定一種大家認同的模式，就能保證在達到目標的手段、方向上團結一致。在團隊中，對於誰做什麼和保證所有的成員承擔相同的工作負荷問題，團隊成員必須取得一致意見。另外，團隊需要決定的問題有：如何安排工作日程，需要開發什麼技能，如何解決衝突，如何做出決策，決定成員具體的工作任務內容，並使工作任務適應團隊成員個人的技能水準。所有這些，都需要團隊的領導和團隊成員相互合作，方能發揮作用。

3. 確認責任歸屬

個人的成績可能會被埋沒於群體中，在集體努力的基礎上，個人可能只被看成集體的一員，個人貢獻無法直接衡量。高績效團隊透過使其成員在集體層次和個人層次上都承擔責任來消除這種傾向。成功的團隊能夠使成員各自和共同為團隊的目的、目標和行動模式承擔責任。團隊成員很清楚哪些是個人的責任，哪些是大家的共同責任。

4. 適當的績效評估與獎酬體系

個人導向為基礎的評估與獎酬體系必須進行變革，才能充分地衡量團隊績效。因此，除了要根據個體的貢獻進行評估和獎勵之外，管理人員還應該考慮以群體為基礎進行績效評估、利潤分享、群體激勵及其他方面的變革，以此來強化團隊的向心力和組織承諾。

(四) 專案組織

在現代組織中，每個人大多經歷過專案，但由於專案類型不同，其特性也不同，使得專案的定義隨著各專家學者研究內容之不同而有所分歧。文獻上典型的定義如下所述：Pinto 與 Slevin（1988）認為專案是在預先設定的目標下，於有限的資源中，所從事的一系列複雜且相關的活動，並有一個明確且特定的開始與結束的期間。Cleland（2002）則是認為專案具有橫向聯繫與整合的功能，是一連串以達成專案的最終目標為前提所設計的活動，而這些活動在時間軸上可以清楚明確地劃分開來，其成員由完成任務所需的各類專業人才所構成。Lewis（2002）則引用了品管大師朱蘭（J. M. Juran）對專案的定義：「專案是為了解決問題所排的進度表；亦即專案具有特定的價值，為了滿足某些需求所進行的一系列活動。」美國專案管理協會（Project Management Institute, PMI）（2004）定義專案為一種暫時性的努力以創造出一項獨一無二的產品或服務；「暫時性」指的是每個專案都有一個明確的起始與終止，「獨特性」指的是和所有相似的產品或服務相比，專案仍在某方面和它們有所區別。專案組織可以分成純功能（Functional）、弱矩陣（Weak Matrices）、平衡矩陣（Balanced Matrices）、強矩陣（Strong Matrices）、純專案（Projectized）等幾種型態（P.M.I., 2004）。

純功能式組織（圖 4-1）之功能單位管理者擁有完全的影響力，其組織可區分成生產、行銷、工程和會計等不同功能單位，且不同功能單位間非常獨立，因此專案的運作極少有跨部門的情況，僅侷限於功能性範圍內。

與純功能式組織極端相對的是純專案式組織（圖 4-2），適用於組織規模較大時；在此種組織中，專案經理能被充分授與獨立執行工作的權力，且大部分的資源都供專案使用，而團隊成員通常是安置於同一個地方一起工

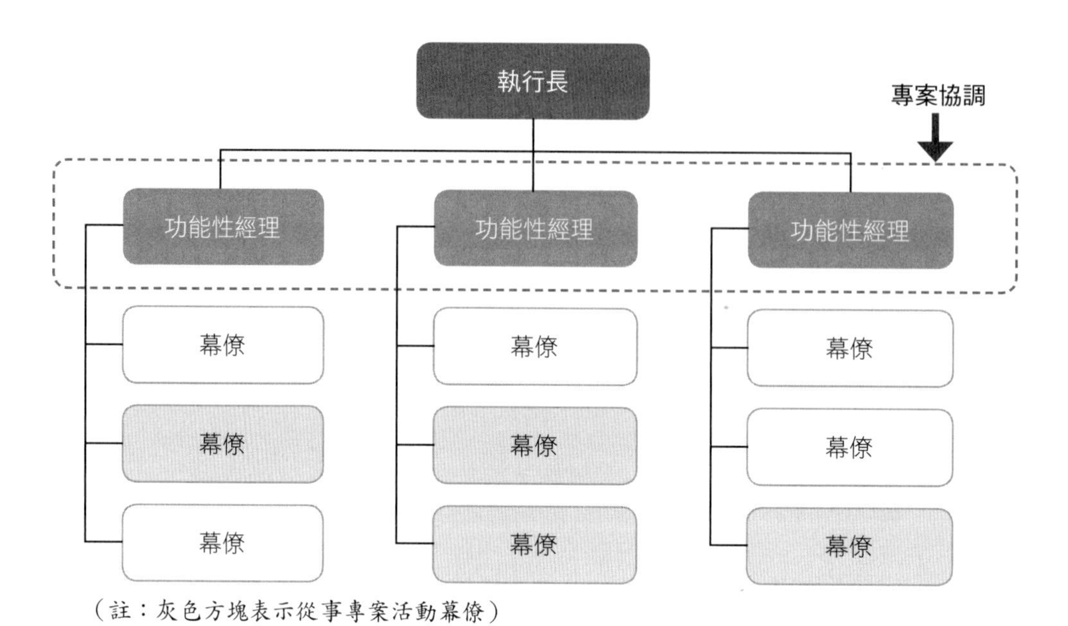

（註：灰色方塊表示從事專案活動幕僚）

圖 4-1 純功能式組織結構

資料來源："A guide to the project management body of knowledge (p.23)," by P.M.I., 2004, Newtown Square, PA: Project Management Institute.

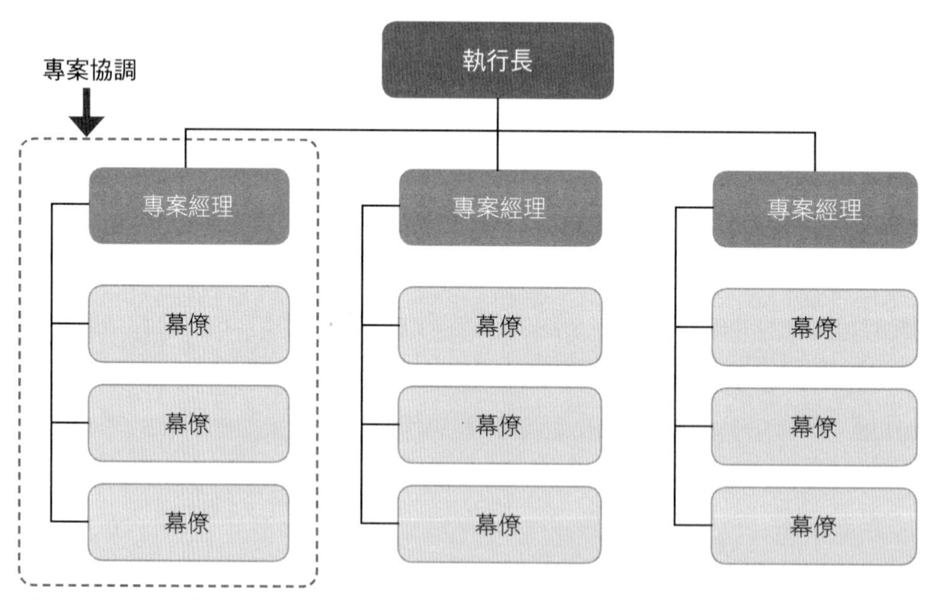

（註：灰色方塊表示從事專案活動幕僚）

圖 4-2 純專案式組織結構

資料來源："A guide to the project management body of knowledge (p.23)," by P.M.I., 2004, Newtown Square, PA: Project Management Institute.

作。此外，純專案組織中的單位常以產品或市場區分成事業部組織型態。弱矩陣、平衡矩陣、強矩陣等組織型態為純功能與純專案組織的混合體。

弱矩陣式組織（圖 4-3）保持許多純功能式組織的特性，專案的運作會橫跨不同的功能單位，由其中一個功能單位擔任主導角色，其他參與同一專案的其餘功能單位則扮演支援的角色。

相對於弱矩陣式組織，平衡式矩陣（圖 4-4）與強矩陣（圖 4-5）則具有許多純專案式組織的特性，專案不再是隸屬於某一功能單位下，專案經理擁有與功能單位管理者相同的影響力，並且擁有全職的專案行政幕僚人員。

大多數的現代組織或多或少都與以上幾種結構有關，而且是在不同的層級，如圖 4-6 所示。即使在一根本上屬於功能性的組織內，亦能建立一特別的專案團隊來處理重要的專案，而此團隊的組成則具有許多專案化組織的特性。

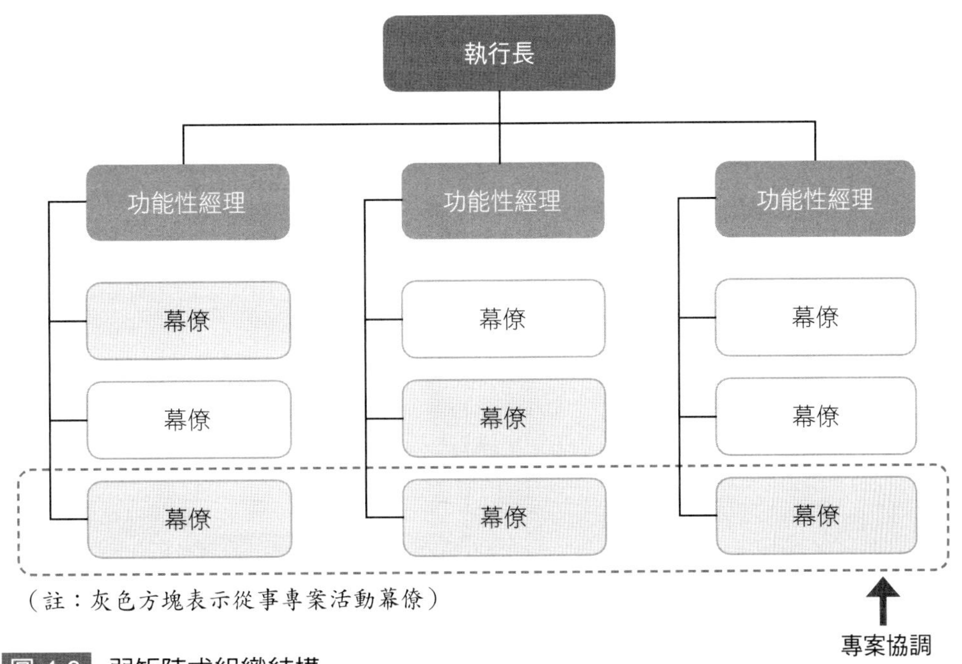

圖 4-3 弱矩陣式組織結構

資料來源："A guide to the project management body of knowledge (p.24)," by P.M.I., 2004, Newtown Square, PA: Project Management Institute.

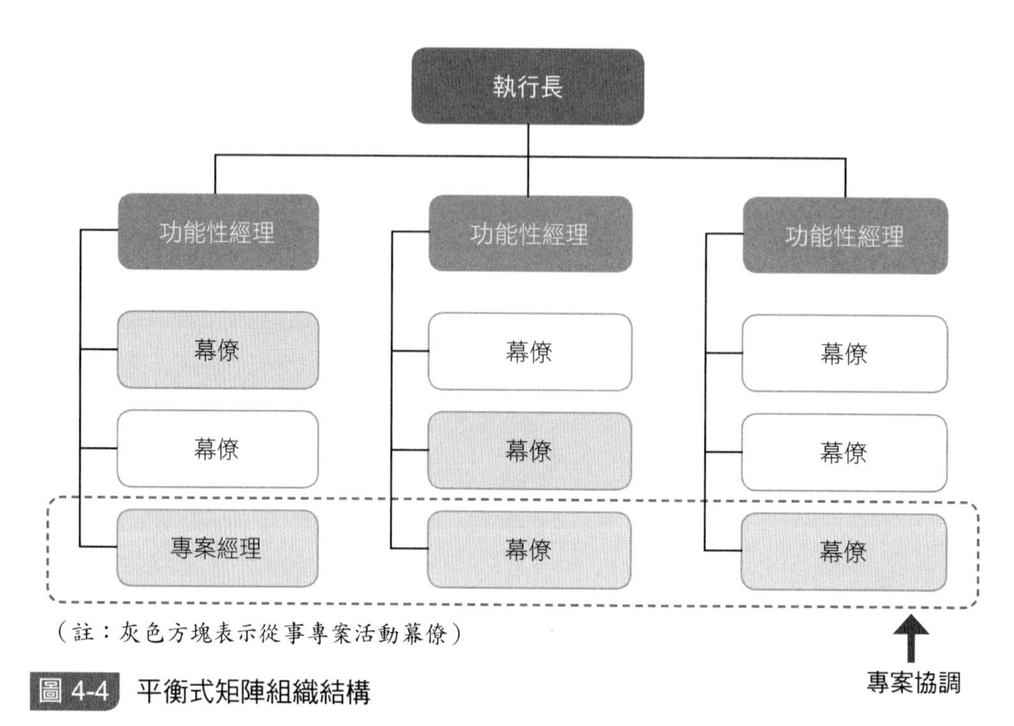

圖 4-4 平衡式矩陣組織結構

資料來源："A guide to the project management body of knowledge (p.25)," by P.M.I., 2004, Newtown Square, PA: Project Management Institute.

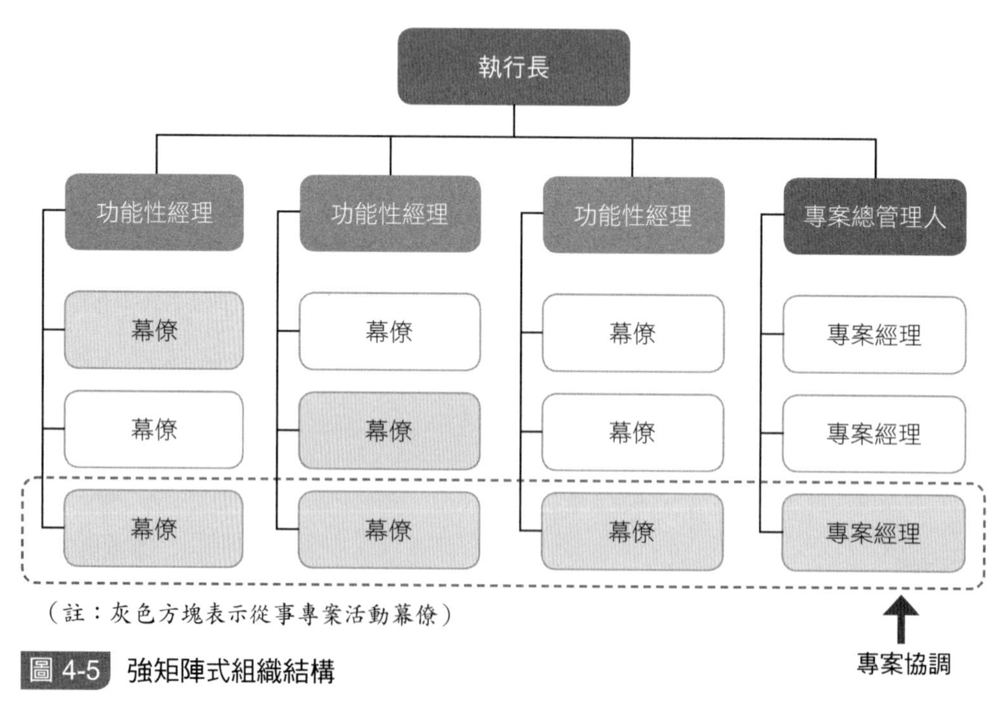

圖 4-5 強矩陣式組織結構

資料來源："A guide to the project management body of knowledge (p.26)," by P.M.I., 2004, Newtown Square, PA: Project Management Institute.

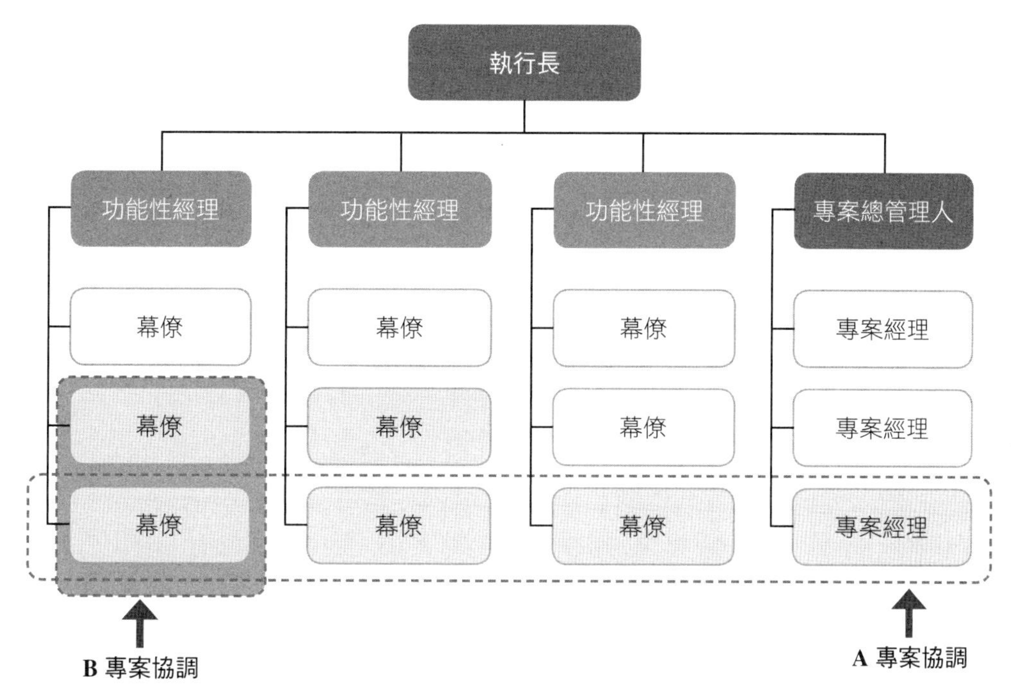

圖 4-6 混合式組織結構

資料來源：“A guide to the project management body of knowledge (p.26),” by P.M.I., 2004, Newtown Square, PA: Project Management Institute.

由上段專案組織結構之論述中，可以發現專案基本上是一個組織的一部分，組織的成熟度相對於專案管理系統亦會影響專案之良窳，而在不同的組織結構下也會形成不同的專案團隊。由於專案具有時效性與暫時性的特性，所以專案團隊成員的流動性比較強，隨著舊專案的結束和新專案的開始，專案團隊的成員將進行重組，甚至在專案的某一階段任務結束後，團隊成員會出現異動，一部分的人會加入或是一部分的人會退出。專案團隊傾向整合高知識技能的專業人員，可以視為是一個不分年齡的專家混合體，團隊每一個成員可能都是某一個領域的專家，而可能對其他領域知識的瞭解比較缺乏。

二、人力資源規劃

隨著經濟市場全球化，企業經營須經常面對人力資源規劃的挑戰，怎樣確定企業要的關鍵人才，進而進行人員的規劃配置於適合的職位，已成為組織能否於市場中永續發展的重要因素。人力資源規劃是指企業根據未來內部及外部因素的變化，對其人力資源需求及供給所作的整體安排。企業的人力資源規劃要根據企業的生產經營情況進行調整。而企業的生產經營受到來自企業內部及外部的兩大方面因素的影響。當這兩大方面因素發生改變時，企業的生產經營就要進行相對的調整。人力資源規劃方案將直接影響企業的招聘政策。而在人力資源管理職能中，人力資源規劃職能最具策略性和積極的應變性。

企業的人力資源規劃的期限長短，主要取決於企業環境的確定性、穩定性及其對人力資源素質高低的要求。其規劃的期限有長、中、短期之分。短期規劃通常是一年規劃，中期規劃一般三至五年，長期規劃則在五年以上。人力資源規劃是在實施組織目標和計畫過程中不可或缺的工具，並用其實施結果來衡量人力資源管理的各個實務功能和措施。組織在實施人力資源規劃過程中，須留意組織發展策略及目標、任務、計畫的制定與人力資源策略及計畫的制定之緊密相連。然而，人力資源規劃不是一成不變的，它是一個動態開放的系統，對其過程及結果必須進行監控、評估，重視資訊回饋，不斷調整企業人力資源管理的整體規劃和各項計畫，使其更切合實際，更好地促進企業目標的實現。

簡而言之，在人力資源規劃中，必須充分注意各個計畫之間的平衡與協調。再者，人力資源管理的各項功能中與其他功能連結最為密切的是績效管理，因為績效管理在人力資源管理中處於核心地位，績效管理不僅能促進組織和個人績效的提升，還能促進管理流程間的協調性，最終達到組織策略目標的實現。其結果可運用於薪酬、晉升、獎勵，與人事決策等，若以績效管理為中心思想並使其效能最大化，最易滿足人力資源規劃間各個步驟的連結與各個人力資源管理功能間的動態平衡。舉例來說：透過人員的培訓計畫，使受訓人員的素質與技能得到提高後，必須與人員使用計畫銜接，將他們安置到適當的職位；人員的晉升與調整使用後，因其承擔的責任和所發揮的作用與以前不一樣，必須配合相應的薪資調整。唯有如此，企業的人員才能保持完成各項任務的協調性與積極性。

人力資源規劃的流程與工具

首先，人力資源規劃之起始是組織內外部環境分析，剖析影響人力資源的因素，包括企業外部環境和企業內部環境。企業外部環境可以分為五大類：經濟環境、人口環境、科技環境、政治與法律環境、社會文化環境。企業人力資源的內部環境因素有：企業的一般特徵、企業的發展目標、企業文化和企業自身人力資源系統。在人力資源規劃時要預測組織的環境變化，必須對工作體系進行持續的評估和評價，以確保組織為員工合理分工，有助於實現組織目標的工作任務和職責。

接著有效利用人力資源稽核（Human Resource Audit）和職務分析盤點現有人力資源，即目前人力資源的數量、品質、結構及分布狀況。然後，進行人力需求與供給預測，主要是根據企業的發展策略和本企業的內外部條件選擇預測技術，然後對人力需求與供給的結構和數量、品質進行預測。在做人力資源需求預測時，常用到的方法有定性預測和定量預測。定性預測就是在預測過程中並不嚴格按照數學模型進行預測，而是根據歷史、現狀以及對未來的理解進行的預測活動。主觀判斷法是最常用的。主觀判斷法是由有經驗的專家或管理人員進行直覺判斷預測，其準確程度取決於預測者的個人經驗和判斷力。由於預測者主要是這一領域的專家，所以也稱為「專家徵詢法」。當環境變動速度不大，組織規模較小時，利用此方法可以獲得比較滿意的結果。定量預測就是使用數學模型，嚴格按照數學公式進行計算的預測行為，如迴歸預測、對數學習曲線法、電腦模擬法及馬可夫模式等方法。以上是企業內部人才需求預測最常用的方法。人力資源需求定量預測的方法須留意的是：在對員工未來的需求與供給預測資料的基礎上，須將組織人力資源需求的預測數，與在同期內組織本身可供給的人力資源預測數進行比較分析，從比較分析中可測算出各類人員的淨需求數。這裡所說的「淨需求」既包括人員數量，又包括人員的品質、結構，須確定「需要多少人」，又要確定「需要什麼人」，方能使得數量和品質能夠相互對應。如此即可有效地進行招募或教育訓練，可為組織制定有關人力資源的政策和措施提供依據。

最後，執行具體規劃和監控措施，這部分可根據工作分析、職位分析和工作評價，有利於人力資源規劃的制定；人力資源規劃也規定了招聘和挑選人才的目的、要求及原則；人員的訓練和發展、人員的餘缺都是依據人力資源規劃進行實施和調整；員工的報酬、福利等也是依據人力資源中規定的政策實施。

人力資源規劃的幾項重點

(一) 留意人才需求市場變化

技術員工充足供應的時代已經過去了。時代日趨全球化，競爭日趨劇烈，是否具備有能力的員工，將成為企業生存的關鍵條件。然而，現今已經針對這個問題預做準備的企業仍然寥寥無幾。現階段大多數企業人力資源工作還只注重於招聘、員工考勤、績效考核、薪酬制度、人事調動、員工教育訓練等與公司內部員工有關的事項，沒有關注人才需求市場變化與企業發展策略、市場環境相一致的人力資源管理策略，而對人力資源規劃這一研究領域大部分企業仍有努力的空間。現今人們對職業規劃、靈活工作安排，以及與績效相關的獎勵更加關心，人力資源規劃強調管理接班、人員裁減計畫、重構與兼併／收購的執行以及進行企業文化變革，以支援實現新的業務重點。制定人力資源規劃的方法需要更加注重實效，採取一些方法去測試企業需求、成本效益、對競爭優勢的潛在影響等。人力資源規劃技術不應只停留在短期規劃範圍，人力資源規劃與組織策略規劃結合起來的方法，需要不斷地推陳出新。

(二) 連結企業策略目標，提高人力資源運用效能

企業策略目標決定了企業採取怎樣的人力資源規劃，人力資源規劃反過來影響著企業策略目標的實現，而企業現有的人力資源狀況又影響企業策略目標的制定。因此，組織要以企業的策略規劃為依據，進行人力資源規劃，此舉有利於控制人力資源成本，提高人力資源運用效能，並有助於檢查和計算出人力資源規劃方案的實施成本及其帶來的效益。透過人力資源規劃預測組織人員的變化，調整組織的人員結構，把人工成本控制在合理的水準上，這是組織持續發展不可或缺的環節。

(三) 工作分析靈活具彈性

為確保工作分析在人力資源管理實踐中得到有效執行，我們需要將工作

分析的理論與實踐積極進行結合，並不斷創新。工作分析是對組織中各項工作職務的特徵、規範、要求、流程，以及對完成此工作員工的素質、知識、技能要求進行描述的過程，是人力資源開發與管理最基本的作業，也是人力資源開發與管理的前提，更是現代人力資源所有職能——人力資源獲取、整合、保持激勵、控制調整和開發等職能工作的基礎。只有做好工作分析，才能據此完成企業人力資源規劃、績效評估、職業生涯設計、薪酬設計管理、招聘、甄選、錄用工作人員等，其功能是要確定完成各項工作所需的知識和技能。根據員工所具備的知識、水平、技能進行合理的工作安排，讓適合的人做合適的工作。

工作分析對人力資源規劃十分重要，這種工作安排必須符合企業的需要。然而，傳統的工作分析方法主要是基於人員、職位和組織進行分析。但是，隨著知識經濟的迅速發展，人員、職位、組織三者的適配關係趨向動態化，創新在工作分析中之重要性，知者眾，但用以實踐者少。舉例來說，現今高科技環境的高度不確定，使得企業不得不藉由組織重整、流程再造等形式不斷地變化組織結構，例如：組織扁平化是目前主要的組織形式，其必然使得職位的數量大幅減少，工作責任的釐清更加困難。隨著相對穩定的職務消失，強調具體職務描述的工作說明書已經不能適應現實中變化的職位，且因縮短工作分析週期而經常更新工作說明書又必然造成企業成本提升，所以要求彈性的工作說明書以提高人力資源管理的效率，日趨重要。彈性的工作說明書可以淡化職位與工作任務間的確認，將重心轉向任職者的能力和技能等方面，其功能可讓組織的工作方向發生變化時，保持靈活性。

另外，現代組織理論特別強調組織結構應具有彈性，以適應環境的變化。所謂彈性結構，是指一個組織的部門結構、人員職責和工作職位都是可以變動的，以適應組織內外部環境的變化，以便保證組織結構能動態地調整。企業應該依組織目標的需要，定期審查組織內任何一個部門存在的必要性，如果已不必要，就應撤銷或改組該部門，以適應組織環境和不同工作性質的要求。彈性結構原則還要求組織內工作職位的設置也應富有彈性，使之可以及時更換和調整，以精實組織內部流程，提升管理效能。人力資源規劃不僅可以幫助企業找到對的人才，對企業的未來和整體的發展亦極為重要，成功的規劃運籌可減少企業未來的不確定性，在現今企業內外部環境劇烈變化的年代，無疑地是一項不可或缺的管理工具。

三、工作分析

「傑克，我一直想像不出你究竟需要什麼樣的人才？」某個公司人力資源管理者約翰說，「我已經給你提供了十位面試人選，他們好像都還滿足工作說明中規定的要求，但你一個也沒有錄用。」「什麼工作說明？」傑克答道，「我所關心的是找到一個能勝任那項工作的人。但是你給我派來的人都無法勝任，而且，我從來就沒有見過什麼工作說明。」約翰遞給傑克一份工作說明，並逐條解釋給他聽。他們發現，要麼是工作說明與實際工作不相符，要麼是它規定以後，實際工作又有了很大變化。例如：工作說明中說明了有關舊式電腦的使用經驗，但實務中所使用的是一種目前最新的雲端科技技術。聽了傑克對公司所需人才應具備的條件及應當履行職責的描述後，約翰說：「我想我們現在可以寫一份準確的工作說明，以它為指導，我們就能找到適合這項工作的人。讓我們今後加強工作聯繫，這種狀況就再也不會發生了。」

上述情況反映了人力資源管理中一個普遍存在的問題：工作說明對完成工作所需職責和技能的說明不恰當。因此，人力資源管理者約翰無法為新的職位確定合適的人選。而工作分析是解決這個問題的關鍵所在。

在瞬息萬變的工作環境中，一個適當的工作分析對於組織而言是相當重要的。工作分析可幫助組織察覺環境正發生變化這一事實。工作分析資料的主要作用是在配合組織人力資源規劃。僅認識到一個公司將需要多少位新員工生產產品或提供服務以滿足銷售需要是不夠的，我們還應知道，每項工作都需要不同的知識、技能和能力。如果徵人者不知道勝任某項工作所必須的資格條件，那麼員工的徵求和選擇就將是漫無目的的。如果缺少適時的工作說明和工作規範，就會在一個沒有清楚的指導性檔案的情況下去徵求、選擇員工，而這樣做的結果將會是很糟的。當然，在尋求企業最有價值的資產（人力資源）時，也應採用同樣的邏輯。有效的人力資源規劃必須考慮到這些工作要求，而來自工作分析中的數據，實際上對人力資源管理的每一方面都有影響。

工作分析的定義與目的

工作分析又稱職務分析，是指全面瞭解、獲取與工作相關的詳細資訊的過程，具體來說，是對組織中某個特定職務的工作內容和職務規範（任職資格）的描述和研究過程，即制定職位說明書和職務規範的系統過程。工作分析是一項高度知識性與技術性的工作，若於任何環節做不好，都可能會導致工作說明書反映的內容不切實際，而影響組織績效。

工作分析訂出了一項工作的職責、與其他工作的關係、所需的知識和技能，以及完成這項工作所需的工作條件。不同的組織，或者同一組織的不同階段，工作分析的目的有所不同。有些組織的工作分析是為了對現有的工作內容與要求更加明確或合理化，以便制定切合實際的獎勵制度，調動員工的積極性；而有些是對新工作的規範做出規定；還有一些企業進行工作分析是因為遭遇了某種危機，而設法改善工作環境，提高組織的安全性和危機處理能力。

工作分析的功能

工作分析是企業進行徵人、晉升、業績考核，以及培養訓練工作的基礎，因此，它對企業有效地進行人力資源的開發與利用，有著非常重要的作用。

(一) 最佳人員配置

有了工作分析作為基礎，企業管理人員就可以明確瞭解什麼地方需要什麼樣的人員，需要多少人員。這就為企業合理地配備人力，協調各部門之間的關係，最終達到人員的最佳配置。

(二) 客觀標準

企業在應徵員工時，可根據工作分析中所列示的完成工作所需要的技巧、知識和能力，對應徵者進行考核，在錄用時可以減少主觀成分，為應徵者創造了一個公平競爭的環境。員工也可以根據不同職位的要求，找到適合自己的位置，使每個人都能充分施展其才能。同時，工作分析明確規定了各項工作的權責、工作規範和要求，使考核工作更具體、合理、準確和客觀，可減少員工的不滿情緒，促使其提升工作效率。

(三) 薪資待遇和教育訓練依據

由於工作分析明確了每項工作的內容、技術要求、所需知識、能力、責任等，從而知道完成該項工作需要的技術等級、責任大小，甚至所花的時間等，這就為企業合理、準確地確定員工的薪資待遇提供了客觀的依據。同時，工作分析中要求員工掌握的職能，也就是企業對員工進行教育訓練的主要內容和任務。

(四) 增強企業向心力

由於工作是高層管理者設定的，而工作分析則清楚地表明了高層管理者認定的重要事項或方向，這樣就會給員工明確暗示：什麼最重要，何處需要努力。同時工作分析使職工的工作具體明確，職責分明，考核、獎懲及晉升有了科學的標準和依據，從而減少企業員工之間、員工與各部門之間的衝突，改善了企業內部的人際關係，增強了企業的向心力。

工作分析的內容

工作分析一般包括兩個方面的內容：確定工作的具體特徵；找出工作對任職人員的各種要求。前者稱為工作說明書，後者稱為工作規範書。工作說明書包括工作名稱、工作活動、工作內容、工作環境、聘用條件等面向，它主要是要解決工作內容與特徵、工作責任與權力、工作目的與結果、工作標準與要求、工作時間與地點、工作職位與條件、工作流程與規範等問題。而工作規範書，旨在說明擔任某項職務的人員必須具備的生理要求和心理要求，主要包括一般要求：年齡、性別、學歷、工作經驗；生理要求：健康狀況、運動的靈活性、感覺器官的靈敏度；心理要求：觀察能力、學習能力、解決問題的能力、語言表達能力、人際關係技巧、性格、氣質、興趣愛好等。

工作規範書是為了使員工更詳細地瞭解其工作的內容和要求，以便能順利地進行工作，在實際工作中需要比工作說明書更加詳細的文字說明，規定執行一項工作的各項任務，以及所需的具體技能、知識及其他條件。所謂工作規範，就是指完成一項工作所需的技能、知識以及職責、態度的具體說明。再者，工作規範中的訊息在確定人力資源發展需求方面是相當重要的。如果工作規範指出某項工作需要特殊的知識、技能或能力，而在該職位上的人又不具備所要求的條件，那麼教育訓練則為必要的措施，旨在幫助工人履行現有工作說明中所規定的職責，並且幫助他們為升遷到更高的工作職位做好準備。

工作分析的步驟

工作分析是對工作進行一個全面的評價過程，這個過程可以分為六個步驟，各個步驟的主要工作如下：

(一) 準備步驟

成立工作小組；確定樣本（選擇具有代表性的工作）；分解工作為工作元素和環節，確定工作的基本難度、制定工作分析規範。

(二) 設計步驟

選擇資訊來源；選擇工作分析人員；選擇蒐集資訊的方法和系統。

(三) 調查步驟

編制各種調查問卷和提綱；廣泛蒐集各種資源：工作內容（What）；責任者（Who）；工作職位（Where）；工作時間（When）；怎樣操作（How）；為什麼要做（Why）；為誰而服務（For Whom）。

(四) 分析步驟

審核已蒐集的各種資訊；創造性地分析，發現有關工作或工作人員的關鍵成分；歸納、總結出工作分析的必需材料和要素。具體如何進行分析呢？可從四個方面進行：

1. **職務名稱分析**：職務名稱標準化，以求透過名稱就能瞭解職務的性質和內容。
2. **工作規範分析**：工作任務分析；工作關係分析；工作責任分析。
3. **工作環境分析**：工作的各種環境分析。
4. **工作執行人員必備條件分析**：必備知識分析；必備經驗分析；必備執行能力分析；必備心理素質分析。

(五) 運用步驟

促進工作分析結果的使用。

(六) 回饋步驟

組織的經營活動不斷變化，會直接或間接地引起組織分工合作機制的相互調整，由此，可能產生新的任務，而使得部分原有職務消失。

工作分析的方法

企業在進行具體的工作分析時，要根據工作分析的目的、不同工作分析方法的利弊，針對不同人員的工作分析選擇不同的方法。一般來說，工作分析主要有資料分析法、現場觀察法、面談法、問卷調查法、工作實踐法、關鍵事件法等。

這幾種工作分析方法各有利弊，如資料分析法，即蒐集公司過去及現在的部門職責、職位說明書、年度工作計畫與總結、重點專案相關檔、部門內外部客戶及客戶需求等資料，從中分析並羅列出部門的各項工作。現場觀察法要求觀察者需要足夠的實際操作經驗，雖可瞭解廣泛、客觀的資訊，但它不適於工作週期很長的、腦力勞動的工作，而偶然、突發性的工作也不易觀察，且不能獲得有關任職者要求的資訊。面談法易於控制，可獲得更多的職務資訊，適用於對文字理解有困難的人，但分析者的觀點易影響工作資訊正確的判斷；面談者易從自身利益考慮而導致工作資訊失真；職務分析者問些含糊不清的問題，影響資訊蒐集；且不能單獨使用，要與其他方法連用。問卷調查法費用低、速度快；節省時間、不影響工作；調查範圍廣，可用於多種目的的職務分析；缺點是需經說明，否則會有不同理解，產生資訊誤差。採用工作實踐法，分析者直接親自體驗，獲得資訊真實；但只適用於短期內可掌握的工作，不適用於須進行大量的訓練或有危險性工作的分析。關鍵事件法直接描述工作中的具體活動，可提示工作的動態性；所研究的工作可觀察、衡量，故所需資料適用於大部分工作，但歸納事例須耗大量時間；易遺漏一些不顯著的工作行為，難以把握整個工作實體。綜上所述，為使工作分析在人力資源管理實踐中得到有效執行，工作分析的方法須考量實際工作場域的需求，不僅須具備彈性且須不斷創新，以迎合目前社會環境變遷劇烈的需要。

有效進行工作分析應該注意的問題

工作分析是對組織中各項工作職務的特徵、規範、要求、流程以及對完成此工作員工的素質、知識、技能要求進行描述的過程，是人力資源發展與管理最基本的作業與前提，是現代人力資源所有職能——人力資源獲得、整合、保持激勵、控制調整和開發等職能工作的基礎。只有做好了工作分析，才能據此完成企業人力資源規劃、績效評估、職業生涯設計、薪酬設計管理、招聘、甄選、錄用工作人員等工作。有的企業人力資源管理者忽視或低估工作分析的作用，導致在績效評估時無現成依據、確定報酬時有失公平、目標管理責任制沒有完全落實等，進而影響員工工作積極性及企業效益。因此，對於人力資源管理者而言，做好工作分析對於組織至關重要，特別是要注意以下幾點：

(一) 編制工作說明書的需要

一個沒有工作說明書的單位會讓員工無所適從，沒有工作說明書的員工不知道自己的工作範圍，更不知道自己工作的努力方向，直接會導致人力資源的浪費，降低員工的工作效率，影響企業的發展，因此企業必須存在一套完備、真實的工作說明書。

(二) 設計考核方案的需要

一個建立在工作分析基礎上的績效考核方案才有真正的說服力和意義。科學的、合理的工作說明書必含績效指標項目，它是員工考核的依據。績效考核方案就是以績效指標作為員工的評價指標，然後形成評價標準，在評價標準基礎上為每一個考核項目給分，結合員工的工作表現，考量特質面、行為面與結果面，形成對員工的評估。這樣的考核方案才是公正的，對員工也才能起到真正的激勵作用。

(三) 人員招募、選拔的需要

工作分析圍繞工作職位本身開展分析活動，蒐集職位資訊、工作複雜性、責任大小、工作環境、努力程度等進行評價，取得該職位的特點及從事該工作所需要人員最基本的素質，從而有了該職位的任職條件，以便人力資源部門提升工作效率。

(四) 其他工作的需要

比如說教育訓練工作、薪酬設計、工作設計、人力資源規劃等需要。以員工教育訓練為例，透過工作分析，研究從事該職位需要何種培訓，及教育訓練需求分析，以訂定合理的教育訓練內容。

一般來說，工作的職責愈重要，工作就愈有價值，要求有更多的知識、技能和能力的工作對公司來說，應該更具價值。在考慮安全與健康問題時，來自工作分析的有關訊息也很有價值。例如：雇主應該說明一項工作是否具有危險性，工作說明和工作規範中應該反應出這一點。而且，在某些危險的工作中，工人為了安全地完成工作，也需要瞭解一些有關危險的訊息，故工作分析訊息對員工而言，十分重要。當考慮對員工進行任用、調動或晉升等問題時，工作說明提供了一個比較個人才能的標準，透過工作分析獲得的訊息，經常能導致更為客觀的人力資源管理決策。

海氏工作評價系統簡介與因素分析

海氏（Hay）工作評價系統又稱「指導圖表——形狀構成法」（Guide Chart-Profile），是由美國工資設計專家艾德華‧海（Edward Hay）於 1951 年研究開發出來的。他有效地解決了不同職能部門的不同職務之間相對價值的相互比較和量化的難題，在世界各國上萬家大型企業推廣應用並獲得成功，被企業界廣泛接受。

海氏認為，任何工作職位都存在某種具有普遍適用性的因素。海氏工作評價系統實質上是一種評分法，是將付酬因素進一步抽象為具有普遍適用性的三大因素，即技能水準、解決問題能力和風險責任，相應設計了三套尺規性評價量表，最後將所得值加以綜合，計算出各個工作職位的相對價值。

根據這個系統，所有職務所包含的最主要的付酬因素有三種，每一個付酬因素又分別由數量不等的子因素構成，具體見圖 4-7。

1. **「上山」型**：此職位的責任比技能與解決問題的能力重要。如公司總裁、銷售經理、負責生產的幹部等。

2. 「**平路**」**型**：技能和解決問題能力在此類職務中與責任並重，平分秋色。如會計、人事等職能幹部。
3. 「**下山**」**型**：此職位的職責不及技能與解決問題能力重要。如科研開發、市場分析幹部等。

通常要由職務薪酬設計專家分析各類職位的形狀構成，並據此給技能、解決問題的能力這兩因素與責任因素各自分配不同的權重，即分別向前兩者與後者指派代表其重要性的一個百分數，兩個百分數之和應為 100%。當然，海氏評價法還涉及到每個因素的評估標準，以及評估結果的處理和形成一個公司的職位等級體系等分析過程。

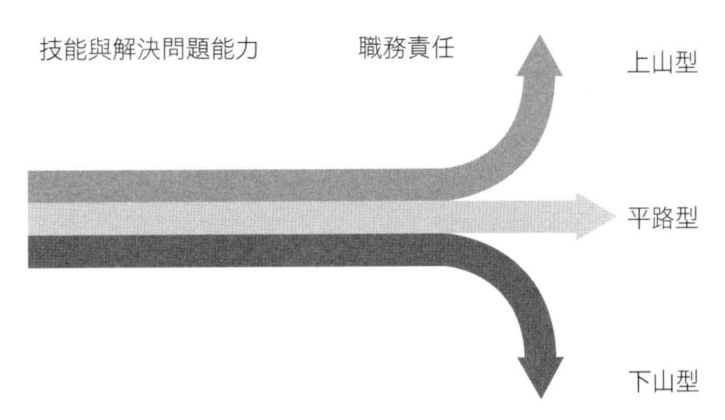

圖 4-7 付酬因素

(一) 技能水準

技能水準，是指使績效達到可接收程度所必須具備的專門業務知識及其相應的實際操作技能。具體包含三個層面：

1. 有關科學知識、專門技術及操作方法，分為基本的、初等業務的、中等業務的、高等業務的、基本專門技術的、熟練專門技術的、精通專門技術的和權威專門技術的八個等級。
2. 有關計畫、組織、執行、控制及評價等管理訣竅，分為起碼的、有關的、多樣的、廣博的和全面的五個等級。
3. 有關激勵、溝通、協調、培養等人際關係技巧，分為基本的、重要的和關鍵的三個等級。

(二) 解決問題能力

解決問題能力，是與工作職位要求承擔者對環境的應變力和要處理問題的複雜度有關，海氏評價法將之看作是「技能水準」的具體運用，因此以技能水準利用率（%）來測量。進一步分為兩個層面：

1. **環境因素**：按環境對工作職位承擔者緊鬆程度或應變能力，分為高度常規的、常規性的、半常規性的、標準化的、明確規定的、廣泛規定的、一般規定的和抽象規定的等八個等級。
2. **問題難度**：按解決問題所須創造性由低到高分為重複性的、模式化的、中間型的、適應性的和無先例的等五個等級。

(三) 職務責任

職務責任，是指工作職位承擔者的行動自由度、行為後果影響及職位責任大小。

行動自由度是工作職位受指導和控制的程度，分為有規定的、受控制的、標準化的、一般性規範的、有指導的、方向性指導的、廣泛性指引的、策略性指引的和一般性無指引的等九個量級。

行為後果影響分為後勤性和諮詢性間接輔助作用，與分攤性和主要性直接影響作用兩大類、四個級別；風險責任分為微小、少量、中級和大量四個等級，並有相應的金額範圍。智慧水準、解決問題能力和風險責任這三個因素，在加總評價分數時，實際上被歸結為兩個方面：技能水準與解決問題能力的乘積，反應的是一個工作職位人力資本存量使用性價值，即該工作職位承擔者所擁有的技能水準（人力資本存量）實際使用後的績效水準；而風險責任則反映的是某工作職位人力資本增量創新性價值，即該工作職位承擔者利用其主觀能動性進行創新所獲得的績效水準。

海氏認為職務具有一定的「形狀」，這個形狀主要取決於技能與解決問題的能力兩因素，相對於職務責任這一因素的影響力間的對比和分配，如圖4-7。

根據三種「職務型態構成」，賦予三個不同因素以不同的權重。即分別向技能與解決問題的能力兩因素及責任因素指派代表其重要性的一個百分數，這兩個百分數之和恰為 100%。根據一般性原則，我們粗略地制定

「上山型」、「下山型」、「平路型」兩組因素的權重分配分別為（40% + 60%）、（70% + 30%）、（50% + 50%）。

綜合加總時，可以根據企業不同工作職位的具體情況，賦予二者以權重。職務評價的最終結果，一般可用以下計算公式表示：

$$W_i = \gamma\, [\, f_i\,(T，M，H)\ {}^*Q\,] + \beta\, [\, f_i\,(F，I，R)\,]$$

式中，

W_i 表示第 i 種工作職位的相對價值。

f_i（T，M，H）・Q 為第 i 種工作職位人力資本存量使用性價值。

f_i（F，I，R）為第 i 種工作職位人力資本增量創新性價值。

γ、β 分別表示第 i 種工作職位人力資本存量使用性價值和增量創新性價值的權重，$\gamma + \beta = 1$。一般情況下，γ、β 的取值大致有三種情況：

1. $\gamma = \beta$，如會計、技工等工作職位的情形（平路型）。
2. $\gamma > \beta$，如工程師、行銷員等工作職位的情形（下山型）。
3. $\gamma < \beta$，如總裁、副總裁、經理人員等工作職位的情形（上山型）。

T——專業理論知識（科學知識、專門技術及操作方法）

M——管理訣竅（計畫、組織、執行、控制及評價等管理訣竅）

H——人際技能（有關激勵、溝通、協調、培養等人際關係技巧）

Q——解決問題能力

F——行動自由度

I——職務對後果形成的作用（行為後果影響）

R——職務責任（風險責任）

特殊議題

工作分析中，溝通的重要性

通常組織進行工作分析的方法，主要採取的第一步會是員工訪談。在此過程中，經常遇到的困難就是員工在工作分析實踐過程中，存在著恐懼。由於員工害怕工作分析會對其已熟悉的工作環境帶來變化或者會引起自身利益的損失，應而會對工作分析小組成員及其工作採取不合作甚至敵視的態度，例如：員工對工作分析實施者的冷淡、牴觸情緒等，從而會影響到員工所提供的資訊資料的準確性。員工的恐懼對工作分析的實施過程、工作分析結果的可靠性及工作分析結果的應用等方面，會產生較大的影響。

想要更為成功地實施工作分析，首先就必須克服員工對工作分析的恐懼，從而使其提供真實的資訊。應先就工作分析的原因、工作分析小組成員組成、工作分析不會對員工的就業和薪酬福利等產生任何負面影響，以及為什麼員工提供的資訊和資料對工作分析十分重要等問題，向員工做詳細清楚的解釋，將員工及其代表納入到工作分析過程之中。因為只有當員工瞭解工作分析的實際情況，並且參與整個工作分析過程之後，才會忠於工作分析，也才會提供真實可靠的資訊。

訪談的內容選擇很重要，以便提高訪談的有效性和效率，不僅是為工作分析，同時為人力資源管理的其他功能模組的進行提供基礎支援，進而提高工作效率，否則工作效率會不彰，員工也會認為是一個浪費的過程。透過訪談可以增強與組織間的瞭解和溝通，以確保訪談的有效性。針對所確定的訪談話題，有些員工可能會表達不滿意的地方，需予以適當的尊重，如此可以在部分重要的話題上得到需要的資訊。

個案介紹

連展科技公司之職位評估

連展科技為國內專業之電腦、通訊及消費性連結器與電子零組件製造廠。產品包括無線通訊、能源、光通訊、極細線徑同軸纜線、發光二極體（LED）照明產品及連接器等關鍵零組件之研發、製造與銷售。該公司根據其中國大陸華南產區的企業性質，利用海氏工作評價系統作為職位評估的工具。其目的為將各職位進行比較或按預定的標準加以衡量，衡量出每個職位對於組織的貢獻大小，進而確定職位在組織中的相對價值，以利人力資源相關的各項措施能順利實施。以下為該公司對某一職位——「產品開發工程師」所進行之職位評估。其職位評估之流程如下：

第一階段：制定評估計畫

此評估計畫實施前，職位評估原則先行制定如下：

1.「空職位原則」及對事不對人。
2. 考慮本公司而非其他公司或行業狀況。
3. 考慮目前的職位狀況而非過去或未來的狀況。
4. 考慮一般經營狀況下的職位狀況，而非特殊情形下的職位狀況。
5. 考慮職位的職責範圍，而非工作專案明細。
6. 職位的工作量大小，一般不作為職位評估考慮因素。
7. 職位價值的大小與行政級別沒有嚴格的對應關係。
8. 適當考慮目前的收入和地位，但不是決定因素。

第二階段：成立評估專家小組

成立各部門主管和顧問公司組成的雙向評估小組。

第三階段：評估會議

由評估專家小組主持評估會議，以保證評估工作順利進行。

第四階段：方案溝通與修正

評估專家小組於過程中會對評估結果進行不斷的修正與回饋。

以下是該公司利用海式工作評價系統對產品開發工程師之職位所進行職位評估的結果：

1. 技能水準面：產品開發工程師負責企業研發工作，要求很高的專門知識，在專業技能及知識方面應具備專精程度。
2. 問題解決面：因其在執行目標明確的研發任務時，需要密切關注其他有關的業務（如模具的開發進度、零件的加工情況以及品質的情況等），因此在這方面屬高程度的。
3. 人際關係面：關鍵取決於產品開發工程師是主導某產品開發還是參與開發，假設大多情形下，都是主導開發某類產品，則須經常與沖壓、塑模以及品保溝通相關工作，則須掌握一定的人際溝通，在此項是重要的。
4. 職務責任面：該公司定義該面向具有三個子構面：行動自由度、影響性質及影響範圍。
   (1) 行動自由度表示受到影響和限制的因素愈多，其自由度就愈小；參與程度愈大、職權範圍愈接近經營層或領導層，須接受的監督、審查或指導愈少，採取的自由度愈大。
   (2) 影響性質是指最終結果的影響程度。
   (3) 影響範圍是指公司內相應的組織層級或控制財務的範圍。

產品研發工程師的行動自由度比較大，屬於方向性指導。職務責任影響範圍不大，只有微小的影響。對於後果形成的責任影響性質比較大，因為產品研發工程師對企業新產品開發和企業進一步發展有直接的影響，因此屬於主要輔助者。產品研發工程師在產品開發過程中受到行業規範、各種技術標準的限制，且由於產品開發屬高度創造性活動，其思維難度屬「創新式」。

整體而言，雖說海式工作評價法其評價過程較為複雜，但評估出的分數，比直覺性的主觀評估精確且合理。

問題與討論

1. 組織的架構與人力資源規劃有何關係？
2. 工作分析與組織的招募任用有何關係？
3. 人力資源規劃的作用為何？其制定過程須考慮什麼因素？

參考文獻

Barrick, M. R., Stewart, G. L., Neubert, M. J., & Mount, M. K. (1998). Relating member ability and personality to work-team processes and team effectiveness. *Journal of Applied Psychology, 83*(3), 377-391.

Bubshait, K. A. & Selen, W. J. (1992). Project Characteristics that Influence the Implementation of Project Management Techniques: A Survey. *Project Management Journal, 23*(2), 43-47.

Baron, J. (1985). *Rationality and intelligence*. Cambridge, England: Cambridge University Press.

Balkin, Gomez-Mejia, & Cardy (1995). *Managing Human Resource*. City: Prentice Hall Inc..

Bandura, A. (1986). *Social Foundations of Thought and Action*. Englewood Cliffs, NJ.: Prentice Hall.

Butler, Ferris, & Napier (1991). *Strategic and Human Resource Management*. Cincinnati, OH: South-Western Co..

Capelli, P. & Rogovsky, N. (1994). New work systems and skill requirements. *International Labour Review, 133*(2), 205-220.

Caillaud, B & Hermalin, B. E. (1993). The Use of an Agent in a Signaling Model. *Journal of Economic Theory, 60*(1), 83-113.

Cleland (2002). *Project management: strategic design and implementation*. McGraw-Hill.

Daft, R. L. & Lengel, R. H. (1986). Organizational information requirement, media richness and structure design. *Management Science, 32*(5), 557-571.

Denton, D. W. (1996). Don't hire performance problems: The employment interview and the performance improvement practitioner. *Performance Improvement, 35*(9), 6-9.

Etzel, E. F. & Watson, J. C. (Summer 2001). Can you see for miles: Conducting supervision at a distance. *Association for the Advancement of Applied Sport Psychology Newsletter, 16*(2), 18-20.

French, W. L. & Bell, C. H. (1995). *Organization Development: Behavioral Science Interventions for Organization Improvement* (5th ed.). Englewood Cliffs, N. J.: Prentice-Hall.

Ford, R. C. & Randolph, W. A. (1992). Cross-functional structures: A review and integration of matrix organization and project management. *Journal of Management, 18*(2), 267-294.

Gatewood & Field (1987). *Human Resource Selection*. Chicago: Dryden.

Gross, S. E. (1995). *Compensation for teams: How to design and implement team-based reward programs*. Way Saranac Lake, NY AMACOM.

Hackman, J. R. (1990). *Groups that work (and those that don't): Creating conditions for effective teamwork*. San Francisco, CA: Jossey-Bass.

Hanlon, S. C., Meyer, D. C. & Taylor, R. R. (1994). Consequences of gainsharing: A field experiment revisited. *Group & Organization Management, 19*(1), 87-111.

Henry, R. A. (1995). Improving group judgment accuracy: Information sharing and determining the best member. *Organizational Behavior and Human Decision Processes, 74*(3), 659-671.

Hinsz, V. B., Tindale, R. S. & Vollrath, D. A. (1997). The emerging conceptualization of groups as information processors. *Psychological Bulletin, 121*(1), 43-64.

Heneman & Dyer (1989). *Personnel/Human Resource Management* (3rd ed.). New York West Publishing Co..

Hodgetts, R. M. (1982). *Small Business Management*. New York: Academic Press.

Hung, T. K. (2006). Effects of Expert Collective Efficacy on Hiring Decision Making Under the Informational Asymmetry. *The Business Review, Cambridge, 6*(1), 116-

123.

Hoegl, M. & Gemuenden, H. G. (2001). Teamwork quality and the success of innovative projects: A theoretical concept and empirical evidence. *Organization Science, 12*(4), 435.

Jiang, J. J., Klein, G., & Balloun, J. (1996). Ranking of system implementation success factors. *Project Management Journal, 27*(4), 49-53.

Keller, R. T. (1986). Predictors of the performance of project groups in R&D organizations. *Academy of Management Journal, 29*(4), 715-726.

Kerzner, H. (2002). *Project management: A system approach to planning, scheduling, and controlling* (8th ed.). Hoboken, NJ: John Wiley & Sons.

Lanz (1988). *Employing and managing people*. London: Pitman, 1988.

Lawler, E. E. & Mohrman, S. (1987). Quality Circle after the Honeymoon. *Organizational Dynamics*. Spring 1987, 42-54.

Lewis, J. (2002). *Fundamentals of project management: Developing core competencies to help outperform the competition* (2nd ed.). Way Saranac Lake, NY American Management Association.

Likert, R. (1967). *New Patterns of Management*. New York: Hill.

Mankin, D., Cohen, S. G., & Bikson, T. K. (1996). *Teams and technology: Fulfilling the promise of the new organization*. Boston, MA: Harvard Business School.

McCollum, J. K. & Sherman, J. D. (1991). The effects of matrix organization size and number of project assingments on performance. *IEEE Transaction on Engineering Management, 38*(1), 75-78.

Meredith, J. R. & Mantel, S. J. (2005). *Project management: A managerial approach* (6th ed.). Hoboken, New York: Wiley.

Miles, R. & Snow, C. C. (1984). Designing strategic human resource systems. *Organizational Dynamics, 13*, 36-52.

P.M.I. (2004). *A Guide to The Project Management Body of Knowledge* (3rd ed.). Newtown Square, PA: Project Management Institute.

Pinto, J. K. & Slevin, D. P. (1988). Project success: Definitons and measurement techniques. *Project Management Journal, 19*(1), 67-72.

Polya, G. (1973). *How to solve it*. Princeton, NJ: Princeton University Press.

Pressley, M., Symons, S., Snyder, BL, & Cariglia-Bull, T. (1989). Strategy instruction research comes of age. *Learning Disabilities Quarterly, 86*, 360-406.

Schuler, R. S. (1987). *Personnel/Human Resource Management* (3rd ed.). New York: West Publishing Co..

Schuler, R. S. (1992). *Strategic human resource management: Linking the people with the strategic needs of the busines*s. Organizational Dynamics.

Simon, H. A. (1960). *The New Science of Management Decision*, New York: Harper and Row.

Stein, J. (1981). Strategic decision methods. *Human Relations, 34*, 917-933.

Van Der Vegt, G. S., Emans, B. M., & Van De Vliert, E. (2001). Patterns of interdependece in work teams: A two-level investigation of the relations with job and team satisfaction. *Personal Psychology, 54*(1), 51-69.

Wageman, R. (2001). How leaders foster self-managing team effectiveness: Design choices versus hands-on coaching. *Organization Science, 12*(5), 559-577.

Wellins, R. S., Byham, W. C., & Dixon, G. R. (1994). *Inside teams: How 20 world-class organizational are winning through teamwork.* San Francisco, CA: Jossey-Bass.

Welch. R. B. & Warren, D. H. (1980). Immediate perceptual response to intersensory discrepancy. *Psychological Bulletin, 88*, 638-667.

Wright, P. M. (1992). Theoretical perspectives for strategic human resource management. *Journal of Management, 18*(2), 295-320.

招募與甄選的意義與程序

> 從古帝王之治天下，皆言理財、用人。朕思用人之關係，更在理財之上。果任用得人，又何患財不理乎？
>
> ——雍正皇帝

學習目標

本章學習目標有三：瞭解招募的目的與過程及甄選的相關議題，最後為職能基礎的工具運用的範疇。

從「雍正皇帝語錄」中可以得知兩個概念，要能治天下需考量許多因素，其中有兩項最不可忽視者，為財與人；兩者之間，雍正認為若用對人，國家自然能國富兵強，對企業而言，亦可用相同的邏輯，用人得當才能使企業永續發展。然而，如何才能達到用人得當的境界，首先須找對人才，如宋朝司馬光《資治通鑑》中漢武帝所言：「何世無才，患人不能識之耳！」，透過有效的招募管道能夠幫助企業找人，再透過良好的甄選方式篩選人才，讓企業能夠雇用到優秀且適合的員工，此即人力資源管理的招募與甄選之功能。

一、招募的目的與過程

招募的目的與程序

當企業進行人力資源規劃後，能有效的分析企業未來的人力需求以及目前的人力供給，若目前的企業人力能有效供給未來的人力需求時，招募與甄選對於企業而言，尚無當務之急。相反的，當企業目前的人力無法有效供給未來的人力需求時，表示人力供給與人力需求間有落差，更具體來說，將產生人力需求大於人力供給的狀況；此時，用人單位的部門主管需告知人力資源管理單位，透過招募與甄選的流程，招聘合適的人選。

招募是協助企業找尋並吸引符合職位需求的應徵者，基本上，招募的本質是一系列徵才訊息傳遞的活動，在不同的勞動市場中，透過不同的傳遞媒介，為企業找到符合資格的應徵者，並吸引求職者前來面試。在求才訊息傳遞的一系列過程中，將受到許多因素的影響，使得招募變成是一件非常複雜的活動，所影響的範圍亦非常廣，除了本身的招募效能，如求職人數、類型以及工作意願外，還會影響其他相關的人力資源活動；例如：招募的成效往往會限制甄選的結果，無效率的招募將導致組織無謂的成本，後續甄選活動也將變得毫無意義。有效的招募活動分為以下幾個階段：

(一) 用人單位提出缺額需求

根據企業策略進行人力資源分析後，可具體瞭解各單位為達到策略目標的前提下，需要增加的人力，由用人單位提出人力需求，根據職位與職務所需告知求才條件，再交由人力資源部門進行後續的招募程序。

(二) 確定求才條件

人力資源部門接獲人力缺額需求後，將依照組織內的相關規定以及用人單位的需求確定求才條件，包含工作內容、工作時間、工作地點、職稱、薪酬待遇等具體事項，並將求才條件回覆用人單位，進行最後確認。

(三) 選擇勞動市場

人力資源部門在確定求才條件後，於正式公布職缺資訊之前，會先決定勞動市場。一般而言，勞動市場可區分為內部勞動市場以及外部勞動市場，人力資源部門會同用人單位，評估兩種勞動市場的優缺點後，選擇招募的勞動市場，最終可能僅選擇單一的勞動市場，或同時對內外部勞動市場進行招募。

(四) 使用適當的招募媒介

由於招募的本質為求才訊息的有效傳遞，以吸引符合資格的求職者，因此訊息傳遞媒介的選取，可能成為影響招募成效的重要因素。當人力資源部門確定招募的勞動市場後，依據內外部勞動市場的特性，選擇適當的訊息傳遞媒介。

(五) 評估招募效果

招募的功能如同其他人力資源管理功能，都需要針對成效進行檢討修正。招募效果的評估依據可包含實際應徵人數、應徵者的資格符合程度、招募成本、用人單位對招募過程與結果的滿意度，以及相關待改善之意見等，某些公司運用 KPI 的概念確定招募的績效，作為招募人員的績效評估依據。

(六) 檢討與修正招募活動

人力資源部門需根據招募的效果進行檢討，以修正現有的招募流程，並參考招募流程的最佳實務，與相關的管理概念相結合，能與時俱進，藉由招募的流程修正與創新，成為有效率的招募功能。

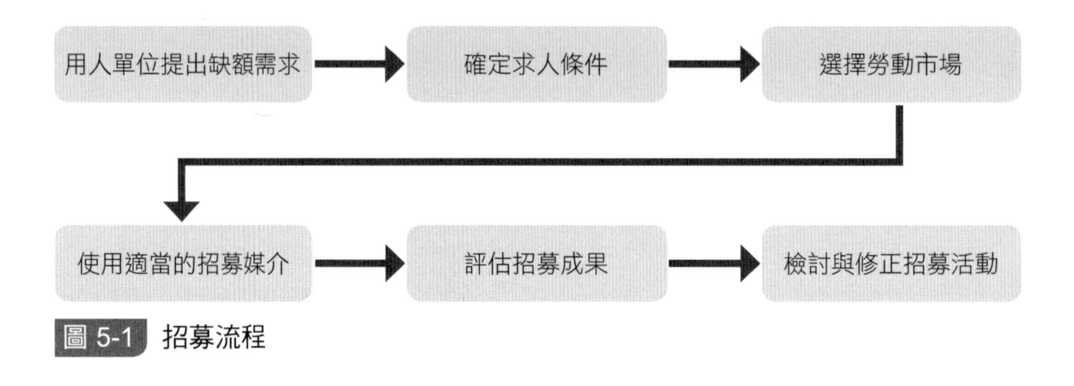

圖 5-1 招募流程

招募的勞動市場

一般而言，勞動市場可被區分為兩大類，為內部勞動市場以及外部勞動市場，兩種勞動市場各有優缺點。「內部勞動市場」是指企業透過組織內的職務晉升與相關制度，替組織內部的勞動力進行規劃與配置；換言之，員工在組織內的流動與升遷，受公司的規章制度規範，員工須彼此競爭，根據職涯階梯，循序而上，但不必直接與公司之外的人員競爭。通常員工會從組織的較低層級開始，隨著知識技能的發展與累積，以及組織內部規劃設計的訓練，使員工達到晉升標準，這樣的晉升過程，不僅令員工個人獲得職涯的發展，同時也為組織留下具有適用知識技能之人才，強化組織的競爭優勢。內部勞動市場的最大特色是當用人單位提出缺額時，人力資源部門將針對組織編制內的員工進行招募。

相對的，外部勞動市場是指組織編制外的員工，基本上，外部勞動市場缺乏職涯階梯，因此亦無所謂的晉升機會；並且，普遍而言，在同樣職位與職務的條件下，組織給予編制外員工的薪酬待遇會低於編制內的員工，例如：編制外員工的員工福利內容會受到限制，與編制內員工享受的福利內容有落差。除了編制外的員工外，全無工作經驗的應屆畢業求職者，或已有工作經驗的求職者，皆屬於外部勞動市場。

人力資源部門於內部勞動市場進行的招募有幾項優點：

1. 內部升遷可增加員工的士氣、滿足感以及對組織的忠誠度。
2. 由於招聘的員工已在組織中任職，該員工已瞭解以及熟悉組織的文化與運作，可省略新人訓練，節省訓練成本。
3. 對於內部勞動市場的員工，組織有該員工完整的資歷以及過去的績效表現，可避免面試外部勞動市場的求職者時，可能產生的偏誤。
4. 企業對員工進行的教育訓練所耗費之成本，往往來不及回收，該員工隨即被其他競爭對手以更優渥的薪資挖角，因此，招聘內部勞動市場之員工，給予晉升績效，可提高企業對員工的投資報酬率。
5. 組織在落實策略所進行的各項中長期計畫產生職缺時，內部勞動市場員工已瞭解該項計畫的重要性以及執行進程，可立即銜接。

雖然從內部勞動市場招聘有上述幾項優點，但也存在不可忽略的缺點：

1. 招聘內部勞動市場之員工容易產生「近親繁殖」的現象，導致過於一致的思考模式。
2. 內部勞動市場的招募容易導致員工間的相互競爭，特別是管理職位的招聘，容易演變成內部的鬥爭。
3. 符合資格但未被晉升的員工易感到喪氣，並同時受到同儕間的關心以及壓力。
4. 過度以內部勞動市場的招募方式，容易加速企業的官僚文化以及獨裁作風。

根據外部勞動市場的特性，於外部勞動市場進行招募，會帶來以下幾項優點：

1. 相較於內部勞動市場的勞動人數，有效率招募訊息的傳遞，能夠獲得更多外部勞動市場求職者，供組織進行甄選。
2. 能夠引進新的觀點，衝擊僵化的思考模式。
3. 打破既有的小團體或派系問題。
4. 連結外部勞動市場有利組織檢視本身的概念與制度缺失。

如同內部勞動市場，外部勞動市場也會產生缺點：

1. 耗費新人訓練的資金與時間成本。
2. 員工適應組織的期間，可能導致較差的績效表現。
3. 組織既有的薪酬待遇、企業形象與相關制度，可能限制招募的效能，無法甄選到合適的人員。
4. 外部勞動市場的新進人員雖然能帶來新的想法或觀點，但也提升衝突的可能性。
5. 無法獲得完整的資料與過去績效表現，使得企業必須承擔甄選的偏誤，如求職者的印象管理，用人單位負責甄選的人員缺乏甄選相關訓練。

表 5-1 內外部勞動市場的優缺點比較

法　規	優　點	缺　點
內部勞動市場	1. 有利提升員工的士氣、滿足感以及對組織的忠誠度。 2. 已瞭解以及熟悉組織的文化與運作。 3. 完整的資歷以及過去的績效表現，可避免面試可能產生的偏誤。 4. 提高企業對員工的訓練投資報酬率。 5. 立即銜接已執行中的計畫。	1. 容易產生「近親繁殖」的現象。 2. 管理職位的招聘容易演變成內部的鬥爭。 3. 員工未被晉升時，情緒易受影響。 4. 加速企業的官僚文化以及獨裁作風。
外部勞動市場	1. 較多的求職者。 2. 帶入新的觀點。 3. 打破既有的派系或小團體。 4. 與外部環境連結，檢視組織制度的缺失。	1. 付出訓練成本。 2. 承擔適應期的績效落差。 3. 受限於企業形象或薪酬待遇，影響應徵人數。 4. 提高發生衝突的可能性。 5. 無法獲得完整的資料與過去績效表現，企業必須承擔甄選的偏誤。

由於內部勞動市場以及外部勞動市場各有其優缺點，人力資源部門與用人單位須評估上述優缺點後，選擇較合適的勞動市場，其中有幾項因素會影響勞動市場的選擇：

(一) 組織文化

組織文化代表組織內部所有成員共享的價值觀，成員間的互動行為會受到此價值體系的規範，此共享的價值觀可能是源自於組織創始者或領導者的願景、策略或人格特質。組織文化不僅是一種潛在的價值、假設、信念、態度及感受，它更會表現在公開的標語、儀式、典禮、故事、行為、穿著與物質環境等外在的事物中，例如：杜邦重視工業安全的文化是源自於創始者過去的歷史經驗，並將重視工業安全的價值觀，落實至各種企業實務中；例如：所有參觀者至杜邦進行訪問時，在杜邦所準備的訪問資料中，必定將緊急逃生路線的介紹放在第一優先順序。

組織文化的分類中，以策略重點（外部／內部）以及對環境的需求（彈性／穩定）作為兩大構面，歸類出四種文化類型，且不同文化類型的組織依據其組織文化，選擇勞動市場，如下圖 5-2 所示。適應文化代表組織聚焦外部環境的策略焦點，並透過彈性與改變來達成顧客需求，在企業行為上會快速反應環境變化，並主動地創造變化，因此，可能朝向以外部勞動市場的招募。任務文化強調對組織目標的清楚遠景，以及目標的達成度，在高度競爭狀態，以獲利為最終目標，因此，組織的唯一目標是招募到能達成任務的人力，會同時在內部勞動市場以及外部勞動市場進行招募。派閥文化則是強調組織成員的參與，創造責任感與歸屬感，讓成員對組織有更多的承諾；由於內部勞動市場的人員已瞭解以及熟悉組織的文化與運作，因此會成首要的招募對象。科層文化注重在穩定環境中，期望所有成員具有一致內部觀點，產生高度整合以及效率，因此會同時考量內部勞動市場以及外部勞動市場，例如：在國家公務人員體制中，包含以國家考試從外部勞動市場中選取人才，以及在內部勞動市場中進行內部擢升。

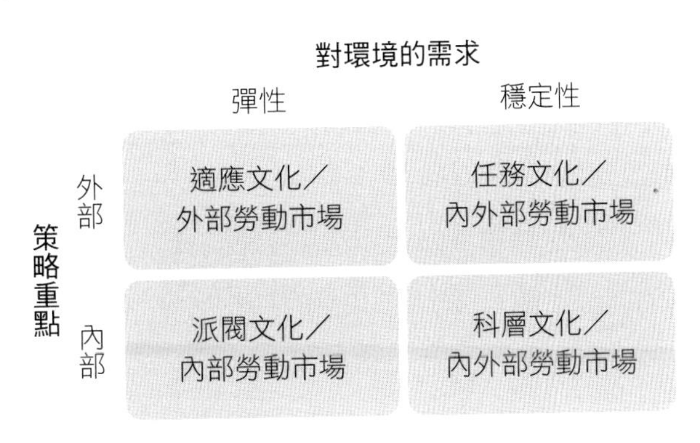

圖 5-2 組織文化與勞動市場選擇

(二) 企業規模與薪酬制度

在定義企業規模的各項參數中，企業人數是重要的標準，企業人數也反映組織內部勞動市場的規模。根據「中小企業發展條例」，從員工人數來界定企業規模，企業屬製造業、營造業、礦業及土石採取業經常雇用員工數未滿 200 人者，以及除前款規定外之其他行業經常雇用員工數未滿 100 人者，通稱為中小企業。因此，對於中小企業規模的組織而言，內部勞動市場內的潛在求職者有限，將使企業難以進行招募與甄選，從內部勞動市場中找到合適人才的可能性將大為降低。反觀，對於大型企業，或其擁有許多子公司或關係企業的集團而言，內部勞動市場的潛在求職者之人數將大幅提升，加上可明確掌握內部勞動市場中各潛在求職者的完整資料與過去績效，可減少甄選失敗的機率。因此，整體而言，中小企業規模的組織傾向針對外部勞動市場進行招募；對於較具規模的企業，對內部勞動市場進行招募將存在許多優勢。

(三) 職位高低

職位的高低也會成為影響內部市場招募與外部市場招募的因素，當職缺的層級愈高時，代表三種訊息：(1) 層級愈高表示該職位進行的職務愈重要，影響組織績效甚巨；(2) 一般而言，愈重要的職務隱含對組織的貢獻愈大，執行愈困難，因此，組織會給予較高的薪酬水準；(3) 當薪酬水準愈高時，在人性自利的前提下，就愈有投機的誘因。企業為預防投機的行為，會以許多制度進行約束，例如：績效基礎的給薪制度；另一種方式為，對較信任、忠誠度較高的既有員工進行拔擢，因此，較傾向以內部勞動市場進行招募。

上述現象在家族企業中更是明顯，由於家族企業在創業初期時，經營與出資情況均為家族的成員，因此高階管理層通常是以血緣、姻親等家族關係、背景為基礎的成員出任。隨著家族企業規模漸增，會逐漸成為極端共存的組織結構，組織大致形成三個階層：

1. 最底層由能力不強的非專業人士或非熟練的員工所組成，基本上，他們的可替代性較高，組織只要提供足夠的誘因，一般而言，招募這些員工並不困難。

2. 中間階層是由中階幹部所組成，具有足夠的專業知識，對組織的貢獻也較大，但與企業主之間沒有血緣關係，也是因為缺乏血緣關係，成為繼續向上升遷或進入決策核心的阻礙。此中下二層的結構存在與一般企業相同的運作方式，強調組織分工、授權、正式化和制度化，強調專業能力、技能與績效表現，稱為「企業系統」。
3. 高階層的決策核心，基本上都是由家族成員所組成，由於彼此間的血緣關係，使得幾乎不會產生人員流動的情況，一旦進入此一階層，通常就不會再由此一階層中退出，即使有變動，也只是在同一階層內職務上的調動，此特殊現象被稱為家族系統，如圖 5-3。

此獨特的家族系統與企業系統的共存現象，將影響招募的勞動市場。若家族企業中的企業系統產生職缺時，由於該系統具有強調專業能力、績效與可替代性的特徵，會以外部勞動市場為主進行招募；相對的，在家族企業的家族系統中出現職缺時，除了考量專業能力與經驗外，更強調忠誠與血緣，會傾向在中層的企業系統內，進行內部勞動市場的招募；另一種方式為，直接擢升在中層企業系統內歷練的家族成員。

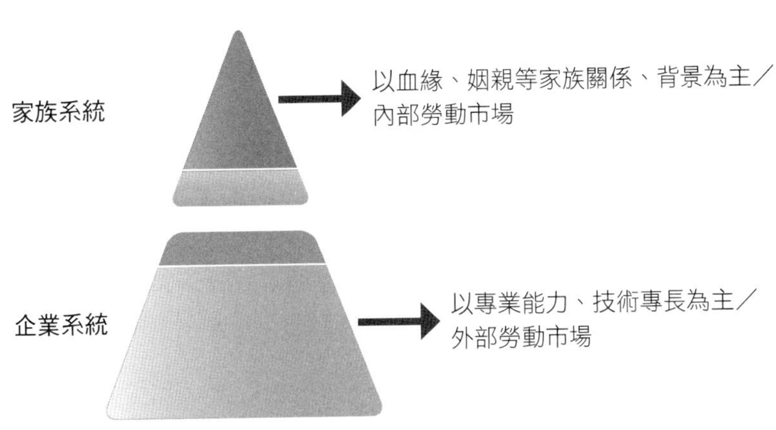

圖 5-3 家族企業雙元系統與招募勞動市場之關聯

資料來源：嚴奇峰（1994）。

招募管道

若以人才的招募來看，其招募管道可以分為正式管道以及非正式管道。

正式管道是指雇主的求才訊息以及應徵者的求職行為，是經由外界組織的安排，包含公、私營職業介紹所、校園招募以及廣播、電視、報紙與專業雜誌的招募廣告等；而非正式管道是指雇主與應徵者的接觸，並非經由外界組織或仲介機構的安排，主要為員工個人推薦、親屬或朋友推薦、自薦、雇用離職員工等。

(一) 正式招募管道

1. 平面報紙／雜誌廣告

求職者可在報紙上刊登人事廣告中，獲知求才機構與職缺內容的訊息，由於報紙的普及率非常高，加上過去的歷史因素，使得報紙在網路成熟的年代中，仍是最普遍的招募訊息傳遞的方法；也由於報紙的普及性，報紙會刊載各行各業的求才訊息，使得求職版面通常彙集太多資訊。近年報紙的徵才版面，運用許多設計元素，吸引求職的目光。若是針對特殊技能人員的招募，則廣告可以刊登在該特殊技能所屬的專業社群中，例如：專業的雜誌或期刊，以吸引更多具備特殊技能的應徵者。

2. 政府等公立就業機構

由於政府等公立就業機構在進行招募廣告以及媒合的過程中，可以事先由這些機構作初步的審核，以減少部分的甄選工作，提高媒合成功率，可提升企業的招募甄選效率，也成為國內常見的招募訊息管道，例如：行政院所屬的青年輔導委員會（簡稱青輔會，2013 年已改為教育部青年發展署）。青輔會就業輔導的對象為大專（含）以上學歷的求職者，包含海外歸國的碩、博士人才，且定期出刊海外學人通訊與求職、求才者的資料，為求職、求才者搭橋牽線，免費提供協助國內高科技廠商赴海外延攬人才服務。由於青輔會提供求才、求職服務是免費的，可以節省企業的徵才費用，再加上係由國家機構承辦，降低求職者被不肖或非法業者欺騙，因此成為質量俱佳的求職與求才訊息的管道。

3. 私人職業介紹機構／企管顧問公司

由人力資源管理顧問公司（Personnel Consultancies）承辦，為民營的營利組織承辦，其運用各種方式，為企業招募高階職位或是特殊專業人才，亦即所謂的獵人頭公司（Head Hunter）。一般而言，收費相當昂貴，通常是以求才企業提供的年薪一定的比例計算。除了作為招募高階管理人才外，近年來有不少的人力資源管理顧問公司將業務範圍擴大為代辦申請或轉介外籍勞工。

4. 校園招募（Campus Recruiting）

學校單位擁有最豐富的潛在求職者，並且經由科系的劃分，很容易接觸到眾多符合資格的應徵者。企業透過校園招募管道的徵才方式具有許多優點，不僅可以尋找人才，也同時在各校打響知名度，塑造企業形象，以利日後的招募作業。求才企業除了擺設攤位之外，學校也會邀請部分廠商舉辦「企業說明會」，安排時間讓學生與企業進行互動，使學生完全掌握產業、企業以及職涯的發展狀況。

5. 人才博覽會

人才博覽會又稱為「Open House」，類似校園徵才，但通常是在飯店、會議中心或展覽館舉行，企業必須經由承租攤位的方式獲得展覽的空間以吸引應徵者。與校園招募最大差異在於，校園招募是以即將畢業的學生為主要招募對象，即未來的職場新鮮人，而參加就業博覽會的求職者則包羅萬象，包含目前待業中的求職者外，還可以接觸到暫時不想換工作的潛在應徵者，或許在瞭解其他公司的待遇與職涯發展後，會成為實際的應徵者。

6. 人力銀行（Job Bank）

對於企業與求職者而言，雇用程序因網際網路的興起與成熟，引起了極大的變化。傳統的報章雜誌等平面求職與求才資訊，已藉由網路的平臺進行，成立專業的人力網站，提供求才者登錄工作職缺資訊，以及求職者維護個人履歷資料，並將此兩類資料加以媒合的資訊處理平臺。隨著招募網站的增加以及使用招募網站的普及性提升，使企業可以很輕易找到大量符合資格的應徵者，資訊的傳遞也可跨越報章雜誌的地域性。在國內有許多知名的人力銀行網站，如 104 人力銀行、1111 人力銀行以及 123 求職網等。

(二) 非正式招募管道

1. 自我推薦

自我推薦又稱為「Walk In」，指求職者主動前往選擇的企業，不論該企業有無提出工作職缺，直接與人力資源管理部門接觸，尋求工作機會。以自我推薦的方式求職者有幾項特性，通常具備外向性的人格特質，擅長進行人際互動，有明確的目標以及相當程度的自信，非常適合業務性質的職務內容。

2. 內部員工推薦

從外部勞動市場進行員工招募時，由於雇用者無法完全掌握求職者過去的經驗與績效，導致求職者與雇用者雙方是處於資訊不對稱的狀態，因此雇用者必須承擔相當程度的面試失誤風險；特別對於重要的職務或高階的職位，雇用者負擔面試失誤的代價非常高，所以會額外付費給獵人頭公司，代為尋找合適的人才，並提供該求職者的過去職涯訊息，然而，獵人頭公司的費用往往所費不貲。除了獵人頭公司外，內部員工推薦制度也能降低資訊不對稱的狀態。因為具有特殊技能或專業知識的員工，較有可能認識相同技能的人才；再者，應徵者也會因為現職員工而更瞭解企業的文化、制度以及待遇等相關訊息；此外，由於被推薦者是公司現職員工推薦，因此公司較能瞭解被推薦者的相關訊息。是以，由公司現職員工推薦應徵者，是一個相當有效的招募管道。

3. 公司架設的招募網站

較具規模的企業除了會在報章雜誌、人力銀行等傳遞徵才資訊外，亦會自行架設公司的求才網站，將公司的職缺資訊公告在公司所屬的網站中。企業自行架設招募網站的優點在於，可客製化企業所需的履歷表格式，提供給求職者，能精準詢問出企業著重的訊息，是人力銀行網站的統一制式履歷表無法提供的；再將應徵者資訊存入公司的人才資料庫，藉由系統篩選的功能，找出符合面試資格的應徵者。因此，對某些知名以及具規模的企業而言，認為公司架設的招募網站的招募品質會優於一般的網路人力銀行。然而，此招募管道會受限於企業知名度以及企業形象，若公司本身知名度不

表 5-2 招募管道的優缺點比較

招募管道	優　點	缺　點
報章雜誌	1. 既有習慣。 2. 資訊取得容易。 3. 涵蓋各行各業。	1. 求職陷阱多。 2. 資訊紊亂。 3. 招募作業時間較長。 4. 受限篇幅，企業職缺訊息無法完整發布。
政府機關	1. 企業配合度高。 2. 求職訊息有保障。	1. 政府機關的效率形象。 2. 宣傳不足，求職者容易忽略。
私人職業介紹機構／企管顧問公司	1. 資訊豐富且保密。 2. 給予專業建議。 3. 減輕資訊不對稱狀態。	費用高昂。
校園招募	1. 大量的潛在求職者。 2. 提高企業知名度。	1. 耗費篩選的成本。 2. 多為不具經驗的應徵者。 3. 展覽期間須派駐人力。
人才博覽會	1. 接觸大量的求職者。 2. 許多具有經驗及專業能力的潛在求職者。	1. 耗費成本取得展覽空間。 2. 展覽期間須派駐人力。
網路人力銀行	1. 大量的求職者。 2. 不受地域限制。 3. 求職者已具備網路使用基本常識。 4. 具有雙向溝通的特性。	1. 求職者對資訊安全有疑慮。 2. 制式化履歷格式。 3. 易被大量資料掩蓋。 4. 限定網路使用族群。
自我推薦	1. 求職者有明確目標。 2. 求職者對本身有自信。 3. 求職者屬外向性人格特質。	1. 企業可能未有職缺。 2. 唐突拜訪的負面印象。
內部員工推薦	1. 易尋找到特殊技能的人才。 2. 雙向資訊的流通。 3. 降低甄選失誤的機率。 4. 被推薦者有更強的工作動機。	易成為小團體或派系。
公司自行架設的招募網站	1. 客製化的履歷系統。 2. 可招募到目標明確的求職者。 3. 求職者對公司已有一定程度的瞭解。	1. 招募網站的建立與維護成本。 2. 招募成效受限於企業知名度與企業形象。
企業實習	1. 提前適應期、社會化的過程。 2. 透過實際工作篩選未來員工。 3. 學以致用。	1. 企業須提供職缺。 2. 實習計畫恐變成降低勞動成本的誘因。

高，則經由此管道所得到求職者資料相當有限；且對於中小企業而言，必須負擔額外的網站維護成本，反而運用既有的網路人力銀行會更加便利。

4. 企業實習

許多企業與學校單位會簽定建教合作的計畫，企業每年提供學校單位一定額度的建教合作名額，學校單位則按學生們的科系關聯程度以及在校表現，提報建教合作的學生。對於學生而言，企業實習的優點在於，讓即將就業的畢業生能馬上投入職場，實際瞭解工作內容、責任以及可能的薪水待遇，將所學的專業知識與工作接軌。對企業而言，提供企業實習能讓企業在實習這段期間，觀察未來的合適人選，未來該學生進入企業時，也能減少職場適應期及組織社會化的過程。

評估招募的成效

以往企業在評估招募的成效時，著重招募的結果是否吸引大量的應徵者，類似的評估指標是在進行雇用前即能計算出，又稱為雇用前結果（Prehire Outcomes）；但考量篩選大量求職者資料所需負擔的成本時，求職者數量似乎不能完全代表招募的成效。因此，對於招募成效的評估逐漸開始轉變，不僅分析招募帶來的預定目標，更要將招募甄選活動造成的成本納入考量，以成本效益分析的角度檢視招募的成效，成效指標包含填補職缺的成本、填補職缺的速度、填補職缺的數目、不同的新進員工、適時填補職缺的數目等，這些結果能夠在員工到職時計算出，故又稱為雇用成效（Post-Hiring Outcomes）。

隨著招募甄選活動的結束，求職者轉變為企業的正式員工後，該員工的工作表現，成為檢視招募甄選活動的另一指標，即依照雇用後的結果作為成果，包含了新進員工的工作滿足、前幾年的績效表現，以及新進員工第一年的留任率等；然而，這些評估項目必須等到實際雇用該求職者後的一段時間，才能進行評估，因此，稱之為雇用後的結果（Post-Hire Outcomes）。在三種招募成效的指標中，如表 5-3，由於企業招募成效的評估重點，會較強調雇用成效以及雇用後的結果；在實證研究中，也多以此二種指標作為研究焦點。

表 5-3 評估招募成效的分類與指標

雇用前結果	雇用成效	雇用後結果
應徵者的數量	填補職缺的成本	新進員工的工作滿足
應徵者的多樣性	填補職缺的速度	前幾年的工作績效
應徵者符合資格的數量／比率	填補職缺的數量	新進員工第一年的留任率
找到符合應徵人數所花費的時間	即時填補職缺的數量	新進員工第一年的曠職率

招募成效的優劣往往與招募管道的選取有極大的關聯，在銀行產業的研究發現，離職員工的再雇用（Rehire）、自薦（Walk In）、員工推薦以及學校推薦等管道雇用的新進員工，相較於其他管道（如報紙廣告與職業介紹所）來說，有較低的離職狀況；由於該研究著重在銀行業，難以將研究結果推論至其他產業。之後的研究克服產業限制的缺點，蒐集不同職業（如銀行人員、保險業務員以及專業服務人員）的資料，結果發現員工推薦的新進員工有較長的任期，而透過報紙廣告與職業介紹所雇用的應徵者，其任期是較短的。若以新進員工的績效作為評估招募成效的標準時，自薦與期刊廣告招募之管道，會優於報紙廣告與學校委任。亦有研究比較正式管道以及非正式管道的成效差異，結果說明非正式管道就應徵者品質、新進員工的留任率與徵選率來說，較優於其他管道。

根據上述可知，某些招募管道確實有較佳的招募成效，因此，後續的研究開始著重解釋造成差異的原因。應徵者對於換工作難度的知覺可能是影響招募成效的原因，當使用某一些管道的應徵者所接觸到的工作機會較多，會使得他們認為找到其他工作較容易，因而較容易離職。經由員工推薦的方式找工作的應徵者，通常能得到較豐富且精準的資訊；然而，經由報紙廣告或職業介紹所找工作的應徵者，獲得的資訊則有限，在實際到職時，會發覺與求職時的預期有落差，造成到職後較低的工作滿意度，以及較高的離職現象。

統整上述的解釋後，研究者將招募管道與招募成效間的關聯性，以實際資訊假設（Realistic Information Hypothesis）概念解釋，某些招募管道所傳遞資訊的真實性與豐富性較高，因而使得應徵者對於新工作擁有較精確的資訊，掌握這些資訊，使得應徵者可以根據情報以決定自己是否適合此份工作，因而有較好的表現。另一種解釋為個體差異假設（Individual Difference Hypothesis），認為造成相異的招募管道產生不同的結果之原因，在於相異管道招募的員工會有不同的人格（Personality）、能力、積極性或智能等因素不盡相同，因此導致在有差異的職場態度與行為。

二、甄選的相關議題

企業在謹慎且有規劃地招募人選後，後續的甄選工作成為重要的把關程序。甄選最重要的目的在於能做到去蕪存菁，適才適所。企業透過甄選的程序，期望在許多的應徵者中，剔除不適任的求職者，並在適任的求職者中找出最合適者。從應徵者的角度思考，甄選有助於更瞭解其應徵工作的職務要求，並在甄選的過程中，發揮自己的優點，從眾多的應徵者中脫穎而出。因此，甄選是一種雙向溝通的過程。

識人之道

何世無才？患人不能識之耳。苟能識之，何患無人！華夏文化的歷史中，關於識人與用人的議題多有討論，幾位史上有名的人物亦曾闡述自己對識人與用人的想法。唐太宗李世民認為，官在得人，不在員多。雍正皇帝說：「從古帝王之治天下，皆言理財、用人。朕思用人之關係，更在理財之上。果任用得人，又何患財不理乎？」清朝曾國藩在〈裁員論〉中提出精闢的見解，闡述「自古開國之初，恆兵少，而國強其後；兵愈多則力愈弱。餉愈多而國愈貧。北宋中葉兵常百二十萬，而南渡以後，養兵百六十萬，而軍益不競。明代養兵至百三十萬，末年又加練兵十八萬，而孱弱日甚。」曾國藩的論述重點在於，用人貴在「精而練」而不在「擁兵自重」。宋朝歐陽修點出，「任人之道，要在不疑；寧可艱於擇人，不可輕任而不信」顯示出甄選的重要性，若甄選錯誤，會導致不才者進，則有才之路塞。

由於選才是否得當，往往成為當朝生存的關鍵，歷史也載明幾種選才的方略。先秦《逸周書・官人篇》認為，以觀誠、考言、視聲、觀色、觀隱、揆德等「六徵」來甄選人才。思想家莊子提出九種鑑人之道：(1) 遠使之而觀其忠；(2) 近使之而觀其敬；(3) 煩使之而觀其能；(4) 卒然問焉而觀其知；(5) 急與之期而觀其信；(6) 委之以財而觀其仁；(7) 告之以危而觀其節；(8) 醉之以酒而觀其側；(9) 雜之以處而觀其色。在另一部經典名著《呂氏春秋》中也詳細分析如何選才：(1) 通則觀其所禮（用結交往來的對象，評斷此人）；(2) 貴則觀其所進（評斷擁有權勢的人，其所推薦的人才，判斷他／她的識人智慧）；(3) 富則觀其所養（判斷是否有推己及人、悲天憫人的胸懷）；（4) 聽則觀其所行（聽其言並觀其行，檢視言行是否合一）；(5) 止則觀其所好（觀察日常生活，瞭解品性）；(6) 習則觀其所言（日漸熟識，行為會減少修飾，顯露真性情）；(7) 窮則觀其所不受（若處於窮困情境中，觀察其節操）；(8) 賤則觀其所不為（地位低賤的時候，是否做了難容於情理法的行為）。

甄選的相關理論

在甄選的議題中，有幾項理論可作為瞭解甄選本質的理論基礎，對企業而言，可避免甄選可能犯的錯誤；對應徵者而言，可透過瞭解這些理論，提高求職成功率。

(一) 資訊不對稱

資訊不對稱的概念源自於經濟學，簡而言之，資訊不對稱就是交易的雙方中，一方擁有另一方所不知道的資訊，形成一方有資訊、一方沒有資訊或資訊不足的不對稱現象，此資訊不對稱的現象幾乎無所不在，例如：消費者無法完全瞭解生產者聲明的產品品質、銀行不知道借款人的償債能力、股東無法掌握公司經營者的努力程度等。

(二) 印象管理

在 Goffman（1959）所著作的 *The Presentation of Self in Everyday Life* 書中出現印象管理一詞，他認為人際互動時，行為者會透過語言與非語言的行為表達，試圖操控知覺者，塑造對行為者有利的歸因或良好的印象。雖然印象管理的定義，會依研究者的研究重心而有所不同，原則上，只要是個人有意識或無意識的擁有企圖控制他人的想法，所展現的行為，即稱為印象管理的行為。在印象管理的研究中，指出五類印象管理行為，包含逢迎（Ingratiation）、自我推銷（Self-Promotion）、脅迫（Intimidation）、模範

（Exemplification）以及懇求（Supplication）。在甄選的過程中，為了提高求職成功率，應徵者在面試時，多會使用逢迎、自我推銷與模範三種印象管理行為。

(三) 刻板印象

知覺是個人將感官印象加以組織、詮釋，對外在的環境賦予意義的過程。由於行動者所處的真實世界太過複雜，充斥各種訊息，因行動者的能力有限，無法對每一件事物進行知覺的過程，使得個體會發展出獨特的知覺模式，簡化知覺的過程，刻板印象的產生即是簡化後的可能結果。具體而言，刻板印象是基於對他人所屬團體的知覺，來評斷此人的作為，無視個體的個別差異，例如：性別刻板印象、地區或種族刻板印象（日本人都愛吃生魚片）等。

在甄選的過程中常受到刻板印象的影響，例如：私立大學的畢業生其專業能力較差、國立大學的畢業生其專業能力較強或七年級的求職者都是草莓族等。雖然刻板印象有時能加速甄選的過程，但也增加甄選失誤的機率。

(四) 對比效應

在日常的生活中，我們都曾有以下的經驗，先吃酸的後再吃甜的，會感到後者更甜；站在個頭小旁邊會顯得自己很高；旁邊站著膚色黝黑的人時，自己的膚色就顯得很白皙。這些都被稱為對比效應，意指個體對某人特質的評價，會因其他排序鄰近者之相同特質比較而被影響。

對比效應特別容易出現在面試的情境中，若面試的過程中，招募人員或用人單位主管在進行一對一面試時，正在面試的求職者會與前一位被面試的求職者進行比較，當前一位求職者非常優秀時，正在面試的求職者之資歷與能力也不差，但其優點會被降低，喪失被錄取的機率；反之，當前一位求職者的資歷與專業能力較遜色時，正在面試的求職者之優點會被放大，增加被錄取的機率。此對比效應更容易出現在團體面試，團體面試的方式為，招募人員或用人單位主管在同一時間內，同時面試多位應徵者，造成多位應徵者的對比效果會高於單一面試方式，雖然能節省時間，但也增加面試失誤的可能性。

(五) 月暈效應

月暈效應是一種以偏概全的主觀心理臆測，是在人際交往中對一個人進行評價時，往往因他的某一方面特徵顯著而掩蓋了其他特徵。一個人表現好時，大家對他的評價可能高於他實際的表現；反之，一個人表現不好的時候，別人眼中所認為的差勁程度，也會遠大於他真正差勁的表現，表示個體僅根據個體單一的顯著特性而推論其整體之印象。類似刻板印象的效果，月暈效應也是個體在知覺的過程中，以較簡化的方式意義化事物，簡化的過程中也隱含甄選失誤的可能。

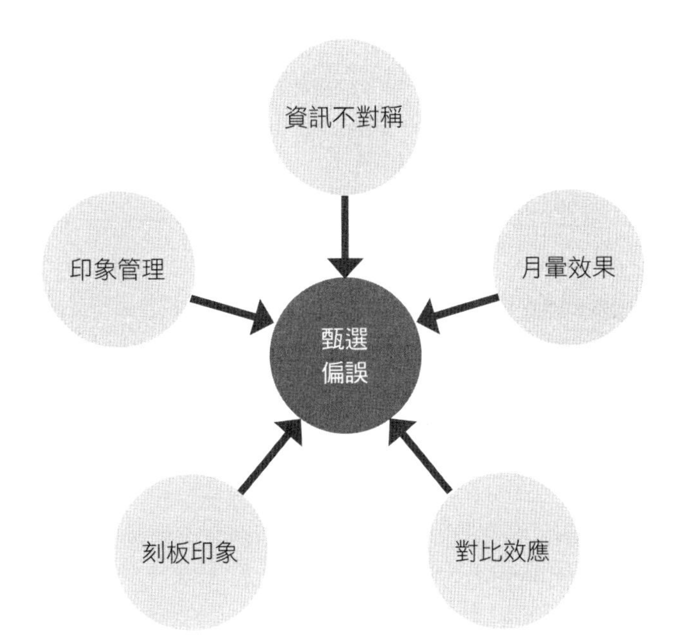

圖 5-4 甄選偏誤的可能原因

甄選工具的信效度

由於甄選的成效會容易受到許多因素的影響，例如：資訊不對稱、印象管理、刻板印象、對比效應以及月暈效應等，使得企業在進行甄選時會非常謹慎，期望透過科學化的方式避免甄選時可能產生的偏誤。因此，測試已成為企業廣泛使用的工具，並非只有大型公司才會進行測試，有時候企業並不會使用測試來找尋好的員工，而是用測試來阻絕不好的員工，常見的測試類型包含認知能力測試、操作與體能測試、人格與興趣的衡量等。由於測試的目的是要幫助甄選活動，因此測試工具本身必須有足夠的說服性，說明使用的測試工具是適當的，而一個適當的測試工具，必定要符合信度與效度的檢測。

信度（Reliability）指衡量結果不會因為衡量時間或判斷者的不同而有所差異，如果衡量結果都很一致，表示使用的測量工具非常穩定，具有一致性（Consistency）。例如：以體重器量測自己的體重時，在不同的地點測量或一天中不同的時間點測量時，結果應不會有太大的出入，否則表示該體重器沒有信度，無法令人信服。同理，如果同一人在連續兩週內接受同一測驗，卻得到高低懸殊不同分數，就顯示測試工具的信度可能大有疑問。一般而言，評估測驗工具是否有信度時，會使用三種信度概念進行測試，包含再測信度、折半信度及複本信度。

(一) 再測信度（Test-Retest Reliability）

再測信度是讓同一組受測者，在前後兩個時間內測驗兩次，以其兩次測驗的結果求其相關係數，而此係數稱為再測信度；為避免受測者的記憶效果，前後測試的時間點不宜太過接近，否則則失去再測的意義。

(二) 折半信度（Split-Half Reliability）

折半信度是將受測題目分成兩半，然後再以前半段之題目與後半段之題目進行相關分析，若相關程度很高，就代表折半信度很高。

(三) 複本信度（Equivalent-Form Reliability）

指同一測驗有兩種或兩種以上的版本，雖然題目不同，但內容或困難程度相似，然後將這兩種版本的測驗施測在同一受試群體，再以相關係數法計算兩版本所得分數之相關係數，即是複本信度係數。複本信度的優點在於不受記憶效果的影響，但須檢驗版本間所衡量的概念、內容以及難易度須相似。

關於衡量信度的形式，可依表 5-4 說明。在衡量信度時，會採取不同的時間點測量，或在同一時間點直接測量；測量工具會有不同的選擇，可選擇單一版本的測量工具，或是兩種以上相似版本的複本形式。依衡量時間點與衡量工具的版本，形成四種信度類型，包含時間相同工具相同的折半信度、時間相同但工具不同的複本信度、時間不同但工具相同的再測信度，以及時間與工具皆不同的複本－再測信度。

表 5-4 信度類型

工具／時間	相　同	不　同
相　同	折半信度	複本信度
不　同	再測信度	複本－再測信度

資料來源：嚴奇峰（1986）。

效度（Validity）度是指所選擇的衡量工具，是否能真正衡量到研究者想要衡量的構念。例如：當研究者想衡量的構念是認知能力時，若以人格問項作為測量工具時，該人格問項不具有效度，但以智力測驗問項衡量時，會有較佳的效度。應用在甄選的情境中，效度則是指測驗分數或面談評比相較與實際工作績效的關聯程度，檢測員工的甄選測驗，是否能準確衡量出該職缺所需要的條件。一份不具有效度甄選工具，會導致甄選的失敗，而且可能會產生法律問題。假使應徵者對公司聘雇作法提出歧視訴訟，甄選方式跟工作的相關性（效度）就是企業重要的關鍵證據。通常會有以下幾種效度作為評估基準，包含效標關聯效度、內容效度以及建構效度。

(一) 效標關聯效度（Criterion-Related Validity）

所謂效標關聯效度是指，指以驗證測驗的結果與外在效標之間的關係，其中效標即是指測驗所要預測的某些行為或量數。作為甄選的測驗工具，測驗的結果須能有效預測工作相關的變數，如工作績效、工作滿意或離職傾向等重要的職場行為，方能稱為有效的測驗工具。

(二) 內容效度（Content Validity）

係指甄選工具內容的代表性或取樣的適當性，亦即瞭解一項測驗的內容是否能充分代表它所欲測量的「行為領域」，通常以研究者的專業知識或商請專業人士協助，主觀判斷所選擇的測驗是否能正確的衡量所欲衡量的概念。

(三) 建構效度（Construct Validity）

當研究者欲將某一概念進行驗證時，必須建構適當的工具衡量其概念，透過收斂效度與區別效度的分析，驗證衡量工具是否有效度。由於建構效度的檢驗非常複雜且繁瑣，因此在甄選實務的運作中，通常企業較少自行發展測驗工具，再檢驗該工具的建構效度，而是直接使用已具有建構效度的測量工具。

人力派遣

在企業招募與甄選的程序中，除上述提及的幾種招募管道與甄選的相關議題之外，目前另有一種勞動雇用的新趨勢——人力派遣，為另一種有效率的招募甄選方式。雖然人力派遣機制的重要性日益增加，但對此議題的說明仍有限，因此，本書將說明人力派遣的定義，瞭解企業運用人力派遣的原因，以及其背後的理論基礎，成為理論與實務相互參照的內容，將有助更深入理解人力派遣的議題。

(一) 人力派遣的定義

根據 104 人才派遣中心的調查，企業所釋出的派遣職缺成長幅度約達 6 倍，已有 99% 的受訪上班族「知道」或「聽說過」人才派遣制度，其中更有 13% 的人曾經是「派遣員工」，表示上班族對派遣工作的認知和接受度有相當程度的成長。在國際上，日本企業在 2000 年後，有 80% 企業運用派遣員工，在這些企業中約有一半以上所雇用派遣員工比率達 50%，2007 年派遣員工人數較上一年增加 26%。可知，企業運用人才派遣作為雇用型態之一，幾乎已是確認的趨勢。

一般而言，員工的雇用形式或雇用身分（Employment Status）區分為兩種，為典型雇用關係以及非典型雇用關係，其中典型雇用關係常被稱為正式員工（Regular Employee），而非典型的雇用關係常被稱為臨時員工（Contingent Worker），或是非正式員工（Nonstandard Workers），人力派遣員工亦屬於非典型雇用關係。派遣勞動是非常特殊的一種非典型聘雇關係，涉及要派企業（User Enterprise）、派遣企業（Dispatched Work Agency）以及派遣員工（Dispatched Worker）的三角互動關係，如圖 5-5 所描述。派遣企業和要派企業間為商務契約關係，將個體提供的勞務視為商品，雙方依約定進行勞務的提供與買賣；派遣企業及派遣勞工之間為雇傭關係，其約定內容為一般勞動契約所包括的勞動條件及勞資關係事項；派遣勞工與要派企業間則僅有勞務提供以及接受指揮命令的關係。

在實際運作方面，派遣企業招募甄選所屬的員工，並與之簽訂勞動契約規範條件，提供薪資與福利。派遣企業在取得勞工同意的原則下，將指揮管理權轉移給要派企業，並依派遣契約向要派企業收取派遣或服務費用。對派遣勞工而言，其雇主為派遣企業，但在要派企業處提供勞務，接受要派企業的指揮管理，待完成勞務後或契約到期時返回派遣企業，因此派遣勞工對派遣企業和要派企業間具備雙重關係（成之約，1998）。

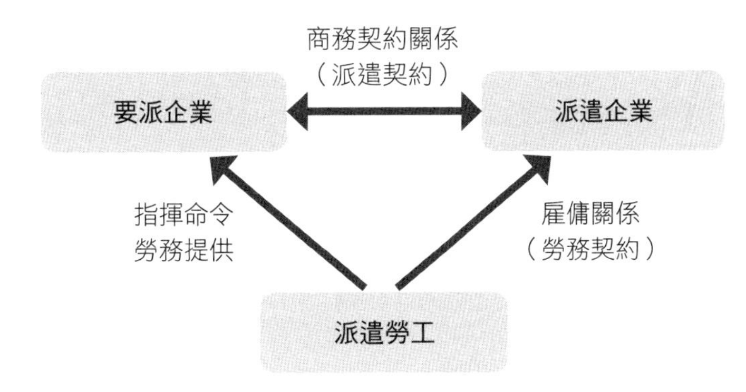

圖 5-5　派遣勞動關係架構圖

(二) 企業運用人力派遣的原因

在派遣產業蓬勃發展的背後定有重要的因素，從圖 5-6 中可知，企業運用派遣業以及未運用派遣業之間的差別在於，運用派遣業時，企業僅需將用人需求告知派遣業者，由派遣業在勞動市場中找尋符合的人力；換言之，企業僅需與派遣業者進行互動；然而，對未運用派遣業的企業而言，則必須自行在勞動市場中，招募與甄選合適的人力。透過兩者之比較，似乎運用派遣業的企業，會較有效率。

基本上，企業運用派遣人力的可能原因，有以下幾種：(1) 勞工法規的制定與雇主為求管理的方便；(2) 降低成本；(3) 人力調度彈性；(4) 減少行政管理責任；(5) 找尋有潛力的正職員工為重要原因；(6) 因應季節性需求；

(7) 對特殊技能的人力需求；(8) 適時遞補請假或離職之員工；(9) 產業結構變遷；(10) 降低福利成本；(11) 降低訓練成本；(12) 減少繁雜行政事務，皆是企業運用派遣之原因。

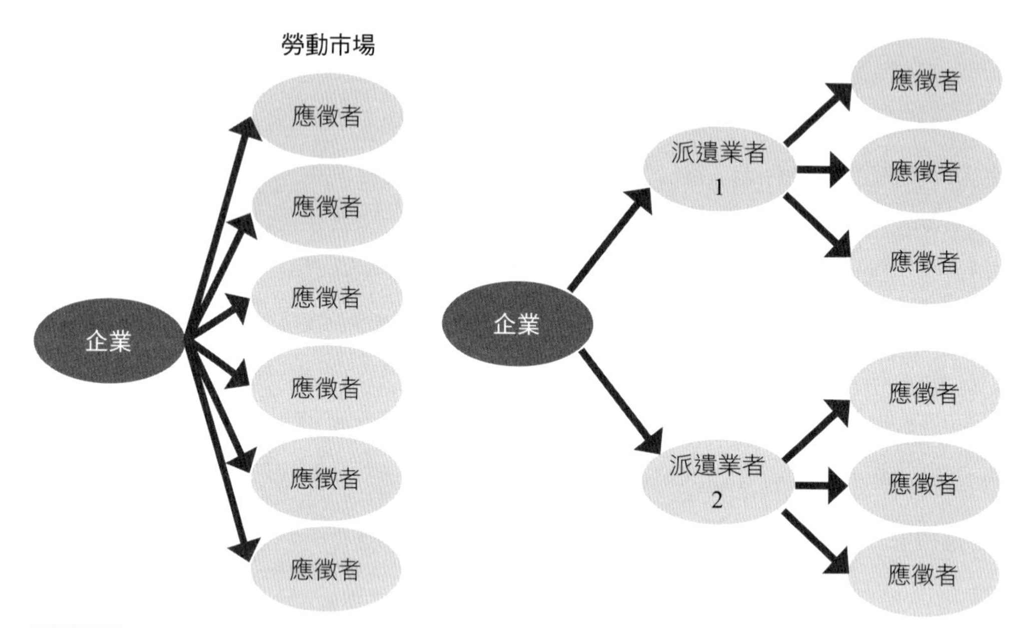

圖 5-6 企業、派遣業與應徵者之關係比較圖

(三) 企業運用派遣的理論基礎

上述種種的原因，基本上背後都有其理論觀點，回顧相關文獻後，企業運用派遣人力的相關理論，包含交易成本理論、資源基礎理論、資源依賴理論以及動態能力理論，根據不同的理論可理解企業運用派遣之原因。

1. 交易成本觀點

交易成本理論源自於 Coase（1937），其論述重點為使用市場進行交易時會產生交易的成本，而以廠商的形式協調生產要素會產生管理成本。當交易成本大於管理成本時，將以廠商的形式運作；反之，當交易成本小於管理成本時，將採用市場進行交易；因此，Coase 強調廠商的角色為取代市場的價格機制。Williamson（1985）更進一步說明交易成本發生的原因為不完全的契約，並將交易成本區分事前交易成本與事後交易成本；事前交易成本為搜尋成本、議價成本以及訂約成本，事後交易成本則包含監督成本以及執行成本。而這些交易成本將受到交易頻率、交易時的不確定性以及資產專屬性的影響，最終生產者將在管理成本與交易成本間權衡，進行自行生產或購買的決策。後續的研究開始以交易成本理論作為解釋企業選擇外包與否的理論基礎。

在人力資源活動外包的研究中，交易成本理論成為重要的理論基礎。在雇用型態上的研究，基於交易成本的觀點，組織會權衡交易成本與管理成本，選擇最有效率的型態以雇用員工；當員工的能力容易在勞動市場中獲得時，表示組織在勞動市場中的搜尋成本較低，因此將以契約的型態雇用勞動。然而契約的型態有許多種，例如：約聘，為何企業會以派遣的方式進行雇用？根據交易成本的分類，企業與派遣業者進行交易時，將能降低搜尋成本；此外，企業只需與派遣業者締約，而不用與各別應徵者締約，因此，締約成本亦較低；在監督成本與執行成本方面，要派企業若能與信用良好的派遣業者合作，將能降低此二方面的事後交易成本。基於上述可知，企業運用派遣之動機為能大幅降低交易成本。此外，相關研究顯示，降低人事、招募等相關成本亦為企業運用派遣的原因。

2. 資源依賴觀點

資源依賴理論認為當企業內部無法有效率的產生生存必需之資源時，則會與外部環境的生產要素進行連結，為了要獲取外部環境中的生存必需資源，將對外部環境的各種資源產生不同程度的依賴，例如：土地、勞動或資訊等，而組織是否能生存將取決於其與外部環境資源的交換效能。基本上，資源依賴理論認為企業無法獨立生存，必定與外界產生關係，即為開放性系統的前提。因此，企業制定策略的重點在於讓組織能順利取得關鍵資源。

由資源依賴理論的觀點探討外包，認為經由外包的方式，組織可獲得外部環境的重要資源，以彌補本身內部資源或能力的不足。對人力資源管理而言，當組織內部對某些特定的專業人力資源有缺口，例如：執行某項專案所需的特殊技能，必須在短時間內找到可勝任的人員時，依據資源依賴的觀點，企業必須從外部順利取得該資源，此時，派遣就成為一個可行的方式。特別對於產業技術變革快速的企業而言，更提升其對派遣的需求，例如：醫療產業的技術進步快速，使企業隨時需要不同的專業人才配合技術的改變，且在沒有充裕的時間進行員工訓練時，將藉由派遣的方式在外部勞動市場中找到馬上勝任的人員，補充內部人員技術的不足；因此，在特殊的專案需求上，企業會以派遣的形式雇用員工。研究調查企業運用派遣的原因，其中克服技術短缺的原因占有一定比率。因此，根據資源依賴的觀點，為了讓組織能夠快速順利的取得關鍵人力資源，組織可依賴派遣業者，透過派遣業者提供的專業服務，使組織可以派遣的方式，適時在外部的勞動市場中找尋適合的專業人才。

3. 動態能力觀點

動態能力為企業整合、建立及重新配置內部與外部資源以滿足快速變動環境的能力。企業在考量外在環境變動的情境下，能對資源進行有效的配置以及重新建構能力，才能創造利潤。動態能力包含：

(1) 組織與管理流程（Processes），除了協調與整合各項活動外，還能透過學習使任務執行得更有效率，並能知覺到企業進行資產結構重新配置的必要性。

(2) 資產的地位（Positions），如技術性資產、互補性資產、商譽資產、財務性資產、結構性資產、制度性資產、市場性資產與組織疆界等，顯示企業所擁有的資產狀態。

(3) 路徑相依（Dependence），企業當下所能夠做的決策是現有的狀態與過去路徑的函數，為企業的發展途徑或策略軌跡。根據動態能力的觀點，企業的生存能力將取決於是否具有足夠的彈性，對資源進行有效的重配置與能力的重新建構，以應對環境的變化。

John Atkinson（1984）在〈探討彈性組織下的人力策略〉一文中，將勞動彈性化區分為五種類型：數量彈性化、功能彈性化、距離策略（Distancing Strategy）、區隔策略以及薪資彈性化；其中數量彈性化代表，組織在面對需求波動時，能快速的增加或縮減員工數量的能力。換言之，企業若具備數量彈性化的能力，便能夠快速重新配置人力，以因應環境的變化；是以，在動態能力觀點下的人力資源活動，數量彈性化即是具體的方式。例如：由於飯店產業的特性，使得業者希望透過更有彈性的人力配置以因應季節性的人力短缺現象，提出當企業需面對季節性的勞動需求時，數量彈性化讓組織能夠快速聘雇或解雇員工，以達最適的員工數量，並且認為企業與派遣業的長期合作可解決季節性需求或臨時性的人力需求。

(四) 企業運用人力派遣的理論與實務之整理

根據上述，企業運用派遣勞動之動機能由許多不同的理論解釋，這些理論與企業運用派遣業者時的動機相契合，因此本書繼上述理論之探討後予以歸類，分別為交易成本觀點、資源依賴觀點以及動態能力觀點，並指出在各觀點下，企業使用派遣的主要因素。

1. 交易成本觀點

根據交易成本理論，企業決策的依據取決於成本，相關文獻指出，降低相關的成本費用為企業運用派遣人員的重要原因，茲將分述如下：

(1) 招募成本的控制

傳統企業招募甄選的活動為直接在勞動市場中尋找適任的人力，即企業在勞動市場中直接面對多位的人力；派遣的機制使企業能透過派遣業者，進行招募甄選的流程，而不必直接在勞動市場中面對多位的應徵者，使招募甄選的活動更完善，能夠降低重複招募甄選的成本。

(2) 福利成本的控制

企業給予員工的報酬一般可分為固定報酬與變動報酬，福利一般被歸類為變動報酬；由於派遣員工並非組織的正式員工，組織給予非正式員工的福利等相關變動報酬會與正式員工有所差異，因此，控制福利成本以降低整體薪酬水準為運用派遣員工之原因。

(3) 訓練成本的控制

當企業所需要的專業知識與技能為專屬性程度較低時，企業可直接從市場中購買，而不需以訓練的方式自行生產。企業較偏向以契約的型態雇用能力較易在市場中獲得的勞動，即是說明，組織不需為了獲得某些技能而對員工進行訓練。因此，以派遣的方式聘雇員工能降低不必要的訓練或再訓練成本費用。

(4) 勞動法令相關成本的控制

由於國內相關勞動法令規則日益周延，除了造成企業經營成本上的提升外，亦有可能提升企業經營的潛在成本，例如：企業解雇員工需支付遣散費用，以及員工退休時需給予退休金；為了規避或減輕相關法令責任，或未來可能的勞資糾紛等問題，企業將改以派遣的型態雇用勞動，將勞動法令造成的成本轉嫁給派遣業者。

2. 資源依賴觀點

資源依賴理論主張企業的生存能力取決於與外部環境資源的交換效能，因此企業需要透過更有效率的方式與外部資源進行交換，派遣不失為企業順利從外部取得人力資源的方式。

(1) 產業結構變遷的因應

產業結構變遷對聘雇關係會造成極大的影響，未來就業機會將以服務業為主，而在服務經濟中，工作型態將形成兩極化的現象，分別為對專業知識或技能需求程度較低、薪酬報償亦較低的工作，以及高專業知識或技能的需求、薪酬報償較高的工作；對於低知識技能、低報償的工作將可能以派遣的方式雇用。

(2) 技術革新的因應

當企業所採用的技術革新時，造成企業既有的人員無法運用該技術，企業須適時從外部獲得專業人才配合技術的改變，特別對於技術進步快速的產業，例如：醫療業，在沒有充裕的時間進行員工訓練時，派遣可讓企業適時在外部勞動市場中找到馬上勝任的人員。

(3) 補充技能的缺口

當企業內部對於某項技能有需求，但並未取得該技能而造成技能短缺時，企業將透過派遣方式雇用人力；實務上，有一定比率的企業會以派遣方式克服技術短缺。

(4) 取得特殊專業的人力

當企業對具備特殊專長技能的人力有需求時，將對該人力資源產生依賴，企業則必須以較有效率的方式取得該人力。由於具備特殊專業知識技能的人力較難直接在勞動市場中覓得，因此，透過派遣業者的接洽，將能更有效率的招聘到具備特殊能力的人才。

3. 動態能力觀點

根據動態能力的觀點，企業的生存能力將取決於是否具有足夠的彈性，對資源進行有效的重配置與能力的重新建構，以應對環境的變化。在動態能力觀點下，以下幾項因素將促成企業運用派遣人力，分述如下：

(1) 人力調度的彈性

派遣的雇用型態讓企業能夠更彈性的調度人力，隨時將組織的雇用人數維持在最適數量，即數量彈性化的實際運用方式。例如：當面臨臨時業務擴張而對人力有立即性的需求時，透過與派遣業者接洽得以快速取得所需人力；另一方面，由於僅是臨時性，以派遣的形式雇用將能使組織保持彈性。多數文獻指出，派遣有助於企業在人力調度的彈性。

(2) 季節性的人力調節

對於某些特定的產業而言，季節性市場需求變化將對其勞動雇用產生極大的影響；例如：飯店業，當面對旺季時，需要較多的人力，若以典型的方式雇用之，將造成人力雇用數量的僵化，在面對淡季時，則會產生許多閒置的雇員。因此，在動態能力的觀點下，企業應運用派遣的機制，維持人力運用的彈性，以調節季節性的人力需求。

(3) 緩和雇員的不足

當企業面臨正職員工無預警離職或缺席時，例如：請長假，組織必須有能力重新配置人力資源，填補該人力缺口，以非典型的方式雇用員工則可適時的補充該缺口；另一方面，以派遣的方式雇用勞動，可待正職員

表 5-5 企業運用派遣之理論依據與相關因素

理論觀點	說　明	運用派遣因素
交易成本觀點	企業考量運用派遣是否能降低招募、福利、訓練以及勞動法令等成本。	招募成本、福利成本、訓練成本及勞動法令成本的控制。
資源依賴觀點	企業可透過派遣的方式更有效率取得外部人力資源。	因應產業結構的變遷、因應技術的革新、補充技能缺口、取得特殊的人力。
動態能力觀點	企業必須有彈性的應對環境變化，如人力調度的彈性等，對資源進行有效的重配置與能力的重新建構。	人力調度的彈性、季節性調節人力、緩和雇員的不足以及滿足顧客的特殊需求。

工就位時，更有彈性的調節人力雇用。因此，緩和雇員不足為企業運用派遣的原因之一。

(4) 滿足顧客的特殊需求

滿足顧客和企業的特殊需求成為運用派遣的重要原因，當企業既有的人力無法符合顧客或企業的特殊需求時，非典型雇用的形式可成為企業雇用勞動的方式，使企業具備彈性以提供顧客所要求之特殊需求或服務。

三、職能基礎的工具

職能的意義

在人力資源管理的領域，職能（Competency）的概念已然成為顯學，此概念源自於 McClelland（1973）對於以智力測驗作為招收學生的評估標準所提出之挑戰。根據研究結果發現，智力、性向與專業測驗，以及學業成績等，都無法有效預測個人在工作上的表現。若要增加對於個人工作表現的預測力，應從另一種角度思考，經由比較表現優異以及表現普通的兩種學生，分析兩類學生所表現出的行為差異，當作評估指標。依據其邏輯，企業應分析績效較佳的員工與績效較差的員工間之「行為」差異，歸納出帶來卓越績效行為背後的態度、特質以及行為等，稱之為職能。

在後續職能概念的發展中，Spencer 與 Spencer（1993）對職能提出更完整的說明，認為「職能」是指個人所具備的一種「潛在特質」，且此潛在特質與個人的「工作績效表現」具有「因果」關係，並具體說明職能涵蓋內容與層次。職能的內涵包含五個方面，分別為：動機、特質、自我概念、知識以及技能。分別說明於下：

1. **動機**：是指潛在的需求，能驅使個人選擇或指引個人的行為，例如：成就感。
2. **特質**：個體的某種長期且穩定的傾向，導致展現特定的行為，例如：自信、壓力忍受度。
3. **自我概念**：個人對事件或事物抱持的態度或價值觀。
4. **知識**：對特定領域的知識，但大多數研究顯示，知識較無法從中區分出較優秀的工作表現者。

5. **技能**：執行工作所需的能力，例如：分析能力、溝通能力等。

若以冰山來比喻，知識與技能位於海平面上，是顯而易見的且可自我充實、易於改變；而自我概念、特質與動機則是位於海平面下，是較難發覺且不易改變的。

職能的發展方式

發展職能模式的方式為工作職能評鑑法（Job Competency Assessment Method，簡稱 JCAM）。工作職能評鑑法是最標準且最完整的職能發展方式，在執行上，其流程分為六項步驟，分別為：定義有效的績效指標、選取樣本、資料蒐集、確認工作任務及職能需求、驗證職能項目，最後將建立的職能項目應用到甄選或其他人力資源管理功能中；工作職能評鑑流程圖如圖 5-7 所示。此設計方法是最標準而完整的職能發展模式，約需花費二至三個月才能完成。

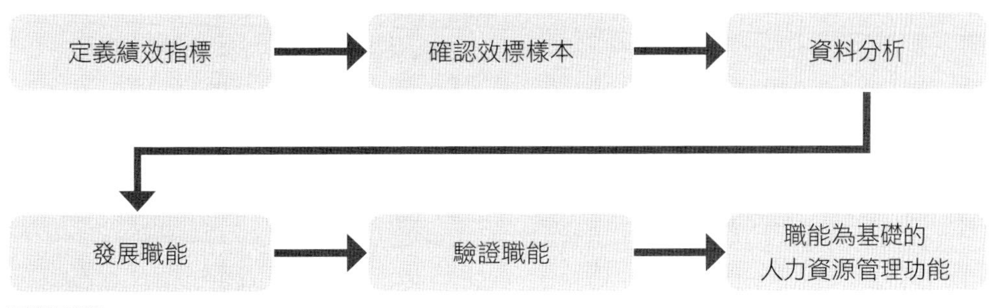

圖 5-7 職能模式發展流程

(一) 定義績效指標

確認評估績效的標準，以界定其工作上為傑出績效或一般績效。由於不同的職務內容有相異的績效指標，若要重新定義各職務內容的績效指標，將耗時甚久，甚至新版的評估指標恐引起爭議；可行的作法為，企業可以現行的績效評估指標為主，或是重新檢視績效指標的適切性後，予以修正，主要目的是為清楚確認績優與一般表現之差異，即是為某項工作定義正確的績效標準。

(二) 確認效標樣本

根據各職務的績效指標內容，從中評選於各項標準中績效表現優異者，以及表現一般之員工。

(三) 蒐集資料

資料蒐集之方式有許多種，實務常用的方法包含行為事例訪談、直接觀察、專家協助以及調查，各種方法有其優缺點，企業應根據組織的特性，選擇適合的資料蒐集方式。

1. 行為事例訪談

高績效員工與一般績效員工都接受深度的行為事例訪談，目的是確認勝任該份工作所需的職能。要求受訪者描述曾面臨最重要的情況，說明工作中造成成功或不成功後果的重要事件，例如：當時的處理情形及其衍生的結果等，所有的訪談結果都需加以記錄和解釋。從受訪者所提供情境線索中，找尋可能的職能概念。行為事例法能夠掌握工作中重要的部分，然而，此方式可能漏失執行例行性任務所需的職能，並且記錄與解釋資料時，可能過於主觀。

2. 直接觀察

為避免訪談過程中對執行工作的例行性內容有缺漏，職能專案導入人員或單位主管可直接觀察員工如何進行工作任務，並將其行為編碼成為職能項目。此方式作為驗證行為事例訪談所分析的職能是否為正確有效的方式，且直接觀察法可取得第一手資料；然而，觀察必須先受過訓練，否則記錄與分析之資料可能欠缺信度，再者，直接觀察的過程可能會影響執行任務的員工，需特別注意。

3. 專家協助

職能專案導入人員邀請一群專家，透過腦力激盪的方式，決定哪些是完成工作任務（最低要求、工作等級）與傑出表現者的特質，再依照各項特質對完成工作的重要性排列其優先順序。此方式最能節省時間，也能避免打擾正在執行的勤務；然而，專家選擇不易，所分析出的職能必須要獲得執行任務人員的認同。

4. 調查

職能專案導入人員邀請專家與組織中的成員，評鑑職能的項目或行為指標，透過郵寄或面交問卷，或訪談的方式大規模蒐集資料。雖然可以獲得大量的資料，以及具有時間優勢，但常為了簡化資料的蒐集和分析，而設計較封閉性的問卷選項，可能限制深度和細節。

(四) 確認工作之任務及其職能

在此步驟中，將各項來源與蒐集方法的資料加以分析，歸納傑出表現者與一般表現者的個性、特質、技術能力之間的差異。基本上可透過二種方式進行，第一種為將任何符合職能字典定義的動機與行為都進行編碼，再將不屬於職能字典的主題加以註明，成為以現有職能字典為主，並根據編碼分析之資料進行修正。另一種方式為，歸納所有編碼的項目，直接定義職能項目，是分析過程中最困難且最具創意的步驟，彙整出之職能群組與項目最能代表企業特色。

(五) 驗證職能模式

有三種方式確認職能模式的有效性：

1. 職能專案導入人員重新蒐集高績效者與一般績效者，成為第二個效標樣本，再藉由行為事例訪談資料之評分結果來判斷，此方法稱為「同時效度複核」。
2. 第二種為職能專案導入人員設計測驗內容，來評估職能模式所描述的職能，將測驗工具針對第二個樣本中的傑出與一般表現者進行測驗，檢驗傑出與一般表現者的分數是否有明顯的差異。
3. 第三種為使用發展出的職能，作為甄選新進人員的依據，觀察這些新進員工未來的工作表現，是否符合職能模式的預期，此即「預測效度」之概念。

(六) 職能為基礎的人力資源管理功能

職能模式建構完成後，並經由第五步驟的檢驗，確立職能模式後，可作為招募甄選、職涯發展、績效管理、訓練及發展以及薪酬管理等之基礎。

完整的職能模式應有核心職能、管理職能、專業職能等三大類。核心職能係指確保一個組織成功所需的技術與能力的關鍵成功因素，能讓公司創造競爭優勢，同時也可塑造出企業文化及價值觀，是企業內每一位成員都必須具備的特質與能力。管理職能係指組織中管理階層（高階、中階、基層）所需具備的能力。專業職能通常是指企業中各職位所需的職能，包括一般性以及特殊性；前者泛指一般的專業技能如電腦文書作業能力等，後者則為依個別工作需求，所須具備之專業職能。

由於工作職能評鑑法相當完整與嚴謹，實際進行此研究流程，將可獲得相當正確的結論及有效的應用成果，且工作職能評鑑法在執行上會受到企業文化與組織價值觀的影響，完整的職能模式大多具有獨特性及個別性，會產生一套客製化的「職能項目」；換言之，職能模式的獨特性將可避免被其他組織模仿。然而，標準的工作職能評鑑法最大的限制在於，發展過程中需要組織以及被研究對象的全力配合與支持，成本及時間上的考量將是此方法是否可行的重要影響因素。為使職能導入更加順利，最重要的條件為高階主管的支持，由於導入職能需要投注相當程度的資源，須由高階主管的支持與背書，才能順利進行。在執行上，人資單位的溝通跟持續推行是導入成功的另一要素，一般職能導入的專案會由顧問公司負責規劃，然後由人資單位負責執行，因此人資單位所扮演的橋樑角色相當重要。最後，當企業實際運用職能模式時，需考量使用的容易程度，太過艱澀的職能工具不利運用，職能工具的內容應該簡易明瞭，具備足夠清楚的行為描述，才能提升單位部門使用的動機。

特殊議題

檸檬市場（Lemon Market）

資訊不對稱最著名的案例為檸檬市場，在中古車市場中，最瞭解車況的是原來的車主，買方雖可透過許多方式瞭解車況訊息，甚至實地測試，仍不能確切掌握此二手車的所有優劣。因此，低品質的車子因為擁有資訊不對稱的優勢，可以渾水摸魚，車主會推出求售；買方也因處在資訊不對稱的劣勢，預期中古車品質不高，不願付高價購買，最終造成車況佳的賣主不會出現在二手車市場中，使得中古車市場就成了充斥車況差的交易市場。因資訊不對稱所造成的檸檬市場，被稱作為逆選擇（Adverse Selection）現象。

企業選才時也充滿了資訊不對稱，若稍有不慎將導致逆選擇，使不才者進，有才者不入；因此，在甄選的過程中，企業將設計一連串的門檻，企圖降低資訊不對稱的現象，例如：藉由求職者的學歷、經歷、推薦函、筆試或口試成績等作為「信號」，推測求職者的工作能力。

特殊議題

用人單位主管的管理哲學

鄭伯壎（1995）探討差序格局、人情與面子模式以及信任格局，從主要概念、代表性觀點、關切重點、研究歷程及結構型態等角度進行比較後，重新以企業組織為本質的研究定位，從企業主的角度以親（與員工之關係親疏）、忠（員工的忠誠度高低）以及才（員工的才能高低）三個向度對部屬進行歸類。領導者為求管理效率，將根據親、忠、才——三構面共形成八類員工，如圖 5-8 所示，各為經營核心（親／忠／才）、事業輔佐（親／忠／庸）、恃才傲物（親／逆／才）、不肖子弟（親／逆／庸）、事業夥伴（疏／忠／才）、耳目眼線（疏／忠／庸）、防範對象（疏／逆／才）以及邊緣人員（疏／逆／庸）。

雖然鄭氏的員工分類標準並未針對「親」、「忠」、「才」三種指標的相對權重進行探討，但仍可作為分析管理者的用人哲學之模式。若管理者的用人哲學認為「親」與「忠」的重要程度高於「才」時，可能會以內部人才市場作為主要考量；相對的，「才」的重要程度高於「親」與「忠」者，會同時在內部勞動市場以及外部勞動市場進行招募與甄選。

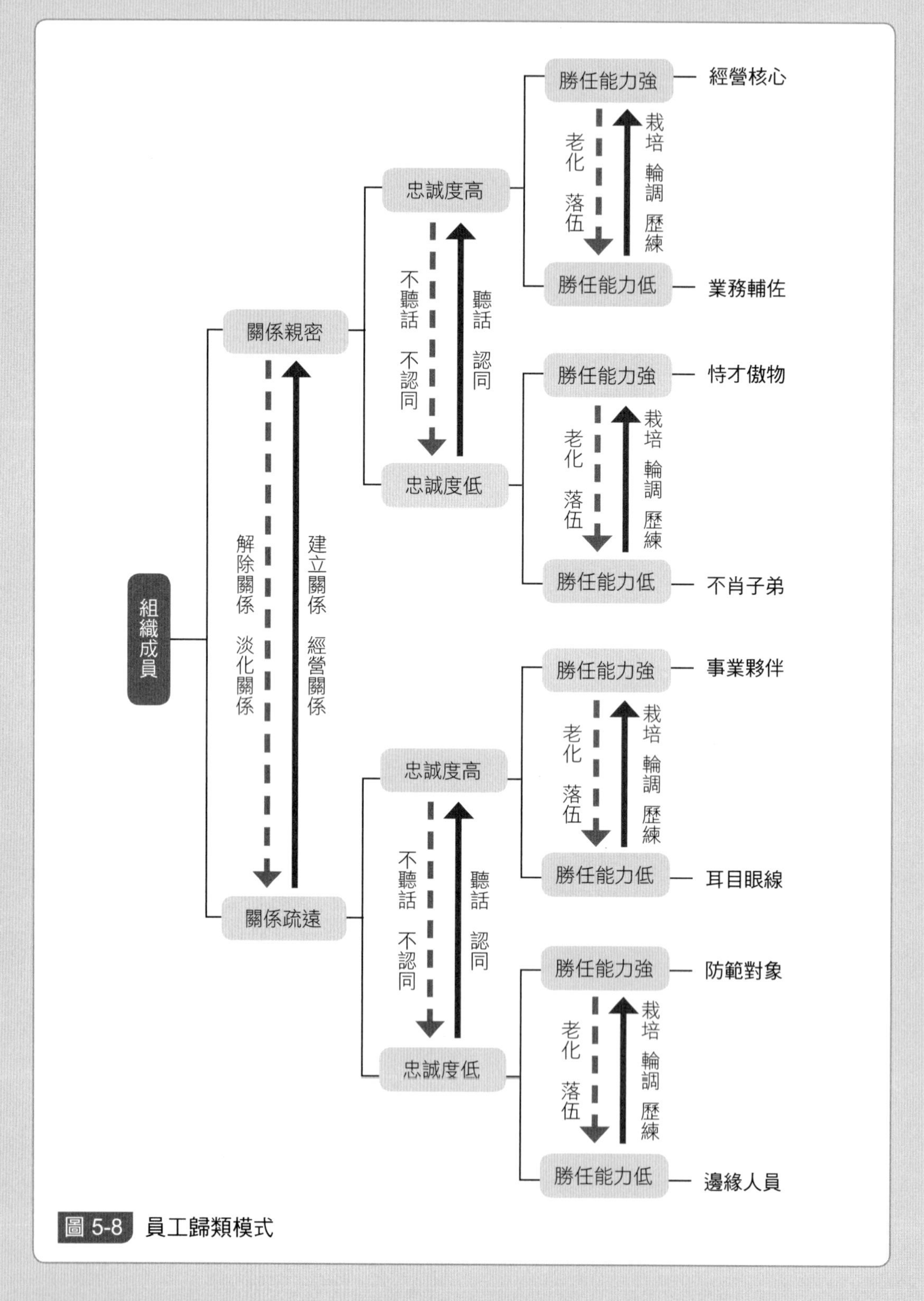
組織成員
關係親密
關係疏遠
建立關係 經營關係
解除關係 淡化關係
忠誠度高
忠誠度低
聽話 認同
不聽話 不認同
勝任能力強
勝任能力低
栽培 輪調 歷練
老化 落伍
經營核心
業務輔佐
恃才傲物
不肖子弟
事業夥伴
耳目眼線
防範對象
邊緣人員

圖 5-8 員工歸類模式

個案介紹

台明將公司的十二生肖任用法

台明將公司是目前臺灣最大的玻璃加工廠、臺灣玻璃製表的第一品牌，該公司 CEO 過去有段時間擔任寺廟管理委員會主任委員（廟公），有這樣濃厚宗教信仰背景，透過宗教文化信仰力量引入企業組織中，使企業組織成員依據這樣的宗教信仰為中心，上下一心創造了玻璃產業傳奇。由於過去擔任過鹿港天后宮管理主任委員（廟公），相當著重社會公益活動，對自己行為舉止十分在意，團體中人群複雜度相當高，但因本身對公益活動熱衷，知悉不能脱離社會，必須與社會接軌，建立社會關係。早期社會流行交際應酬，用時間、金錢、身體（健康）培養關係。如今著重適才適用，每個人都是人才，只要能用在對的地方，就是人才。也因為在當廟公期間認識江湖奇人異士、五術、風水、地理，學會了如何知人善用，適才適所，「十二生肖任用法」應運而生，直到現今，此十二生肖任用法一直被該公司與玻璃產業群聚成員廣用，如表 5-6 說明。例如：財務部門缺財務稽核人員，應徵最適當人員以生肖屬豬、兔、羊為最優先考慮；行銷部門缺行銷推廣人員，生肖以鼠、龍、猴為主要甄選條件。幾十年來，這個有趣十二生肖任用法，一直沿用，讓企業找到很多合適人才，而且都能發揮所長，且離職率低，真是有趣又獨特的任用法。

以人管的角度來看，人才的甄選、用人、育才、留人、生涯發展、整體運作流程是人力資源管理最重要的事項，而無論其結果如何，重要的是能否產生最佳的績效，但我們發現「找對人」是最重要的必備條件，企業往往找不對的人，不僅浪費人力成本，亦影響企業整體經營績效，因此找到對的人是組織能否順利運作最重要的一環。十二生肖用人法是一個值得我們去研究探討的方法，它是個案公司找人最重要的準則，經過十多年驗證，這十二生肖任用法成就了該公司人資完整用人結構，亦是產業群聚成員用人的必備方法，低的離職率、高的績效、高度的專業分工，並且員工滿意自己的工作表現，員工樂意且積極配合企業各項生產活動，在歷屆的元宵節燈會活動及玻璃廟點燈儀式中不難發現，員工滿臉的笑容，積極的服務態度，在在顯示十二生肖任用法是相當成功的。依據員工生肖先天具備的專才，安排合適職位和工作，員工能依其興趣發揮所長，創造最佳的績效，亦因如此，整個產業群聚在人力資源活動方面，就顯得輕而易舉。

表 5-6 十二生肖任用法

生肖	方位	特性	適合職務
申子辰（猴、鼠、龍）	坐北朝南、東南、西南 吉	智慧過人 機智靈活	公關、行銷、市場開拓
巳酉丑（蛇、雞、牛）	坐西朝東、東北、東南 吉	沉穩平順 文筆流暢	研發、企劃、文書、檔案
寅午戌（虎、馬、狗）	坐南朝北、東北、西北 吉	個性堅韌 勇於要求	採購、品保、總務、資材、加工、製造、生管
亥卯未（豬、兔、羊）	坐東朝西、西南、西北 吉	剛正不阿 劍及履及	後勤支援、財務、人事、法制、稽核

問題與討論

1. 員工招募與甄選的意義與目的為何？
2. 招募與甄選的管道有哪些？你認為何種管道效率最佳？原因為何？
3. 以職能為基礎的用人工具有何優缺點？

參考文獻

一、中文部分

2008 年派遣趨勢大調查，104 人才派遣中心。

成之約（1998）。淺論派遣勞動及其對勞資關係的影響。《就業與訓練》，第 16 卷，第 6 期，頁 3-11。

成之約（2006）。產業工會對派遣勞工的態度及其對勞資關係意涵之初探。《政大勞動學報》，第 20 期，頁 97-123。

李再長（2006）。《組織理論與設計》。臺北：華泰文化。

林政諭（2008）。日本勞動派遣現況。《臺灣勞動季刊》，第 13 期，頁 105-110。

陳正良（1994）。派遣業勞工之雇用關係與勞動條件。《勞資關係月刊》，第 12 卷，第 12 期，頁 6-15。

鄭伯壎（1995）。差序格局與華人組織行為。《本土心理學研究》，第 3 期，頁 142-219。

嚴奇峰（1986）。信度與效度之系統化說明。《管理評論》，頁 34-41。

嚴奇峰（1994）。臺灣傳統家族企業極端共存現象之探討——系統穩態觀點。《管理評論》，第 13 卷，第 1 期，頁 1-22。

二、英文部分

Allan, P. (2002). The contingent workforce: Challenges & new directions. *American Business Review, 20*(2), 103-110.

Atkinson, J. (1984). Manpower strategies for flexible organizations. *Personnel Management, 15*, 28-31.

Breaugh, J. A. & Mann, R. B. (1984). Recruiting source effect: A test of two alternative explanations. *Journal of Occupational Psychology, 57*, 261-267.

Breaugh, J. A., & Starke, M. (2000). Research on employee recruitment: So many studies, so many remaining questions. *Journal of Management, 26*, 405-434.

Brennan, L., Valos, M., & Hindle, K. (2003). On-hired workers in Australia: Motivation and outcomes. *RMIT Occasional Research Report*. School of Applied Communication, RMIT University, Melbourne.

Coase, R. H. (1937). The nature of the firm. *Economica, 4*(16), 386-405.

Decker, P. J. & Cornelius, E. T. III. (1979). A note on recruiting sources and job satisfaction. *Journal of Applied Psychology, 64*, 463-464.

Gannon, M. J. (1971). Sources of referral and employee turnover. *Journal of Applied Psychology, 55*, 226-228.

Goffman, E. (1959). *The presentation of self in everyday life*. New York: Doubleday.

Gunderson, M. (2001). Economics of personnel and human resource management. *Human Resource Management Review, 11*(3), 431-452.

Jones, E. E. & Pittman, T. S. (1982). Toward a general theory of strategic self presentation. In J. Suls (ed.), *Psychological Pespectives on the Self,* 231-262. Hillsdale, NJ: Erlbaum.

Kirnan, J. P., Farley, J. A., & Geisinger, K. F., (1989). The relationship between recruiting source, applicant quality, and hire performance: An analysis by sex, ethnicity, and age, *Personnel Psychology, 42*, 293-308.

Klass, B. S., McClendon, S., & Gainey, T. W. (1999). HR outsourcing and its impact: The role of transaction costs. *Personnel Psychology, 52*, 113-136.

Kulkarni, S. P. & Ramamoorthy, N. (2005). Commitment, flexibility and the choice of employment contracts. *Human Relations, 58*(6), 741-760.

McClelland, D. C. (1973). Testing for competence rather than for intelligence. *American Psychologist, 28*(1), 1-24.

Ordanini, A. & Silvestri, D. (2008). Recruitment and selection services: Efficiency & competitive reasons in the outsourcing of HR practices. *The International Journal of Human Resource Management, 19*(2), 372-391.

Penrose, E. T. (1958). *The theory of the growth of the firm.* New York: Wiley.

Pfeffer, J. & Salancik, G. R. (1978). *The external control of organizations: A resource dependence approach.* New York: Harper & Row.

Spencer, L. M. & Spencer, S. M. (1993). *Competence at work: model for superior performance*. New York: Wiley.

Teece, D. J., Pisano, G., & Shuen, A. (1997). Dynamic Capabilities and Strategic Management. *Strategy Management Journal, 18*, 509-533.

Teng, J. T. C., Cheon, M. J., & Grover, V. (1995). Decisions to Outsource Information Systems Functions: Testing A Strategy-Theoretic Discrepancy Model. *Decision Sciences*, 75-103.

Williamson, O. E. (1985). *The Economic Institutions of Capitalism: Firms, Markets, Relational Contracting*. New York, the Free Press.

用人的策略議題

名主用人之道，唯在觀人。

——《史記．太史公自序》

學習目標

本章學習目標除了對於選擇員工的心理測驗工具之信度（Reliability）與效度（Validity）有基本的瞭解，亦能對於常用的心理測驗工具及測量方式有基本的認識，最後期待能將其應用於人員選擇的實務工作上。

司馬遷在《史記》中提及「究天人之際，通古今之變，成一家之言。」大抵在於描述歷史的研究者對於歷史事件之評斷必須瞭解事件前後脈絡，方能瞭解事件之變化緣由，達成客觀、準確的判斷，甚至可以從其之因勢利導，預測未來。就誠如唐太宗所言：「以史為鏡，可以知興替。」所以史學家蒐集歷史事件的實證資料，除了描述史實之外，更能預測未來。從人力資源發展與管理的觀點而言，如果可以藉由蒐集應徵人員的過去及現在的認知、情緒、生理、社會人格與生活工作經驗的資料，對於招募到可以勝任而且潛力無窮的工作人員，扮演著重要的角色。

鴻海精密公司董事長郭台銘先生更於其鴻海帝國的用人哲學中提及：「我不是天才，因為天才只能留在天上，我們頂多是人才，但要有執行力才算數。」所以在企業中需要的並非天才，而是適合該企業且具有執行力的人才。而如何從茫茫應徵者中找到合適的人才，心理測驗扮演著重要的角色。

或許我們也可從購買合適的衣服為例，每年年底常是各家零售百貨公司、量販店的折扣季，各個標榜最後出清折扣櫃位總是人潮洶湧，消費者們期待從中能挑選到喜歡的樣式、花色及適合自己尺寸的衣物被搶購一空，只得敗興空手而歸。從上述中可見人們對於衣服選擇有個人在剪裁及顏色上的喜好，加以尺寸必符合個人身材，方會選購；相對而言，服飾廠商必須瞭解消費者的需求、喜好，包含該年的流行風潮、高矮胖瘦、男女老幼等，甚至於最好可以量身訂作。所以將各種可能性加總起來有成千上萬。誠如企業組織中需要進用一位人員時，對於成千上萬的申請者，人力資源部門人員必須用合理的「尺」量度每位申請者，找出最合適填補該職缺者，對企業組織及進用者個人而言，方是最大福祉。個別差異的存在是心理學研究的中心議題，也使得人力資源部門篩選員工的必要效性存在。如何測量個別差異，使得個別差異具有意義，讓企業組織挑到適才適所的員工，使員工能在工作崗位上盡情發揮，提升整體組織績效，創造員工與企業組織的雙贏，更是人力資源管理部門無可推卸的重責大任。

除了來自個人生涯發展及企業組織層次觀點外，當今選才尚需關注多元、平等與包容（Diversity, Equity, and Inclusion, DEI）的觀點。身為多元文化的現代，我們都可能需要招募全球人才及各類少數族群，以符合企業經營最大宗旨（Weber, 2020）。全世界最佳人才是不分種族、性別，為維持企業競爭力及創新力，人才的多元及包容性為未來企業界維持全球競爭力的重要來源之一。其次，因應 ESG（Environmental, Social, and Governance）的趨勢，許多投資基金等專業投資機構亦將依企業能否創造具有天賦及多元化勞動力的能力，視為是否值得投資的重要指標之一（Holger & Lim, 2021）。

綜合上述，如何經由有效與適合的工具，滿足員工個人生涯發展進路外，亦須配合國際趨勢與企業永續發展需求。因此，有效的測量就變得意義重大。但是測量要測什麼，也是人力資源部門值得思考的。為對上述問題有基本的認識，本章先從測量談起，接著談測驗工具本身的信效度及施測的信效度，測驗的方向涵蓋生理、認知、人格、情緒以及興趣測驗等。測驗的形式有傳統紙本測驗或是自陳量表以及另類評量方式（Alternative Assessment），如實作評量（Performance Assessment）或是檔案評量（Portfolio Assessment）等。

一、心理測驗方法與工具之應用

在人員選擇上，標準化心理測驗工具一直是人力資源部門所賴以測量求職者身心狀況的工具，而不同的職位所需要的是不同身心狀況的求職者。譬如：健身中心需要一位健身教練，除了要有基本體能及健身專業之外，其教學能力、表達能力與人際溝通能力，都可以透過標準化心理測驗工具加以評估。而心理測驗工具其中一種主要功能為工商組織的人員篩選（Anastasi, 1997），亦可透過心理測驗描述、比較、類比與對照各項人類的身心功能。其中與心理測驗相關的有三項重要議題：測量（Measurement）、信度（Reliability）、效度（Validity）。

測量

所謂測量是透過數字對於事件、人類表現的呈現或是藉由某種規則加以描述（Linn & Gronlund, 1995）。測量好比是一支尺，經由上面尺度的獲得相對應的量數，如 5 公分長。測量協助我們解決一些問題，不過這些問題的答案規準早已由人們設定好，誠如 1 公分長度的規定，1 支筆要多長較適合讓人寫字使用等，都是測量的功能；不過測量的方式有測量實際物體的物理量，如幾公分、幾公斤、幾個蘋果等，都具備某種精準的測量量數，但是，對於測量心理感受的心理量數，如喜歡某個工作的程度，便不容易精確測量，而且每個人的心理感受都是主觀的，如何能加以比較。所以最好有某種程度的標準化工具可以使用，維持心理測量的某種客觀程度。在實務工作上，假設一位負責招募新人的人力資源部門專員需要對於工作應徵者一一的面談，主管希望該專員對於應徵者合適該工作的程度，從 1（非常不合適）到 10（非常合適），亦即考量應徵者合適某工作崗位的「品質」程度分別給分，期能由分數高低找到最合適勝任的員工。

所以，Blanton 與 Jaccard（2006）呼應 Kerlinger 及 Lee（2000）所提出認為測量是一種遊戲的過程，人們以物件（Objects）及數字（Numerical）來進行。既然是遊戲，必有規則，有些規則是好的，有些規則是較不好的；不論規則品質良窳，整個歷程也是測量。所以說，不論是測身高等生理狀態或是態度等心理狀態，雖然測量品質或有差異，但都是測量，同時也可宣稱，理論上，世上任何東西都可以測量，但是必須依測量本身性質不同而採用不同性質的量尺或是工具。

而心理測驗本身的發展植基於個別差異的存在，如每個人的人格皆有所不同，可能是先天的或是後天習得的，人們常會將某人與某種特質相連結，又如某甲創意十足，某乙是鐵公雞等，但是我們可以透過一些標準化的技術與工具，蒐集每個人的資料，看看這些人在某個特質向度上的程度為何，用以作為受測者可以被該特質標定的程度有多高。

與一般的統計資料相同，心理測量所獲得的資料亦會以四種層級的量尺型式出現，可分為「質的」（Qualitative）描述型：指受測者在某種心理或是物理特質表現的類型屬於何者，如某人的性別、種族等；及「量的」

（Quantitative）描述，如某種情境或是事件的頻率、如研究所教授每年指導的研究生人數等（Ghiselli, Campbell, & Zedeck, 1981）。所以「質的」描述可以協助分類，而「量的」描述則為「測量」。四個層級的資料量尺型式分別為：名義量尺（Nominal Scale）、順序量尺（Ordinal Scale）、等距量尺（Interval Scale）與等比量尺（Ratio Scale）。表 6-1 對於四種層級的量尺作了一些比較（王文科、王智弘，2021）。

表 6-1 測量量尺的比較

量尺名稱	特　徵	例　子
名義量尺	彼此互斥的類別，數字代表團體或是個人的代號，並無其他意義。	性別、球員背號、國籍等。
順序量尺	數字代表觀察結果的順序或是等級。	名次、社會階級、常模等。
等距量尺	數字代表各相等單位的呈現；數字間的大小可以比較或是加減。	西元 2012 年、華氏溫度（°F）、攝氏溫度（°C）等。
等比量尺	有絕對零，數字代表相等的單位，數字間的比率具有意義；數字間可以加以比較。	距離、時間、重量、絕對溫度等。

(一) 名義量尺

此為測量中最低階的量尺，主要在於區分類別或是依特質將受試者給予不同的分類，屬於質的類別，而非量的差異。每位受試者都擁有某個數字，但是數字本身並不代表其數量意義，不能加減乘除，僅為一個代號。唯一在計量上可以運用的是數量的計算，譬如：以 1 代表男性、2 代表女性，就應徵某職位的申請者，我們可以計算有多少個「1」代表男性應徵者人數及多少個「2」代表女性應徵者人數。此種分類的資訊對於人力資源部門人員而言，很有意義。

(二) 順序量尺

順序量尺可以呈現具有某種屬性的個人或是事物在該屬性的相對位置，但是卻無法標示各相對位置間的距離。如某次學校考試，老師依成績高低予以排名，我們知道第一名考得比第二名好，但卻無法表示第一名與第二名的分數落差。

(三) 等距量尺

等距量尺可以依物體屬性排列順序，且能確定測量單位之間彼此等距，數字差距相等時，尚可比較，而且各數字間可以彼此以固定基本單位加加減減。如某甲在過年之後開始減肥，一個月減去 5 公斤，某乙卻減了 10 公斤；我們可以說某乙減重的速度高於某甲 5 公斤。等距量尺代表「量的」或是特質的相對數量，所以優於名義量尺與順序量尺，但是等距量尺仍未要求具有絕對 0 點，缺乏真正的 0 點。

(四) 等比量尺

等比量尺為最高階的測量量尺，除了擁有排序、加減的特質外，等比量尺較等距量尺多了絕對 0 點（Absolute Zero Point），所以等比量尺有可以標定完全不存在的特質。如量度人們的身高或是體重，若無絕對 0 點作為基礎，彼此之間的倍數無法比較，亦即我們無法有信心的說明體重 50 公斤者為體重 25 公斤者的兩倍。所以等比量尺較等距量尺多了比率的功能。惟身高體重等生理量度屬於自然科學的範疇，可以精確的測量，而態度、人格等心理量度屬於行為科學範疇，測量準確度不若自然科學量度，因此尚需考慮其他的因素，降低測量誤差。

Kerlinger 與 Lee（2000）認為雖然大部分的心理量數基本上是順序量尺，但是在正式應用時，我們都會假設其至少為等距量尺。許多的研究證據可以支持心理量數適合以等距量尺使用，尤其是變項之間的線性關係存在時，等距量尺的應用就會愈合理。儘管無法確認大多數心理量數適用等距量尺，但是至少有些常用在心理測驗的心理建構變項，如智力、學習成就、性向等，已可用等距量尺加以呈現並解釋相當程度的變異量。結果顯示將這些心理變項視為等距量尺到目前而言是可行的。

所以不論心理測驗變項所使用的量尺為何，只要具有實用價值即可。我們假設心理變項具有等距量尺性質，只要能被運用即可。此外，在心理測驗中，從量表中直接獲得的原始分數（Raw Scores）大多需要透過某種統計歷程轉換成某種導來分數（Transformed Scores）方能變得有實用意義，能加以說明並跨群組間比較。其次，心理測驗的分數不只必須在所處的社會脈絡下加以解釋，方能具有意義，而且尚須與其他的方法或技術相較，看其效率或是實用性是否足夠，因此社會應用性（Social Utility）是心理測驗所需關注的重點。如要進用一位工作人員，其條件為需具備較佳的空間能力，就心理測驗而言，有數十套可以測量空間能力的工具，要選擇哪一套進行測驗方能挑出最能符合公司需求的應徵者，雀屏中選的那套工具為在當下最具社會應用性者。但是下一個難題來了，人力資源部門人員如何具備選擇具有社會應用性工具的素養，恐怕是公司組織的另一個挑戰。因為人力資源部門工作者常是面臨上述議題者。這樣的問題不僅關係著個人職涯發展，長期下來亦對公司組織發展具有決定性的影響。

選擇「對的」測驗的一些步驟

就心理測驗的測驗（Test）而言，具有多重的意義：就測驗本身表達的形式而言，有口頭的、書面的或是實作的；操作的方式而言，有面談的、評量表的或是情境型的等多重面貌，但總而言之，測驗泛指對於人類的行為樣本（Sample of Behaviors）進行有系統的測量（Brown, 1983）。並且包含下列三大領域：測驗的內容、測驗的實施與測驗的計分。測驗的內容為從所預測量的行為中，有系統的選出樣本，如空間能力、工作動機等；測驗的實施強調標準化的施測過程，不論是何時、何人、何地實施該測驗，其步驟都是相同，以減少其他方面所造成的干擾；測驗的計分是客觀的，透過一定的計分規則讓分數說話。綜合以上，測驗乃經過一連串有系統性的作法，降低非必要因素的干擾，獲得有效測驗分數並可以提出具社會應用性解釋的過程。

人員進用的篩選要使用何種測驗工具，並非僅具備測驗相關知識即可，具備該職缺的知識更是重要。某個職位所需的工作知識與技能，可以成為選擇工具及測量方式的重要參考。工作分析（Job Analysis）可以提供人員選擇某個職務所應具備身心能力或特質，人力資源部門人員可以據以選擇合宜的測驗工具進行測驗，找到最合適的員工。但是商業版的測驗工具不見得能符合當下測驗所需，譬如：符合某職位的身心特質並無法找到具有充分心理計量證據的測驗，人力資源部門人員必須考慮自編測驗工具了。

(一) 依測驗內容選擇原則

測驗的選擇可依測驗欲測量的作業（Task），決定選用何種工具，如測驗需要受試者操弄一些物件等，或是該測驗需要透過文字，請受試者回答問題等。表現測驗（Performance Test）通常是個別施測，測驗者觀察受試者在操作物件或是機器設備的情形，做成紀錄。表現測驗可用於不需要說話的作業測驗或是給文字使用不便者施作的測驗，有時候亦可作為避免文化背景不利而低估受測者能力的測驗，所以又稱為非文字測驗（Nonverbal Test）。相對於非文字測驗，文字測驗（Verbal Test）多以紙筆測驗的形式出現，依該測驗的需求，在指導手冊中會明定是個別施測、團體施測或是兩者皆可，受試者僅需在其答案紙上，依測驗指導語填入反應，再依給分標準給予分數。

測驗亦可檢測人們的心智歷程，此類型測驗多會要求受試者進行某件事或是解決某個問題，並從其中的品質或是呈現方式推估人們的心智狀態。如認知測驗（Cognitive Test）、情意測驗（Affective Test）等皆是。

認知測驗通常被區分成成就測驗（Achievement Test）及性向測驗（Aptitude Test）。成就測驗的結果可以告訴我們當下受試者所能達到的表現水準，以瞭解該受試者曾學過什麼東西及學習成效如何。性向測驗則用以預測參與某種特別活動者，基於過去的學習所累積的能力，被期待可以達成某種表現程度的測驗。但是實際上，性向或潛能不易直接測量，僅能以現在的表現推論，雖然如此，性向測驗的功能獲得大多數人的肯定，尤其是在於推論受試者機械與操作方面的技巧（王文科、王智弘，2011）。Anastasi（1997）認為性向測驗除了預測潛能之外，更可以作為預測學業成功或是作為預測工作能力成功所需基本能力的參考。然而性向測驗內容無法避開社會文化的影響，由於社會上種族有多元化的趨勢，若以某一項測驗將人們進行區分，可能有文化背景不利的情況發生，因此，如何編製沒有文化差異的性向測驗，實有待相關學者繼續努力。

相對於認知測驗在於測量心智能力，情意測驗則在於檢測各項情意的表現，如情緒、興趣、價值觀、動機、氣質等。在這類測驗工具中，多會看到測驗內容有「我覺得……」、「我感到……」等描述出現。大部分以問卷（Inventories）的方式呈現，反應出個人在該題項的反應。

(二) 依實施方式選擇原則

就實施而言，時間壓力通常是測驗常會考量的重大議題，可以以效率（Efficiency）稱之。個別化的施測較團體施測需花費更多的時間，因此團體施測的效率優於個別測驗。但是團體施測時，施測者與受測者的配合較難建立，再者有許多突發的狀況亦會影響團體施測的順暢，如受測者臨時病假、焦慮等個人因素。

但是無論如何，時間在測驗中扮演重要的角色。因此不論在測驗的編製歷程、測驗結果的解釋等，都必須考量到時間因素。速度測驗（Speed Test）或是限時測驗（Timed Test）中的題目難度通常很低，其目的在於瞭解受試者在時間限制內可以達成的最大量為多少，如打字測驗、抄寫測驗等。難度測驗（Power Test）相對於速度測驗，時間限制相對寬鬆，重點在於如何處理有難度的問題，但是通常沒有人可以準確完成所有題目，所以速度測驗與難度測驗是沒有人可以完成所有題目或是做對所有題目的。大部分的測驗都具備了某種程度的速度測驗或是難度測驗的特質。

(三) 標準化與非標準化測驗的特性

標準化測驗（Standardized Test）具有固定的實施與計分的方式，並藉以比較受測者在分數上的差異。標準化測驗編製的過程必須對於未來使用的目標族群，如成人或是兒童，先進行大量施測以獲得目標族群的狀況，建立該系統的比較基礎，稱為常模（Norm）。未來對於目標族群施測所獲得的分數便能與常模相比較，看看是落於常模的哪個位置，作為解釋分數的依據。相對於標準化測驗者為非標準化測驗（Non-standardized Test），而且比標準化測驗更常見，如在學校老師所出的考題，甚至於是電視臺民意調查的題目等，都未經由標準化歷程，不過這些非標準化測驗大多只用一次而已。

標準化測驗大抵有下列特徵：客觀性，測驗不易因某個人的偏見影響其施測結果，不過投射測驗（Projective Test）由於解釋歷程略為主觀而影響測驗的客觀程度；施測條件皆一致，施測的時間、施測的步驟等皆在指導手冊有清楚說明，因此，別人亦可利用指導手冊的規範，複製測驗；具有常模及其資訊，發展標準化測驗者都會仔細選擇建立常模的個體，個別受試者依據常模，將原始分數與百分等級或是其他標準化量數對照使用；具備信度與效度，標準化工具發展歷程中，已找到或是建立信效度的證據，所以標準化測驗的信效度均佳。

(四) 測驗計分的特性

測驗的計分方式有可能客觀，亦有可能不客觀。客觀的分數在員工的選擇上較有意義，因其計分方式較固定，都會依指導手冊的說明進行，甚至於有些測驗可以藉由電腦加以施測與計分，減低人為誤差發生的可能性（Schmit, Gilliland, Landis, & Devine, 1993）。而依照指導手冊所進行的測量，其出現的誤差值，原則上小到可以忽略。其次，有些對於問答題計分容易主觀，甚至於對某些人格量表的計分有時亦不易客觀。往往會有一些計分者偏誤的情形發生。

綜合上述，對於測驗選取的一些原則的非本身因素也應考量，如成本問題。成本包含時間、費用等都需加以考慮。其次，公司的管理者都希望所使用的測驗最好是人人可施測、人人可以解釋測驗結果，但是似乎會事與願違。另外一個要考量的部分在於測驗內容是否具備表面效度（Face Validity），指該測驗不論是測什麼特質，題目的內容看起來就要像是測該特質的，如數學考卷看起來就應該像是測數學能力的，而非看起來像測中文能力。但是表面效度並非真實的「效度」，僅是獲得大眾同意的看法而已。而在技術上判斷測驗品質的信度與效度，將在下列兩段落介紹。

測驗的信度

簡單而言，測驗工具的信度是為當測驗不論是在何時測量，所得結果一致性的程度，其意義接近測驗成績的穩定度。如診所護士對於患者測量體重，第一次測量為 50 公斤，兩分鐘後第二次測量為 55 公斤，可以說這架體重計是不可信的；反之，另一架體重計的第一次測為 51 公斤，第二次測仍為 51 公斤。兩架體重計所測的體重讀數表示第二架體重計的穩定度高於第一架體重計，亦即第二架體重計較為可信。但是，較為可信不代表一定正確，僅說明該測量工具的穩定而已。

信度的高低在測量上以信度係數表示，信度係數介於 0 到 1 之間，愈接近 1 代表其信度係數愈高。信度係數愈高代表著測量誤差愈低。信度係數的計算有下列各種類型：

(一) 再測信度

再測信度（Test-Retest Reliability）是估量測驗信度常見的一種方法。其實施的方式為就同一組受試者施測兩次，在不同時間所獲得的分數後，求其相關，獲得的相關係數是為再測信度係數（Test-retest Reliability Coefficient）。若此相關係數高，代表受試者在兩次測驗的結果上的表現相同；若此相關係數低，代表該受試者在該測驗工具表現上有差異。

再測信度係數在於描述受試者在不同時間表現的一致性，所以又稱為穩定係數（Coefficient of Stability）。優點在於若要檢測該測驗工具的誤差，只要一份測驗工具在不同時間施測即可，不需要兩份測驗工具的結果相互比較。缺點在於一份工具間隔一段時間施測，恐有記憶的效果；相對的，若間隔的時間太久，測驗實施間隔中若有偶發事件也會影響再測信度係數。基於上述的限制，再測信度係數不建議用於認知領域，用於體能與運動技能方面有較佳的效果。

(二) 複本信度

複本信度（Alternative-Form Reliability; Equivalent-Form Reliability）來自於相同的測驗需有兩種型式版本，然後同時將兩式測驗對於同質的兩組受試者施測，接著將兩組受試者所獲得的分數加以求相關。兩組的相關係數高，代表兩組受試者在測驗上的表現一致，若兩型式版本一致性高的話，代表其穩定度亦高。複本信度計算的優點在於可以免除記憶效果所帶來的干擾，而且在短時間內即可獲得信度資料的證據，適用於認知測驗、心理量的測量。

(三) 折半信度

折半信度（Split-Half Reliability）乃是將一份測驗的題目分成兩個半份，用同一組受試者對於兩個半份測驗分別施測，依每個人再各半份量表所獲得的分數加以計算其相關係數，即得其折半信度係數。若每位受試者在兩半的得分相似，則其折半信度高；若每個人在兩半得分不同，則其折半信度低。此信度獲得的方式僅約需要一份測驗的時間，沒有時間間隔的問題。通常若是具有難度的測驗，其題項排列的方式多以易者在前、難者在後排列；所以使用此類型的測驗工具，欲求其信度證據時，多以單數題與偶數題分開計算，求單數題分數與偶數題分數的相關；若測驗工具題項沒有難度問題時，除單偶數法外，另可再考慮以前半部題目所獲得的分數與後半部題目所獲得的分數求取相關。信度係數的計算與題目多寡有關（Anastasi, 1997; Cronbach, 2002），題目愈多，其信度係數愈高。所以折半信度相較於以整個測驗進入計算而言，所獲得的信度係數較低。由於折半信度乃是使用同一份測驗將其題目拆半，取其得分相關以獲得信度證據，因此是為內部一致性信度（Internal Consistency Reliability）。

(四) 庫李信度

庫李信度（Kuder-Richardson Reliability）亦屬於內部一致性信度，但是其可以以整個測驗一起進行，若所獲得的信度係數高的話，代表內部一致性甚佳。但是庫李信度僅對於測驗中題項的答案採用「對—錯」或「是—非」計分者。計算庫李信度有庫李二十與庫李二十一公式，後者為方便計算而形成：

$$r = \frac{K\sigma^2 - \bar{X}(K - \bar{X})}{\sigma^2(K-1)}$$

r　：整個測驗信度

K　：測驗的總題數

σ^2 ：測驗總分的變異數

$\bar{X}$ ：測驗總分的平均數

若測驗題目是三點以上的李克特式量表，其信度係數需採用 Cronbach's α 進行分析。其公式如下：

$$\alpha = \left(\frac{K}{K-1}\right)\left(\frac{S_X^2 - \sum S_i^2}{S_X^2}\right)$$

α ：估計的信度

K ：測驗的總題數

S_X^2 ：測驗總分的變異數

S_i^2 ：每個題目的變異數

以 Cronbach's α 作為信度指標時，題目的同質性愈高，Cronbach's α 的值愈大。一般而言，可以接受的值在於大於 0.7（Nunndy, 1978）。不過在文獻中也常看到略小於 0.7 但是仍被研究者所接受的情形。

(五) 評分者間信度

評分者間信度（Inter-Rater Reliability）使用時，係由兩個人以上對於受試者在測驗表現上給予評分，再將評分者給的分數互相比較。若是其相關高，代表評分者間的信度高；若其相關低，代表評分者的一致性低。兩位以上評分者給的分數有差異，不在於受試者的表現有差異，而是評分者的計分方式有差異。如回答開放性的問題時，評分者會對於受試者的表現可能會有不同的看法，因此對於此類評分者，給分可能因主觀性而造成差異者，為給分的公正性，評分者間信度相當重要。

(六) 觀察者間信度

觀察者間信度（Inter-Observer Reliability）所使用的度量並非相關係數，而是百分比。用於觀察者是否觀察到了受試者的目標行為；同時，也有另一位觀察者同時觀察目標行為是否出現。根據兩人觀察的結果，看看兩人對於目標行為是否有出現的一致性如何。所以在於測驗某些特定時距、目標行為是否出現、出現次數為何的測驗中，觀察者間信度就特別重要。

(七) 標準參照測驗的信度

以上述六種信度應用於標準參照測驗上似乎有所困難。因為所有信度檢測都是圍繞著受試者在測驗得分上具有變異而來的，但是標準參照測驗的變異量十分有限。因為標準參照測驗往往是允許受試者經由訓練或是不斷的練習，直到可以精熟技巧為止，所以該類型測驗分數不但是變異量甚小，甚至於沒有變異量。或許測驗本身的穩定度甚高，但是由於分數低變異或是低分散，將導致信度估計值低或是趨近於零。Ary, Jacobs, Razavieh 與 Sorensen

（2009）認為可以用短期間內對某一組受試者進行相同的複本測驗，再由這兩套相同的複本測驗中，依據測驗結果做相同結論或是安置情形的百分比相近與否，作為評估測驗結果的一致性。一致性的百分比愈高，其信度愈高。

綜合上述，除了標準參照測驗的信度外，信度係數似有下述各項特質（王文科、王智弘，2020；McMillian & Schumacher, 2010）：一個團體的異質性愈高，若以其為測量的對象，其信度愈高；測驗工具的題項愈多、內容愈長，其信度愈高；分數的全距愈大，信度愈高；有難度的測驗，如 Power Test，難度中等者較低難度或是高難度者，其信度較高；信度的來源與建立測驗常模來源的受試者特徵應是一致的，所以信度的說明上與建立常模組的受試者相似時才有意義；最後是愈能分辨高低成就者的題目，其信度愈高。各類信度的一些特徵呈現如表 6-2（引自王文科、王智弘，2021）。

信度在測驗中一直扮演重要角色的原因，在於許多測驗的結果使用以進行決策，後續的影響力不容小覷，尤其此決定往往與個人的職涯有關。如果此測驗有助於做決策，那麼測驗分數應是可靠的、穩定的。在企業組織中，

表 6-2 各類信度特徵與比較

信度種類	目　標	程　序	信度係數
再測信度	確認工具穩定。	同樣受試者在某時間間隔接受兩次施測。	相關係數
複本信度	求得測驗的不同型式確實相同。	將同一測驗的兩種型式施測於同一團體，將其分數求相關。	相關係數
折半信度	用來測量同一測驗中，內部題目測量同一特徵的程度。	僅施測完整的測驗一次，其兩半份測驗分數分開計分，求其相關。	相關係數
庫李信度	決定測驗題項僅以二分法呈現者。	施測一次，利用公式進行計算信度。	庫李係數
評分者間信度	不問是誰評分的，對同一份測驗評定的效果應相同。	施測一次，兩個人評分，計算分數的相關。	相關係數
觀察者間信度	由不同觀察者決定某事件是否發生的機率。	由兩位觀察者進行觀察，看看兩者看法一致性的百分比。	一致性百分比

期待以測驗的歷程剖析應徵者的身心狀況，勾勒出應徵者的真實情形再與職位需求進行比對。然而仍會有無法預測的測量誤差在進行測量時現身，即使測驗工具本身穩定度極佳，但是應徵者卻不見得處於最合適的狀態（Le, Schmidt, & Putka, 2009）。人們不見得百分之百穩定的情形，造成非系統性誤差的可能來源，非系統性誤差會影響測驗分數的真實性，因此對於應徵者的測驗不要僅使用一種，應以多元的角度進行評估為佳。

理論上，我們可以發展一份非常完美且非常穩定的測驗工具，但是此工具有可能與其他工具完全沒有關聯性。這樣的工具可能沒有實務的價值，因為施測此工具獲得的結果無法進行有意義的解釋，僅只能對於同樣的工具獲得的分數進行比較，這是一份有信度而無效度的測驗工具。所以，信度為效度的充分非必要條件，而且效度係數會小於信度係數。Ghiselli, Campbell 與 Zedeck（1981）以下列數學式表示了信度係數（r_{xx}）與效度係數（r_{xy}）的關係：

$$r_{xy} \leq \sqrt{r_{xx}}$$

由上述式子可知，效度係數是必須將測驗分數（X）與另一個變項或是外在標準（Y）做聯結，信度係數可視為是效度係數的極限。所以同時考量信度與效度，可以提供某個特質或是預測變項在某個特殊情境下的效果，這樣的特性正巧符合人力資源部門人員選擇員工的理論基礎。

總結而言，信度與效度的觀念彼此環環相扣，有時候測驗使用者不容易瞭解測驗分數的應用是否可靠，即使使用者知道該測驗的穩定度是很高的。因此，如果測驗的穩定度不高，即可能造成在分數上有重大誤差時，包含系統性或是非系統性的誤差來源，便不宜加以應用至其他地方了。所以，將信度作為效度把關的標準，是具有正向意義的。如果可以注意上述的論述，滿足信度的基本要求，便可以進行效度的討論。

效度

效度傳統上指測驗工具的測量歷程是否能真正測到所測的東西。但是這樣的定義不夠周延，因為測量歷程只能說是一種效度，或許在某個研究即可做到（Guion, 2002）。但是，效度的建立應是多面向的，透過各項方式蒐集證據，使得測驗的分數可以與其他的變項、歷程有效結合或是解釋的程度（AERA, APA, & NCME, 1999）。這些蒐集證據的歷程大抵考量兩個議題：該測驗預測量的內容為何？與哪個心理特質相關；從測驗歷程所獲得的分數與外在標準的聯結度如何？等，而且效度並非「有」或「無」的二分法，而是「程度」的問題。

綜合上述，教育與心理測量標準（Standard for Educational and Psychological Measurement；AERA, APA, & NCME, 1999）將測驗效度視為：「就測驗工具測得個人的分數，所做的推論、詮釋，是否適當、有意義和用處，並能使研究者就樣本所得的推論，可運用於母群體的程度，作為判斷效度有無的參照。」（王文科、王智弘，2020）。

所以效度的定義以測驗分數可正確應用程度為主，而且是一種特定情境的推論。就測量所得的結果，必須考量該次測驗的母群體與社會脈絡特徵，在某一個情境下，該測驗是有效度的，但是時空一轉換，該測驗不見得有效度了。如在企業觀點測驗的效度而言，多會以該安置的員工之工作績效或是未來工作表現之潛力而言。而表現不論效度推論的範圍或是族群為何，其效度證據大抵不出下列五種來源：「測驗內容（Test Content）」、「對比組（Contrasted Group）」、「反應過程（Response Process）」、「內在結構（Internal Structure）」與其他變項間相關的五大來源。

1. **以測驗內容為證據**：測驗中的題項及其內容與所要測的心理構念相符合的程度。這需要透過相關的專家先審閱測驗內容是否具備表面效度，接著再透過檢查內容適當性與合適性建立證據。
2. **以對照組比較為證據**：瞭解原先條件以不同的組別，在同樣量表下的表現是否達到差異水準或是預期情形。
3. **以反應過程為證據**：著重於分析與檢查受試者對於特定任務或是內容題項所採取解決問題策略，或是表現與預期要測量的，或是解釋的一致性的狀況。譬如：某測驗的題項在於檢測受試者是否使用應用或是評鑑等高階認知能力，而非使用記憶等較基礎的認知策略，可由檢測受試者解決問題的歷程加以探知。
4. **以內在結構為證據**：內在結構乃指心理上的構念（Psychological

Construct），所以會與評量工具間的相關及各工具的次量表間的相關有關係。當工具各題項或是各次量表間，有關理論與實證上分數其用途相同時，代表效度的證據已充分。可以透過因素分析等統計技術，檢測各題項到底可分成幾個因素，或是次量表的組成方式是否可以以實證資料驗證。

5. **以其他變項間相關為證據**：檢測效度常最關心的問題在於，測驗的結果是否可以運用於其他相關領域，在測驗專業而言，測驗的分數亦期待可以與某種標準相比較，即「效標關聯效度」。如進行汽車考照時，考試成績高於 85 分即為通過。85 分即為外在效標，認為受試者若得分高於 85 分，代表其具有上路開車的能力，本項證據亦可說明當測量分數預測某一效標表現的程度，如同時效度（Concurrent Validity）與預測效度（Predictive Validity）。其次，當兩樣測驗工具在測量相同特質具有高度相關時，即有聚斂效度（Convergent Validity）；當測量工具測量不同東西相關不高時，即有區辨效度（Discriminant Validity）。

雖然驗證效度的證據甚多，教育與心理測量標準（AERA, APA, & NCME, 1999）將效度整合成三大類：內容效度（Content Validity）、效標關聯效度（Criterion-Related Validity）與建構效度（Construct Validity）。

(一) 內容效度

內容效度聚焦於測驗本身所使用的題項，是否足以代表預測量的領域及情境的程度，所以包含了描述題目廣度的抽樣效度（Sampling Validity）與強調題目深度的題項效度（Item Validity），上述兩種效度存在與否，大多得依賴專家的判斷。因此，一種測驗內容效度的判斷需確認該測驗工具在目標、內容領域甚至於題目難度上都必須加以檢測，測驗題項愈能保有欲測驗的特質、愈有代表性，則愈有良好的內容效度。為確認測驗具有內容效度，需先將預測定的範圍或是特質進行邏輯分析，以確認測驗題項足以成為欲測量特質的行為樣本，所以邏輯效度（Logical Validity）亦為內容效度重要因素之一。

技能測驗或是成就測驗特別需要考量內容效度。內容效度的檢測過程較為特別，並無具體的數字、測量方法描述有多高，而是得依賴專家分析相關領域的智識或是技能作為基礎，再與測驗題項相比對，是否合乎邏輯效度、抽樣效度及題項效度。以企業界為例，測驗內容必須與工作內容相近，方能進行有效推論。如果要進用電腦程式設計工程師，測驗內容則需有使用程式設計以解決企業問題技能者為佳。

Buster et al.（2005）提出要驗證內容效度的策略，包含以下數個步驟：

步驟一：進行工作分析，工作分析應包含某個職位所需的知識（Knowledge）、技能（Skill）、能力（Ability）或是其他特質（Other Characteristics）（KSAOs）。尤其是該職位最關鍵的、入行必須的。

步驟二：將工作分析找到的 KSAOs 與單位主管或是主事的專家（Subject Matter Experts, SMEs）分享。

步驟三：提醒 SMEs 或是測驗編製專家在編製測驗時需考量新進員工的狀況，可以藉此協助在測驗編製時會考量到 KSAOs 的基本要求。

步驟四：提醒 SMEs 或是測驗編製專家在編製測驗時，多考量一些可能的狀況存在。如最高學歷與同等學力的情形、某些技術證照、專技證照或是國際學力與證照的問題，與基本資格的關係。

步驟五：各項基本資料的填寫格式及內容格式儘量一致、易懂，有助於各題項的信度並且容易評分。

步驟六：請 SMEs 或是測驗編製專家在編製測驗時，個別對於每一個可能成為測驗題目的題項評分，以獲得專家們對每一題項的變異情形。

步驟七：將可能成為測驗題項的題目再與步驟中所提 KSAOs 聯結。

步驟八：將一些類似的題項放置一起，這些題項整合起來可以提供應徵者在某種領域上的表現，與一些教育背景或是工作背景結合。如在某幾個題項若表現合格，相當於該應徵者在某產業已具備基本的知識、技能、能力或是其他特質等。

雖然內容效度並非是完美測驗的唯一檢測標準，然而它引領了看待測驗效度的一些方向，並且為下列措施提供了進步的方向與動力（Dunnette & Borman, 1979）：(1) 對於工作分析及選題技術的改善；(2) 行為測量的更佳化；(3) 專家在於選題公平化的角色；(4) 對於測驗題項中，內容重疊部分的計分方式的改善等。而常見的內容效度在企業使用仍有幾種無可避免的限制（Chapman, 2017）：將會被企業界進用的員工，在被進用時已經具備了該職缺所應有的知識與技能，對於未來潛力部分較無法確認；有部分內容效度的評分方式會較為主觀，影響結果的推論性；相較於標準參照測驗，內容效度似乎對於小樣本的員工選才時較能適用。

(二) 效標關聯效度

效標關聯效度指個別差異的測量，用以預測行為者即是。換句話說，效標關聯效度用以說明在某測驗所獲得的分數與外在效標的關係。如欲到美國留學，進入研究所就讀，大部分的科系都會要求 GRE（Graduate Record Examination）的成績，一般而言，GRE 的分數愈高，愈容易獲得教授青睞，進入該研究所就讀。而研究所錄取 GRE 較高分的學生進入就讀的原因，在於他們較容易成功完成研究所的訓練。在此種情境下，GRE 為一種性向測驗，其效標為研究所訓練的完成。

效標關聯效度與效標關聯性發生的時間間距為標準，當測驗完成後，分數直接與效標對應者是為同時效度，如通過駕照考試立即可上路，又如藉由已經在職場中員工表現的程度，與另一個可代表員工表現測驗成績的相關程度；有時候測驗的分數與效標的對照需要時間間隔，稱為預測效度，如上一段所提及的 GRE 分數與研究所成功訓練與否，是在 GRE 考完之後數年才能得到驗證的；運用於企業中，則是透過測驗的實證證據找出應徵者的測驗表現與其未來在工作上表現的關聯程度。根據王文科與王智弘（2020），認為同時效度有兩大用途：一是同時效度為預測效度的基礎，同時效度有時候可以取代預測效度；二為同時效度能使施測者決定採用的是哪一種工具，直接可以得到效果，同時效度與預測效度的求法皆以相關係數為主。

與信度相同的問題，在測驗進行的過程亦難免遭遇到隨機誤差而影響測驗效度；其次，有許多的效標都被假設是與測驗本身有關而且是有效的。Guion（1987）曾提及，在考量實際狀況時所選用的標準，如工作相關構念（Job-Related Construct），被選用的原因是行為的表現與工作有關，而且這些表現是被企業組織認同的。通常作為效標者，在考量理論上的行為，亦即在測驗工具的表現上，如理論相關構念（Theory-Related Construct）是基於理論基礎被認同者；所以測驗分數的表現與效標可能有落差的存在。再者，效標的穩定度亦值得商榷。誠如本章節初討論效度議題時，描述到效度必須考慮社會脈絡，所以效標要穩定亦需考慮社會脈絡。惟有考量具有人、事、時、地、物、數，並加以描述的效標，方能引導有效的預測變項的發展。

(三) 構念（建構）效度

構念效度係指測驗可以測到特定構念的程度，尤其是評估個人的心智狀態時，構念是不可或缺的要件。構念是指心理上的內隱表徵，可能可以有外顯行為的出現加以評估，如焦慮、抽象能力、動機、態度等。所以構念必須透過量表、測驗的題項加以探索與評估。因此，測驗的構念效度為受試者在測驗的表現，可以以該測驗構念解釋的程度。

建立測驗的構念效度是極複雜的過程。基本上乃是擷取代表某構念呈現的行為樣本，集結成可使用的測驗工具，再加以評估受試者在此量表的表現與該構念相關或是達成的程度，具以描述該測驗工具的構念效度。

通常用以作為構念效度的方法有下列幾種：

1. 詢問受試者對於某題項回答時所採取的策略或是回答的歷程為何；或是詢問評分者如何評分，評分的策略為何（AERA, APA, & NCME, 1999）？
2. 進行測驗內部分析，蒐集與測驗內容、反應測驗題目的歷程、測驗各題項的相關資料。研究內容效度的資料亦有助於構念效度的建立。
3. 與其他測量同樣構念的測驗求相關：若測驗與其他測同樣構念的測驗工具所做出來的結果有高度相關，則該測驗可被視為有構念效度。如最著名的魏氏智力量表（The Wechesler Intelligence Scale）與史比智力量表（Stanford-Binet Intelligence Scale）可與新編智力量表的結果求相關，相關愈高，代表新編智力量表的構念效度愈佳，新編智力量表即可拿來測驗智力。
4. 透過因素分析的方式確定哪些題項有共同的，在某因素上具有相當大的因素負荷量，代表這些題項測量的是同一種構念。
5. 使用結構方程式模型（Strutural Equations Model）的方式建立測量模式（Measurement Model），找出哪些外顯變項與同一構念有關或是透過結構模式（Structure Model）找出構念間的關係。並且可以透過結構方程式模型，檢測不同的預測變項在不同情境條件下與不同效標的關係。

6. 使用實驗研究法檢測，研究者假設在實驗情境下，導入實驗操弄時，測驗分數會有所變化，便可驗證該量表的建構效度。假設建立焦慮量表，將隨機選來的同質的參與者隨機分派至焦慮情境與無焦慮情境。如果在兩種情境下的受試者，焦慮情況有統計上的差異，而且差異的方向性與預先預測的一致，便可以推論此焦慮量表具有某種程度的構念效度。
7. 比較已經確定的各組分數，即研究者已知某些組別參與者獲得的分數確實有差異，然後假設在某種待驗證構念效度的工具上所得的分數，可以將各組別區分出來，如性別在對某觀念的看法有差異，而此工具所蒐集到的資料亦呈現了性別上的差異，此測驗工具便具有構念效度。
8. 專家的判別決定題項的內容是否屬於哪個構念，從此量表所獲得的分數，與此分數相關的應用情形與該概念所期待的是否一致。此種作法有點類似內容效度的作法，但是內容效度關心的是題項內容與構念的關係，而構念效度關心的是分數的運用。內容效度亦可為構念效度的一部分證據（Tenopyr, 1977）。
9. 聚斂效度與區辨效度亦為構念效度的證據之一。當兩種的工具在被設計成測量相同的構念時，它們的相關很高，稱為聚斂效度；但是此兩工具在測量不同構念時，它們的相關應該很低。如果符合上述標準的測驗工具具備較佳的構念效度。這樣的原理用來發展多特質—多方法（Multitrait-Multimethod, MTMM）的效度檢測方式。MTMM 主要以相關矩陣的方式得到四組分數：同樣特質用同樣方法測量（A）；不同特質用同樣方法測量（B）；同樣特質用不同方法測量（C）；不同特質用不同方法測量（D）。如果要獲得足夠的效度證據，（A）與（C）的相關（聚斂效度）應高於（B）與（D）的相關（區辨效度）。

除了上述看來需要統計基礎的檢測方式外，Creswell（2011）亦提出一些非統計方法檢測構念效度，如以價值觀看待測驗分數，當學生表示其情感受到「高度壓抑」時，高度壓抑是正常的嗎？有待價值觀的判斷；檢測測驗分數的關聯性與用途，如我們可以藉著在「壓抑」的程度上形成的差異，作為篩選的標準；檢查測驗分數的影響，如學生對於學校的喜愛度降低，結果影響學校一些政策走向等。

一般而言，要建立測驗工具的效度資料需要大量樣本，但是並非所有人都有辦法取得大量樣本，或是有的公司組織規模較小，無法以傳統作法取得效度證據。一個最常使用的方式為合成效度（Synthetic Validity）。合成效度乃是透過工作分析，先針對較小的部分，確定測驗在這一部分的效度，接著再一片片組織起來，達成對於整體的效度（Johnson, Carter, Davison, & Oliver, 2001）。此種作法具有邏輯上的合理性，而且也有研究證明合成效度是可行的（Steel, Huffcutt, & Kammeyer-Mueller, 2006），Lapolice, Carter 與 Johnson（2008）嘗試著將美國的 O*NET（http://www.onetonline.org/，為美國勞工部設立的網站，內部有相關職業的工作分析、職能需求等，為美國的基本職業資料庫，與我國勞動部的職業分類典類似）內容以整合效度的方式進行分析，相對於傳統的分析方式而言，顯得較單純而且省時。除此之外，我國勞動部勞動力發展署也提供職業心理測驗線上評量網（https://exam.taiwanjobs.gov.tw/JobExam/），提供勞動部所編製以及民間求職單位編制常用的職業心理測驗，提供求職者與求才端使用。另外一種常用於大量資料無法取得的效度驗證方法為測驗可移轉性（Test Transportability）：亦即該測驗在其他類似的地區、情境、工作職務等都已被證明是有效度的，但是施測者欲使用時，仍需建立基於上述資料所獲得的評分指標（Rubric）加以檢核（Hoffman & McPhail, 1998）。

(四) 一些常用的工具類型

人力資源部門人員常用來作為人員選擇的標準化測驗，不外乎認知測驗、人格測驗、興趣測驗、工作樣本與基本生理能力測驗等。

1. 認知能力測驗

認知能力測驗（Cognitive Ability Test）為一般認知能力測驗，如智力測驗或是性向測驗等。智力測驗以測驗一般智力為主，測驗的結果通常以 IQ 的形式呈現。IQ 是由原始分數轉換過來的心智分數，來自與常模比較的結果。常用的全面性智力測驗工具有「魏氏智力量表」與「比西量表」。這些完整性的智力量表的施測與解釋較複雜，需要有證照的相關專業人員才可以施測。

性向測驗是另一類型常用的認知測驗，主要在於測量人們的某些特殊的認知能力，以形成對未來潛力的預測，如歸納能力、演繹能力、空間能力、數字能力等。國內常用的有通用性向測驗、區分性向測驗、瑞文氏圖像測驗等。其中勞委會職訓局在民國 99 年編製供國內使用的校正版本；內容包含了 12 個分測驗，其中有 8 項的紙筆測驗與 4 項的操作測驗，每項分測驗都有時間限制，全部實作時間為 51 分鐘，但是如果包含了說明、練習等約需 2.5 小時。

2. 人格測驗

認知能力高，不見得就有好的工作表現，有時候動機因素、人際關係甚至於情緒等情意或是非績效因素才是重要因素。很多人因為認知能力強而獲得工作，但是往往因為非績效因素而失去工作。人格表現為非績效因素之一。

人格測驗（Personality Test）檢測應徵者的各項基本人格面向及其可能造成的影響，如內外向、脾氣穩定度、工作氣質、工作動機等。人格測驗大抵可以分成兩類型，其一為投射測驗，另一類為自陳量表（Self-Report Inventory）。投射測驗通常是呈現某種意涵不明的圖像，由受試者說明圖像內容意涵，經由專業人員針對受試者說法加以解釋，使用者亦必須有專業的訓練，切入的門檻較高，如羅夏克墨漬測驗（Rorschach Inkbolt Test）（如圖 6-1），主題統覺測驗（Thematic Apperception Test, TAT）等。

圖 6-1 羅夏克墨漬測驗圖型舉隅（取自 http://www.rorschach.org/gallery.html）

自陳量表式的人格測驗通常經由紙筆測驗的方式，受試者自題目中選擇適合自己的選項。國內常用的量表有明尼蘇達人格量表（Minnesota Multiphasic Personality Inventory, MMPI）、柯永河教授編製的柯氏性格量表，不過此兩者多用於精神病理學或是人格異常檢測等臨床心理學的運用較多；其他常用的尚有基本人格量表、戈登人格剖析量表（Gordon Personal Profile-Inventory, GPP-I），針對個人的剖析圖，分成主導性（Ascendancy）、責任感（Responsibility）、情緒穩定（Emotional stability）及社交性（Sociability）與個人人格量表部分：小心謹慎（Cautiousness）、原創思考（Original Thinking）、個人關係（Personal Relation）與精力充沛（Vigor）；此量表除了在學校、臨床應用外，亦在企業界招募新人或是美國軍方募兵使用了二十年以上，算是相當常用的量表（郭為藩等，2008）。

此外，勞委會職業訓練局也於民國 88 年委託中國測驗學會編製工作氣質測驗，並於民國 93 年進行修訂，改稱為個人工作態度問卷。此測驗可以瞭解個人在職場上以何種方式適應職場生活，以作為是否適合在某個職場就業的參考，一般企業界亦可藉此選擇新進員工或是升遷的選訓參考（楊國樞、李本華、余德慧、鄭伯壎，2004）。

所以，人格是否可以有效預測工作表現，是選用人格測驗進用員工的參考來源。Barrick, et al.（2002）認為人格可以預測工作表現，但是不同的人格特質會影響不同的工作內容，如較外向的人從事業務或是管理職務較容易成功。

近年來，情緒智力（Emotional Intelligence）測量也逐漸被重視，因為情緒智力與人們如何在團隊中有效處理高度社會情境壓力，達成團隊任務有關（Roberts, Mathews, & Zeidner, 2010）。

3. 興趣測驗

興趣測驗（Interest Inventory）檢測了每個人在不同職業上的興趣。人們對於從事感興趣的工作時，表現較佳，所以有效的興趣測量工具可以成為選用員工的重要利器，當所選來的員工對於工作內容的興趣較高時，便有可能在該工作有較好的表現。興趣測驗大多是自陳量表，國外常會使用自我導向搜尋量表（Self-Directed Search, SDS; http://www.self-directed-search.com），用以找到與自己興趣及能力匹配的工作，增加在職場的成功率。

國內興趣測驗相關研究不多，符合國情的標準化測驗工具難尋。因此勞委會職業訓練局於民國 88 年修訂編製「我喜歡做的事—職業興趣量表」（黃堅厚、林一真，1999）。此量表最初修訂自美國勞工部就業服務處的職業興趣測驗（USES-Interest Inventory; USES-II）。此套測驗工具分析了每項職業所需的興趣及性向，可以協助受試者在可以勝任的職業範圍內，找到最適合的職場投入。

4. 工作樣本

工作樣本（Work Sample）為某職位工作內容中的基本單位，透過工作樣本的衡量，有助於應徵者直接與工作內容相連結，而且可以藉此直接觀察與評估該受試者在該工作上的表現（Pulakos, 2005）。

使用工作樣本選擇員工時，由於工作樣本是實際的工作內容，受試者的表現也是真的表現，無法作假，也較無文化不利的問題。然而工作樣本較無法考量如人格、動機或是興趣的狀況。使用工作樣本面臨的另一個困難為如何選擇或是編製工作樣本；哪些具有某個工作特徵的工作樣本，會影響使用工作樣本作為人員選擇的工具。

5. 基本生理能力測驗

有些工作的內容需要操作或是參與團隊工作，因此基本生理能力便非常重要。如有些操弄機器的工作需要員工移動位置，依照機器螢幕上的訊號進行反應，此時便需要測試大肌肉運動是否正常（考量身體的移動）、小肌肉運作是否順暢（需要使用鍵盤下指令）、兩類型肌肉肌力是否足夠（可透過負重試驗檢測），視力、聽力是否正常，這些基本身心能力的整合與協調是否順暢等。若有某些障礙，該職位的工作場所是否具有改善工作介面、工作輔具的介入或是職務再設計的可能等。

不論是何種測量方式，都是希望可選到適才適所的員工，除了有助於個人生涯發展、公司組織的成長之外，亦可以考量法令的規範及企業責任的擔當。

二、用人的挑戰與困難

透過測驗的方式選擇合適的員工只是選擇歷程的一部分，尚有其他的資訊需要一併考量，較能找到適用的員工。為了要找到適合的員工，必須對應徵者有充分的認識，這裡必須同時考慮到雇主端與應徵者端的問題。

雇主端的問題

由於上述的各項測驗工具與測驗方法的專業程度甚高，有許多的測驗進行恐非一般組織企業中人力資源部門人員可以勝任的。因此有許多的人力銀行或許可以代勞這一部分的工作。但是人力銀行不見得對於每個企業的組織文化有充分瞭解，也不見得對於每一個公司職務進行工作分析，可能無法做到滿足每個公司需求。所以，有些公司請人力資源銀行進行初篩，再回到公司進行第二次的篩選。問題還是回到公司本身的人力資源部門。

其次，如何真正瞭解應徵者的背景是第二個問題，Mayer（2005）強調背景檢測的重要性，而且不同的職務所要瞭解的背景皆有所不同。如教育及財務背景對於聘用一位財務人員而言是很重要的，但是任用一位警衛卻不是如此重要。

當然，當公司組織在檢測背景資料時，必須考量個人的隱私權。這些個人基本資料由誰可以保存、使用等，都需有一套保密規範以保障個人隱私權及不誤觸法網。

中小型公司的人力資源管理部門人員可以對於應徵者的資格一一對應，檢查其所具備的職能是否為工資所需。然而對於大型公司組織要以人工的方式一一對應應徵者的資格，恐需耗費極大人力，所以愈來愈多的公司開始導入電腦化的人力資源管理系統。就連某些標準化測驗亦有電腦化版本，並且經過軟體的協助轉換，將這些標準化測驗及其結果直接與人力資源部門的電腦化進行連結。如此一來，人力資源部門即可將應徵者在有電腦化標準測驗上的表現與特定工作內容進行連結，如有些應徵者的個人基本背景資訊、工作經驗等與公司內部的網路內各徵人位置進行比較，然後電腦甚至於可以依照這些相關條件，自動挑選出較合適的一群應徵者，再從這群人進行考量最適於某工作崗位的人選，事實上可以增進公司的效率及減少不必要的人力浪費。

申請者端的議題

有時候應徵者的語言是否誠實的表達，也是在蒐集應徵者資料難以確認的。所以必須透過一些方式瞭解應徵者。如，直接問一些有點尖銳的問題：您是否偷過東西（Bridget et al., 2009）；多聽少講，看看能否多得到一些資訊；如果可以的話，看看能否申請到一些與應徵者直接關聯的資料，如財務資訊、罰單紀錄等；仔細閱讀一下推薦函或是直接與推薦者詢問；使用「誠實」測驗，看看應徵者在該測驗上的表現；給應徵者切結書，內容為有關公司財產的規定及個人在公司使用的東西皆屬公司物品，公司有權不定期檢查，並請應徵者同意後簽名等相關策略。不論如何進行，重點仍在於希望能找到最適合公司組織發展的員工。

特殊議題

測驗取人一定公平嗎？

公平（Fairness）是社會概念，然而測驗偏差（Test Bias）是心理計量名詞，偏差的來源是實證的測量。凡有測量必有測驗偏差存在。測量的歷程只要技術可行，便可以實施測驗，從不同的族群、個體得到測驗分數，加以解釋，並且可以得知分數的差異是來自於不同族群所形成的。如果結果是這樣，我們便可以連結測驗意義與外在效標了。然而研究可能的區分效度並不足以說明測驗分數與外在效標的關係會因不同群組而有所差別。所以僅依賴測驗的結果就對於人員的進用進行決定，可能不是這麼周延的。

個案介紹

微軟公司的面試

下列為微軟公司取才的方式，似乎可以顛覆本章所提的相關議題。不過這應是較特別的個案，大部分的公司仍需較結構性徵才方式。其次，取才的方式與該職位有關，微軟對於不同的職務應有不同徵才方式，下列應是其中一種吧！

世界上最大的軟體公司——微軟公司，已形成其獨特的（也有人認為是古怪的）招聘方式。該公司每個月會收到 1.2 萬份簡歷。無須人工介入，計算機會通過關鍵詞的方式仔細搜索，然後將其錄入數據庫。有前景的簡歷會給應聘者贏得一次與面試官對話的機會，一般是通過電話。最後符合要求的應聘者才會獲准前往位於華盛頓州雷蒙德的微軟總部，接受一整天具有高難度的馬拉松式面試。

微軟公司網站上寫著「我們期待著具有獨創性、開拓性的智者加入我們的隊伍。我們的面試程序也是為網羅這樣的人才專門設計的。」一般來講，招聘人員會逐項提出所謂的「微軟問題」。這個問題或許是數學方面的問題——只有一個「正確」答案，或是開放式問題。無論哪種情況，招聘人員至少應該是對你回答問題的方式和對這個問題本身同樣感興趣。

微軟公司以提出難題的方式招聘員工，這一點為這個構築了數字神話的「巨無霸」又增添了一份魅力。微軟公司員工聲稱，該公司對所有人都一視同仁、不偏不倚。重要的是你的邏輯思維能力、想像力和解決問題的能力如何。

請你為比爾・蓋茲（Bill Gates）設計浴室

微軟公司面試時所提出的問題已形成了自己獨特的風格，不斷層出不窮地推出新花樣。一些人喜歡將微軟公司面試時問的難題「蒐集」起來，然後在網上公開。此外，微軟公司問的多數問題也被其他公司廣泛使用。隨著提問的難題愈來愈多，其他許多問題也已加入其中。在時間壓力下，有些極難的問題，應聘者在倉促之間無法馬上做出回答。如果有人答出，只能說明此人高人一籌。而這個極難的問題就是：

你會怎樣為比爾・蓋茲設計浴室？

回答這個問題時，有兩個關鍵點。一是比爾・蓋茲一般會選擇自己需要的設計方案；二是你至少要提出一些比爾・蓋茲中意而他自己卻又從未想到的設計方案。（否則，比爾・蓋茲雇用你為他設計浴室的意義何在？）

應該提醒你一下，在你所提出的方案中，一定要充分發揮想像力，當然最好還要確實可行。比爾・蓋茲的浴缸可是很有特點的。

靈光一現的構想

智能醫藥箱或櫃子。浴室裡要安裝能夠自動上鎖的智能醫藥箱或櫃子，可用來存放家用藥品，以便無大人陪伴的孩子進入浴室、偶遇意外時，能夠得到及時救治。

自動記事本。每個人在浴室都會產生奇思妙想。當你手濕的時候，無法使用個人數位助理（PDA）。你所需要的只是聲音識別設備。當你說出諸如「比爾的備忘錄」等代碼後，該設備可以錄下你所說的訊息，並能自動將訊息發送到你的電子郵箱，這樣你就可在工作時隨時取用。

一面物與像非對稱關係的鏡子。這面鏡子是一個安裝了隱蔽攝像頭的影像螢幕，顯示你自己的圖像，但這種圖像顯示的是從他人角度看到的你，也就是別人所看到的你的形象。這可以令你更加容易地用剪刀剪去淩亂的頭髮。

微軟經常問及的問題

下面是微軟常問的一些問題。

1. 不使用稱重機器，如何測量噴射機的重量？
2. 為什麼下水道的出入孔是圓的而不是方的？
3. 你打開旅館的熱水龍頭，熱水立即流出來，這是為什麼？
4. 鐘錶的指針，每天要重疊多少次？
5. 你有 8 個彈子。其中一個有「瑕疵」，即它比其他的彈子重。如果給你一個天平，你怎樣才能在經過兩次測量後挑出哪個彈子有「瑕疵」？
6. 你有兩個桶，容量分別為 3 公升和 5 公升，同時還有大量的水。你怎麼才能準確量出 4 公升的水？
7. 在你的一個小桶裡裝有三種顏色的軟糖，分別是紅色、綠色和藍色。閉上雙眼，把手伸進桶裡，取出兩塊同樣顏色的軟糖。如果要確保取出兩塊相同顏色的軟糖，這時你必須從桶裡取出多少塊軟糖？
8. 4 個人必須在晚上穿過一座吊橋。許多鋪橋的板子不見了，而吊橋每次只能承受 2 個人的重量，超過 2 個人，橋就會垮掉。4 個人必須用一個手電筒給自己照路。否則，他們肯定會一腳踏空，掉下去摔死。只有一個手電筒。4 個人各以不同的速度過橋。亞當可以在 1 分鐘內穿過；拉里用 2 分鐘完成這一任務；艾德格用 5 分鐘，而速度最慢的鮑諾最長，大約 10 分鐘。這座橋只能支撐 17 分鐘，17 分鐘過後就將坍塌。如此一來，4 人怎樣才能全部從橋上過去？

問題與討論

1. 一個好的測驗工具的信度與效度證據應如何建立？
2. 一般公司組織在選擇新進員工時，會採用哪些測驗工具？為什麼？
3. 你認為要成為一位成功的人力資源部門專員，應具備哪些與心理計量相關的人員甄選知識與方法？應如何達成？

參考文獻

一、中文部分

王文科、王智弘（2021）。《教育研究法（增訂第 19 版）》。臺北：五南圖書出版。

郭為藩、陳榮華、林坤燦、蔡榮貴、陳學志、陳心怡（2008）。《戈登人格剖析量表指導手冊》。中國行為科學社。

黃堅厚、林一真（1999）。《我喜歡做的事—職業興趣量表指導手冊》。行政院勞工委員會職業訓練局。

楊國樞、李本華、余德慧、鄭伯壎（2004）。《個人工作態度問卷指導手冊》。行政院勞工委員會職業訓練局。

楊孝文、任秋淩（2005）。微軟招聘難題多多：新華網（www.XINHUANET.com）。

二、英文部分

Anastasi, A. (1997). *Psychological tesing* (7th ed.). New York: Macmillian.

American Educational Research Association, American Psychological Association, & National Council on Measurement in Education. (1999). *Standard for educational and psychological testing*. Washington, DC.: American Educational Association.

Ary, D., Jacobs, C., Razavieh, A., & Sorensen, C. (2009). *Introduction to research in education*. (8th ed.). Belmont, CA: Wadsworth/Thompson Learning.

Barrick, M. R., Stewart, G. L., & Piotrowski, W. (2002). Personality and job perdormance: Test of mediating effect of motivation among sales representatives. *Journal of Applied Psychology, 87*, 43-51.

Blanton, H., & Jaccard, J. (2006). Arbitrary metrics redux. *American Psychologist, 61*, 62-71.

Brown, F. G. (1983). *Principles of educational and psychological testing*. (3rd. ed.). New York, NY: Holt, Rinehart, & Winston.

Buster, M. A., Roth, P. L., & Bobko, P. A. (2005). A process for content validation of education and experienced –based minimum qualifications: An approach resulting in federal court approval. *Personnel Psychology, 58*, 771-799.

Chapman, L. (2017). Hacking the need for a full time job. *Bloomberg Businessweek*, April 10, 2017, 33–34.

Creswell, J. (2011). *Educational research: Planning, conducting, and evaluating quantitative and qualitative research* (4th ed.). Upper Saddle River, NJ: Pearson Education, Inc..

Cronbach, L. (1990). *Essentials for psychological testing* (5th ed.). New York, NY: Harper Collins.

Dunnette, M. D., & Borman, W. S. (1979). Personnel selection and classification systems. *Annual Review of Psychology, 30*, 477-525.

Ghiselli, E., Campbell, J., & Zedeck, S. (1981). *Measurement theory for behavior sciences*. San Francisco, CA: Freeman.

Guion, R. (1987). Changing views of personnel selection research. *Personnel Psychology*, *40*, 199-213.

Guion, R. (2002). Validity and reliability. In S. G. Rogelberg (Ed.), *Handbook of research method for industrial and organizational psychology*, 55-76. Malden, MA: Blackwell.

Hoffman, C., & McPhail, S. (1998). Exploring options for supporting test use in situations precluding local validation. *Personnel Psychology, 51*, 987-1003.

Holger, D., & Lim, D. (2021). The Labor Department signaled that new rules it is exploring might be more friendly to socially minded investments. *The Wall Street Journal Online*, March 10, 2021.

Johnson, J. W., Carter, G. W., Davison, H. K., & Oliver, D. H. (2001). A synthetic validity approach to testing differential prediction hypotheses. *Journal of Applied Psychology, 86*, 774-780.

Kerlinger, F. N., & Lee, H. B. (2000). *Foundations of behavioral research* (4th ed.). Fort Worth: Harcourt College Publishers.

Lapolice, C. C., Carter, G. W., & Johnson, J. W. (2008). Linking O*NET descriptors to occupational literacy requirement using job component validation. *Personnel Psychology, 61*, 405-441.

Linn, R. L., & Gronlund, N. E. (1995). *Measurement and assessment in teaching* (7th ed.). Englewood Cliffs, NJ: Prentice Hall.

Mayer, J. D. (2005). A tale of two visions: Can a new view of personality help integrate psychology? *American Psychologist, 60*, 294-307.

Nunndy, J. (1978). *Psychometric theory*. New York: McGraw-Hill.

Pulakos, E. (2005). *Selection assessment methods*. Strategic Human Resource Management Foundation.

Roberts, R. D., Mathews, G., & Zeidner, M. (2010). Emotional Intelligence: muddling through theory and measurement. *Industrial and Organizational Psychology, 3*, 140–144.

Schmitt, N., Gilliland, S. W., Landis, R., & Devine, D. (1993). Computer-based testing applied to selection of secretarial applicants. *Personnel Psychology, 46*, 149-165.

Steel, P., Huffcutt, A., & Kammeyer-Mueller, J. (2008). From the work one knows worker: A systematic review of the challenges, solutions, and steps to creating synthetic validity. *International Journal of Selection and Assessment, 14*, 16-36.

Styers, B., & Shultz, K. (2009). Perceived reasonableness of employment testing accommodations for person with disabilities. *Public Personnel Management, 38*, 71-91.

Tenopyr, M. (1977). Content-construct confusion. *Personnel Psychology, 30*, 47-54.

Weber, L. (2020).White men challenge workplace diversity efforts. *The Wall Street Journal Online*, March 14, 2020.

Part 3

訓練發展篇

教育訓練與發展的基本原理

> 天下無現成之人才，亦無生知之單識，大抵皆由勉強磨鍊而出耳。
>
> ——曾國藩

學習目標

本章的學習重點在瞭解教育訓練與發展的意義、目的與理論基礎，及其重要議題。

兩個人在森林裡，遇到了一隻大老虎。A 就趕緊從背後取下一雙更輕便的運動鞋換上。B 急死了，罵道：「你幹嘛，再換鞋也跑不過老虎啊！」A 說：「我只要跑得比你快就好了。」21 世紀，沒有危機感是最大的危機。有些我們自以為非常穩定和有保障的企業，也會面臨許多的變數。當更多的老虎來臨時，我們是否已經準備好自己的跑鞋？

知識經濟時代，生活視野與學習方式不同以往，環境及外來挑戰日益嚴峻，如何讓組織維持高度的競爭力，一直是產官學界討論最為熱烈的主要課題，其中最為普遍的共識是：「人」是組織中最重要的資產，也是競爭力的最關鍵因素。然而，企業的教育訓練與發展是一項正確的投資嗎？組織員工需要學習嗎？這些問題在現今知識經濟環境下，特別受到重視。

一、教育訓練與發展的意義與目的

教育訓練與發展意義是指提高及維持員工競爭力所展開的一系列活動，其範圍甚廣且方式多元，惟其目的皆在開發、確保與優質化專業知識與個人素質。是增進個人、群體與組織效益的一種教育專業歷程，也是探討個人與團體在組織中經由學習而達到變革的專業活動。組織亦可透過學習、訓練手段來提高員工的工作能力、知識水準和潛能發揮，最大限度地促進員工的個人素質與工作需求相一致，從而達到提高工作績效的目的。

教育訓練與發展是現代組織人力資源管理的重要組成部分。組織發展最基本，也是最核心的制約因素就是人力資源。適應外部環境變化的能力是組織具有生命力與否的重要標誌。要增強組織的應變能力，關鍵是不斷地提高人員的素質，不斷地教育訓練、開發人力資源，現代組織的管理注重人力資源的合理使用和培養，代表著一種現代管理哲學觀的用人原則：開發潛能，終身培養，適度使用。組織透過教育訓練與發展的手段，掌握用人的原則，推動組織的發展。與此同時，說明每一位組織成員很好地完成各自的職業發展道路。因此，教育訓練與發展帶來了組織與個人的共同發展。

教育訓練與發展是人力資源管理的基本核心。任何組織的管理，只要是涉及人員的聘用、選拔、晉升、培養和工作安排等項工作，都離不開教育訓練與發展。特別是對於那些適應現代化發展需求的企業和組織來說，更是如此。一般意義上的教育訓練指各組織為適應業務及培育人才的需要，採用補習、進修、考察等方式，進行有計畫的培養和訓練，使其適應新的要求不斷更新知識，更能勝任現職工作及將來能擔任更重要職務。

透過教育訓練，一方面使員工具有擔任現職工作所需的學識技能；另一方面希望員工事先儲備將來擔任更重要職務所需的學識技能，以便一旦重要職務出現空缺即可預見以升補，避免延誤時間與業務。此外，教育訓練亦可解決知識與年齡同步老化。再次，教育訓練是解決職能差距的需要。職能差距是指工作中所需要的職能與員工所具有的職能二者之間的差距，亦即職位工作規範與實際工作能力間的差距。這種差距就應進行教育訓練與發展來補足。

「訓練」為組織為改善員工之工作表現或增加其工作能力，進而提升工作績效，著重的是工作能力之養成；「發展」是為促使員工產生新想法或觀點，進而增進組織發展。教育訓練實施程序之完整性，對於組織績效而言，有著顯著之影響，學者 Goldstein（1993）就曾提出訓練過程模式：

1. **需求評估**：進行組織分析、工作分析與人員分析，瞭解組織是否有進行教育訓練之必要。若組織有進行教育訓練之必要，就必須進一步設定訓練目標。
2. **訓練與發展**：訓練目標確立後，開始進行訓練方案之選擇與設計，並且實施訓練課程。
3. **成效評估**：依據組織訓練的目標，發展評估訓練成效之指標。
4. **檢視訓練目標**：透過四個面向來檢視訓練成效，包括訓練之有效性、轉移之有效性、組織間與組織內之有效性。

透過教育訓練可將組織成員所獲得之知識進行整合、內化，進而轉換為組織所需之知識，便可降低組織所花費之成本，並達成組織目標與提升組織整體績效。學者曾指出，組織之教育訓練有獨特的任務，訓練需求與標準皆以組織發展以及員工需求為主。教育訓練最重要的目的就是要引發員工行為上的改變，也就是說，教育可以改變員工的觀念，訓練可以提升其能力。教育訓練是依據組織需要、目標等進行設計、應用與評估。教育訓練之程序，首先是必須依訓練需求評估以決定訓練目標，再由訓練目標相關因素設計訓練之課程與活動，然後實施課程或活動之訓練，最後進行訓練評估。

組織為了增進員工之學習經驗、知識、技術與能力，進而改變員工之態度及信念，因而實施教育訓練。教育訓練具有四大特性：

1. **人力供給與需求的配合**：為了配合企業之發展，藉由針對組織中之成員進行有效的訓練，以達到質與量之要求。
2. **工作需求標準之符合性**：組織中之訓練與工作部門必須相配合，以確立訓練所需要之工作標準，切合組織實際需求。
3. **員工培育與發展之適應性**：員工保持高度之機動性、適應性以及成長力，隨時可因應社會經濟的變遷。
4. **組織業務推展之協同性**：組織透過教育訓練以培育優秀人才，進而增進業務推廣的效能。

訓練可使員工避免技能衰退，活化工作能力，熟悉組織之規定、行事方法及獲取新知，學習電腦技術之應用，研發、製造、銷售新產品，培養積極主動改善產品品質及服務品質之態度，熟知企業因應環境變動之策略，調整領導風格，培養分析數據，從事團隊決策、溝通的態度及能力。學者曾指出，訓練需求可分為兩種類型，一種為從決策管理階層、經營方向或策略目標而來的，此為透過組織變革之考量，具有前瞻性與預視性；另一種是透過目前之績效表現、能力、知識及態度，與預期表現之差距而來的，是為了改進而產生之反應式訓練需求。訓練需求的目的，分為以下幾點：

1. 培養因應未來環境變化所需之能力，達成組織未來之策略目標。
2. 維持員工執行目前任務所需具備之執業能力。
3. 訓練員工新業務所需之能力。
4. 配合企業展開各種改革之合理化活動。
5. 建立員工對經營理念、價值觀或品質優先等企業共識。
6. 增進組織之核心能力。

教育訓練與發展體系

教育訓練體系通常以各階層教育訓練和各職能教育訓練（專業教育訓練）作為基礎而建立起來。這裡的各階層教育訓練，是指對經營及管理的各階層（上層、中層、基層）而進行的教育訓練。一般可分為：經營幹部教育訓練，管理、監督人員教育訓練，中階主管員工教育訓練，新員工教育訓練。

另外一種重要的教育訓練是各職能教育訓練，它是對於經營管理的各職能（例如：業務、生產、人事、財務、研究開發等）而進行的教育訓練。其可採取各部門教育訓練或者各階層教育訓練等方式來進行。各階層教育訓練是組織中的縱向教育訓練，各職能教育訓練是組織中的橫向教育訓練。

各職能教育訓練是指，依各項任務將組織分為縱向層次，為適應組織的職能，而有必要展開教育訓練的作法，也就是各專業的實務教育訓練。

各階層教育訓練是對應於各階層，基於共同的需求在橫的方面建立專案；與此相對應，各職能教育訓練是在履行各自職務的基礎上以提高必要的專門知識和技能為目的的教育訓練專案。在各職能教育訓練中也有必要區分一下階層。例如：雖說從事同一業務，但這裡既有新員工，又有中階管理人員和專業人員。且因為要求他們各自的知識和技能不同，教育訓練需求也不同。

 二、教育訓練的理論基礎

學習理論

學習理論在解釋學習的歷程，為一套關於過程本質的系統性看法。藉由這樣的過程，人們以某種方式與環境發生關聯，目的在增強自己的能力以期能更有效地利用自身與環境的資源。自 17 世紀以來，許多心理學家專注於發展有實驗支持、有系統的學習理論。由 1913 年 Thorndike 的效果律到 Skinner 的操作制約理論等，學習理論一直演變。近年來，許多教育心理學者對於研究發展更具多樣性（Tennyson, Schott & Dijkstra, 1997）。

(一) 成人學習理論（Adult Learning Theory）

由於近來訓練對象多為成人，因而目前訓練方案中的學習理論大多應用在成人學習理論的範疇。關於成人學習理論由心理學家 Malcolm Knowles 首先提出，他認為成人學習過程與孩童不一樣，成人的學習來自內在動機而非外在動機。且成人累積的豐富經驗，為學習的重要資源。成人學習並強調立即運用，因此成人學習應以問題為導向，儘可能就地取材，以「發掘問題、分析問題及解決問題」為核心，所以在課程設計上要容許並鼓勵學習者積極的參與，增強其再投入的動力。

Knowles 認為早期的教學原理研究多針對在探討如何教導幼孩知識，然而幼兒與成人在學習上其實是有所不同的。成人教育具有四個假設：(1) 成人是屬於自我導向的；(2) 成人的學習，在學習前可能都已具有許多知識與經驗；(3) 成人在學習之前，會對於學習的任務有所瞭解與準備；(4) 成人學習的動機多為了解決問題、滿足需求，以及期待可以將所學立即運用。

成人學習的課程技術，包含：參與規劃、自我診斷、設定學習目標、整合教學流程以及使學員融入評核成功標的。據美國視聽媒體專家吳沃斯（R. H. Wodsworth）實驗得知，學員在聽了 72 小時的演講後，只會記住 10%。而這些學員對所看到的卻會記住 30%。如果使用視覺與聽覺雙重刺激，則記憶力會提升到 70%。他們也會認為刺激愈多的感官（覺），所獲的回應會愈久。因此，要得到更多的學習成果，設計者與講師應使用強烈的表達方式，例如：較高的音調、多樣與強烈的色彩、較大的圖畫與多媒體的講授方式。故對於經驗的學習與留存若透過視聽的方法，將能使習得的訊息在記憶中存留較久。

(二) 感官刺激理論（Sensory Stimulation Theory）

另外，除了成人學習理論外，感官刺激理論就是在學習過程中投入感覺（Senses），也是經常被使用的學習理論。這個理論強調，主導學習過程的人（如講師、訓練師、父母、老闆或朋友），在學習期間會刺激，然後管制學員所看、聽、摸、做的事，此一方法強調感官的經驗勝於智力的或情緒的層面。而在所有的感官中，此一理論最重視視覺的學習。主張成人的學習有 75% 透過視覺、13% 透過聽覺，其他 12% 則透過觸摸、嗅覺或味覺。

教學理論

教學理論提出了達成教學成果（知識或技巧的獲得）最有效的方法的規則，並以此規則列出達成教學的目標，來使學習達到最大的效果。

教學理論要能指出如何適當安排環境，使易於激發學員的好奇心，而想要「探索」，如何才能維持他們探索的興趣，以及如何使探索活動導向正確的目標，則因為不同的教學理論而會產生不同的學習結果。根據學者Tennyson 等人建議（1997），教學理論應用時，應注意下面四項重點：

1. 教學理論必須是合用的；必須充分明訂清楚，才能成功的執行方案。
2. 教學理論必須是有效的；必須經由實地試驗與評估。
3. 教學理論必須是架於理論基礎上的；必須能經由理論來解釋教學流程如何運作。
4. 教學理論必須是認知的；必須大量使用近期與知識歷程相關的研究。

有效的教學理論幫助我們瞭解人類學習的所有過程，使我們瞭解各種能夠鼓勵、制止或影響學習的種種條件與其影響程度為何，進而使我們能對學習活動的成果做出合理而精確的預測。Tennyson（1980）曾提出教學理論必須包含知識種類、學習目的和教學目的三個構成因子，來使教學理論更臻完整；下面將一一介紹教學理論三大要素，提供我們對教學理論有更進一步的認識。

(一) 知識種類（Knowledge Category）

對組織而言，知識的應用需要的是進一步的分析相關資料，瞭解資訊及組織本身，進而瞭解組織內知識的本質，分析問題本身，並且能應用於問題解決上。專家比新進者擅長解決問題，並不是因為專家擁有較多的知識，而是因為專家能瞭解與問題相關的知識範圍在何處。其中，分為三個知識來解決問題：

1. 陳述性知識（Declarative Knowledge）

是一種事實、真理，或者是尚未內隱的外顯知識。外顯即是將流程知識轉變為陳述性知識，才能把原屬於個人的知識，利用編碼（Coding）轉換成以文字符號表達，傳遞給組織中的每一人，這正是知識管理的重點；同時也是知識管理的難處，管理者必須針對這個問題，在組織中加強教育宣導與鼓勵分享，以期組織學習能更深入。

2. 程序性知識（Procedure Knowledge）

與陳述性知識相反，是一種技術、習慣，難以用言語或文字清楚表達的知識。在做事的過程中幾乎忘了它的規則，就能夠自然地表現出來，不但能快速反應，也較不容易忘記，或者能夠快速回復記憶。

3. 概念知識（Conceptual Knowledge）

在解決複雜問題全部過程中，運用嘗試錯誤的方法，找出適當的解決方案。概念知識為一種認知策略和採用特定範圍知識的方法。

(二) 學習目標（Learning Objectives）

學習目標對於計畫課程環境是十分重要的，因為它提供我們方法選用特定的教學策略。

1. 語文資訊（Verbal Information）

語文資訊主要在使學生能夠知道事物（Knowing That）並能夠陳述（State）。語文資訊包括有三種情況的學習：名稱（標記）、事實、有組織的知識。名稱的學習指的是能把某一語文反應（如專有名詞）或名稱應用到某物體上或物群上，例如：知道「電腦」、「滑鼠」各指的是什麼。事實的學習是指以口頭或書寫的方式來陳述兩個或更多的物體或事件的關係，例如：「以滑鼠來操作電腦」。課程的目的就是取得知識。「有組織的知識學習」是組織已獲得的知識，並將新的知識加入已組織的知識網絡中。語文資訊的能力僅包含重述知識。

2. 心智技能（Intellectual Skills）

心智技能是指使學習者能運用符號或概念與學習中的環境產生交互相作用，而非只重複學習或使用一些事實或知識。心智技能與事實學習相異處為：心智技能並不是聽到或查閱到就可以學會的；差別是前者知道這件事，而後者知道如何去做這件事。所以心智技能主要涉及知道「如何」（Knowhow）去做，例如：學生學會如何把分數轉為小數。心智技能形式包括有五類技能，每一技能是建立在先前的技能之上，由簡單到複雜分別為辨別、具體概念、定義概念、規則、問題解決。

3. 概念技能（Conceptual Skills）

概念技能是指洞察企業與環境相互影響之複雜性的能力。具體地說，概念技能包括理解事物的相互關聯性，從而找出關鍵影響因素的能力、確定和協調各方面關係的能力，以及權衡不同方案優劣和內外在風險的能力。具有概念技能的學習者能夠正確運用自己的各種技能，來處理組織中出現的問題，正確的分析組織出現的問題，並且擬定正確的解決方案加以實施。

(三) 教學目的

教學的目的是促進學習，幫助學生獲得知識，發展技能，並形成態度，使他們能夠過上充實的生活，且能為社會做出積極貢獻。教學也是教育工作者在學生成長和發展過程中，激勵和指導學生的機會。最終，教學的目的是幫助學生充分發揮潛力，成為全面、知情的人。

ACT*/ACT-R 理論

教育與認知心理學的近期發展對教育訓練與發展領域來說，十分重要，能幫助組織在教育訓練與發展領域之應用有所幫助，安德森認知理論（Anderson Cognitive Theory, ACT）是由美國卡內基梅倫大學的約翰・安德森（John Anderson）教授與其同事發展的有關認知的一般理論，主要集中於記憶加工過程的研究與闡述。記憶的種類有陳述性記憶、過程性記憶及工作記憶。記憶之間的關係為外部刺激經大腦編碼存入到工作記憶，陳述性記憶需要從工作記憶中獲取內容，同時，工作記憶內容可以儲存到陳述性記憶中。工作記憶需要匹配過程性記憶，執行過程性記憶就成為工作記憶，而後輸出工作記憶。

(一) ACT* 理論

假定學習過程不因資源而改變，強調學習者知識的轉換，由「What to do」轉變為「How to do」的過程（陳述性知識到程序式知識）。模範追蹤（Model Tracing）：輔以電腦程式的教學方法，先設定理想的解決方法以當作模範，並涵蓋解決問題可能發生的錯誤以供參考，讓學習者可以及時修正錯誤，運用於組織中除了可以節省成本與時間之外，還可幫助員工解決工作上的困難，並獲得相關專家知識與經驗。

(二) ACT-R（Rational）

基於 ACT* 理論的基本假定與概念，持續不斷地進行研究以修正原理論，以發現知識轉換的運作過程。ACT*/ACT-R 皆強調程序式知識的獲得，也就是「How to do」的重要，且該理論並有助教育訓練系統 E 化的發展。

個案介紹

日立公司的決策性教育訓練

日立公司是員工教育訓練工作完成得最好、最結合日本企業實際的代表企業。誠如該公司勝田工廠後勤科森村隆所說的那樣：「因為有『雇人而不加以訓練，是上司的疏忽』這一說，所以日立的決策人員、管理人員都意識到了對各種人才進行教育訓練的重要性，這已經成為了日立的一大傳統。比如說，本公司教育訓練部所辦的管理者講座，無論是公司董事長，還是一般幹部，都會參加並積極發言。正是由於決策幹部和管理人員對教育的深刻理解和熱情關懷，才賦予了日立教育制度的蓬勃生機。」

他們認為，所謂的決策人員教育訓練，如果只是向他們傳授最新的知識和情報，則稱不上是一種好的訓練方法。只有根據該公司的實際情況，以及考慮到未來的發展情況，安排同決策人員交流意見的機會，並且將之運用到實際工作中去，才是決策人員所真正需要的訓練方式。

三、教育訓練與發展的重要議題

Coaching（教導智能）

Coaching 源自於「教練」一詞，原本運動場上球員與教練間的關係，教練如何帶領球員打出成績的觀念，漸漸的被引進到職場上主管對員工的狀況。當員工表現出好的行為時，該如何及時給予正向的回饋？又當員工表現出不佳的績效或是不好的行為時，主管應該如何引導員工將績效有所展現？Coaching 指的便是主管培育人才的一種管理能力，主管必須懂得如何教導、激發員工潛能，以將團隊或部門的生產力帶領出來，這便是主管的績效所在。當然，員工產生績效不佳的問題時，主管可以考慮使用 Coaching 技巧或忽略問題員工，但同時也要考量員工是否能力不足，或員工本身到底是否明白問題所在。更重要的是當員工表現出色時，若主管未能及時發現並給予鼓勵，員工展現較佳績效表現的行為可能也就會被削弱，甚至對績效面談或是對主管產生排斥。主管怎麼做，員工也都看在眼裡，所以當主管 Coaching 能力不足時，想必帶領出的團隊績效也會有所減損。而為了幫助達到績效，主管應該以主動而正面的角色，利用一種像是教練的身分，來創造出主管和員工之間的夥伴關係，而不是一種上對下的控制關係，讓員工得以在一種參與管理的環境中，瞭解自己應該有什麼作為與行動以表現出更好的績效。在此之間，主管與員工應達到有效溝通，主管也應適當的給予員工授權，以一種同理心的方式來對待需要 Coaching 的員工，才能有好的 Coaching 效果。

Coaching Discussion 的情形，大致可以分成：Coaching Great Work、Coaching Poor Work、Correcting Poor Habit 等幾種，在輔導前，主管應讓自己具備好真誠、尊重的態度，確保與員工之間有互相瞭解，保持對員工的敏感度，並且讓對話是雙向溝通的。控制好自己的情緒，同時也準備好面談所需要的相關資料，像是員工具體的問題、行為或次數等，並想好什麼樣的面談結果是能夠接受的，有哪些可能解決的方法等。主管可以掌握幾個原則：

1. 優秀的指導要讓對方自己找到答案。
2. 不要告訴所有的答案，只要問一些問題。
3. 我認為 vs. 你認為。
4. 有好的意見時，給予鼓勵。
5. 沒有好意見時，給一點提示或建議。
6. 真正的失敗是因為不肯嘗試。
7. 努力嘗試而犯錯，也是一種優良的表現。

當主管遇到表現不好的員工，由於避免麻煩及逃避，可能會將工作推給能力較佳者或是轉而自己默默承擔，而不去處理為何員工會表現不佳。主管這樣的回應方式，其實只是治標不治本，最確切的核心問題並未解決，這樣反而會造成組織裡員工能力懸殊，以及讓同事之間產生一種不公平比較的心態，此惡性循環只會衍生更多的問題。因此，主管應該進一步去瞭解為何員工會無法達成預期目標，與員工溝通討論深入瞭解其原因；然而，通常只有當員工表現不好時，主管才會想到要與員工面談，此結果也會造成員工的刻板印象，認為只有當表現不好時，主管才會注意到我，而故意表現不佳，這些都是績效面談沒有運用得當所造成的反效果。

輔導教練分析，首先要定義出何謂績效不好的員工，是否值得花時間處理，而員工是否又知道自己表現令人不滿意呢？或是員工自我感覺良好，只有主管一味的認為不好？另外，當員工即使知道自己表現不佳，又清楚接下來該如何做嗎？此外，是否有其他因素促成員工無法達成預期目標？要避免落入主管的主觀判斷，其解決辦法就是透過詳細的分析，釐清主要的原因是什麼。當瞭解確切的原因後，要進一步與員工進行面對面雙向討論與溝通，以真誠的態度相互瞭解與尊重，時時保持敏感度仔細觀察員工的回應；面談前做足充分準備，避免匆忙進行面談讓員工感受不到誠意，使得員工不願意說出實際原因或面對困難；對於不同表現的員工給予不同的輔導面談方式，尤其對於績效不佳者，更要有柔軟的溝通力讓員工願意聽進去，以三明治法則，先褒再切入正題指導，以免員工反彈過大，容易造成反效果。HR 在 Coaching 上所扮演的角色，應藉由提供成為教練過程的訓練，確保教練有人際溝通技巧可作輔導。除了自身瞭解如何 Coaching，重點是要幫助各主管能夠具備相關的知識與技能，並以其他人資相關功能與配套所施，如績效管理辦法、獎酬辦法等做結合以強化 Coaching 的作用；同時也須透過人力資源管理解決績效相關問題，例如：不適當的獎酬、招募進來能力不足者，或是生產管理設備無更新等，也不能全只仰賴教育訓練。

當主管發現員工出現可能要被 Coaching 的行為時，應先針對行為進行分析，Coaching 分析有助於讓主管確認問題的正確原因，釐清是否需要花時間 Coaching 或繼續觀察，並給予適當的回應，同時也應排除主管本身可能的歸因謬誤情形。分析的過程可利用幾個問題與思考來釐清：定義出哪些員工績效是不滿意的，是否值得花時間處理？員工是否知道其績效表現是令人不滿意的？員工是否知道他「應該做什麼事」？是否有些阻礙是員工本身無法掌握的？員工是否知道「怎麼做」他應該做的事？而未達績效表現是不是因為伴隨了一些正面結果？又達成績效表現的話是否伴隨了一些負面結果？最後，員工如果願意做改善，又是否「能夠」做到？在分析之後，主管便可利用分析結果對員工進行 Coaching Discussion 了。

Coaching 技巧中其實涉及了心理學上的行為改變技術，要想辦法讓員工往主管所想要的方向走，如何使其行為改變，去增強主管所期望看到的行為，削弱那些造成績效不好的行為。其實也就是利用對於人性上激勵因子的瞭解，讓主管明白員工的企圖心在哪裡；並根據不同情境採取不同的指導風格，進入部屬的內心世界做溝通與傾聽。激勵因子的掌握有時候不見得只在於實質的獎勵，適時的給予一句口頭讚美也是相當重要的。想要激起員工的企圖心時，不妨先思考員工真正想要的是什麼，讓員工自己找出答案，參與式的管理方式往往能讓員工肯定並往自己找出來的路前行，也能讓員工體會到主管的同理心；主管本身也在同理員工的同時，能夠適時適當的提供必要的協助。

全球化與多元化管理

在全球化下，一個組織若想在激烈的競爭中取勝，必須能夠儘可能的吸引和保留住最好的員工。對於大多數的組織來說，這意味著要招聘和雇用一支更加多元化的勞動力隊伍，而所謂的多元化即代表著徵才的對象不分性別、宗教、年齡、膚色、種族、性向等。近年來的人口趨勢顯示在未來 20 年，婦女和弱勢群體將以更大的數量進入勞動市場。組織必須致力於避免因多元文化所產生的問題，例如：待遇歧視（如晉升障礙、男女同工不同酬、種族歧視等）。組織文化的組成由五項「組織中成員所共享」的構念所組成：價值觀（Values）、信念（Beliefs）、規範（Norms）、人工產物（Artifacts）、行為模式（Patterns of Behavior）。組織可採多元化訓練與管理多元化，促進組織中的和諧及增進組織績效。雖然有相關的法律（如性別工作平等法和兩性工作平等法）禁止這些不平等，但是法律本身不足以創造出平等的氛圍，需要組織積極的營造一個平等的環境。

以往，組織透過四種方式整合勞動力——公平就業機會、支持性行動、價值差異和多元化培訓、多元化管理。公平就業機會認為基於法律保護各種類型（如種族、宗教、殘疾和年齡等）的原則下，對於員工不能在工作中給予歧視。支持性行動是一項美國聯邦法規，它主要是一種反對歧視的行動，具體的作法，包括增加組織中婦女和弱勢族群的數量。換句話說，支持性行動是在一些組織中的活動，讓組織中人數不足的群體（尤其是受到歧視的成員）能有較高程度的參與組織。由於支持性行動為一項法規，因此組織有遵守的義務；然而支持性行動卻一直具有高度的爭議性，而且它在整合勞動力方面的效果也很一般，原因在於它只著重在探討婦女和弱勢族群，未將其保護的對象擴大化。價值差異和多元化培訓嘗試去處理潛在的性別歧視和種族歧視的價值觀和態度。雖然價值差異和多元化訓練企圖提升多元的意識，然而由於只偏重在態度方面，較少探討到行為方面的改變，再加上太過於理論，甚少運用到實務上，因此價值差異和多元化培訓成效有限。而多元化管理則是一種長期的尋求使所有工作人員具有同等工作天地的文化轉變，亦即企業必須為員工創造一種環境（組織文化），使員工在企業中，不會因為膚色、年齡、信仰、體質、性向等的差異而遭受不平等的待遇。多元化管理要能成功必須要牽涉到組織變革的部分，尤其是組織文化變革。因為要創造一個不具有任何形式的歧視，就必須從組織文化的部分改革起，亦即讓員工具有多元化的價值觀為首要目標。

多元化管理和支持性行動兩者之間的差異，在於支持性行動是一種被動反應法律規範，相較之下，多元化管理則是積極的為員工創造良好的環境，所以會走在法律的前頭，只要是對員工有益的事情，即使法律未規範，多元化管理也會積極的規劃。另外，支持性行動與團隊的建立較沒有關聯性，而多元化管理則強調建立一個多元化的團隊。而支持性行動與多元化管理最大差異則在於保護的範圍大小，支持性行動主要只專注在婦女和有色人種；而多元化管理則關注的範圍較廣，舉凡膚色、年齡、宗教、性向、殘疾、性別、地區和少數族群等皆是其關注的範疇。全球化和多元化管理已經被緊緊連繫在一起，理由在於組織若要在全球市場競爭中獲得成功，就需要多元文化觀點。當組織變得愈全球化，對跨文化培訓的需求就愈強。組織必須為調派海外的員工作準備，為他們提供語言技能，並且向他們灌輸調派國家的習俗、文化和法律等。對文化多元化勞動力的管理，包括人力資源發展和人力資源管理的各種計畫和程序變革。教育訓練與發展工作者必須能夠為了多元化管理的目標，設置適合的社會化、在職訓練和職涯發展計畫等。為了滿足新群體的特殊需求，人力資源管理者還必須為這些特殊族群提供特殊需求，例如：日間看護服務、彈性化時間、翻譯人員和多語指導等。

TTQS（人才發展品質管理系統）

行政院針對「人才培訓服務產業發展措施」明列建立人才培訓產業品質認證制度，由勞動部負責規劃引進國際訓練品質規範，提出可行策略方案。為協助各事業機構及訓練單位提升辦理訓練品質，勞動力發展署自 94 年起參酌 ISO9000 系列之 ISO10015 及英國 IIP 制度，及我國訓練產業發展情形「訓練品質系統」（Talent Quality Management System，簡稱 TTQS）。政府倡導臺灣訓練品質計分卡（Taiwan TrainQuali Scorecard）作為評量及管理工具，藉以促進有效的國家人力資本投資、提升人力品質競爭力，厚實職業訓練品質績效。

TTQS 訓練品質計分卡包含 PDDRO 五構面，分別為計畫、設計、執行、查核與成果，如圖 7-1 所示。而每一個階段的輸出都將為下一個階段提供輸入，是一個循環系統，構成訓練迴圈，參考圖 7-2 所示。

TTQS 之建構主要來源由 PDDRO 五大構面作為指標的延伸，其指標為因應申請單位屬性不同，可分為企業機構版、訓練機構版、內訓版、外訓版，本研究將焦點放置於訓練機構版。

在評分準則方面，對 TTQS 各項指標之評核，主要是以「是否有無記錄或書面文字為評核審查之標準。計分最小單位以 0.5 分為評分之計算」，在考量評核之合理與客觀性下，若指標得分 4.0（含）以上，則必須加註明確記錄以利複核。依最後加總之分數高低，決定出對應包括「未通過」、「通過門檻」、「銅牌」、「銀牌」、「金牌」、「白金牌」等六種等級。

有效的教育訓練方案除了要滿足學員的需求之外，具備完善計畫和評估訓練成效也相當重要。Seyfried、Kohlmeyer 與 Futh-Riedesser（1999）認為訓練品質之定位應取決於下列三個面向：(1) 訓練結構（包含地點、時機與動機等）；(2) 訓練過程（關於訓練活動之直接影響因素與觀點）；(3) 訓練

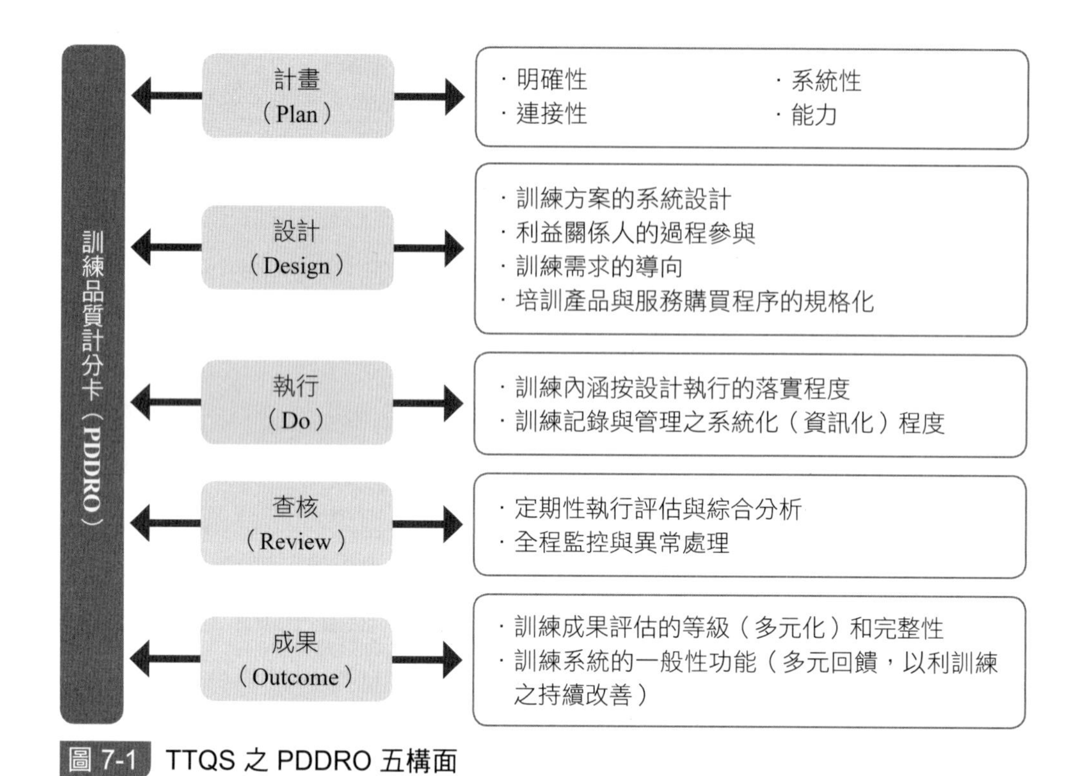

圖 7-1 TTQS 之 PDDRO 五構面

資料來源：吳瓊治（2008）。〈如何運用 ISO 10015 提升教育訓練品質〉。《品質月刊》，2008 (03)，72-76。

產出與成效（訓練最終之產品與期望結果）。一個組織之訓練發展若欲達到有效性，絕不能以毫無章法的方式進行，如此不僅造成成本的浪費且效果不彰。在需求評估的階段，組織應多投注心力於需求分析，因為當訓練是被需要時，辦訓能夠產生最大效益。在訓練的過程當中，講師應要能夠善用教材與教學工具，並在訓練過程中適時將學員之反應與其需求結合，增強其學習意願與記憶，發揮訓練之於其成效與價值。在訓練成效的部分，美國學者 Kirkpatrick 於 1959 年提出之四階層模式（反應、學習、行為與結果）能夠進行訓練成效好壞之評鑑。

E-Learning

一個公司除了硬體設備外，「人」是最重要的因素。「人」的資源是有別於其他資源（金錢、土地……），人員能力需要不斷成長和維持，「人」才不至於老化，公司也才有成長的契機；因此，教育訓練就是維持與強化

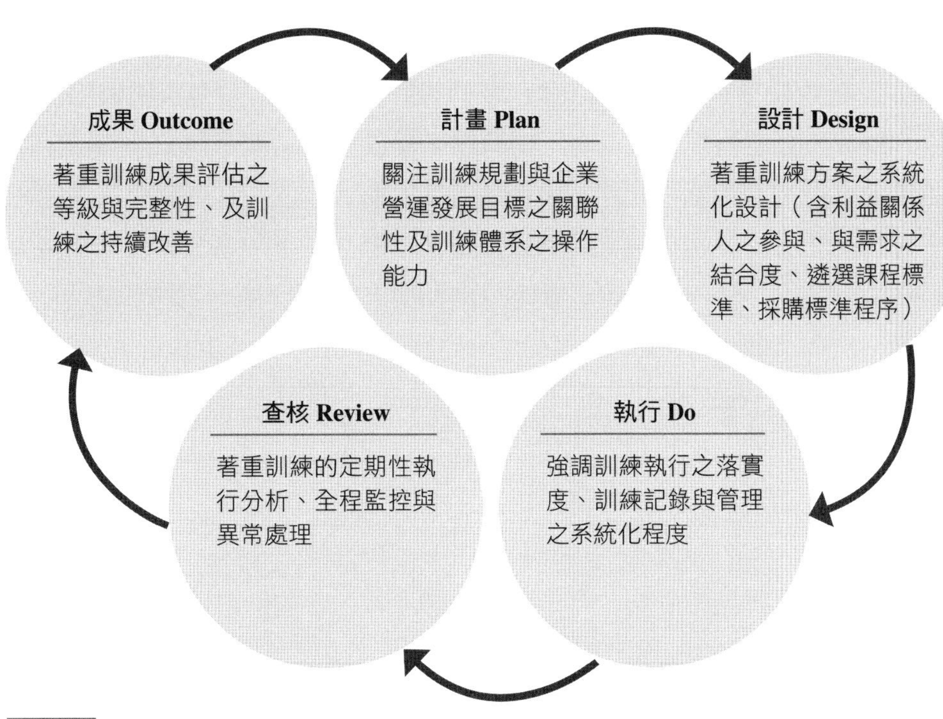

圖 7-2　TTQS 之訓練迴圈

資料來源：林建山（2006）。〈人力資本發展與職業訓練模式轉變——TTQS 國家職業訓練品質計分卡制度的意義〉。《職訓局研討會手冊》。

人員能力最有效的方法。隨著網路學習時代的來臨，知識管理系統的風起雲湧，線上學習（E-Learning）已成為企業教育訓練電子化的重要趨勢。根據 IDC（國際數據資訊）報告指出，單單 2001 年，E-Learning 全球市場較 2000 年就成長了 126%。臺灣資策會的調查亦指出，臺灣 E-Learning 市場由 2001 年的 3.8 億臺幣成長至 2004 年 30 億臺幣。這些數字彰顯出今日企業對 E-Learning 的重視程度。因此，引進各種線上學習系統，也慢慢成為教育訓練和人力資源部門近年來的重點工作。

隨著市場競爭愈來愈激烈，網路和通訊設備不斷的更新下，企業內部的學習環境，愈來愈強調個人差異化、訓練多元化、學習型組織和終身學習。E-Learning 建置主要是員工能透過教育訓練，獲取適當的工作能力，這也是形成人力資本、創造經濟價值的重要途徑。相較於傳統的企業教育訓練方式，運用 E-Learning 的學習方式除可減少企業組織 40% 至 60% 的投資成本外，還可提高員工 25% 的學習技能，並提升企業 10% 至 15% 的競爭力。因此企業處在網路科技技術發達的時代，不但需要實施教育訓練與進修來使員工獲取最新智能，更要能以快速有效的學習方式來降低人力資源與學習成本。E-Learning 意指利用電子資訊的特性來協助學習的教學科技。有學者認為 E-Learning 是利用網際網路技術傳達各種的解決方法，在網路化、使用電腦網路技術和集中於超越傳統訓練解決方案三個基礎下，增進績效與知識。網路技術的發達，任何人都可以在不受時間與空間的限制，上網學習以及傳遞知識，故有人將 E-Learning 視同是網路訓練（Web-Based Training）或線上訓練（Online Training）。此外，E-Learning 從學習者與企業家的觀點來看有著不同的意義。從學習者的角度定義可以瞭解，E-Learning 係指學習者可以利用網際網路作為簡單的使用工具，進行全方位的學習，並根據己身狀況將學習進度、內容與方式掌握在自己手中，調整學習步調，同時也可與其他學習者共同培養互相協助、合作以及社群意識，共同解決問題。其主要的考慮是使用者的方便性與習慣性。

以企業的角度而言，使用網際網路技術傳送各式各樣解決問題的方法，以提升組織的知識與績效。E-Learning 包含兩大層面，分別為學習課程與知識管理。其中學習課程係指線上學習課程；知識管理則只利用科技將資訊進行有效擷取、創造、儲存、分享與運用。早期傳統的教育訓練主要透過學校、職業訓練機構的學習方式來傳達知識與技能給員工或學習者，多以利用電視、錄影帶、錄音帶等教學科技為主。現在則因 E-Learning 模式之盛行，使得企業的教育訓練模式也跟著改變，主要透過網際網路（Internet）與企業內網路（Intranet）所具有之跨平臺、多媒體、超連結等操作上之優點，配合網路上取之不盡、豐富多元的各項資源來進行，是一種方便可及而無遠弗屆的另類教學方式。

教育訓練新概念——企業內部網路化教育訓練

(一) 美國

對於高度企業化的美國社會來說，教育訓練往往被企業視為人力資源開發和人才再開發的關鍵手段。多少年來，美國企業在人力教育訓練方法的探討方面已做了堅持不懈的努力，一直夢想著能有一套高效便捷的方法，使企業人力都能夠儘快地掌握組織生存與發展所必需的技能和文化，以使組織可持續進步。自 20 世紀 80 年代企業內部網路化教育訓練的興起，使這一夢想成為可能。

位於加利福尼亞州矽谷的昇陽科技（Sun Microsystems）是美國企業實現網上教育訓練的功臣。昇陽科技所設計的全新程式設計語言 JAVA 是首先能夠在各種網路上相容的語言之一，它讓所有的使用者能夠自由自在地瀏覽、取用，並執行網路上的一些軟體程式。運用 JAVA 語言來執行員工教育訓練，只需點一下網頁上的元件插圖，即能夠自動將軟體下載到上網電腦的硬碟上，並且自動啟動該軟體。一些網站利用 JAVA 語言所提供的電腦化教育訓練，由於具有互動性及多媒體教育訓練的功能，一開始就受到企業和學習者的普遍歡迎。JAVA 語言的便利，使得「企業內部網路教育訓練」熱潮持續升高。由奧尼科技顧問集團和《教育訓練雜誌》（*Training Magazine*）共同進行的一項調查顯示，超過三分之一的受訪者（36%）目前都在參加企業內部網路以多媒體為基礎的教育訓練學習。

目前美國大多數企業在內部網路上教育訓練的內容，一般包括講義及參考資料、註冊表格、意見問答區。註冊學員可直接在網上提出問題，再由相關專家實際地在網上提供答疑，最後在項目結束時進行一次集中監督下的考試。期末考試是網上教育訓練的重頭戲。在美國，基於網路的全國性人力資源開發活動也正活躍起來。近年來，眾多商學院的 MBA 課程也爭相搬入網上。當然，如果對嶄新的網上教育訓練方式有興趣，同樣可以尋找到相關網址，如由前瞻顧問公司（Advanced Consulting Inc.）的 http://www.acihome.com 網址上提供了「網上教育教育訓練」大量相關的範例及論文。該公司在全球諮詢網上還闡述了他們認為教育訓練非常有效的五個不同階段。

運用網路媒體以最快速度推出各種教育訓練專案，是企業紛紛借助網路開發人力資源的初衷。但促使人們對網上各種教育訓練活動的動因卻主要是人們可以透過網際網路獲取大量的資訊。其實，無論對於企業組織還是對於個人而言，正確的資訊如同教育訓練一樣重要。

(二) 瑞典——用網際網路教育訓練員工

據報導，瑞典政府決定利用網際網路推行員工教育訓練計畫，以適應資訊化時代變化的需要，從 1995 年 7 月開始，瑞典政府在財政預算中增加了用於員工教育訓練的支出；1996 年對員工教育訓練的支出在 1994 年的基礎上增加 8,000 萬瑞典克朗（約合 1,000 萬美元），其中的 70% 主要用於支援網路員工教育訓練，包括向離職員工支付教育訓練補貼。按照計畫，2000 年以前，政府方面用於上述補貼的投入，每年增加 15%。

瑞典近幾年經濟不景氣，國內失業率上升，1996 年已達 10% 左右。據分析，導致失業率上升的重要原因是許多企業因轉型而解雇員工。但與此同時，不少工業企業因轉型又招聘不到新的員工。瑞典是個以加工工業為主的產品出口型國家，為適應國際市場需要，企業產品結構調整週期縮短，新產品更新加快，因而要求員工不斷更新知識以適應工作職位的要求。據瑞典勞動部門的調查，1996 年瑞典工業企業員工教育訓練率達 25% 以上，即每 100 名在職員工中有 25 名轉職員工需要接受新的業務教育訓練。據悉，上述比率在中小企業高達 30% 以上。除製造業以外，在服務業等部門，員工再教育訓練的任務也很繁重。調查發現，許多企業因為新的工作職位缺乏合格的員工而無法實施市場開拓計畫。近幾年，網際網路服務在瑞典迅速擴大，上網者占電腦用戶的 50%，而且還在增加。因此，政府方面因勢利導，利用這種優勢，大力發展網路教育訓練。接受教育訓練的，既有生產第一線的工人，也有技術人員和行政管理人員。目前瑞典的網路職業教育訓練機構，大部分實行跨地區招生和教育訓練，所有網路職業教育訓練機構均需經政府批准，按照國家有關的員工教育訓練大綱開設教育訓練課目，而且所用的教材由國家統一編制，統一考核標準，國家承認學歷。為了保證和提高教育訓練品質，所有網路教育訓練機構均設有員工基地，主要供教育訓練人員進行實習和集中訓練及考核。網路職業教育訓練效率更高、更為方便，而且門類齊全，能滿足多種行業的不同需要，由於多媒體通信手段的完善，學員可在學習過程中隨時與教育訓練機構的老師進行對話和交流。此外，由於網路教育訓練可以實現跨地區、跨國聯網，因此較容易獲取各種新的知識和資訊。瑞典政府同歐洲一些國家達成協議，進行網路職業教育訓練合作，其好處是可以降低教育訓練成本，獲得更多、更先進的教材，可以有效地解決本國職業教育訓練人才不足的問題。此外，為鼓勵民間人士從事網路職業教育訓練，政府已從財政中撥專款予以支持。瑞典在 2003 年全球數位學習準備度排名中拔得頭籌，與該國行動通訊基礎建設完善有關。然而公部門訓練並非瑞典數位學習推動的重點，瑞典政府人力資源發展處（Department of Human Resource Development, DHRD）目前仍以實體教學為主，僅提供少數的數位學習課程，如介紹透明法案（Transparency Law），該處相信學員彼此之間及與講座間面對面的討論、交流、建立網絡等是成人學習極為重要的過程（李蘇民，2003:65）。瑞典於 2006 年成立了一個新的執行機關，為了教育民眾利用政府 E 化服務而設置，將來極有可能會規劃相關數位學習課程。

近些年來，歐洲國家面臨經濟不景氣、失業率居高不下的困難局面，導致了許多社會問題。如何解決好失業問題，不僅關係到政局的穩定，而且直接關係到失業人員的生活。降低失業率成為政府需要解決的首要問題。透過教育訓練，提高員工的技能，瑞典在這方面的作法值得我們借鑑。

失業分為結構性失業、摩擦性失業、季節性失業、週期性失業等，其中，結構性失業是由於經濟的發展，為適應新的競爭環境，企業的產品結構進行調整，導致了現有員工所擁有的技術不適應新產品生產的要求，從而形成的失業。此種失業可以透過有組織的教育訓練，更新員工的知識結構以適應新的環境要求而解決問題。每一個國家解決失業問題的方法各不相同，在這方面，瑞典根據本國特色實行的相應教育訓練政策，在各國解決失業問題中具有典型的意義。

瑞典政府利用網際網路在本國的發展情況，適應資訊現代化再就業的需要，採用網際網路來教育訓練員工。在電腦普及率高的地區，網路教育訓練的益處極大。瑞典的實踐表明，使用網路進行職業教育訓練，既方便，同時效率又高，還能滿足多種行業的需要；另外，網際網路教育訓練可以實現跨地區、跨國聯網，可以較為容易地獲取各種新的知識和資訊，相對又能降低教育訓練所需的費用。

個案介紹

華邦電子數位線上學習

華邦電子位於新竹科學工業園區，員工人數約 4,000 人，係從事積體電路設計、產品之研發、設計、製造、銷售及售後服務的高科技公司。產品包括個人電腦相關系列產品、消費性電子產品、多媒體系列產品。服務據點遍布於亞洲、歐洲、美洲等地區。華邦電子有健全的人力資源管理部門，底下包含薪資課、任用課、員工關係課和人力發展部門。華邦電子的教育訓練部門隸屬於人力資源部人力發展課下，公司的訓練課程一般包括：公司內部訓練和外部訓練兩大塊，公司內部訓練包含專業類課程、管理類課程、通識類課程和工安類課程；員工亦可以徵求主管的同意，自行到各大學或政府機關開辦相關專業類課程上課，語言類的課程隸屬於外訓課程，每位員工每年參與外文進修課程，公司會有定額的補貼。

在推動 E-Learning 過程中，人力資源部門會和 MIS 部門合作，事先評估市場上現有軟體，由人力資源部門負責調查國內企業成功推行 E-Learning 的作法，MIS 部門負責評估軟硬體的需求。由於華邦電子人力資源管理系統在尚未推動 E-Learning 時，就已經建置完成，因此在推動的初步階段，先利用市售的套裝軟體，根據內部開會決定的需求及功能，設計一系列的課程。教材的製作全部由內部自行規劃、設計、建置，原因有三：其一，在於華邦電子至今已成立多年，內部有一套完善的內部講師訓練，專業技術、管理人才濟濟，有效激勵訓練員工成為專業的內部講師；其二，外界的講師若未待過同一產業，很難有專業的知識代理製作；最後是保護企業的核心技術知識。專業性的課程若內部有相關專業的講師，則由內部講師上課，通識課程則多外聘專業機構講師負責。每次上課之前，會有人發課的成員進行錄製和事後影音的剪接，並將講師的教材數位化公開，放到教育訓練網站上，並定期更新教材，線上教材的規劃，按照不同的層級分類，有些課程屬於協理級以上才能登錄觀看，有些則沒有身分的限制。

目前華邦電子的線上數位學習仍在初試階段，推出線上學習教材有 100 個之多，未來繼續朝 500 堂數位課程邁進。華邦電子的員工可以在中國大陸、臺灣或是美國廠區內任何一個人電腦前，使用瀏覽器進入公司的 Intranet 內，輸入自己正確的帳號及密碼，即可進入員工入口網站，並進行線上學習系統，在此系統上可以看見全部課程名單，每個課程具有課程代號、名稱、內容簡介，除少數特殊課程外，多數的課程，同仁都能不限時間、不受空間限制進行線上學習。目前平臺的內容大致可分為幾個類別，例如：專業類課程、管理類課程、共通類課程，許多每年必開的初階課程，例如：人力資源管理系統的操作、Outlook 的操作等共通類課程已全部上線，提供各地同仁自行上線學習，也克服了教室開課場地、訓練人力不足的問題，並解決了地域限制提供學習者正確、迅速的資訊。

在課程規劃方面，華邦電子每年年底時都會由人力發展課負責編製隔年的年度課程，課程的規劃由各廠處的主管視其員工的需要與員工缺乏的相關知識提出開課的需求，人發課會依據課程的要求，協尋該領域資深內部主管的意願進行排課，若內部主管的時間無法配合，則另行找顧問公司承辦，並上呈經理和處長，最後由處長決定適當的人選。人選確定後，人發課開始敲老師的時間，並將所有課程上課時間、地點、講師一一公布在網站上，由於上課人數有限制，故成員可以在系統開放報名時預選課程，報名採先搶先贏制度，因此常常可以看見系統一開放沒多久，熱門講師或課程名額就額滿了。

在學習過程中，因為華邦電子系統未能有效整合將員工的個人發展計畫、個人學習記錄、工作績效考核等資料完整連結起來，是故，參與教育訓練採取不強迫的方式，若員工惡性不來上課，承辦人員也無法可管；此外，線上課程也沒有立即互動的功能設計，故學員如遇到問題或是不明白之處，無法立即在線上獲得解答，但學員可以 E-Mail 給講師（內部講師），該課程之講師需 7 天內回覆。華邦電子在 E-Learning 推動過程中，基本上使用鼓勵替代處罰，促使員工自動自發的學習。

個案介紹
臺灣「中鋼」的能力本位訓練

人力資源、天然資源、資本積累和企業管理，是推動現代經濟生產的基本要素。其中原料、設備、資金的短缺，都可在短期內設法解決，唯有人力資源非經長期的培育不可。在臺灣的公民營企業當中，能夠有此體會，並且真正在人才培育與訓練上投下大量財力，並設計有完整制度的，當首推「中國鋼鐵股份有限公司」。中鋼沒有工友室，要喝茶水，自己來。不管是辦公室或是現場，沒有報紙。但是與中鋼公司有關的所有報導，公司中的職業看報人——公共關係部門，卻不得有絲毫遺漏。員工要想看報，只有在中午休息時間前往圖書館或餐廳休息室。沒有工友，就沒有人打掃清潔，但中鋼公司卻把所有的清掃工作包給清潔公司去做，這家做得不理想，馬上就可以換別家。中鋼的待遇比一般公營企業要高，但它卻有另一套不錯的作法：坐交通車，要付錢；穿制服，要付錢；住宿舍，要付錢；吃飯，要付錢。只不過，這些價格，都訂得十分低廉而合理。

以上這些，只是中鋼公司在制度上所表現的小特色。但反映在工作績效上的成果，就不是任何尺度可以衡量得出來的。人才的訓練，也是如此。假如企業負責人只看到訓練人才時所花費出去的鈔票，而看不見無法準確度量的成果，那這個企業的成就一定有限。1,530 萬美元——何其大的絕對數字！相信你一定難以想像。這就是中鋼公司在 1995 會計年度所付出的人才訓練費。但假如沒有當初這筆龐大的投資，中鋼哪有今天高達 115% 超額產量的成果？

談到重視人才與訓練人才，最主要的還是要看企業中最高管理階層有無如此體會和認識。一般來說，我們的企業界對人才培養的重視程度不夠，主要是由於中小企業所占的比重太大，中小企業規模不夠大，缺乏健全的人事制度，當然談不上人事或人力的管理。目前，各大民營企業在甄選新進人員時，有無工作經驗常成為其決定取捨的重要因素，而對於工作興趣、性格和潛能，則未受到應有的重視。企業為圖急功近利，多半喜歡以高薪挖取具有多年經驗的人員，而不願花費訓練培植費用來為本身培養出一批具有工作熱忱與發展潛能的新幹部。近年來，公營事業中，也普遍存在有中、上級幹部愈來愈難求的隱憂，年輕人不是根本不願進入公營事業機構服務，就是訓練成熟後，被民營企業挖去。中鋼公司對人才的訓練，採取能力本位訓練方式：凡是某人從事一項工作，其基本能力不專精時，公司即有義務培養該員工，使其具備勝任工作的能力。在人才訓練方面，中鋼公司也有幾項原則：

1. 不重複：同一訓練絕不施於同一員工（指課程程度相同而言），以避免干擾員工情緒。
2. 不是片段的摘取：訓練課程應有整體的規範可循，且銜接良好，避免支離破碎。
3. 全面性：誰需要接受什麼訓練，設定有一規程遵循，避免造成受訓明星。
4. 不虛報訓練成果：不是為應付而訓練，而是為工作的改進，或未來的籌劃而訓練。在中鋼公司中，訓練人才有兩套系統，由兩個單位各司其職，以取得相輔相成之效。

「人力發展訓練委員會」專門負責公司中「橫」面的人才訓練計畫。這個單位除了設有主任委員 1 人及副主任委員 2 人及執行祕書 1 人外，下分 11 個小組：企管訓練小組、安全訓練小組、國外訓練小組、修配訓練小組、擴建人力訓練小組、業務訓練小組、冶金訓練小組、電腦訓練小組、機械訓練小組、電機電子訓練小組、新進人員訓練小組。這個委員會的功能是在發動全體員工及專家做整體規劃，並且介紹新知，提高從業人員的素質，增進員工的智慧。

在行政系統上，則有專門負責方案研究、國內訓練及國外訓練的「人事處訓練組」。

人事處訓練組的職責，大致來說有下列 12 項：

1. 擬定訓練方案及考核其成績並呈報。
2. 研討公司在生產、管理、技術上的訓練需要，以提高員工智慧。
3. 提出年度訓練經費預算及運用方案。
4. 蒐集訓練資料，編寫印製訓練課程、教材及講義。
5. 洽定國內外訓練機構並選聘講師。
6. 現場實習教學材料的購買、準備及教學事宜的處理。
7. 草擬訓練合約，供長期訓練之用。
8. 評核各項訓練成果，檢討彙報。
9. 舉辦特殊性學術講座。
10. 推動特定訓練、在職訓練及審核、發放鐘點費。

11. 支付各項訓練費用。
12. 教學用具的購買與製作。

中鋼訓練人才的類別之四種國外訓練辦法

在中鋼公司人才訓練的類別方面，前副總經理陳樹勳特別詳加說明：「我們的訓練大致可分成三類：一是國外訓練，二是國內訓練，三是特種人員訓練成專業訓練。」

在國外訓練方面，按照時間先後，又可分為四類：一是為建廠目的而接受的訓練，二是為管理目的而接受的訓練，三是為營運目的而接受的訓練，四是為擴建目的而接受的訓練。

中鋼公司的國內訓練

主要有兩方面：一是在職訓練，一是專業訓練。

在中鋼公司中，不管什麼工廠，每個月都要不斷地開班訓練自己單位的幹部，如同部隊中的操兵訓練一樣，這是各單位目標管理的項目，由各單位主管直接負責。這種各現場單位自行負責的訓練，與人力發展訓練委員會所舉辦的「橫」的訓練不同，乃屬「縱」的訓練。中鋼公司中有句口號：「天下有不能用的將官，沒有不能用的兵！」在專業訓練方面，就是前面所提，由「人力發展訓練委員會」負責的 11 項訓練。這 11 個小組的責任是：擔任員工的素質開發工作。每個小組都有人專司其職，自備講師團，自定課程目標及發展方向，分別以講授、討論或報告等方式，於休閒時間進行，由同仁自行報名參加，不收取任何費用，並編有講義致送。授課人員除了公司中的專業性人員之外，國內外專家都在被邀請講課之列，此乃臺灣其他公司所沒有的特色。

公司對各級主管的訓練規範

在中鋼公司，身為一級主管，要接受企業策劃、資金的籌措與運用、財務報告分析、企業診斷、市場預測與行銷研究等五項課程的訓練。身為中鋼的二級主管，則要接受人事管理改善、企業研究、系統分析、價值革新、企業組織與管理、契約締結與糾紛防止等課程的訓練。身為中鋼的三級主管，必須接受下面 12 項課程訓練：電腦概念及其應用、問題分析與決策方案、計畫評核技術、作業研究、工作簡化、成本控制與績效分析、運輸計畫與管理、基本統計、品質管制、生產計畫與管理、目標管理及會議主持。身為中鋼的四級主管，則要接受下列課程訓練：時間管理、創造性思考、心理學與領導統禦、工業心理學、工業安全與衛生、文書管理、管理圖表繪製與運用、預防保養等。

問題與討論

1. 教育訓練與開發對企業的重要性為何？
2. 成人學習的特點為何？
3. 影響教育訓練效果的因素為何？
4. 為何教育訓練的效果不能一直延續？

參考文獻

一、中文部分

李昌諧（2000）。網路教育提升企業競爭力。《資訊傳真周刊》，2000 年 5 月號。

李蘇民（2003）。《數位學習國家型計畫出國考察報告：愛爾蘭、荷蘭、挪威、新加坡》。臺北：經濟部技術處。

周秉榮（2001）。線上教學的兩難：知識重要？技術重要？《管理雜誌》，324，158-160。

林文燦、孔慶瑜、林麗玲（2009）。IIP、ISO10015 與 TTQS 差異分析。《品質月刊》，45(4)，52-56。

洪贊凱、李昆靜（2009）。壽險產業員工訓練遷移動機影響之實證分析。《企業管理學報》，第 80 期，頁 87-119。

陳永隆（2001）。企業員工 e-Learning 的發展趨勢，陳永隆資訊網，取自：http://asialearning.com/chen2000/article/47086007。

二、英文部分

Evered, R. D. & Selman, J. C. (1989). Coaching and the art of management. *Organizational Dynamics, 18*(2), 16-32.

Goldstein, I. L. (1993). *Training in Organizations: Needs Assessment, Development, and Evaluation* (3rd ed.). California: Brooks/Cole Publishing Co..

Haserot, P. W. (2002). Coaching your coaches to boost business development results. *Of Counsel, 21*(12), 11-13.

Rosenberg, M. J. (2001). E-learning－Strategies for Delivering Knowledge in the Digital Age, Vol. 53, No. 27, 141-146. New York, McGram-Hill, c2001.

Seyfried, E., Kohlmeyer, K., & Futh-Riedesser, R. (1999). *Supporting quality in vocational training through network*. CEDEFOP, Thessaloniki, Greece.

Tennyson, R. D. (1980). Instructional control strategies and content structure as design variables in concept acquisition using computer-based instruction. *Journal of Educational Psychology, 72*, 525-532.

Tennyson, R. D., Schott, F., Seel, N. M., & Dijkstra, S. (1997). *Instructional design: International perspectives* (eds.). Mahwah, NJ: Lawrence Erbaum Association.

Tesluk, P. E., Vance, R. J., & Mathieu, J. E. (1999). Examining employee involvement in the context of participative work environments. *Group & Organization Management, 24*(3), 271-299.

Mc Cahon, C.; M. Rys and K. Ward (1996). The impact of training technique on the difficulty of quality improvement problem solving. *Industrial Management & Data System, 14*(2), 24-31.

O'Neil, A. D. & Hopkins, M. M. (2002). The teacher as coach approach: pedagogical choices for management educators. *Journal of Management Education, 26*(4), 402.

Smith, R. E., Smoll, F. L. & Curtis, B. (1979). Coach effectiveness training: A cognitive behavioral approach to enhancing relationship skills in youth sport coaches. *Journal of Sport Psychology, 1*, 59-75.

教育訓練需求分析與成效評估

“

且天生人也，而使其耳可以聞，不學，其聞不若聾；使其目可以見，不學，其見不若盲；使其口可以言，不學，其言不若爽；使其心可以智，不學，其知不若狂。故凡學，非能益也，達天性也。能全天之所生而勿敗之，是謂善學。

——《呂氏春秋・孟夏紀・尊師》

”

學習目標

本章的教學目的在於瞭解教育訓練需求分析、教育訓練的方法、教育訓練成效的評估目的，最後認識教育訓練成效評估的工具，以掌握整體人力資源訓練與發展的流程。

知識經濟時代的來臨，企業致勝的關鍵絕對在於人力的素質，因此企業必須探究每個職位所需的基本職能究竟為何，給予最適當的訓練功能，就能提升公司的績效以及人力素質。經由教育訓練最主要的功能是增加員工的知識技能，讓員工在工作時能夠勝任愉快，進而促進員工成長，並幫助員工發展，因應環境改變的競爭力。企業要將訓練視為人力資本的投資，並去相信員工訓練確實可以為組織帶來更高的報酬，進而永續經營。

站在人力資源發展（HRD）的觀點，訓練是　種人力資本的投資，組織想要知道的是，這項投資是否值得；本章介紹了訓練的整個流程，而其最後的成果，如：員工是否達到訓練目標？員工的知識技能改變是否因為訓練？我們所實施的訓練課程是否適用於其他人或是其他場合？是我們必須去評估的重點，否則訓練就只淪為形式而沒有意義。

一般而言，人力資源發展的流程為需求分析、設計、實施及評估，而需求分析是實行人力資源發展的基礎，透過需求分析可以找出組織中哪些部分需要實施教育訓練、需要做哪些項目、針對哪些人以及目前是否存在哪些阻礙，若忽略了需求分析，將使得資源無法有效發揮。

一、教育訓練需求分析

一般企業界所稱的「訓練」與「教育」的定義有時不同，訓練是教導員工執行職務所需的知識與技術、原則、方法及程序；教育是教授員工觀念及知識以增進員工求知、解析、推理、計畫與決策的能力。前者較為特定，鎖定組織目標，效益通常立竿見影；後者屬於個人能力開發，效益遞延，因果難測，因此兩者的運作內容與期望有不同，但一般業界未嚴格區分，也常常兩者併行，總稱為「員工教育訓練」。雖然人力資源發展的學者有時會將「訓練」、「教育」及「發展」三者作一區分，但本書採取不加以區分的方式，將企業內所有增加員工未來生產力或工作表現為主要目的之學習活動都稱為教育訓練。

人力資源發展是透過解決現有的問題、避免可能發生的問題、使個人和單位參與其中，以獲得更大的效益，進而改善組織效力，所以只有當人力資源發展能圍繞著組織需求進行時，才會有效。這節主要探討需求分析，需求分析是確認並清楚有力的表達一個組織在人力資源發展方面有何需求的過程；透過需求分析，我們可以瞭解到組織的目標以及達成這些目標的效率、員工的技能與目前有效工作績效所需技能間的落差、目前的技能與未來成功執行任務所需技能間的差距、人力資源發展推動下的環境與條件。

為了確保人力資源發展的努力有效，對各個層次都需要進行分析，大致分為三種評估型態，分別為組織分析、任務分析與人員分析，於組織層次中分析出組織哪些方面需要教育訓練、實施教育訓練的環境與條件如何；在任務層次中瞭解到應該做些什麼努力，才能使工作更有效率得完成；透過人員層次的分析，找出哪些人需要接受教育訓練、他們確切需要哪些教育訓練內容。

組織分析

組織分析是用來更加瞭解組織特性以決定哪裡需要教育訓練、人力資源發展所需的努力，以及應該在什麼情況下進行。從組織分析中，我們應該瞭解組織的目標、資源、氣候與環境限制，瞭解組織的目標和策略規劃是分析組織運作效率的起點，對組織已達成的目標進行監控以利及早發現潛在的問題與掌握改善的機會，針對未能達到的組織目標則需要進行更深入的分析，採取相對應的人力資源發展之教育訓練或人力資源管理；清楚知道可用的組織資源是十分重要的，因為可利用的資金與資源將會限制人力資源發展可以發揮的空間與滿足各種需求的優先次序；組織氣候對人力資源發展的成敗有很大的影響，如果組織氣候不利於人力資源發展之進行，那麼人力資源發展項目的推動上，將會遭遇很大的困難；環境限制包括組織面對的經濟、社會、政治與法律等問題，這些外界因素將影響組織對某些教育訓練的需求，其中瞭解與人力資源發展相關的法律事宜，可以確保人力資源發展在法律許可的範圍內進行，避免為組織帶來任何的法律問題。

任務分析

任務分析是一套有系統的蒐集某特定工作或工作集合之訊息的方法，用以決定員工必須接受哪些教育訓練以達到最理想的績效，任務分析的典型結果，包括：適當的績效標準；應該如何執行以達標準；為了符合標準員工需具備哪些知識、技能、能力與其他特質。任務分析大致可以由五個步驟構成：第一步，發展一份全面的工作說明書，工作說明書是對某項工作所從事的主要活動以及在什麼情況下從事這些活動的陳述。若缺乏準確的工作說明書時就得進行工作分析，工作分析指的是對某項工作進行系統性的分析以確定它的主要構成成分，通常涉及的內容，包括觀察工作的實際操作過程；對在職者與主管進行關於工作、任務、工作環境與 KSAOs 的訪談；檢驗工作結果並回顧相關的工作文獻。第二步，確認任務，將焦點著重於執行該工作中所表現的行為，藉由瞭解於任務中應該做些什麼，而實際中又做了哪些，確定哪些是需要彌補的作業缺陷以及受訓者在教育訓練結束時應達到的作業水平。第三步，分析工作中所需的 KSAOs，培養員工對該工作的勝任能力。第四步，確認哪些地方可以透過教育訓練得到改善，其中要考慮的因素十分多，像是它對整體作業水平的重要性、它對完成任務的重要程度、所占的時間比例與學習的難易程度等。第五步，將各種教育訓練需求進行優先次序排序，以決定首先進行哪方面的教育訓練，此時需考慮投資報酬率與其對組織績效產生的影響。

人員分析

人員分析的目的是瞭解員工對教育訓練的需求，藉由瞭解每個員工在核心工作任務上的表現，既能發現員工對教育訓練的普遍需求，又能找出不同的個人對於教育訓練的特殊需求。人員分析由概括性人員分析與診斷性人員分析所構成，概括性人員分析是一種整體上的分析，它對員工績效做出一個整體的評價，並區分成功與失敗的工作者；而診斷性人員分析是用來尋找隱藏在個人績效表現背後的原因，分析員工的 KSAOs、努力程度與環境因素等對員工績效表現上的影響。進行人員分析的訊息來源，包括績效評估、觀察、訪談、問卷調查等，其中以績效評估最為廣泛的普遍使用，於人員分析中使用績效評估有一套規範的程序，首先應進行全面性準確的績效評估或獲取這方面的現有資料，但由於評估流程的問題或評估中的誤差，不應主觀的認為績效評估一定是全面或準確無誤的；接著找出員工現有的行為或特質和有效的績效下所需具備的行為或特質間的差距，並尋找這些差距背後的原因，但導致員工績效或技能上有所差距的原因有很多，可能是內部原因或外部原因，因此可能既要考慮組織分析、任務分析中得到的訊息，也要考慮員工 KSAOs 測驗回饋的結果，最後選擇恰當的干預措施以消除差距。至於需求分析為何常無法順利推行，主要的原因如：難度高且費時、上級重視行動勝於研究、自認已通盤瞭解以及缺乏組織支持等；惟從事需求分析時容易落入以下幾種陷阱，如：只考慮個人績效而未看清全貌、將實施教育訓練視為唯一的問題解決方法、只參考軟性資料或硬性資料等。

工作分析法

(一) 工作分析的定義與目的

工作分析是一種有目的、有系統的流程，用來蒐集與工作相關之各種層面的重要資訊。例如：工作者所執行的工作任務，或工作者執行工作任務所需具備的 KSAOs 等。而這些經由工作分析所蒐集的資訊可以用於教育訓練、招募任用、績效評估等人力資源管理的活動中。換言之，工作分析不但是人力資源管理之基本功能的基礎，更是獲得有效工作資訊以幫助管理決策的系統化過程。

因此，依據人力資源管理的基本功能，工作分析的目的可以大致區分為教育訓練、招募任用、績效評估、薪酬管理、工作評價、勞資關係等（表 8-1）。

表 8-1 工作分析之目的與其相關說明

目的	說明
教育訓練	在工作分析的過程中，可以明確註明執行工作所需的技巧、能力等，並施以訓練（Dessler, 1988）。
招募任用	工作分析的相關資訊能用以設定招募對象的標準或勝任工作的錄取標準等（Lloyd & Leslie, 1999）。
績效評估	工作分析的相關資訊可以作為判定工作績效是否達到標準的基礎（Lloyd & Leslie, 1999）。
薪酬管理	工作分析的相關資訊可以作為同工同酬勞的參考（Lloyd & Leslie, 1999）。
工作評價	指評定各項工作在實現企業目標中的價值，並據此確定各項工作的等級，進而制訂各項工作的報酬，為最後構建薪酬結構提供依據（Lloyd & Leslie, 1999）。
勞資關係	勞資雙方間之權利與義務，以及其他相關事項的處理（勞動部網站）。

(二) 工作分析的步驟

儘管工作分析有許多不同的名稱及定義，但分析的過程通常大同小異。因此，依據應用的普及性與步驟的特殊性，於此列舉二份過去提及工作分析步驟的文獻作為代表來進行介紹。首先，根據 Dessler（2000）的觀點，工作分析包含六個步驟：

1. 決定工作分析的目的。
2. 蒐集背景資料。
3. 選擇具有代表性之工作進行分析。
4. 蒐集工作分析資料。
5. 讓工作者與直屬主管認可蒐集到之資訊。
6. 擬定工作說明書與工作規範。

表 8-2 工作分析方法的優缺點比較

方　法	優　點	缺　點
面　談	1. 能深入探查廣大的主題。 2. 增強參與者信賴。	1. 面談結果不易歸納分析。 2. 耗費大量人力、時間與經費。
問　卷	1. 短時間涵蓋大量的人數。 2. 易於歸納分析。 3. 節省經費。	1. 受訪者回答受限制。 2. 不當問題易造成結果偏誤。 3. 過低的回收量將影響結果。
實　作	可短時間內充分瞭解工作。	1. 不適宜需長期訓練的工作。 2. 不適宜高危險度的工作。
特殊事例	1. 針對工作者的工作行為，故能深入瞭解工作的動態性。 2. 行為是可觀察、可衡量的，故記錄的資訊容易應用。	1. 耗費大量時間蒐集、整合、分類資料。 2. 紀錄多才能提供相當訊息。 3. 不適於描述日常生活。

(三) 工作分析的產物

工作分析後，常見的產物是工作說明書與工作規範。說明如下：

1. 工作說明書（Job Description）

工作說明書是有關工作職責、工作活動、工作條件等工作特性方面的資訊所進行的書面描述。其詳細的內容可以包含工作說明書之建立日期、工作職稱與職位、直屬主管、工作說明以及工作職責等相關資訊。簡言之，工作說明書的目標對象為「工作」，旨在說明「工作者要做什麼工作」的問題。

2. 工作規範（Job Specification）

工作規範是一書面文件，用以訂定可以適任此項工作的工作者所應具備的條件，其詳細內容可以包含 KSAOs、經歷、教育程度等相關資訊。簡言之，工作規範的目標對象為「工作者」，旨在回答「工作要由誰做」的問題。此外，若工作規範指出某工作需要某特殊的 KSAOs，而在該工作上的工作者卻不具備所要求的條件時，訓練和開發就是必要的。這種訓練旨在幫助工作者履行現有工作說明所規定的職責，並幫助他們為升遷到更高的工作職位做好準備。

個案介紹

南投署立醫院的訓練需求決策分析

本個案醫療單位為南投署立醫院，該醫院護理人員在醫療團隊中，不但人數最多，更是進行醫療工作的第一線工作者。而依據科別的不同，可細分為急診、內科、外科、婦產科等。其中，急診護理人員需經常面對、處理生命急危的情況，所以其所執行的工作任務具有高度的複雜性與不確定性。因此，和其他科別的護理人員相較之下，急診護理人員更需具備多樣且高度專業化的知識、技巧與能力，並定期接受訓練，以應付各種突發、無法預測的事件，進而維護病人的生命安全。但是，在醫療機構的經營管理上，大多數的決策者都是憑藉著經驗法則來做出決策。導致在過去針對護理人員所實施的教育訓練中，甚少依據各科別的專業特性加以區分，而這種各科別護理人員間教育訓練目標的模糊性，不僅讓各科護理人員的教育訓練需求難以彰顯，更讓護理品質的提升停滯不前，也因此使護理主管在急診護理人員教育訓練目標的評選上，增添了複雜度與挑戰性。而透過工作分析和層級分析法（Analytical Hierarchy Process，簡稱為 AHP）的進行，將能為此一難題提出一個科學化、客觀化的解答。

訓練需求的排序

在工作分析方法的挑選上，由於急診護理人員工作任務的高度專業性，以及考量病人生命安全的前提下，率先排除實作法。至於特殊事例法，因為其需經過長期記錄，累積夠多的紀錄量，才能提供相當的訊息，此點在忙碌的急診醫療工作中，實屬困難，故也不納入考量。因此，該個案結合結構式面談法和問卷法（任務分析清單）來進行工作分析。

層級分析法 AHP

1. AHP 的目的

   AHP 是將問題由不同層面進行層級分解，並綜合評估所有次問題的解決方法，進而做出最適、最佳的決策（Saaty, 1994）。

2. AHP 的層級與要素

   根據 Saaty（2008）的觀點，層級結構化的要點如下：

   (1) 結構的第一層級為所欲達成的目標（Goal）。

(2) 最下一層為選擇方案（或替代方案）。

(3) 中間的各層級為要評估的要素或條件。

根據 Saaty（1980）的觀點，建立層級結構具有以下優點：

(1) 利用要素個體形成層級形式，易於達成工作。

(2) 有助於描述高層級要素對低層級要素的影響程度。

(3) 對整個系統的結構與功能面能詳細的描述。

(4) 自然系統都是以層級的方式組合而成，而且是一種有效的方式。

(5) 層級具穩定性與彈性。即對結構良好的層級而言，新層級的加入不會影響整個系統的有效性，同時，微量的改變形成微量的影響。

該個案以急診護理人員為研究對象，依據 Desimone 與 Harris（1998）所提出的工作分析步驟來進行工作分析。同時，為了避免因研究者缺乏經驗、填答者主觀意見等因素所造成的推論偏誤，以及使結論更具有客觀性和實用性，採用多元的研究方法來達到工作分析目的之產出。其中，研究方法的挑選依據為文獻探討的結果，包含結構式面談法、問卷法和 AHP。而工作分析步驟與研究方法之適配，以及其所使用的工具，簡要說明於表 8-3。

表 8-3 工作分析步驟和研究方法之適配，及其所使用的工具

工作分析步驟	研究方法	研究工具
1. 全面性工作描述 2. 工作明確化 3. 確認履行工作所需具備的要件	面談法 （結構式）	無
4. 確認訓練需求面	問卷法	任務分析清單
5. 訓練需求的排序	AHP	層級分析問卷

個案所使用的方法

(一) 分析流程

首先，進行結構式面談，蒐集急診護理人員所執行的工作任務與其所需具備的 KSAOs。接著，將面談結果作為工作分析問卷與層級分析問卷的基礎。其中，工作分析問卷是以任務分析的方式，設計成任務分析清單，用以取得急診護理人員所執行的工作任務中之重要工作任務，並作為層級分析問卷填答者對急診護理人員工作任務的認知依據。而層級分析問卷是針對急診護理人員所需具備的KSAOs 賦予權重，用以取得其所需具備的關鍵 KSAOs，並分別由具有急診就職經驗的護理長與具有急診就醫經驗的病人進行填答。最後，比較護理長與病人的層級分析問卷結果，幫助護理主管評選急診護理人員的教育訓練目標。

(二) 結構式面談

Thomasine（1981）指出工作分析流程應先由面談開始，且面談對象應為與該工作熟悉的主管或工作者，面談效度才能成立。而房美玉與賴以倫（2003）則認為受訪者可能會誇大工作任務內容或增加工作複雜性。因此，為證實面談資料的可信度，可請該工作者的主管重新確認資料（Winchell, 1982）。由上述可知，和工作者相比，將熟悉該工作的主管作為面談對象更為適宜，不但能確保面談效度，同時也可避免工作者誇大工作任務的內容與複雜性，維持面談資料的可信度。故本研究以急診護理人員所屬之護理部的主任為面談對象，進行結構式面談。

至於面談內容，則是以急診護理人員所執行的工作任務和其所需具備的KSAOs 為主軸結構，進行面談與記錄。紀錄完成後，會再次由護理部主任親自進行檢視與修改，最後才進一步確認出急診護理人員所執行的工作任務和其所需具備的 KSAOs，並作為後續任務分析清單和層級分析問卷之產出依據。

(三) 任務分析清單

將結構式面談結果中的「急診護理人員所執行的工作任務」設計成任務分析清單後，發放給 20 位現任職於某地區教學醫院之急診護理人員進行填答，並請其針對該任務的執行頻率和重要性做出評比。

至於評估尺度的設計，則是依據 Gatewood 與 Field（1998）的建議，採 Likert 七等尺度來計分。其中，執行頻率的部分，1 代表非常不頻繁，7 代表非常頻繁，數字愈大，表示該任務的執行頻率愈高；而重要性的部分，1 代表非常不重要，7 代表非常重要，數字愈大，表示該任務的重要性愈高。

接著，經由上述的計分方式，分別計算出各個任務的執行頻率和重要性之平均數、標準差，並依據 Gatewood 與 Field（1998）的建議，挑選出任務重要性評比大於 6 及標準差小於 1 的工作任務，作為急診護理人員所執行的工作任務中之重要工作任務。該個案採用房美玉與賴以倫（2003）的加權計分方法（即任務執

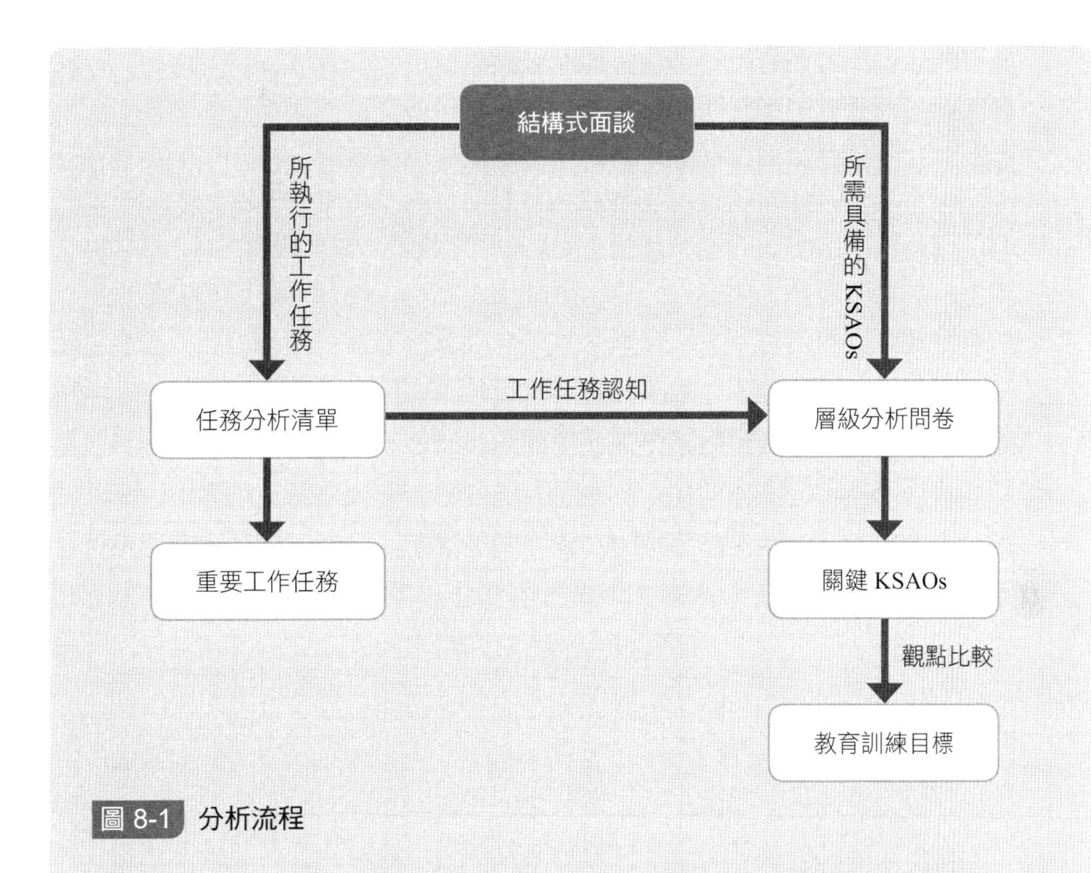

圖 8-1 分析流程

行頻率乘以 1 ＋任務重要性乘以 2）來取得重要工作任務的相對重要性，進而排列出重要工作任務的先後順序。

(四) 層級分析問卷

該研究運用結構式面談結果中的「急診護理人員所需具備的 KSAOs」作為評選急診護理人員教育訓練目標的評估要素，並利用 AHP 建立評選急診護理人員教育訓練目標的層級結構，接著，以此層級結構和 Saaty（1994）所建議的九等比率尺度設計層級分析問卷。

而在考量以病人為中心的新制醫院評估精神、急診護理人員工作任務之專業性，以及避免同源偏誤等三項因素下，為兼顧專業與病人之觀點，該個案於問卷完成後，分別發放給數位具有急診就職經驗的護理長（其為瞭解急診護理人員工作任務之專業代表）與數位具有急診就醫經驗的病人進行填答，並於其填答前提供急診護理人員的重要工作任務內容，以增加其相關認知。而填答內容是針對層級結構中的要素進行成對比較。分析結果共分成三大部分，第一部分為由結構式面談所獲得的急診護理人員所執行的工作任務與其所需具備的 KSAOs；第二部分為由任務分析清單所取得的急診護理人員所執行的工作任務中之重要工作任務；第三部分則為由層級分析問卷所區別出的急診護理人員所需具備的 KSAOs 中之關鍵 KSAOs。下表為護理長及具急診就醫經驗病人對於重要工作任務之教育訓練優先排序。

表 8-4 重要工作任務之教育訓練優先排序

評選要素		具急診就職經驗護理長		具急診就醫經驗的病人	
		權重值	權重排序	權重值	權重排序
能力	危機處理能力	0.082	1	0.075	2
能力	溝通能力	0.053	2		
知識	急症護理知識	0.048	3	0.064	3
技巧	急救技巧	0.047	4	0.079	1
能力	協調能力	0.046	5		
能力	同理能力	0.043	6	0.048	7
技巧	需會看心電圖	0.043	6		
能力	學習能力	0.042	8	0.041	9
技巧	需會看血氧計數	0.040	9		
技巧	需會看酸鹼平衡	0.038	10		
其他	維護病人隱私			0.057	4
能力	關懷能力			0.050	5
技巧	維生儀器的操作技巧			0.049	6
其他	具有相關證照			0.048	7
其他	堅守保密原則			0.040	10

該方法經由極具客觀性與數量化的方式，做出最佳、最適的決策，評選出急診護理人員的教育訓練目標，若其他產業或醫療產業中的其他工作有教育訓練目標評選上的需求與意願，皆可利用此架構自行操作，用極具客觀性與數量化的方式，做出最佳、最適的訓練決策。

個案介紹

寶成國際集團的職能導向之教育訓練

寶成集團成立 50 餘年，經由不斷創新與權力突破困境轉型的淬鍊，展現運籌布局之能力，以堅實的設計、生產能力，成為世界知名品牌所信任的合作夥伴，未來該公司將持續秉持「敬業、忠誠、創新、服務」之經營理念，橫跨全球性的投資，以追求最卓越的表現來滿足客戶需求，並透過發揮企業的強勢競爭力，在全球市場中持續穩定成長。以下為該公司開發部門員工核心職能人力盤點執行過程：

開發部門職位層級架構

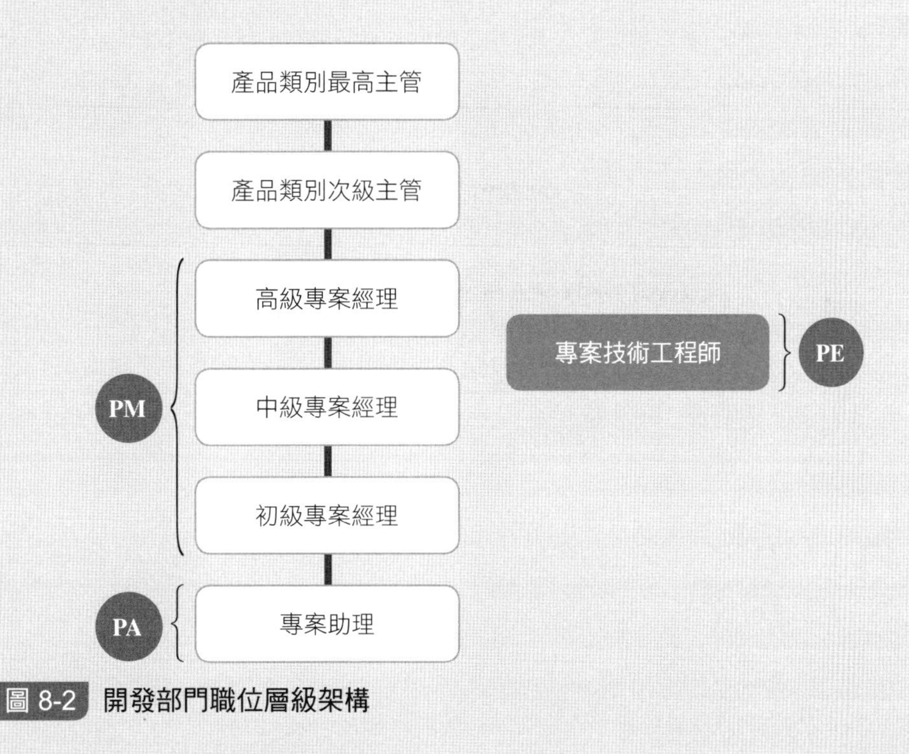

圖 8-2 開發部門職位層級架構

職位說明書（工作說明書）

寶成公司職務說明書，包含以下項目：

1. 職稱。
2. 部門。

3. 工作地點。
4. 直屬主管。
5. 工作主要目的。
6. 工作主要職責。
7. 督導與組織關係：須包含「組織圖」以及「對外與客戶或供應商關係」與「對內垂直從屬及水平跨部門關係」之文字敘述。
8. 績效衡量指標。
9. 職位要件。

核心職能

由以上開發部門不同職位層級，所對應的工作主要目的、職責和職務要件，經 HR 人員與相關人員密集訪談、調查和嚴格分析，萃取出符合 PM、PA 和 PE 所應具備的核心職能。如表 8-5。

核心職能廣度、深度（職務基準）

核心職能因為職級的高低而有不同的職務基準，職務基準的訂定流程如下：

1. 請開發部門所有高階主管對 PM、PA 和 PE 所應具備八大核心職能給予職務基準分數。
2. 將所有高階主管所列出職務基準分數算出平均值。所得之值為該職位核心職能之職務基準分數。如表 8-6。

核心職能施測對象

施測對象為開發部門之 PM、PA 和 PE。

表 8-5 開發部門員工核心職能

核心職能	核心職能說明
執行力	全力以赴的朝目標邁進，能激發自我的潛能，運用各種方法與資源將問題排除，按照設定的目標完成任務。
溝通	能具體與明確的自我表達，正確的傳遞思想與感情，並能理解與接受他人的看法，運用口語與肢體技巧將雙方的歧見化解，異中求同的建立共識。
團隊工作	與他人共用資訊，強調或公開認同他人的貢獻；將組織內不同的團隊組合在一起解決問題，完成具挑戰性的目標；與他人良好合作。
問題解決能力	運用邏輯分析方法有創造性地解決複雜問題。有效定義真正的問題、發掘潛在問題並努力防止其發生。運用決策技巧和直覺判斷力即時做出合理、正確的決定。
以行動為導向	勇往直前接受困難考驗。優先處理重要問題，必要時採取強硬態度。能冒適當的風險、果斷地採取行動；行動時不怕資訊不全或計畫過細；不會因為缺乏適當的準備而喪失機會。
流程管理	明確、實施並不斷改善企業流程，以更有效地戰略目標、完成任務。必須瞭解如何組織流程中的人和活動，把時間和努力集中在最大效益或使損失最小的活動上。能夠協調部門間配合、簡化複雜的流程，消除冗雜的組織結構。
影響力	透過說服和協商的技巧影響他人、改變他人的意見，並贏得委託而採取行動。適時有效地讓有影響事件能力的人參與進入團隊。並且可以積極、主動、真誠地聽取他人意見。
檔案管理知識	能設計有效的歸檔和目錄系統並執行，能分辨檔案的重要性，並確定相應的保管年限，保證檔案不遺失、被竊、損壞。

表 8-6 核心職能職務基準分數

核心職能項目	PM、PA	PE
執行力	4	4
溝通	4	4
團隊工作	4	4
問題解決能力	3.5	4
以行動為導向	3.5	4
流程管理	3.5	3.5
影響力	3.5	3.5
檔案管理知識	4	4

評分方式

以員工自評和主管評核為主。並且使用李克特五點量表，「1」分為最低，表示「不具備此職能」；「5」分為最高分，表示「完全具備此職能，並有助提升夥伴此項職能」。如下圖：

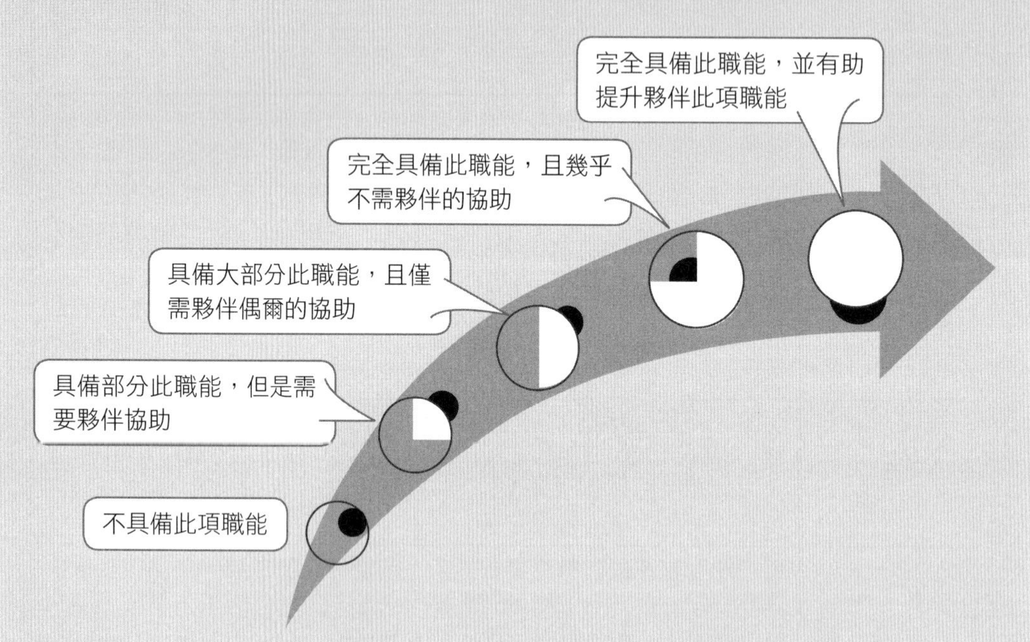

圖 8-3 人力盤點施測量表圖

PM、PA、PE 歷經自我評核和主管評核後，運用分析工具初步可得到目前核心職能能力值現況圖，如下圖 8-4 與圖 8-5 所示，員工未來可在人力資源管理資訊系統上，清楚得知主管對自己每一項核心職能的評價，以及與職務基準之間的差距。

職能導向之人力盤點之優點之一，就是可以瞭解所有員工最缺乏相關知識技能的核心職能項目，針對不足的職能項目設計出一系列加強員工能力的訓練課程。利用數據分析，將員工抽象的能力表現轉為具體化呈現，以這種方式所安排的教育訓練更切合員工需求，也能夠將公司所提撥的資源合理化運用。

全體員工核心職能自我評核平均值和主管評核平均值如下表 8-7，由表中可看出全體員工自我評核以及主管評核平均值最低的項目——流程管理，為員工教育訓練開課首要選擇。

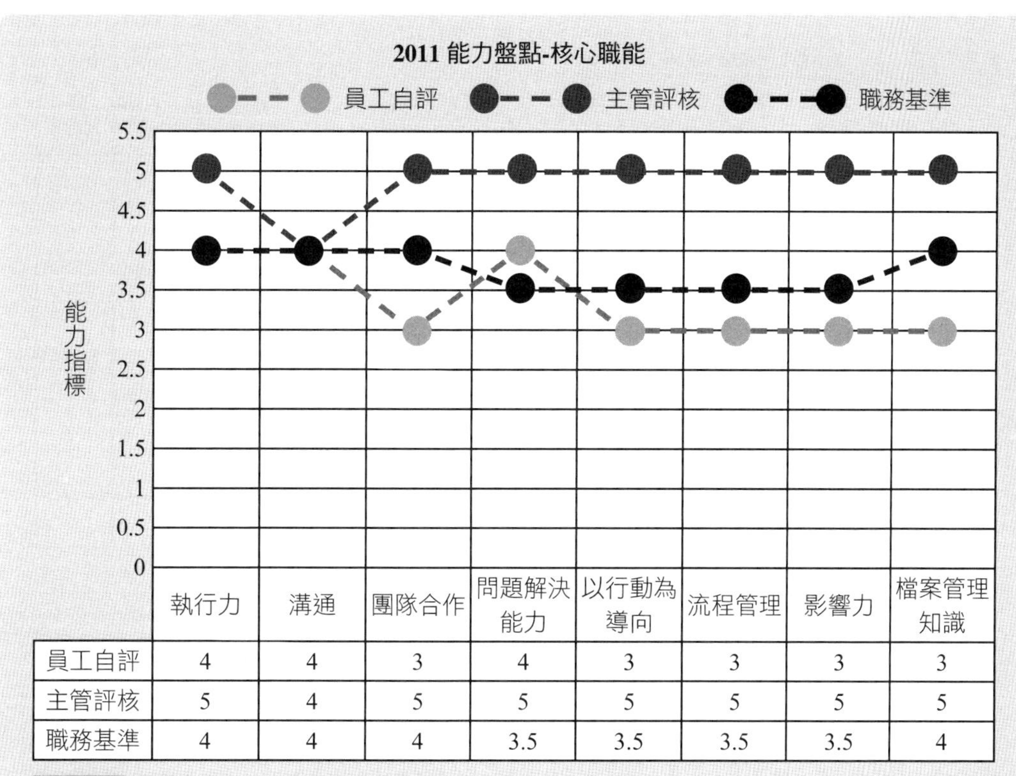

	執行力	溝通	團隊合作	問題解決能力	以行動為導向	流程管理	影響力	檔案管理知識
員工自評	4	4	3	4	3	3	3	3
主管評核	5	4	5	5	5	5	5	5
職務基準	4	4	4	3.5	3.5	3.5	3.5	4

圖 8-4 PM & PA 人力盤點分析圖

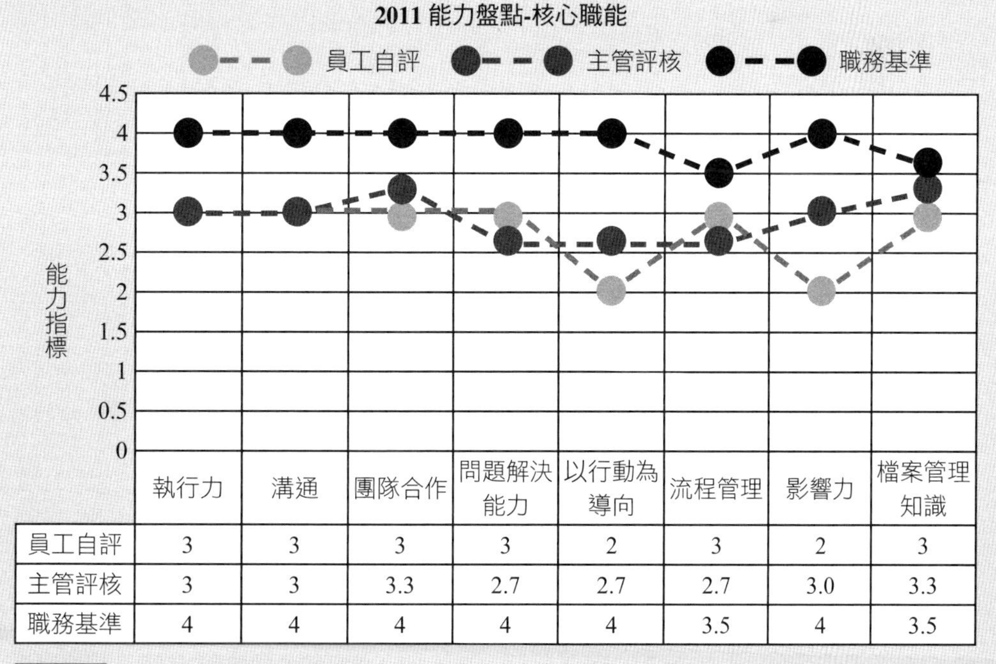

	執行力	溝通	團隊合作	問題解決能力	以行動為導向	流程管理	影響力	檔案管理知識
員工自評	3	3	3	3	2	3	2	3
主管評核	3	3	3.3	2.7	2.7	2.7	3.0	3.3
職務基準	4	4	4	4	4	3.5	4	3.5

圖 8-5 PE 人力盤點分析圖

表 8-7 員工教育訓練開課之分析表

核心職能項目	全體員工自我評核平均值	全體員工主管評核平均值	開課
執行力	3.5	4	
溝通	3.5	3.5	
團隊工作	3	4.5	
問題解決能力	3.5	3.85	
以行動為導向	2.5	3.85	
流程管理	3	3.85	V
影響力	2.5	4	
檔案管理知識	3	4.15	

另外，職能導向之人力盤點結果分析的第二項優點，瞭解未來欲挑選成為部門內部指導部屬的主管或是資深經理人擔任教練一職，是否具備被挑選的資格，或是已經兼具教練資格之教練員應該再補足哪些知識技能。

二、教育訓練的方法

本章節主要探討說明提升職場職能的教育訓練方法，利用訓練方案來補足員工的基本技能需求，並進一步瞭解在工作環境中，常用以實施的訓練方案，如：基本識字技能、技術訓練和人際互動技巧訓練。除了基本技能、技術訓練……這些短期的教育訓練計畫，員工也能透過繼續教育達到專業的持續性發展。再者，關於教育訓練的方法，尤其在新進員工進入公司後所經歷之社會化過程與新進人員訓練的部分，作者特別強調降低新進人員焦慮與壓力的方式。另一方面，如何降低新進人員面對新工作之進入成本、如何做好新進訓練以降低新進人員之離職意願、縮短適應期、引導新成員融入組織文化與使命、協助正向態度之養成等，都是需要關注的焦點。

事實上，研究指出 70-96% 的企業都會進行新進人員訓練，而訓練費用約占訓練發展費用 7%。此外，也有專家認為新員工通常會以進入公司第一天的感受與初期工作經驗來評斷公司的真實狀況。也就是說，新進人員訓練的角色是相當重要的。近期研究中，「Rapid On-Boarding」成為相當熱門的議題，許多研究者開始探討如何縮短新員工的蜜月期，讓新員工能夠在最短的時間內進入狀況，為組織帶來更多的績效產出。

規劃教育訓練與發展方案原則

規劃教育訓練與發展方案的第一步驟為教育訓練與發展目標的設立，目標的設立主要是闡述教育訓練與發展計畫欲達成的效果，為教育訓練與發展計畫做出一個清楚明確的定義。一個好的教育訓練與發展目標設立最好符合下列三項特性：目標設立必須是員工能力所及，並載明員工必須遵守的條件（規則），與判斷的標準必須說明清楚。目標的設立忌諱讓人感到模糊不清，而形成心理上的抗拒，可利用具體化與條列式的說明增加參與教育訓練與發展計畫的受訓者對計畫的信心。寫下教育訓練與發展計畫的目標有助於目標設立過程更加具有邏輯性，思考較為周延，降低目標設立過程中所會產生的弊端。目標的設立過程是十分具有爭議的，就如同需求評估對於教育訓練與發展有時具有兩派說法。

決定了教育訓練與發展的目標之後，再來就是需要根據訓練者的特性決定教育訓練與發展方案是否外購或自行設計，十分現實的成本考量會深深影響外購的決定，而內部自行設計教育訓練與發展計畫則需要慎選講師，不論自行設計與外購教育訓練與發展方案，考量的因素有很多，除了組織擁有的資金、訓練主題之外，其實管理者會依自身與組織的文化（或氣候）給予這些需求因素不同的比重。接受訓練的人不只是針對員工，也可進行組織內部講師的培育，透過培訓訓練者更可以使組織內部的主題專家將其所長發揮最大效益；因為主題專家為某一領域的權威，但是對於課程的設計或是教學可能會有障礙，所以藉由培訓訓練者計畫可以將主題專家利用教材的輔助與教案的設計，使其知識技能外顯化。

工欲善其事必先利其器，教育訓練與發展計畫執行中，透過些許的工具及方法可以使學習者更容易進入學習狀況，工具及方法的置入與我們前面所談到之步驟是緊扣的，是牽一髮動全身的。除了前面提到的教育訓練與發展目標設立，組織面臨的金錢及時間等資源有限的情況，亦包含組織人員特性的考量（如生產線的作業員，應該較偏向實務教學）。在準備的素材方面，除了我們一般常見的坊間教科書外，還可利用張貼在員工布告欄的公告，和給予公司管理階層的計畫大綱，與因應 E 化的電子公告。最後，就是安排一個教育訓練與發展計畫，除了人、教案與負責單位，還有時間；時間是一大考量，因為教育訓練與發展不論在哪一個時間實施，好像都會引發員工的異議，上班時間、下班時間、休息時間，不管選擇哪一時段，重要的是要讓員工有動力，所以需一些誘因，至少先滿足其生理需求，激發學習興趣，這些工作唯有站在勞資雙方之間思考方能達成雙贏，所以專業的教育訓練與發展人員，應視教育訓練與發展為一門具藝術性的人文科學。

教學策略的學習形式

依照教學策略的學習形式，而訂定三種教學方式：講述法、實作法和問題導向法三種。而每一種方式包含許多變數和情況來套用於教學情境中。這三種教學方式分別如下：

(一) 講述法（Expository Method）

講述法為目前一般上課最普遍之方式，教師以口頭傳達向學生進行教學，輔之以圖片或投影片，把知識講給學生聽；學生通常只需用眼、耳接受訊息，教師可容易地依照教學目標教學。然而教師－學生的單向溝通，並以老師為中心，易忽略學員認知學習的歷程，學員缺乏思考，也不易從事科學技能等學習。一般運用此教學方式可提供學習者先備知識及經驗為基礎而建構有意義的學習教學，教師會以討論教學或問答教學法融入講授法之中。

(二) 實作法（Practice Method）

實作法內容有許多變數，運用來改進流程知識的學習，而落實在正確使用流程知識。設法創造一個學習環境讓學員學習之前未遇過的流程知識，以監看並確保學員的表現。而學員可以真正學習的問題解決法普遍的被運用在教學上，透過問題的解決過程，培養學生高階思考的能力，如分析、計畫、比較、歸納、評估、關聯等。

(三) 問題導向法（Problem-Oriented Method）

問題導向法運用演練來操作技巧。演練的目的在於改進知識基礎中組織及資訊接近度，最適合運用於情境設定中，強調學員嘗試用陳述性知識和流程知識來解決特定問題。藉由問題的提出，讓學員經由記憶所學的知識及資訊來尋求解答，學員要靠自己的經驗來處理這些情境，並判斷哪些資料是有相關的、哪些資料是需要的，讓學員去分析問題、瞭解問題、訂定問題解決目標及提出一個問題並決策，如角色扮演、個案討論等。若是知識的種類為陳述性知識，屬於一種事實、真理，通常目的是要使學員能夠知道事物並能陳述（語文資訊），其最好的授課方式為講授法，把知識傳遞給學員；而若知識別為一種技術、習慣的流程知識，通常目的是要使學習者能夠使用符號或概念來與環境相互作用，其最好的授課方式則為實作法，讓學員學習如何正確使用流程知識；最後為概念知識，通常目的是在使學員學習過的技能和知識被組織進概念中，而能學習並保持著，所以最好的授課方式為問題導向法，試著由問題中，讓學員來分析問題、瞭解問題和訂定問題。

新進員工訓練

在資訊的傳達上，新進訓練的內容應包含公司資訊與工作資訊兩部分。在公司面應該告知企業文化、精神、使命，以及企業的營運目標；在工作面，工作內容的說明、組織對工作的期望、薪資與福利、軟硬體資源，乃至如何與他部門共同合作交流，都是需要告知的訊息。既然需傳達的資訊繁雜多元，訓練時所需使用的媒體與方法也各異；Video、講授、講義、DVD、討論、紙本資料、光碟、線上學習、團隊學習等都是可以考慮的方法。然而，過多的資訊可能產生資訊超載（Information Overload）的問題，新員工很難在短時間記住所有事項；訓練過程中對公司太過於歌功頌德、缺乏雙向溝通的授課方式等，也都可能降低訓練品質。

新進人員進入公司後應主動瞭解新環境、積極學習相關的資訊與技能，並設法減短自己的適應期、早日跟上組織的腳步。就主管而言，應該適時關心新員工的表現、在必要的時候協助其適應新工作環境，甚至可以設計一些任務來測知新員工的工作行為。另外，同事間應該要能夠友善地接納新員工，或設計一些遊戲來幫助新員工早日融入工作環境、培養團隊內的感情。組織人力資源管理者的工作則在於規劃、組織整個新進人員訓練的過程，甚至在新進人員進公司之前，就應該要為主管進行訓練，指導其如何帶領新進員工。

最後，整個新進員工訓練的流程如下所示：

1. 設定目標（例如：降低員工離職率達 X%）。
2. 組織新進訓練籌備委員會。
3. 研究新進訓練的內容。
4. 面談新進員工及其主管。
5. 調查頂尖企業的新進訓練實務作法。
6. 調查現有企業新進訓練課程與教材。
7. 選擇訓練內容與方法。
8. 測試並修正教材。
9. 教材生產製作。
10. 訓練主管並執行系統。

在深入探討員工社會化與新進訓練如何進行前，有必要先瞭解誰是新進員工、誰是菜鳥。這與同事的認知有關。一個人之所以被視為菜鳥，可能有兩個因素：首先，研究顯示若員工在組織的相對任期為最低的 30%，就容易被認作為菜鳥。不以絕對年資來看的原因在於一個已有多年工作經驗的人，若被調至一個新的團隊，那麼對於團隊中的其他人而言，該員工仍有可能被視為菜鳥。再來就是該員工與其他員工的互動頻率低。一位初進組織的人，如果密切的和組織的人互動，對於組織的瞭解就會較深，就不容易被視為菜鳥。

定義新進員工的概念後，要瞭解的是菜鳥如何經過社會化的過程變老鳥。所謂的組織社會化是指員工取得一個組織角色所需社會知識與技能之憑藉過程。包含三個基本的概念：組織角色、團體規範與期望。角色指任某職位的人被期待所該有的行為，包含相容性、功能性、階層性三個構面，構面內有界線存在，當跨越界線的前後，經歷的社會化較為強烈。欲跨越這些界線，須學習新的態度與行為，並且要承擔社會化失敗帶來負面結果的風險。團體規範指團體成員針對重要行為所建立的非正式行為常規。團體規範是組織社會化很重要的一環，因為其指出局內人所同意的行為，菜鳥通常要學習遵循這些規範才能被其他人接受為局內人。期望指個體覺得某事情可能會發生的信念。當新進員工的期望與現實有所落差，就容易負向影響滿意度、績效、承諾或留職意願。

至於社會化要學習的內容為何，許多學者有不同的分類。例如：Fisher 認為可以分為基本的學習、對組織的瞭解、在工作團體運作、勝任工作之道、自我的瞭解五個構面；Chao 等學者則將社會化分為六個構面。不管是哪種分類方式，都可以看出新進員工初入組織時，往往要面對很大的困難。不過，若成功地社會化，將有助菜鳥員工認識組織、表現良好態度並促進個人與組織的效能。

對於社會化過程的觀點有以下三點：首先，Friedman 的階段模式認為社會化過程可以分為三個階段：預期社會化、接觸期以及改變與獲得階段。成功經歷此三階段可以帶來正向情感與行為結果。第二個觀點是人員處理戰術與策略。所有組織皆想影響新進人員的調整，透過諸多社會化戰術的結合會使菜鳥發展特定的角色取向。Mannen 與 Schein 提出組織社會化戰術可以分為六構面，Jones 則分為制度化、個人化兩類。第三種觀點是前瞻型資訊搜查者——主張新進人員會主動搜尋所需的資訊，因此組織應減少成員實驗風險、支持菜鳥蒐集資訊並設計訓練課程。

要幫菜鳥適應公司，就必須瞭解他們需要什麼。透過比較老鳥、菜鳥的不同以瞭解菜鳥需要什麼有助於達成此目的，因為老鳥知道他們所扮演的角色、組織的規範和價值觀、KSAOs 與經驗，並且已經適應其角色、團體與組織，所以可以給予菜鳥最佳的協助。

實務上，透過真實工作預覽與新進人員訓練課程，是組織可以幫助員工適應組織的方式。與傳統上隱惡揚善的方式不同，真實工作預覽藉提供新手有關於工作以及組織完整的資訊，以增加菜鳥滿意度、承諾與留職意願。在實施時，應考量如何運用真實工作預覽以及如何衡量其效用。新進人員訓練課程的目的在於減低新進人員的壓力與焦慮、降低進入成本、降低離職率、縮短適應期、協助新進人員融入組織價值、文化與期望、協助新進人員融入工作團隊並鼓勵正面態度的發展。不過，在實施時應注意太重視書面、無關緊要的訊息太多、對公司太歌功頌德、只進行正式和單向的訊息傳送、沒有針對新進訓練進行評估以及訓練沒有持續等問題。總而言之，不管是採用真實工作預覽或新進人員訓練，皆要考量是否有實施的效益。

教育訓練與發展實施的技巧

教育訓練與發展的實施，其實施的方法有工作中學習、工作指導訓練、工作輪調等。工作中學習屬於在實作中學習，參考前輩或主管的作法，優點是可以促進學習移轉，並且可以降低學習成本；但缺點則是陋習可能會繼續傳承下去，而且將昂貴的設備給新人使用可能有風險。而工作指導訓練則是列出步驟與要點，解釋並且示範工作，提供受訓者練習的機會，因此在這個方法中，指導的前輩或主管就很重要。而工作輪調則是可以發展相關的工作技能，並且學習該部門的相關技能，過去也有研究指出，這樣的方法可以激勵員工。通常這個方法都是用在第一線的主管，也是讓員工在擔任主管前，先發展組織相關知識。

教室訓練措施是指可以在非工作的任何地方進行多種方式的訓練，其訓練的環境可以提供輔助的效果，優點是在於可以容納很多人，但缺點則是訓練成本與訓練移轉的難度。其實際作法如講課，可以提供視覺輔助像幻燈片或講義，然而其屬於單向溝通，容易造成倦怠、疲倦，而且缺乏受訓者的意見分享；因此想要做好訓練，就得注重講課的效果，要有趣、雙向。其他作法如討論，讓受訓者間彼此溝通，進行意見分享、回饋，講師可以丟出直接問題、反思問題與開放問題，提供受訓者間互相討論，讓大家都有發表意見的機會，由於人愈多愈難控場，因此講師可以用分組進行。在教學法中，學者相信經驗方法最可以達到學習效果，另外個案研討、模擬等方法讓員工或學員可以針對訓練者設下的情境進行演練，透過自我感知讓自己透過經驗學習。

有關圖像教學，是指可以藉由圖片、投影機或幻燈片，藉由圖像來表達訓練者的想法，上述為靜態的；動態的圖像教學為影片教學，影片可以快速流通到各地，並且可以隨時觀看，如果是自製影片也能夠有效壓低成本，對於一些臨時人員來說，影片教學對他們也有不錯的效果，但缺點為受訓者可能會將其視為娛樂而非學習，因此所選的影片要慎選，要能夠符合訓練的內容；第三個則是藉由視訊來進行長途教學，如大學會有講師進行網路視訊教學，讓受訓者不受地區限制，而對經驗主義來說，其相信有效的學習源自於主動的經驗，因此對學習者來說，主動參與以及經驗是最有效的學習方法。

案例學習方法首先被哈佛大學使用，目的在於培養解決問題的能力，不論是個人或團體皆可使用，並且可以促進人與人的溝通技巧，其有理性問題解決流程，由重新描述、描繪要素、開始問題、發展方案與決定方案，來理性解決問題，然而其缺點為容易造成群體迷思；而商業競賽則可以發展和精進問題解決與決策技巧，藉由虛擬公司真實資料強調動態回饋，其流程是先接受給予的資訊，讀取排序與做出決策，再根據決策進行評估，然而其缺點為缺乏真實性、缺乏人為互動且注重情境。其他方法也有如藉由角色扮演來讓訓練者扮演組織中的特定角色，讓其有機會表現自我，也可以藉由行為模範來觀察與學習，而訓練也可以藉由電腦輔助，結合科技強化訓練結果。

在自我步調學習中，首推電腦輔助教學，因為科技的進步，讓電腦輔助教學的優點與日俱增，且可以降低成本，又可達到訓練效果，加上適合個人學習，因此受到企業的歡迎，如 IBM、AT&T 等皆運用電腦輔助教學訓練員工。

然而，單一教學課程學習的學習效果會因為其缺點而受到限制，混合課程學習（Blended Learning）卻可以改善這個缺點。即使我們在教學法上不斷的做更新強化，但是還會有其他因素的影響，如環境、干擾。舉例來說，如舒適程度——溫度，太冷太熱對學習的專注度會有影響；生理干擾如老師或環境的聲音、教室內光線、場地障礙等，再吹毛求疵點如牆壁、地板顏色等。而就算瞭解許多教學法、上課方式等，但是最重要的還是針對一個計畫，要真的去執行它。不管教學計畫擬得多詳細、教學內容有多豐富、教學教材多有吸引、訓練者有多會講，一旦沒有執行計畫，一切的前置作業都可能白費力氣，且皆是空談。

近年來由於國家間高度的競爭，各國重新檢討識字的意義，認為成人識字是工業化國家經濟表現的關鍵性因素，因此識字議題一躍進入經濟合作暨發展組織（Organization for Economic Cooperation and Development，簡稱 OECD）國家政策的中心。故，基本識字的技能訓練也被各個組織所重視，並著手進行相關訓練，改善員工文盲的現象。

技術訓練是以一般性的項目為主，包含大範圍，一共分成五類：學徒式訓練、電腦訓練、工作特定技術與知識的訓練、安全訓練與品質訓練。學徒式訓練起源於中世紀的手工藝，主要是以在工作中學習為主和課堂上的教學為輔，另一種模式是學校與工作的建教合作；學徒式訓練可以有效的減少員工能力與工作所需能力的落差。電腦訓練有初階和進階兩部分，初階在於一般基礎的電腦使用方式，目的在於克服對用電腦的恐懼，進階則會學習特定軟體的應用；有效的電腦訓練也可以運用在教育訓練與發展訓練的課程上，像是 E-Learning。當組織推廣一項新科技時，要讓員工能夠運用自如，工作特定技術與知識的訓練就很重要了。而與員工安全息息相關的安全訓練也不可忽視。1970 年，美國提出職業安全與健康法案（OSHA），是為所有美國工作者所設定，以確保其工作場所安全與健康的法案。實證的經驗提供一些有效的安全管理方案：管理高層的支持和加強安全性的標準、讓員工參與如何設置安全措施、經常性的安全訓練，最後是有效的監控系統，確保落實安全標準。1980 年，組織開始重視生產率和品質，發展出 TQM 的管理模式，TQM 中強調顧客是最不能被忽視的，因為無論產品服務是如何的完美，如果沒有符合顧客的市場，期望一樣是會失敗。

在人際互動技巧訓練中則包含以下面向：溝通、顧客關係、銷售、團隊合作，這些都能經由訓練達到改善，目前已經有 89% 的組織在進行有關人際溝通技巧的訓練。有以下三個趨勢使得人際技巧的訓練需求增加：(1) 組織開始轉為團隊基礎去完成工作；(2) 高中與大學畢業生常常缺乏組織所需要的溝通技巧；(3) 組織傾向多元文化。每個組織因組織文化的不同，其人際溝通技訓練課程也會有所不同。

組織在教育訓練上投注的成本是相當可觀的，當員工經由妥善的訓練，具備更優良的工作技能、產生更高的績效後，組織勢必得投入更高的獎勵成本，以激勵員工士氣。但站在組織的立場，似乎都是付出的一方，當員工有較佳的績效產出時，教育訓練相當值得；反之，組織則會去刪減訓練的支出。所以，我們發現教育訓練的內容多屬特殊性技能，也就是與工作息息相關的技術，而較少一般性技能的訓練。

教育訓練是組織經營策略上很重要的一環，教育訓練可使員工能力與工作上所需的能力達到適配，提高個人工作適配（Person-Job Fit, P-J Fit）的程度。當達到 P-J Fit 時，不僅可促使員工個人正向心情的提升，也可使組織整體績效提高，故，教育訓練可說是在組織中不可或缺的一部分。但是，教育訓練要成功的一大因素在於高層管理者的支持，高層管理者不僅是在金錢上必須付出，對於組織氣候也會有影響，如果連高層管理者都不支持此訓練計畫，底下的員工也不會盡心盡力的參與。因為許多的訓練計畫是無法在一時之間就看到成果的，所以在推行訓練計畫時，教育訓練與發展的人員要先教育高層管理者，使之認同其計畫，並作為此計畫的代言人，對員工而言會更有吸引力。

未來，我們在進行教育訓練時，要給予員工明確的訓練目標，而非為了訓練而訓練；而其內容也必須對員工有所意義，能夠真實搭配工作上的實例結合、設計與工作環境相似的訓練情境，就能提高學習內容對員工的意義，教給他們的，必須是他們用得到的東西。「Practice Makes Perfect」，所有的訓練要真正遷移到工作中，需要不斷的練習，持續改進。所有的訓練，若搭配明確的回饋、指導、獎酬，更能夠增強其學習的效果。

三、教育訓練成效評估的目的

全球化是目前的趨勢，臺灣經濟的競爭力是否足夠來迎接它，將是一個嚴苛的議題。當國人在享受從其他國家進口的產品時，因為一些本土企業為降低人事成本，增加價格競爭力，本國失業率已悄然提升。訓練可提升員工的人力資本程度是不爭的事實。OK 與 Tergeist（2003）研究顯示，員工參與教育訓練對於他們工作上的表現比起未參與者有顯著的差異。根據勞動部勞動力發展署報告，僅 14.2% 的受雇員工參與雇主贊助之任一型態的教育訓練。顯然地，在臺灣一般雇主的觀念並不十分重視教育訓練。通常企業主會希望員工在受雇之前已具備其工作職場上所需的知識和技能。如果情況不是如此，雇主們會希望員工們能利用自己的時間及金錢去參加教育訓練。很顯然地，成本對企業主而言，是一個相當重要的考量。通常大部分教育訓練的成本會由企業主吸收，不管公司規模大小。

無庸置疑地，教育訓練比起一些額外工作津貼更能提升員工工作績效。因此，當一個教育訓練其內涵及作用愈被充分的瞭解，其愈能受到企業主的青睞與支持。重點是，我們要如何知道一個教育訓練成效如何及參與教育訓練的員工是否能得到他們想要的？訓練評估可視為唯一有效的途徑。為衡量訓練成效，Kirkpatrick 於 1959 年提出一具四個層次的評估模式，為目前企業與專業人員所採用。此模式於下一節會做詳細介紹，其中包括反應（Reaction）、學習（Learning）、行為（Behavior）與結果（Results）等層次。

訓練評估的重要性

當組織為了特定目標而花費時間和金錢在訓練員工上，相對地，企業主們會想要知道其成效為何，組織中的人力資源部門或訓練部門也可做出相對應的決策，如繼續該項訓練與否。一般而言，訓練評估在整個訓練過程中扮演著十分重要的角色，但卻時常被忽略。Attia 與 Honeycutt（2002）研究指出三個訓練評估被忽略的理由：(1) 以美國而言，訓練的預算逐年降低；(2) 訓練評估的公正及有效性受到質疑；(3) 訓練結果的焦慮，除非訓練成效是絕對正向，否則通常訓練部門會想逃避訓練績效的評量。然而，在組織中，缺乏訓練評估的訓練課程是很難被管理高層支持，由此可見訓練評估其重要性。在企業的訓練方案中，訓練被視為投資，那麼對企業而言，任何投資都要有相對的效益，而且是以較少的資源創造更多的效益，因此對訓練的績效進行評估很重要，不但能證明成效，亦能提供未來決策之參考，進而改善績效。

訓練是企業的一種投資，包括金錢、時間和人力的投入，由於企業經營講求利潤概念，所以這種投入能否產生效益，如何創造效益，是企業關心的問題，有些企業不但成立專門負責訓練的單位，甚至是成立專門評估訓練績效的單位，例如：全球化的大公司輝瑞藥廠（Pfizer）即不吝於花費巨資在員工訓練上，但是他們希望知道訓練費用有沒有讓工作績效顯著成長，他們特別成立一個服務策略小組，主要在評估與衡量公司的培訓成果。然而除了訓練必須付出成本，大手筆地對訓練成效進行評估也是必須付出成本，因此必須考量訓練評估的可行性及其帶來的效益。所以對訓練進行評估是為了瞭解訓練的價值，而對訓練評估模式進行研究則可以幫助建立一個合理可行的訓練評估模式。適當的訓練評估有助於提升企業訓練的成效，企業雖然投入大量的訓練資源，卻常因為沒有確實進行評估工作，或未用適當的評估方法以評量訓練是否達成預期成果，因此無法有效提升企業訓練的實施成效。

Kirkpatrick（1996）認為訓練評估的目的在於提升未來的訓練方案，並去協助除掉一些低效果的方案，且能證明訓練對企業經營目標的貢獻及訓練部門存在的必要性。訓練評估很重要，影響性也很大，因為訓練需要時間和金錢，對企業而言，花費每一分錢，都要有它的意義。不做評估就無法肯定它的意義，但評估不僅具有證明的功能，訓練評估至少有幾個普遍認同的功能：(1) 幫助提升未來的訓練方案；(2) 幫助訓練方案的篩選；(3) 證明訓練部門的貢獻與存在必要性；(4) 有助於增強學習效果。

實務上，沒有標竿企業的訓練評估目的會是主要建立在證明訓練的功能和維持訓練的預算上，所以其他訓練評估的功能相對更重要；但是實務上真正瞭解訓練評估的重要性且能正確利用評估結果的企業也不多，所以正確評估且正確地應用評估的結果資訊，才能達成訓練評估的目的與功能，提升訓練成效及組織的績效。

訓練評估之管理決策

在談訓練評估之管理決策的同時，我們知道幾乎所有決策研究的重點都在檢視決策的有效性（Effectiveness of Decision Making），而影響決策有效性的因素很多，其中大部分皆來自決策研究之過程，因此決策過程是目前大部分決策研究的焦點。

管理工作也一刻都離不開決策，訓練評估決策亦然。傳統觀點認為，決策非只是高層管理人員的事，它是用來解決經營管理中的發展目標和經營方針等重大問題的。組織的其他層次的主管也常需要面臨決策的問題，尤其是人力資源管理者。著名心理學家西蒙（H. A. Simon）在企業管理研究中，運用控制論和決策分析方法，把古典決策理論和行為決策理論成功地結合起來，並因決策理論而獲得 1978 年諾貝爾經濟學獎，他提出管理就是決策，創立了決策理論學派。該理論認為，管理活動全部過程都離不開決策。在企業經營管理中，決策的問題是多方面的，並大量地存在著。比如，從企業日常管理工作看，產品的價格怎樣確定？材料訂貨和庫存政策怎樣確定？設備何時更新，如何更新？從企業長遠發展方向來看，要不要開拓新的市場，開發新的專案？人力資源管理相關措施如何跟組織策略連結？教育訓練評估是否要執行？要依據什麼來執行？等。這一系列問題，都要求管理人員做出合理和適時的決策，如果憑主觀想像亂下結論，非但不能解決問題，反而會造成企業更大的問題。決策過程研究中，一些學者乃研究決策之程序。此派學者以為決策應遵循依科學方法所制定出之程序，如此才能制定高品質決策，而達到決策之有效性。訓練評估決策的重要性等同於需求評估，兩者皆由組織高層跟人力資源發展專業人員所主導。訓練費用的優先置放排序取決於何者能幫組織提升最大的績效，國內目前績效評估普遍集中在感受跟學習層次，較少在行為及績效改善層次。部門主管及組織高層支持是影響訓練評估決策最重要的因素，如果能改善主管們對訓練評估的態度，將會提升訓練評估的執行效率。因為不同的訓練評估層次需要不同的資源投入，特別在行為及績效改善面（結果面）的層級除了仰賴組織內部人力資源管理人員的專業之外，有時可能還需要一些外部的訓練評估專業機構予以協助。

四、教育訓練成效評估的工具

教育訓練成效評估除了可以提供決策者在決策過程能夠更加明智外，也包括以下三種原因。首先，如果人力資源管理人員無法用明確的數據來證明其工作內容對於組織所帶來貢獻時，那麼在年度預算編排上，人力資源單位可能在組織資源有限下，預算編列受到排擠，使得部門功能大受打擊；其次，教育訓練成效評估所提出的內容，除了提供給高層主管決策參考外，對於說服組織內部其他單位成員支持人資單位的政策會更有科學性；最後，管理者通常都想要瞭解執行人力資源專案對於組織的具體效益在哪，基於以上原因，我們可以瞭解進行教育訓練成效評估的必要性。但在實務上，評估的過程常常會遇到現實上的困境，其中最常見的原因是，評估的過程非常耗費資源及時間的投入，使得多數資源並不充沛的人力資源單位並不願意投入，且單獨評估一項專案而屏除許多外部條件時並不是那麼準確。最後則是與人力資源項目有關的單位，害怕評估結果有可能會適得其反，反而違背本來想要藉由評估過程取得更多有利的證據來證明單位價值的初衷。

一般而言，人力資源管理的政策包括教育訓練及所採取的各項措施皆是為實現企業策略目標為主要訴求，然而，人力資源管理與企業效益之間未必是直接的關係；簡言之，人力資源管理能夠給企業帶來的不必然為正向的效益。如果人力資源管理的政策和活動有助於提升企業人力素資，有助於內部人力充分發揮其應有的才能，那麼，它對企業效益就會是正效應；反之，如果人力資源管理的政策和活動導致企業人才的流失，員工對企業認同感下降，工作效率的降低，那麼，它對企業效益的影響就有可能是負效應的。Schuster（1986）指出：定期對一個企業組織在人力資源管理工作上做得如何，進行評估是很重要的。根據人力資源管理效益與企業效益之間關係聯繫的程度，可劃分為人力資源管理直接效益和間接效益。人力資源管理直接效益，是指人力資源管理活動本身所取得的價值與所花費的成本比例關係；人力資源管理間接效益，是指人力資源管理的政策和活動所導致的企業效益。以下為一般教育訓練評估模式之簡介。

教育訓練評估模式

(一) CIPP 模式

此模式乃評估訓練之情境（Context）、投入（Input）、過程（Process）與成果（Product），此模式可幫助評估者依自己的偏好並參考評估的各個項目形成決策。該模式具四類決策（Stufflebeam, 1974）：

1. **情境評估**：以基本問題亦即尚未符合的需求及機會，做出規劃決策。
2. **投入評估**：分析過程，以擬出架構決策。

3. **過程評估**：監控計畫的運作，以擬出運作決策。

4. **成果評估**：衡量計畫成果，以擬再循環決策。

(二) IPO 模式

Bushnell（1990）的投入、過程與產出模式也是一個廣義的訓練評估模式，對整個訓練系統的每一個點進行評估，包括幾個評估點：計畫、設計、發展、執行、產出及結果。其中他把成果分為產出（Output）和結果（Outcomes），產出是一些短程的效益，包括受訓者的反應、獲得的知識與技能、工作績效改善；結果則是長程的效益，包括利潤、顧客滿意度、生產力等。因此其產出及結果的部分與 Kirkpatrick 的四層次是相符的。

(三) Kirkpatrick 四階層模式

國內外諸多學者從不同角度探討教育訓練績效評估模式，最常見也是最典型的訓練評估方式，即是由 Donald L. Kirkpatrick 的四階層模式。為衡量訓練成效，Kirkpatrick 於 1959 年提出一具四個層次的評估模式，為目前企業與專業人員所採用。該模式中可分為四個層次，分別為感受、學習、行為與結果等層次。

1. 感受層次

感受層次基本上就是顧客滿意度的調查。評估受訓者對訓練課程各層面，包括訓練主題、講師、教學方式、教材及設備的感覺與滿意度。

2. 學習層次

學習層次係指受訓練者經由訓練課程改變其態度、增進其知識或者增加其技術。學習層次主要衡量學員在訓練結束後，對於訓練課程瞭解的程度、知識吸收的程度，亦即評量受訓學員從訓練課程中所能學習到的專業知識及技能的程度，並能提升自我信心、改善工作的態度，以瞭解訓練成效的檢測方式。這個層次關注的焦點在於受訓者對教育訓練項目及其有效性的知覺，它能反映出受訓者對教育訓練項目的滿意度，但是不能證明教育訓練過程有達到預期的學習目標。

3. 行為層次

行為層次在於評估受訓者在接受訓練之後，是否能將學習成果移轉到工作上，而且訓練對其行為產生改變；亦即對於受訓者在訓練後其工作態度、工作行為改變的評估，即是瞭解受訓者是否透過教育訓練過程習得課程預期達到的目標，可以透過測驗等方式瞭解學員的學習狀況。即是學員將學習內容學以致用的程度，如果不能達到學習移轉的結果，那麼教育訓練的過程就不能具體幫助組織達成績效提升的目標；衡量此目標時，可以搭配多種指標共同評估，例如：客戶投訴率的下降、生產力的提升等。由於影響工作行為的許多因素是隱藏在組織之中不易察覺，例如：受訓者個人的人格特質、訓練設計、工作環境、組織氣候等，因此「行為層次」的評估要較「感受層次」與「學習層次」的評估困難。

4. 結果層次

結果層次是評估學員經過訓練後對組織所能提供的具體貢獻，藉以探討訓練對組織績效的影響效果；其評估方式可以由比較訓練前後的相關資料而得知，例如：生產力的提升、用人費用的降低、服務品質的改善、客訴案件發生率的降低、請假或離職率的降低、顧客滿意度的提升等。這一個結果則是連結到組織具體的收益上，以瞭解此學習過程是否產生對於組織績效正向的效果，但是此類項目常見評估的難處在於影響最終結果的原因很多，有時候很難歸類。

Kirkpatrick（1996）強調訓練評估的目的在於確認訓練的價值與貢獻，以為將來改進之處提供資訊，且有助於訓練投資決策之擬定。Kirkpatrick 認為訓練評估的各個層次皆很重要，從一層次到下一層次的過程愈困難且費時，但亦提供重要資訊，其模式基本假設有三：(1) 每一層次較前一層次包含更多資訊；(2) 每一層次皆由前一層次所引起；(3) 每一層次與其前一層次皆有相關。

(四) ROI 評估模式

另一種模式是由 Phillips 於 1996 年提出的 ROI 評估模式，包含五個階層，其內容為結合 Kirkpatrick 的四個階層模式，加入 ROI 計算公式作為第五階層，透過 ROI 公式，即依據訓練花費的成本以及訓練後帶來的效益，將兩項資料轉換成財務性數字，以效益與成本兩者間的比值去代表整個訓練方案的投資報酬率。

此外，教育訓練成效評估過程中，許多決策過程都可能會涉及道德問題，當中如何拿捏道德兩難的程度也是人力資源管理者所需特別關心的議題。首先是評估過程中保密的重要性，有一些評估研究需要向受訓者提及有關受訓者本身或是他人績效的問題，有的時候會令人尷尬，一旦將內容公開可能會使對方招致不利的待遇，或是學習測驗表現不好受人嘲笑。另一方面在進行多重來源評估時，許多人有可能是擔心他評的內容會得罪其他人致使影響到評估的效度。

所以只要在過程中有可能，我們都應該要儘量保證評估研究的保密性，可以進行的措施，包括：(1) 用編號代替真實姓名；(2) 只蒐集必要的人口統計數字；(3) 績效成績以團體取代個人；(4) 對電子檔進行加密；(5) 安全存放資料。

關於人力資源發展人員對於評估結果會有壓力，會希望對於人力資源部門有利，不然可能會使人力資源部門失去經費或是工作上的支持。人力資源發展的項目對於組織的貢獻是一個值得審視的問題，可以用各種績效指標來分析，例如：生產率、成本節約等，雖然在行為層次上反映出來的效果也很重要，例如：領導能力、工作態度等，但是比起能用貨幣價值反映工作成果的部門，人力資源部門會略顯劣勢。常見的方式有兩種，一為成本收益分析，以貨幣計算教育訓練成本帶來非貨幣效果，例如：工作態度的改進、事故的減少、員工健康的改善等；另一為成本效益分析，關心的是教育訓練所帶來的財務收益，包括產品品質的改善、利潤的增加、浪費的減少和生產時間的縮短等；最後則是效用分析，是增加受訓者績效或是行為上的變化，例如：離職率下降，顧客滿意度上升等。

適當的訓練評估有助於提升企業訓練的成效，所以對訓練進行評估是為了瞭解訓練的價值，而企業若有針對訓練評估之管理決策則可以幫助企業建立一個合理可行的訓練評估模式，否則企業雖然投入大量的訓練資源，卻常因為沒有確實進行評估工作，或未用適當的評估方法以評量訓練是否達成預期成果，因此無法有效提升企業訓練的實施成效。總之，訓練評估的過程既是一連串的決策，那麼，訓練評估決策品質的好壞就關係著訓練品質甚至人力資源管理相關政策的成敗。因此組織會因所面對的環境及問題不同，為因應其獨特之環境及問題，各個組織會依照其自身的特色與目標發展出其特殊的訓練評估決策型態，所謂決策型態乃是依據決策過程中所表現之特色予以分類。而這些決策型態可根據其決策過程中所表現出來之特色而加以區別。就組織中人力資源發展的角色而言，訓練的前置作業中，除了訓練需求評估外，依照各組織不同的特性，應須包含訓練評估層次的決策制定。組織中訓練評估層次的決策制定可幫助訓練評估者提升訓練評估的效率，主要理由在於訓練評估者不需漫無目標的決定要評估哪一層次或依循舊例且基於成本、時間考量而僅評估反應層次（Hung, 2010）。教育訓練目標的決策工具，限於篇幅，本書不再詳述。若讀者有興趣，可進一步參考 Hung, T. K. (2010). An Empirical Study of the Training Evaluation Decision-Making Model to Measure Training Outcome, *Social Behavior and Personality, 38*(2), 87-102.

個案介紹

麥當勞的績效評估

早在 1976 年，麥當勞的創始人就已經開始在人員的發展上做投資。麥當勞認定了訓練帶來的利益。第一，相信有最好訓練、最好生產力的麥當勞團隊能夠在顧客滿意與員工滿意上達成企業目標。第二，強調在正確的時間提供正確的訓練，因為訓練的價值在於對員工生產力的大幅提升，同時由於麥當勞的訓練也提供給加盟經營者，而加盟經營者在麥當勞的系統裡占有很大的部分，所以這對加盟經營者的生產力也有很大的幫助。第三，如果可以有效率地運用訓練投資，對於麥當勞的股票投資人也會產生一定的效益，這也是麥當勞企業對投資人一個很重要的責任。第四，透過良好的訓練，就能將麥當勞的標準、價值、訊息以及想要做的改變達成共識，這對整個系統的持續經營相當重要。和其他企業不同的是，麥當勞的訓練是發生在真實的工作裡的，而不只是一個課程。它強調對人員策略的重視，主動地執行訓練計畫，並且把麥當勞的訓練和人員自我的夢想期望結合在一起。麥當勞還強調員工的參與、認同和高度責任感。

麥當勞在 2001 年 7 月於香港建立了麥當勞全球的第七所漢堡大學。在麥當勞香港漢堡大學的課程中，有一堂叫作「與成功有約」，目的是讓高層主管有機會分享成功經驗，同時也幫助未來經營領導者的成長與訓練。最後一個就是「衡量」，在企業的訓練裡，衡量訓練的結果與企業的成果有沒有結合，這是一個關鍵，所以麥當勞有很好的訓練需求分析，針對需要訓練的部分去設計，同時必須要評估訓練的成果是不是能夠達到組織所需。

麥當勞對於績效評估所採的是 Kirkpatrick 的四個層次的評估。第一個「反應」，就是檢查在上課結束後，大家對於課程的反應是什麼，例如：評估表就是蒐集反應的一種評估方法，可以憑藉大家的反應調整以符合學員的需求。第二就是對講師的評估。每一位老師的引導技巧，都會影響學員的學習，所以在每一次課程結束後，都會針對老師的講解技巧來做評估。在知識方面，漢堡大學也有考試，上課前會有入學考試，課程進行中也會有考試，主要想測試大家透過這些方式究竟保留了多少知識，以瞭解訓練的內容是否符合組織所要傳遞的內容。除此之外，漢堡大學非常重視學生的參與，會把學生的參與度量化為一個評估方法，因為當學員提出他的學習，或者是和大家互動分享時，可以表現出他的知識程度。大學還對每天的課程做調整以適應學生的學習需求。第三是「行為」，檢查員工在課程中學到的東西能不能在回到工作以後改變行為、達到更好的績效。在麥當勞有一個雙向的調查，上課前會先針對學生的職能做一些評估，再請他的老闆或直屬主管做一個評估，然後經過訓練三個月之後，再做一次評估；因為學生必須回去應用他所學的，所以可以把職能行為前後的改變做一個比較用以衡量訓練的成果。這個部分在企業對人員的訓練方面非常重要，這也是現在一般企業比較少做到的，因為它所花的成本較大，而且分析起來也比較困難，所以很多企業都放棄而沒有做到。第四，在「績效」方面，課後行動計畫的執行成果和績效有一定的關係，每一次上完課，學生都必須設定出他的行動計畫，回去之後必須執行，執行之後會由他的主管來為他做鑑定，以確保訓練與績效結合。

資料來源：麥當勞新聞資料庫（http://www.mcdonalds.com.tw/app.php/newsroom）。

問題與討論

1. 何謂需求分析？
2. 如何制定一個有效的教育訓練目標？
3. 訓練成效評估對組織有何好處？其實施於組織中會遇到什麼困難？

參考文獻

一、中文部分

吳永隆、張嘉晃、吳宛庭、鄭嘉惠、王拔群、侯紹敏（2009）。急診護理人員病人安全文化——以某醫學中心為例。《輔仁醫學期刊》，7(1)，17-27。

房美玉、賴以倫（2003）。工作分析系統之電子化——以某高科技公司之甄選過程為例。《人力資源管理學報》，3(2)，75-92。

林進財、江長慈（2004）。以 AHP 法求算衛生署委外研究計畫績效評估指標權重。《健康管理學刊》，2(2)，229-240 。

桑潁潁、徐月霜、張韻勤（2003）。某醫學中心急診護理人員工作表現之相關因素探討。《榮總護理》，20(4)，338-346 。

高月慈、袁素娟（2006）。護理人員職場自尊及其相關因素的探討——以中部某區域醫院為例。《醫務管理期刊》，7(4)，370-382。

張淑昭、李明興、施淑敏（2005）。物流專業部門教育訓練需求探討——以 P 公司為例。《人力資源管理學報》，5(4)，67-105。

許碧芳、許美菁（2006）。應用德菲法與層級分析法建構基層醫療機構醫療資訊系統外包商評選模式。《醫務管理期刊》，7(1)，40-56 。

行政院主計總處公開資訊（http://www.dgbas.gov.tw/point.asp?index=3）。

麥當勞新聞資料庫（http://www.mcdonalds.com.tw/app.php/newsroom/）。

二、英文部分

Attia, A. M., Honeycutt, E. D., & Attia, M. M. (2002). The Difficulties of Evaluating Sales Training. *Industrial Marketing Management, 31*, 253-259.

Bates, R. (2004). A Critical Analysis of Evaluation Practice: the Kirkpatrick Model and the Principle of Beneficence. *Evaluation and Program Planning, 27*, 341-347.

Bazerman (2002). *Judgment in Manegerial Decision Making*, 3-4. New York: Wiley.

Bushnell, D. S. (1990). Input, Process, Output: A Model for Evaluation Training. *Training and Development Journal*, Vol.44, No.3: 41-43.

Cascio, W. F. & Aguinis, H. (2005). *Applied psychology in human resource management* (6th ed.). Upper Saddle River, NJ: Pearson-Prentice Hall.

Cascio, W. F. (1992). *Managing human resources: Productivity, quality of work life, profits* (3rd ed.). NY:McGraw-Hill.

Chan, K. M. C. (1999). *Parts management and design for the implementation of mass customization of a pager product, Project report*. The Hong Kong Polytechnic University.

Chang, I. W. & Kleiner, B. H. (2002). How to conduct job analysis effectively. *Management Research News, 25*(3), 73-79.

DeSimone, R. L. & Harris, D. M. (1998). *Human resource development*. FortWorth, TX: The Dryden Press.

Dessler, G. (1988). *Personnel management* (4th ed.). Reston, VG: Reston.

Dessler, G. (2000). *Human resource management* (8th ed.). NJ: Prentice-Hall.

Friedman, L. (1990). Degree of redundancy between time, importance, and frequency task ratings. *Journal of Applied Psychology, 75*(6), 748-752.

Gatewood, R. D. & Field, H. S. (1998). *Human resource selection* (4th ed.). New York: the Dryden Press.

Gatewood, R. D. & Field, H. S. (2001). *Human resource selection* (5th ed.). New York: Harcout, Inc..

Golden, B. C. (1989). *The Analytic Hierarchy Process: Applications and Studies*. Springer-Verlag, Berlin.

Gross, D. (1997). *Human resource management: The basics*. Boston: International Thomson Business Press.

Hung, T. K. (2010). An Empirical Study of the Training Evaluation Decision-Making Model to Measure Training Outcome. *Social Behavior and Personality, 38*(2), 87-102.

Kirkpatrick, D. (1959). Techniques for evaluating training programs. *Journal of ASTD, 13*(11), 3-9.

Kirkpatrick, D. (1996). Great ides revisited: revisiting Kirkpatrick's four level model. *Training & Development, 50*(1), 54-58.

Kidder, P. J. & Rouiller, J. Z (1997). Training Evaluating the Success of A large-Scale Training Effort. *National Productivity Review, 16*(2), 79-89.

Lloyd, L. B. & Leslie, W. R. (1999). *Human resource management* (6th ed.). Upper Saddle River, NJ: McGraw Hill Higher education.

Mclean, G. N. (2005). Examining Approaches to HR Evaluation. *Strategic HR Review, 4*(2), 24-27.

Moorhead, G. & Griffin, R. W. (1995). *Organizational Behavior* (4th ed.). Boston, MA: Honghton-Mifflin Company.

Ok & Tergeist (2003). Improving workers' skills: Analytical Evidence and the Role of the Social Partners, OECD Social, Employment and Migration Working Papers, No. 10, Paris.

Parry, C. & Johnson, B. (2003). Introduction to Symposium-Building a Chain of Evidence Presentation of the 6th Annual Human Services Training Education Symposium, Berkeley CA.

Phillips, J. (1996). Measuring ROI. The fifth level of evaluation. *Technical & Skills Training*, April, 11-13.

Rossetti, M. D. & Selandari, F. (2001). Multi-objective analysis of hospital delivery systims, *Computers & Industrial Engineering, 41*(3), 309.

Saaty, T. L. (1980). *The analytic hierarchy process*. Boston: McGraw-Hill, Inc..

Saaty, T. L. (1994). How to make a decision: The analytic hierarchy process. *Interfaces, 24*(6), 19-43.

Saaty, T. L. (2008). *Decision making for leaders: The analytic hierarchy process for decisions in a complex world*. Pittsburgh, Pennsylvania: RWS Publications.

Sackett, P. R. & Mullen, E. J. (1993). Beyond formal experimental design: Towards and expanded view of the training evaluation process. *Personnel Psychology, 46*, 613-627.

Salter, M. S. & Weinhold, W. A (1981). *Diversification through Acquisition*, 7-9.

London, Kapitel.

Schuster, F. E. (1986). *The Schuster Report: The Proven Connection Between People and Profits*. New York: Wiley.

Sloane, E. B., Liberatore, M. J., Nydick, R. L., Luo, W., & Chung, Q. B. (2003). Using the analytic hierarchy process as a clinical engineering tool to facilitate an iterative, multidisciplinary, microeconomic health technology assessment. *Computers & Operations Research, 30*(10), 14-47.

Stufflebeam, D. L. (1974). Evaluation Perspectives and Procedures. In W. J. Popham (Ed.), *Evaluation in Education. Berkeley*, CA: McCutchan.

Thomasine, R. (1981). Consensus. *Personnel*, *58*, 4-12.

Thompson, D. E. & Thompson, T. A. (1982). Court standards for job analysis in test validation. *Personnel Psychology*, *35*(4), 865-874.

Winchell, T. E. (1982). Applied psychology in personnel management. *Personnel Journal*, *59*(67).

員工職涯發展與管理

“

萬事銷身外，生涯在鏡中。唯將兩鬢雪，明日對秋風。

——唐　李益〈立秋前一日覽鏡〉

”

學習目標

本章學習目標在於瞭解員工職涯發展的相關理論，以及從雇主、主管、員工端瞭解如何進行員工職涯的發展與管理。

許多公司會為其員工規劃職涯發展計畫，幫員工依其個人條件、工作表現、發展潛能與公司需求，從新進員工的試用期起，到未來的公司內升遷等，提供公司與員工雙贏的規劃。即使如此，員工仍需對於自己的職涯加以注意，終究整個公司而言，公司的競爭力、獲利甚至於生存才是終極目標，公司為員工規劃的職涯計畫可能會視公司營運狀況加以調整。因此，每個人應對於個人的職涯發展負責，不宜僅依公司的規劃。

今日職涯發展被稱為是多元職涯（Protean Career）。一位員工的職務可能會因為其興趣、價值觀、能力甚至於工作環境的改變而導致其職涯有所改變（Gubler, Arnold, & Coombs, 2014）。然而職涯改變不僅止於職務升遷、薪酬調整，還涉及心理成就感，如工作是否能夠滿足生命目標、職涯改變操之於己而非操之在人的比率多高等，使得員工本人能感受到成就感與光榮感（Brousseau, Driver, Eneroth, & Larsson, 1996）。

2011 年的 9 月分，筆記型電腦代工巨擘廣達電腦公司（Quantum Corporation）無預警優退千餘名員工。公司方面的說法是關閉在臺灣的部分生產線，移至其他地方。優退的員工幾為基層作業員工，至於較高階的管理人員或是高級技術人員的工程師仍舊留任。會有上述員工配置調整的主要原因，當然在於對未來景氣不明、獲利有所疑慮或是營運成本增加，為求獲利甚或是企業生存，只得割愛部分員工。由上述人員的調整可知，基層的員工，可能是職涯發展的初階或是職涯發展可能較受限的員工，在對整體公司營運貢獻度不明朗或是較有限者，在公司營運狀況有所調整時，常常都是職務先被調整者，甚至是工作機會被犧牲者。所以，回歸職涯的本職，忝為生涯的一部分，員工欲投入職場之前，宜先發展職場技能與興趣，並且準備好再進修或是適應職場彈性的潛能，厚植職場競爭的本錢。

一、職涯生命週期

一個發展良善公司應視員工為公司資產，建立有效的員工發展計畫系統（Development Planning Systems），以滿足員工在各階段之職涯發展需求，提供員工職涯生命週期發展的資源。有效員工發展計畫系統的開展，可依下列四個步驟：

1. **自我評量**（Self-Assessment）：透過有關員工資訊的提供，如職涯興趣、人格特質等，衡量員工發展需求。
2. **現實檢核**（Reality Check）：由公司提供員工有關他們的審核結果，從其知識與技能，告知有關公司相關的職涯發展計畫以及被告知員工所符合的項目為何。
3. **目標設定**（Goal Setting）：這是一個員工的短、中、長期的個人發展目標歷程，包含對個人職位、薪酬、專業技能與工作部門的目標。目標設定通常需要與主管或是管理上司討論後，經由人力資源管理部門協助，成為員工發展計畫。
4. **行動計畫**（Action Plan）：此為員工完成，由員工決定如何達成其職涯發展的書面計畫，內容著重於如何達成目標的策略，包括如何達成其近期與長期的職涯目標。具體作為可以有學位進修、尋求師傅協助等。

一個完善的員工發展計畫系統有助於員工個人生涯發展，也為公司提供專業與穩定的員工品質，對於員工本身與公司而言，屬於雙贏的作為。

圖 9-1 員工發展計畫系統的步驟

職涯生命週期源自職涯管理（Career Management）

大抵在於描述當員工進入職場之後，都會經歷類似的職涯過程，整個過程稱為職涯生命週期。若公司有健全的員工發展計畫系統制度，員工職涯生命週期將能獲得有效保障。

員工在接受任用前後，經歷履歷撰寫、面談、升遷、職務調整、退休甚至於轉業。就首次進入職場的社會新鮮人，先前的時間多在學校度過，完成學業之後再進入職場。教育部近年來對於大專校院的相關評鑑及課程皆期待校方可以考量與未來職場加以結合，並與工研院及民間人力資源機構對於各職種的核心職能建構 UCAN 平臺，加以教育部青年發展署亦撥款資助有意開設就業力講座的大專校院，邀請產、官、學界的菁英， 擔任職涯講師進入校園，分享業界工作經驗及職涯準備方向。藉由職場經驗的分享，讓在校生可以進一步對於職場有所瞭解，亦更有機會瞭解該工作是否可以適合自己、自己的興趣與技能是否可以勝任該項工作，尤其在求職的過程中，第一個工作是建立個人職場自信心與工作自我效能的機會，甚至於是建立與塑造個人工作形象的機會。在學校經由與職場第一線工作人員接觸的機會，有助於學生建立某一類職場的基本圖像。職涯既然與職場經驗相關，成功的職涯又繫於個人的技能與興趣，基本的生涯理論構念，便可以協助將人們職業生涯的可能性做一些可能的分類。

生涯的基本概念

所謂「生涯」可視為每個人或是一位員工在一輩子中歷經所有職位的總合。這些位置可為家庭角色，如父母親等；亦可為職場的角色，如工程師、經理等。當某人到了生命的後端或是高齡時，往往會回首其一路走過的生涯，檢視其所達到的目標有多少。誠如 Erik Erikson（1969）在其心理社會理論第八階段所提及的完整（Integrity），或是絕望（Despair）。生涯目標大多達成者，回首來時路會覺得這一輩子不虛此行，許多事都值得。相對而言，生涯目標較多未達成者，則會覺得對自己的能力感到懷疑，甚或是感傷，覺得這一生似乎有點浪費了，而對自己的生涯感到絕望。以下就幾個與職涯相關的生涯心理學理論加以介紹：

發展生涯選擇理論（Developmental Career Choice Theory）

Ginzberg（1972）認為職業選擇會經由三階段的歷程，幻想期（Fantasy Stage）、暫定期（Tentative Stage）與務實期（Realisitic Stage）。根據 Ginzberg 的理論，幻想期大抵在 11 歲前。幻想期的孩子被問到將來要從事何種工作時，他們可能會回答，「當總統」、「當醫師」、「當教授」、「當明星」等，看起來有無限的可能性。進入青少年之後，約在 11 至 17 歲之間，兒童對於未來工作想像逐漸轉進暫定期，因為進入青少年後，兒童開始衡量自己對於某工作的興趣，接著繼續考量個人的能力，最後會在考量個人價值觀與工作的配合程度，整個思考歷程由自我中心的主觀性，慢慢移轉至融入現實世界的客觀考量。約在 17、18 歲至 25 歲之前，進入務實期，個體開始考量職業的可選擇性，從一些可以從事的職業機會，慢慢集中至少數的幾樣職類，最後再選擇某一職類的特定選項，如老師職類中的數學老師。務實期的年齡相當於就讀大學校院的年紀，此時於大學階段，對於學生進行相關的職場介紹或是職涯輔導與 Ginzberg 理論的年齡，可以有效的配合。

Ginzberg 的職業選擇理論亦有不少批判的聲音。其中最受到批判的是其選用的研究樣本皆來自中產階級，不易類推至高社經地位或是低社經地位家庭背景的孩子，尤其是低社經地位家庭個體，他們能選擇的職類是非常有限的。其次是個別發展差異的考量未置入理論中，早熟的個體可能 15 歲就進入務實期，亦有可能發展較遲緩的個體，到了 30 歲都未進入務實期。

自我概念理論（Self-Concept Theory）

Super（1967, 1976）認為自我概念在個人生涯選擇扮演重要角色，而生涯自我概念建立於青少年時期。Super 將生涯發展包含五個基期：第一期在於 14 至 18 歲之間，青少年開始發展對於工作的自我概念，並且與其既存的整體自我概念加以融合，此階段稱為結晶期或是**固化期**（Crystallization）；18 至 22 歲為第二期，個體開始窄化職業選擇的類別，並且開始出現可以使個體進入某些職業的行為，此階段是為**特化期**（Specification）；在 21 至 24 歲之間，成年人陸陸續續完成學業，開始進入真正的職場，此時期為**實踐期**（Implementation）；一直到 25 至 35 歲之間，人們才開始正式決定要真正從事的工作為何？什麼工作對他／她而言是最合適的，這個階段稱為**安定期**（Stabilization）；最後一個階段稱為**固定期**（Consoilidation），大約在 35 歲之後，在此階段每個人尋求生涯與職涯上的進程，並且期待在工作中有機會獲得較高的位階。而 Super 提到的年齡區間為約略值，而非一定在幾歲到幾歲間才是生涯某期。Giannantonio 與 Hurley-Hanson（2006）認為根據

Super 的理論觀點，在青少年階段的職涯探索（Career Exploration）為人們職涯自我概念的重要要素。

人格類型理論（Personality Type Theory）

Holland（1973, 1987）認為職涯選擇應與每個人的人格類型（Personality Type）有關，因此職涯選擇的重心應置於職涯與個人人格類型的適配情形。根據 Holland，當一個個體找到一份與其人格類型適配者的工作，比較可能樂在其中，並且可能堅持在工作崗位上的可能性愈高。Holland 簡單的將工作人格類型分成以下六種（如圖 9-2）：

(一) 實際型（Realistic Type）

此種人格類型的個體健康強壯，使用較務實的辦法解決問題，並且僅具有一些 Social Know-How。屬於此種人格類型者，建議推介從事勞工、下田、建築工人等相關工作。

(二) 研究型（Investigative Type）

此種人格類型個體較服膺觀念、概念或是理論。他／她們著重思考，較不適執行或是實作導向。常會逃避或是避免人際關係的互動，因此這類人格類型者，較適合的工作是以數學及科學方面為佳。

(三) 社交型（Social Type）

此種人格類型的個體時常具備良好的口語能力及人際關係，並且應準備了面對與「人」直接溝通或是服務的相關職業，這些相關職業，包括教師、社會工作或是公共關係等。

(四) 傳統型（Conventional Type）

此種人格類型的個體對於非結構性的活動沒有興趣，因此，此種人格類型的個體適合從事如銀行員、祕書或是資料管理員等。

(五) 企業型（Enterprising Type）

此種人格類型的個體會強化英文口語能力，藉著強化的口語能力，並且期待能夠成為團隊的領導者，主導眾人的議題或是成為成功的推銷人員，其

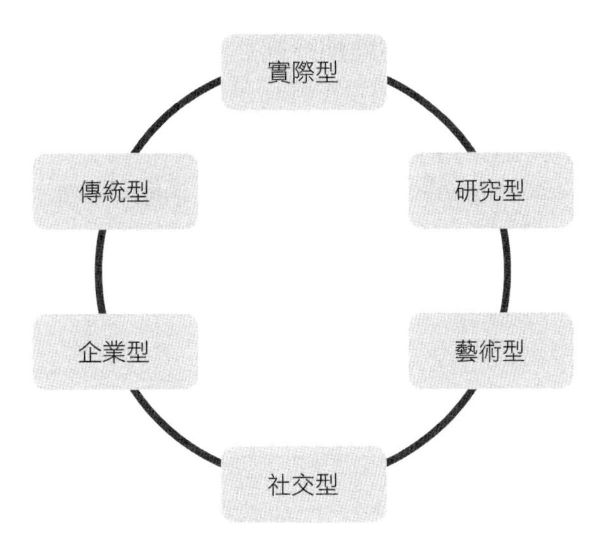

圖 9-2 Holland 人格類型與職業選擇模型圖

餘適合的工作，包括政治人物或是企業界主管職的員工等。

(六) 藝術型（Artistic Type）

此種人格類型的個體與人們及外在世界互動的方式較特別。他／她們較喜歡藉由自己創造的藝術作品與世界溝通。在很多傳統的場合下，避免一般常用的方法以及其他運用人際關係的方式。屬於此種人格類型的個體適合從事藝術或是寫作等相關工作職種。

雖然 Holland 的理論可以讓大多數人方便的將自己的人格類型進行分類，而且可以直接與相關職類進行配合，但是人類人格類型並非如 Holland 的描述，而是複雜許多。當然 Holland（1987）也簡單修正其人格類型理論，並且妥協於大多數人們的人格類型，並非是純粹的哪一種類型，而可能是某幾種人格類型的混合。然而 Holland 將人格類型與個人興趣、對某種工作的態度與工作能力共同考量，成為選擇職業的基礎，乃是職涯理論的一大進展。

其次，Holland 認為興趣、能力與人格從青少年到成年早期都是固定的，亦引發不少爭議，Mortimer 與 Lorence（1979）即認為上述的說法與人類的興趣、能力與人格在青少年到成年期，一直在發展的過程恐有所出入；再者，影響職業選擇的因素甚多，包含家庭期待、同儕關係、社會文化狀態，不僅是人格類型因素可以單純加以描述的。

職涯發展（Career Development）

職涯發展亦為職涯管理的重要議題。職涯發展為全人類全世界與個人工作探索、工作成就、工作成功或是所有工作目標達成的歷程。但是近年來，產業型態與經濟型態的轉變，使得職涯發展的概念有點調整。較早期的生涯發展觀點乃指人們在工作歷程上，職位步步高升的過程或者工作公司間的跳槽，都基於職位調升或是新工作薪資的增加，但是近年來，全球景氣循環快速，產業關係緊密，衰退、併購、裁員、減資、策略聯盟等各種情形層出不窮，使得員工有可能轉業，原先在電子公司擔任業務代表，接著有可能任職食品公司成為人力資源專員。其次，相較於過去數十年，愈來愈多的婦女取得高階學位，完成專業訓練並取得證照，改變了一些家庭關係。未來的職涯發展必須考慮雙薪家庭的雙重角色員工，工作與家庭的壓力平衡與管理。

其次，近年來戰後嬰兒潮世代逐漸進入退休年齡，國內新生兒逐漸減少，進入少子化的循環，都會使得個人職業發展必須有所因應，而且近年的職涯發展導向，由雇主的需求導向轉向員工需求導向，整個職涯價值觀點的轉變，為未來的職涯發展取向與工作市場的調配及員工生活的調配，有了更多平衡可能性的選擇。

職涯發展的職涯角色模型
（Career Roles Model of Career Development）

呼應近年來職涯發展導向的變化，愈來愈多具有學歷或是專業背景的求職者視個人職涯發展的方式如同企業經營的方式，期待能永續經營。除了一方面厚植自己職場競爭力，維持個人市場價值外，選擇工作的方式也期待能找到滿足個人目標的職場。相對在雇主端則是使用不同的策略，一則設法提供滿足員工價值觀需求的方式；二則先給予暫時性或是容易調整工作內容的工作機會。在此狀況下，員工可以有機會對自己的職涯負責，並且可以進一步討論雇用條件及未來職涯發展的機會（Sullivan, 1999）。因此，整個職涯發展會變得更複雜、更具動態性及開放性（Richardson, Constsntine, & Washburn, 2005）。所以整個職涯發展會像是擔任所有職涯角色的全部歷程，是為個人與環境互動的產物；個人部分的發展著重於職涯認同（Career Identity），而環境面向的持續性發展則著重於職涯重要性（Career Significance）（Hoekstra, 2006）。

職涯認同導向的職涯角色

從職涯角色的觀點，職涯認同如何被應用於達到個人職涯發展目標及如何影響個人達成職涯的位階或是職位，是值得關心的。在自我調節（Self Regulation）的面向中，兩大議題值得加以探討：職涯選擇（Career Choice）是在工作間選擇與個人態度、興趣甚至是價值觀符合的工作；在工作現場，如何就某工作的要求，個人進行職務內的個人工作調適（Work Adjustment）。雖然大多數職涯發展觀點著重於職業選擇，但是近年來，職務內個人工作調適在自我調節中，應會被重視（Hershenson, 1996）。

職涯選擇與工作調適歷程輪流在整個職涯發展扮演重要角色。有研究指出，事實上，許多工作進入職場後，對於工作內容需加以修改、自我適應，而且工作現場也給員工自主性（Autonomy），許多可以雕塑調整工作內容，使該工作成為真正屬於他們工作的機會（e.g., Parker, 2007）。給予員工自主性從某些角度而言，亦即讓員工自行選擇所要擔負的責任為何、可以發展的職業活動為何、建立工作範圍內的人際關係、學習如何扮演不同的工作角色，並且從中習得發展職涯認同的方法（Ashforth, 2001）。植基於自主性架構職涯認同發展的效率一向相當高，主要的原因可能來自與職涯重要性的交互作用，其效果能有效增強職涯認同（Hoekstra, 2011）。職涯的發展歷程是逐步漸進、逐漸成形、逐漸增強亦逐漸減弱，職涯認同與職涯重要性亦是如此。角色的來源乃是人們從自己景仰的對象，可能他們對自己的要求、個人獲得的回饋，皆可成為未來自我塑型、自我監控的方向。在公司的新進員工一連串形成角色的過程，有如角色的學習或是角色的創新。而新的角色可視為適應新的職場的過程中，同時承受內外在的壓力之調適過程或是與之對話與創新的歷程。

職涯角色的描述面向

依據上述的描述，職涯角色具有個人層面與環境層面。個人層面之職涯角色主要以職涯動機為主。這些職涯動機可視為與職業承諾（Career Commitment）有關，包含對工作職位的承諾、設定長期目標或是藉由工作提升個人工作價值觀。Hogan（1983）所提出的演化為底的社會分析動機理論，他將動機理論做了一些分類，並且期待從這些分類系統找出演化理論導向的動機特質。因此動機理論包含了區分動機（Distinction Motives），此動機的中心意涵在於從別人的觀點，能被視為與他人不同之需求。此外，尚能瞭解與倡導個人生活空間、目標與價值觀，個人的目標、對於個人成功與幸福感等需求等，都是屬於區分動機；整合動機（Integration motives）在於描述人類有與他人連絡、對於自己有歸屬感的團體與其中的人們具有分享或是合作完成工作的需求。因此，所有與他人連結的目標或需求都是屬於此範圍；結構動機（Structure Motives）期待可以建立個人真實世界的動機結構，而此種動機結構可以使個人生命更有意義、有秩序及一些可預測性。

前兩種動機有點像是對比式配對，如區分與歸屬、自主與相依（Brewer & Roccas, 2001）等即是。就職涯動機而言，若個體進入職場之後，獲得可資餬口的薪資僅是最基本的需求，終究期待能滿足個人成就目標。

環境面向的職涯角色

環境面向的職涯角色則是強調組織價值觀（Organizational Values）。組織價值觀與職業重要性有關。一個組織是否願意透過投資員工職涯發展作為組織的長期目標價值觀，會影響員工的職涯重要性。如果組織此種價值觀不存在，員工組織重要性便會不存在，也僅剩下不重視員工職涯的組織會存在（March, 2001）。問題是，這樣的公司組織能永續經營嗎？當然，重視職涯發展的組織較能搏取員工的忠誠度。

有研究指出，目前大多數員工在一個組織的職涯大多落於 4 至 10 年之間，但是也有少數員工超過 10 年的，而其中有兩種價值觀對組織而言是非常重要的：延續性（Continuity）與有效的改變（Effective Change），此兩種價值觀的能量決定了組織在其存在環境的適應力（Sidhu, Commandeur, & Volberda, 2007）。職涯可以說是組織延續性及有效性的舞臺。延續性使得組織具穩定性並且有組織記憶，而組織的適應與改變需要個人職涯的連續性參與。就個人而言，組織不能逃避結合穩定延續性及創新風險的某種形式適應力改變。所以職涯所需解決的難題在個人端與組織端都會同時遭遇到（Ghoshal & Bartlett, 1997）。延續性與改變對組織而言具有兩項功能：運用（Exploitation）與探索（Exploration）（March, 2001）。兩者皆為適應所需，而且彼此亦被認為須同時存在並加以平衡的使用，提供組織生存所需的智慧（March, 2001）。運用乃指知識例行化（Routinization）、生產化（Production）、精緻化（Refinement）與實行化（Implementation）的價值，內容包含了效率、決定性選擇及穩定的一致性。員工藉由已建立的一些標準，支持運用的價值。探索描述了一些由創新、搜尋、重組或是改變的一些價值觀，而這些價值觀的差異來自策略使用、實際體驗以及冒險。組織的員工藉由尋找、嘗試、開發到新的顧客、新方法支持探索的功能。

職涯角色取得視為職涯發展

過去多年以來，職涯角色為職涯認同的一部分。為了有效維持職涯角色，人們必須對於職涯角色加以認同，譬如一位專家必須藉由相關知識的投入及對其行為創造合適的印象，以維持其職涯角色（Zinko, Ferris, Blass, & Laird, 2007）。而知識及有效的行為都是令該專家角色有效的必需品。 職涯角色可能在個人年少時已做了選擇，一旦下了決定，便成了內化後自動的影響力，要進行任何的職涯改變或是活動，都會受其影響。總而言之，職涯發展恰如職涯角色故事的逐漸完整，因為近年來，很少有人終其一生就僅一個職涯故事，但是某些專業職業者卻有可能僅一種職涯角色，可是其工作角色的變化也使得其職涯角色不只一項；如醫師的職涯角色具有住院醫師、住院總醫師及主治醫師，雖然都是醫師，每階段的任務及其工作內容皆有所差異。一般而言，組織趨向複雜化及扁平化管理，因此大多數人的職涯會逐漸由一個加至兩個、甚至於三至四個，而單一職涯角色的工作逐漸消失了。所以職涯發展不僅是一路順利晉升的路徑或是一連串開發個人腦力的精神與信仰。反之，職涯發展應是位置與角色整合所形成的。雖然建構職涯認同的心理歷程及建構職涯重要性的環境因素，兩者對職涯角色的形成與影響程度相當大。上述兩者常被以為彼此是相依的。

職涯發展之重要議題

(一) 職涯角色（Career Role）

就當今職涯發展而言，雖說每個人應為個人的職涯負責，但是因應角色的不同，每個人應扮演好個人的職涯角色。Otte 與 Hutcheson（1992）即指出職涯發展的三個面向所應扮演的角色：

1. 個人角色

(1) 接受個人為自己職涯負責的責任。
(2) 評量個人的興趣、技能與價值觀。
(3) 尋找職業資訊與資源。
(4) 建立目標與職業計畫。
(5) 善用職涯發展機會。
(6) 與主管討論個人職涯。
(7) 建立個人職涯發展計畫並依循發展。

2. 主管角色

(1) 對於員工績效提供定期並且正確的回饋。
(2) 提供職涯發展所需的支持與作法。
(3) 參與員工的職涯發展座談。
(4) 支持員工的職涯發展計畫。

3. 雇主角色

(1) 對於公司宗旨、政策與實施要溝通。
(2) 提供訓練與發展的機會，如工作坊的開辦。
(3) 提供工作資訊與工作計畫。
(4) 提供各類型的職涯進路。
(5) 提供職涯導向的表現回饋。
(6) 提供各項可能的指導或協助，提供員工自我成長的機會。
(7) 提供員工自我發展計畫。
(8) 提供員工學術輔助學習課程。

基於各個角色的分工，個人強調資訊的蒐集與實踐；主管則是以支持、協助與回饋幫助員工個人職涯發展；雇主或是公司負責人則是以規劃的觀點，在公司或是組織發展的架構下，規劃員工個人的生涯發展，包含升遷、調職，甚至是退休制度等。所以近來有許多研究呼籲重新釐清雇主在員工職涯發展上所扮演的角色，作為職涯管理的一個重要觀點。

(二) 個人發展計畫

個人發展計畫用以促進績效表現。這些計畫可以強化員工的優勢並提供行動計畫去改善劣勢及強化自己優勢的部分。發展計畫可以針對各種工作而設計，不管在組織中位階多高，亦不論其工作本質簡單或複雜，永遠都有成長空間。設計發展計畫的資訊來自評核表，立基於績效評估構面。當員工在某構面中低於標準，在發展計畫中將被視為發展計畫的重點。此外，發展計畫應聚焦於長期職涯志向的知識與技能需求。除了提升績效，瞭解員工的優勢與劣勢不僅成為發展計畫的一環，也進一步成為績效管理系統中的一項利益，和員工發展結合，使員工感知到組織對其之重視，進而提升員工對組織的滿意度。

發展計畫的整體目標在於鼓勵員工持續的學習、提升績效與個人成長。此外，發展計畫還有其他特定目標：

1. 提升目前工作績效。
2. 保持目前工作績效。
3. 為員工晉升做準備。
4. 豐富員工工作經驗。

發展計畫應包含實行特定步驟的描述與達到特定目標。換句話說，需獲得什麼樣的新技能與新知識，且應如何發生？計畫目標不僅應包含最終結果，完成日期與主管如何得知員工是否已習得新技能亦同樣需要包含。整體而言，發展計畫的目標應具實用性、明確具體、時間導向與標準連結，且發展計畫一個附加的重要特色，即應該記得組織與員工的需要。何種特定技能與績效需被改善則需視組織需求而定。

有幾種方法使員工可以達成發展計畫中所定之目標，包含在職訓練、組織安排課程、自我進修、導師制、參加研討會、在職進修、工作輪調、暫時指派、加入工會成員或擔任領導角色。

直屬主管和直線管理者在規劃員工發展計畫扮演重要的角色：

1. 員工應該達到理想績效的程度及改善績效的步驟。
2. 提供員工適當發展活動。
3. 針對發展目標審查或建議。
4. 確認員工達到發展計畫的進度。
5. 主管要激勵員工：獎勵、額外的利益（具挑戰或有趣的工作）。

主管在執行這些功能時也需要被激勵，才能支援員工完成發展目標。

(三) 職涯中心（Career Center）與職涯工作坊（Career Workshop）

身為雇主，對於其員工的職涯發展需妥善規劃，或是相關支持系統也應嘗試著加以運用。如此一來有助於弭平職涯發展在員工與雇主間的隔閡，提升就業的穩定度等。在美國矽谷的昇陽科技（Sun Microsystems），員工的留職率及工作年資，平均而言，員工留職率約 4 年，是其他公司 2 倍的時間，而在高科技產業競爭激烈的美國北加州一帶，更是值得讚賞。而昇陽公司除了給員工基本的進修津貼補助、提供公司內相關職缺及歷練，使重視本身職涯發展員工可以選擇合適於其職涯發展的職缺之外，又設立職涯中心，其職涯中心包含有網路圖書館、辦理職涯發展的工作坊及聘任職涯諮商師於中心，提供有關職涯需求問題的解惑。甚至尚有另一家公司直接協助其員工設定以公司所能提供的機會為主的職涯目標，並且協助員工加以達成，對於員工的外部訓練課程，即使是用到上班時間亦是如此。

職涯發展工作坊（Otte & Hutcheson, 1992）的內容，基本上會包含自我評量（Self-Assessment）：內容包含有對於個人工作價值觀的評量、工作技巧的評估、職涯定錨（Career Anchor）、工作喜好度；環境評量：包含對於公司的瞭解、工作內容的瞭解；目標設定主要協助員工瞭解本身的狀態，回首來時路，立足當下，及為未來職涯的可能性另設合理的目標。根據英國的一份研究報告指出，在其研究的 524 家公司或是組織中，職涯計畫工作坊最常用的前幾項方法，分別為公告工作機會、教育機會、職涯導向的績效評估、上司諮商、人力資源部門人員諮商及退休準備計畫等（Baruch, Y., & Peiperl, M., 2000）。所以在英國的職涯工作坊從工作機會、職中進修，一直到退休前準備，都是職涯工作坊所包含的內容。

(四) 一些雇主職涯管理的創新作法：創新管理取向

職涯管理的創新作法之理論基礎來自於管理創新（Management Innovation），管理創新並不在於組織新產品的產出，而是管理方法活動的新置入。藉著管理活動的置入，員工可以充分發揮其創造力在於有助於績效產出的技能上。亦即創新管理在於提供一個使員工發揮創新的管理環境，但是必須同時考慮組織目標、回饋系統與時間壓力的平衡（Amabile, 1988）。（如圖 9-3a、9-3b、9-3c）

目標
與組織願景的連結
不宜過度特殊

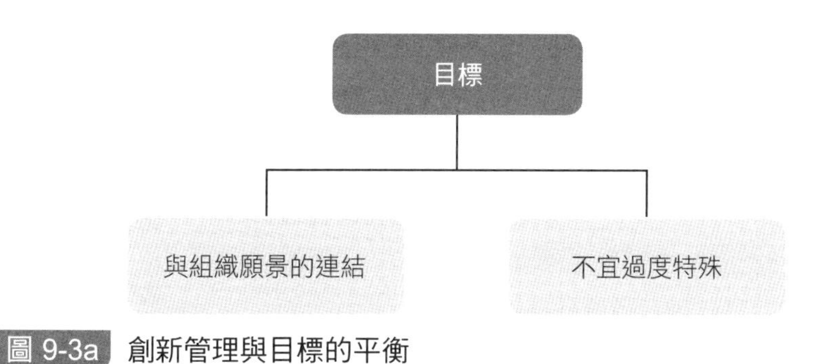

圖 9-3a 創新管理與目標的平衡

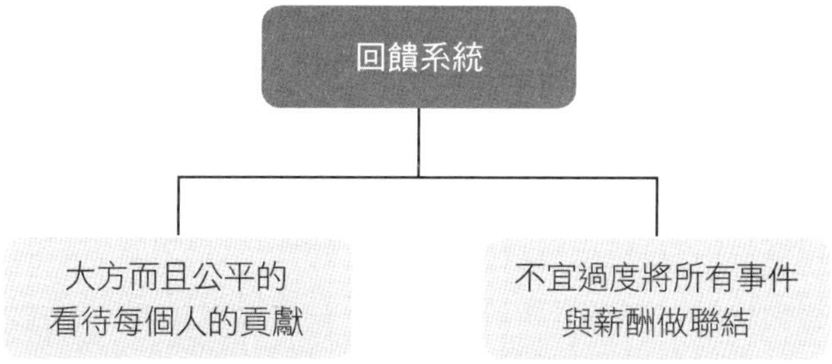

回饋系統
大方而且公平的
看待每個人的貢獻
不宜過度將所有事件
與薪酬做聯結

圖 9-3b 創新管理與回饋系統的平衡

時間壓力
對於急迫性的感受
但是，也不要太急迫

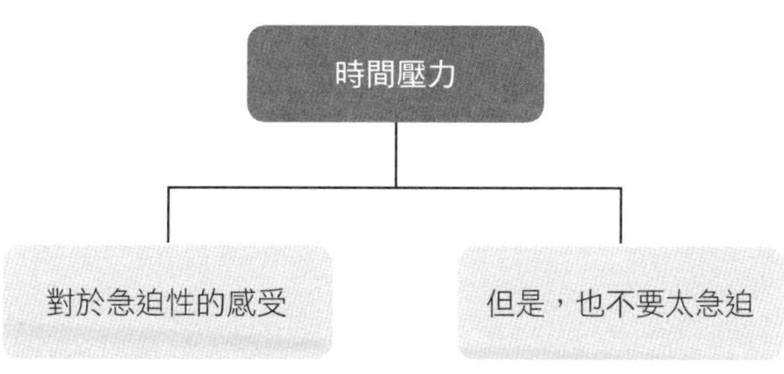

圖 9-3c 創新管理與時間壓力的平衡

1. 目標的平衡

當目標與組織願景有妥善的聯結時，組織創新便能有效提升。然而，目標應具有某種彈性，避免目標本質的僵固，影響創新的產出。

2. 回饋系統的平衡

回饋系統應大方並且公平看待組織中每個員工的貢獻。因此，回饋的方式不應以每個固定動作或是每件固定事情的完成即加以金錢上的回饋，如果如此做的話，恐怕會影響組織內員工願意去冒險而求得創新產出。

3. 時間壓力的平衡

身為管理者，應對於員工所感受到的時間壓力有某種程度的敏感度。時間壓力過大會影響創新產出，使得員工僅產出例行性作品；時間壓力過小，員工感受不到急迫性，會使得他們誤信創新產出的部分對他們而言並不重要。除了上述三者的平衡，許多組織研究者與人力資源管理實務工作者進行創新管理時，多會至少考慮下列四種觀點之一（Birkinshaw, Hamel, & Mol, 2008）：

1. 學院觀點

著重於會影響管理趨勢改變的社會學走向，並藉此設計有助於提升工作成效的方法。

2. 時尚觀點

著重於被管理顧問以及一些工作失敗原因釐清之後所炒作的熱門管理議題取向。

3. 文化觀點

著重於管理創新如何形成以及在當前組織文化下被形成的觀點。

4. 理性觀點

假設創新的形成來自於組織中的人們發現問題並加以解決，且投入一些改變以促進組織效能的觀點。

因此，雇主進行職涯創新管理時，亦會考量上述四大面向觀點。接著將從雇主端與主管端描述一些職涯創新管理的作法。

(五) 雇主端的作法

雇主有許多的作法可以提供員工或是公司組織相關的資源，讓員工具有終身學習的機會，同時員工亦可貢獻、回饋公司相關的資料，形成資方與勞方的雙贏。美國 IBM 公司曾經以終身學習預算（Lifelong Learning Budget）的概念，建立知識管理與終身學習平臺。員工可以獲得一個終身帳號，不論員工或是雇主都可以對學習平臺內容有所貢獻，尤其與職涯相關的內容，更有助於滿足員工教育與發展的需求。其次，有時候可暫調員工至其他單位感受一下，以期能瞭解個人對於本身工作能力的強弱之處，並且能夠欣賞或是感恩個人的工作能力。雇主亦能協助員工組織成功率較高的團隊，藉由組織成員彼此支持，以設定較高的工作目標。

有時候，公司會提供職涯教師（Career Coaches）。職涯教師通常會協助員工訂定短期與中期的職涯計畫。此外，職涯教師亦必須瞭解員工的需求，並且加以瞭解員工要的是訓練、專業發展還是人際關係等。全美金融集團（All American Financial）聘用了職涯教師，加以協助員工達成所需（Dash, 2000）。開設相關課程供員工在線上可以直接選讀，同時員工也可在其中找到個人以往的相關紀錄，包含現狀、個人表現，並從上述資料據以辦理，作為公司辦理相關個人職涯活動或是滿足個人需求的相關活動。

(六) 管理者端的作法

管理者可能是雇主本身，或是雇主遴聘擔任管理職務的人員。管理人員對於員工的職涯發展具有絕對性的影響。一位具有競爭力的主管，可以有效影響員工朝向正確的職涯大道發展；相對的，一位不稱職的主管，卻會阻礙員工的職涯發展。其次，不見得所有的公司組織對於其員工都有一套完備的職涯發展計畫，然而稱職的主管卻依然可以支持員工及滿足其職涯發展的需求。如主管可以在新進員工就職開始時，先確認其工作的方式或是方向是否合宜，接著定時加以進行績效考核，有如形成性評量一般，檢視其工作技巧及表現是否符合其個人的職涯目標，協助員工訂定非正式職涯發展計畫[1]，並且使員工瞭解公司組織所提供的與職涯發展相關的福利，鼓勵

1 非正式職涯發展計畫可以透過訪談方式協助主管與員工瞭解自己，並且做成紀錄。一般人力資源主管可能有興趣的問題，包含員工的優點為何、需要改進的領域為何、需要發展的計畫為何，具體作法與策略有哪些？員工對於此次訪談的意見為何？負責訪談者想法又如何等。

員工善用這些福利（Hayes, 2001），或是主管本身也能提供有效的指導技巧（Mentoring Skills），提供員工職涯發展的指導服務。

就一般公司組織而言，指導（Mentoring）泛指長期以來，資深員工對於較資淺員工提供建議、諮商進而引導其職涯發展。有效的職涯指導有助於員工在該公司組織達到成功的境地（Doody, 2003），包含職涯成功、工作滿意度與職場文化的適應。所以，指導不見得都是有效的。正向的指導有助於職涯成功；相對的，無效的指導也會付出某種代價。由於職涯相關的指導在職場上屬於較長期、不易扭轉的議題，且屬於較深度與個人心理狀態、心理內容相關議題，如情緒、動機、認知能力或是人格等，對於大多未受心理專業訓練的主管而言，此種指導必須更加留意。未受過專業心理訓練的主管依舊可以成為稱職的指導者（Erdem & Aytemur, 2008）。

Erdem 與 Aytemur（2008）認為有效的指導者通常設定較高的標準，而且願意投入更多的時間與努力於指導員工身上，並且願意邀請員工參與公司或是組織的重要方案、團隊或是工作內容。其次，建立與員工的信任感也是指導是否有效的重要因素之一；更是反應主管在指導員工上的專業能力、溝通能力及權力的分享。但是，主管如何使得指導有效，卻要考慮以下的問題：

1. 有指導的需求嗎

對於被指導的員工而言，不論他們是自願或是被分派到導師，對於整個指導品質的影響似乎不大。

2. 提供指導的時間要多長

指導時間長短非常巧妙，並不是愈長愈好。基本上只要保持最低的量即可。有可能花的時間愈多，員工的不滿意程度愈高，因為有可能當員工接受如此久的指導，他們的進步卻不如預期時，員工會對此種指導感到後悔與失望。

3. 距離會影響指導品質嗎

通訊發達的今日，距離不再是問題。其次，員工甚至有可能因為距離遠而更加努力，深怕因距離遠而影響成效。

4. 相同單位或是不同單位有影響嗎

當然是同一個單位效果較佳。

5. 與被指導員工的職級差異會影響嗎

基本上職級愈接近所受到的影響愈少，而且被指導的員工還希望他們與指導者主管的職級差異愈小愈好。而且第一線的主管如果擔任指導者也會覺得自己愈有價值。

一個成功的指導關係不僅是扮演指導者的主管表現好即可，更需要的是被指導者員工的配合，所以被指導者員工對於指導關係也需負一大部分的責任。被指導者首要選擇有潛力的指導者：指導者主管應能客觀的提供好的職涯建議，很多這樣子的主管比員工高一或二階而已；其次，不是每個員工馬上可以找到願意指導的主管，因為此種指導的方式好比是提供一個長期的承諾，不是每位主管都願意投入指導歷程的；被指導員工宜預先做好準備，包含對於期待指導者給予何種意見及需要的時間為多久，如此一切較為明確，較易獲得指導者同意協助；最後要注意的是，期待指導的議題需與工作相關，以免因私人問題提問，浪費了主管與員工本身學習的時間。

綜合上述，一個成功的指導關係需要指導者與被指導者雙方都做好準備，方能使指導歷程更具效率，員工與主管雙方成長更迅速。

(七) 職涯生命週期（Career Life Cycle）管理

誠如本章一開始所提，職涯生命週期為個人從任用開始至退休止，所有工作歷程的總合，然而在這些過程中，晉升（Promotion）與工作調整（Transfer）是職涯中非常重要也是常會歷經的過程。所謂晉升大抵是在職涯前進歷程中，逐漸擔任責任愈趨重大的職位；工作調整則是指重新被指派到同一公司，不同單位職等相似的職位。

晉升是大多數人在工作期間所期待的。升遷除了被賦予更多的責任之外，更重要的是隨之而來較高的薪酬、更有機會發揮能力以及更高的工作滿意度。然而誰可以獲得晉升？什麼樣的條件可以升遷？晉升可作為績效的回饋，可作為對公司忠誠度（或者是資深）的回饋。無論如何，大家都希望自己是下一個受長官賞識晉升的人。所以，晉升的考量點不外乎下列幾項：

1. 要資深的還是有能力的

可能兩者取一或是兩者兼顧。但是在實務操作上，常會看到當兩位競爭者實力相當時，往往會回到誰資深的議題，尤其是在公部門，依資深排序決定升遷的觀念還存在不少。

2. 如何衡量能力

在一個公司中，如何衡量能力不是易事，主要是能力操作型定義不明。其次，若將一位原本表現好的員工晉升，恐會落入彼得定律（Peter Principle）的窠臼。彼得定律乃基於個人能力表現，而將某員工晉升恐會有邏輯上的瑕疵。所謂彼得定律，認為某員工在原崗位上表現佳，卻要將其調離較熟悉的崗位，轉入一個新的、較不熟悉的單位，因此將原先表現很好的員工，變成不見得表現好的員工。在某種程度上，晉升似乎有先考驗能力不足的程度到哪裡的感覺。所以依能力選才法有點以過去表現為基準，並且依過去的表現進行推論，但是兩位置的功能、目標都是不同的。

在各類職種中，軍警類似乎較無問題，因為他們的目的相當明確，以維持公共安全為主，從基層晉升到領導職的工作目的不變。但是在私人機構，除了之前的表現之外，可能也需衡量工作相關內容的問題、工作經驗、個人相關工作紀錄、被指導與指導他人相關經驗與上司互動情形等多重來源，形成對於員工個人的整合評價（Thornton III & Morris, 2001）。

3. 晉升歷程是否有依循標準

有些公司晉升有明定標準，包含到達什麼條件才能晉升，何時有晉升的職缺等，全部是公開的。然而有些公司組織則是由相關人員直接決定何人可晉升，他們的標準是內隱的，但是在此種情形之下，員工會覺得努力工作似乎無效，認識重要人物才是重點。兩者相較，前者似乎較能引起員工的投入。

4. 晉升是水平的、垂直的，還是有其他方式

有時候晉升不見得像坐電梯扶搖直上，許多因素會影響晉升進路。有時候某個部門並無相關晉升職缺，如有些公司的工程部門並無職缺，若要晉升必須轉任管理部門；有時候公司組織正在調整，規模可能縮小；另外，晉升

可能需要員工先調至其他單位，學習更多的經營管理技巧，有如在職訓練的意涵，為未來擔負更多責任的可能性進行準備。

雖然晉升的考量點多從上述各項出發，但是不見得所晉升的人都是適才適所。有些偏誤或是非專業因素依然存在於此社會中。如在美國職場中，女性或是有色人種都面臨著透明天花板的問題，或是上述族群必須花更多的努力或是有過度的績效表現才讓別人看得到。現今仍有許多職場上的主管認為女性應屬於家庭，覺得女性在職場上較不願意投入，這樣的觀念雖已過時，但是目前職場上缺乏足夠的女性職場指導者或是典範，亦使得女性還在「家庭」與「工作」間的平衡拔河。但是如果公司可以提供較有彈性工作時間或是方法，或許可以解決部分家庭與工作的衝突問題。美國著名的聯合會計師事務所 Deloitte & Touche 為了避免失去優秀的女性內部稽核人員，因此修訂了較有彈性的或是降低工時的方式，使得有家庭的工作婦女仍然可以兼顧工作與家庭（Shay, R., 2009）。

工作調整是另一個重要議題。工作調整是指從某一個職務調整至另一個職務，在薪資上亦沒有改變。工作調整可能的原因很多，從雇主觀點而言，可能包含組織調整、業務增加而需要新的位置，而且工作位置調整有助於員工擁有較多的能力，更能適應未來職場環境。但是也有不少缺點，如工作時間或地點可能因而調整，影響員工家庭生活；工作調整對於公司而言，經營成本也可能提高，雇主必須衡量其中的得失輕重。但從員工角度而言，工作調整對於個人而言可能是工作內容調整、工作內容的豐富化、工作的趣味化或是工作方便性所進行的職務轉換。

在職涯生活史最後一階段為退休（Retirement）。退休對於職涯而言屬於重大事件，因此需要詳加規劃。有些人認為因為經濟已經足以滿足下半輩子開銷，工作的時間也相當的長了，於是決定退休；對於另一批專業人員，當其健康尚佳、工作環境也十分舒服，能有效維持自尊時，他們退休時間通常晚於一些藍領階級（Moen, 1996）。但是退休不見得都是自己可以決定的。有時候公司組織發現公司內高薪資深員工過多時，便會想出一些方法，提供退休誘因，以便於吸引資深高薪員工退休，改引進資淺年輕員工，降低人事成本，然而這些退休誘因不是常有，僅在某種特殊情況下才有（Sterns & Gray, 1999）。

退休的決定與性別有關。一般而言，女性會較男性早退休，因為女性有家庭責任要負擔，要提早退休照顧配偶或是年邁甚至是退休的雙親（Chappell, Gee, McDonald, & Stones, 2003）。但是如果是經濟狀況較困難無法退休便會一直工作下去，形成蠟燭兩頭燒的情況。

不論退休的因素為何，對於雇主而言應是加以注重的長期議題。因此，雇主宜未雨綢繆，主動對員工進行「退休管理」，但是退休管理並非要求資深員工順利退休，而是要協助員工至少訂定退休計畫，瞭解員工是否真的要退休、該退休，並且可以協助雇主暫時維持住這一群老頭腦（Fleits & Valentino, 2007）。對於整體公司的人力分配或是重新規劃，有效的退休管理計畫可以善用人力資源。

Luchak et al.（2008）認為有效的退休管理應包含下列方法：創造尊重經驗的文化，退休計畫強調退休要考量個人的工作經驗，而非年齡；調整選擇流程，或許目前不易實行，不過可以建立未來徵求員工的方式，而非僅用紙本化的心理測驗，應再包括一些實作；提供部分工時或是彈性工時的工作，這是使公司員工捨不得離開的一個方法；計畫好一步一步邁入退休，有些公司則開始執行退休計畫，通常公司減少工時、不再進行工作調整等。

對於要退休的員工，目前國內對於他們有進行退休前準備或是退休前諮商的公司並不多。大部分的公司都是給予退休的員工一筆退休金，並無其他協助方式。但是美國的公司大多會提供其退休員工所能享受的社會福利的建議、身心健康的諮商或是尋找職場第二春的相關資源。

特殊議題

性別與職涯

男性與女性員工在職場上都有不同的職涯選擇與需求。女性相較於男性在職場上所面臨的挑戰更多，但大多數的原因是來自傳統上男主外、女主內的觀念所影響，而且在實際上，女性相較於男性亦擔負了較多的家庭責任。因此，很多公司組織的職涯發展計畫並沒有考慮太多的家庭因素，並且許多的職涯發展計畫亦認為職涯應是連續的，不因其他因素有所中斷。綜合上述因素看來，職涯發展對於女性是不利的。為了削減性別在職涯發展支持的差異，以下有些參考作法：

降低機構的障礙

有些工作似乎就應由男性員工擔任或是女性員工擔任的刻板印象需調整，以免其因性別影響就業機會。如醫院中的護理人員傳統上以女性為主，可能因為許多女性特質較貼近白衣天使工作所需；然而近年來，國內各大專校院護理系科培養出為數不少具專業能力與倫理的男性護理人員，希望他們在學校培養的性別比例與職場的性別比例可以貼近。

增強女性指導者間的社會脈絡

由於傳統上女性指導者較少，所以女性員工要找到適合的女性指導者並不容易。因此，可以透過有效的社會脈絡，增加找到女性指導者的機會，以免影響女性的職涯發展。

提供更有彈性的工時

誠如目前的社會環境而言，大部分的女性依然承擔較多的家務，自然面臨工作與家庭衝突時，相對於男性員工，女性員工在工作上只好犧牲，因此而影響女性員工的職涯發展。如果能有彈性工時，女性或可利用其他的空檔時間，有效完成職場任務。

個案介紹

UCAN 大專校院職涯管理平臺

我國近年來，大專校院的容量急速膨脹，愈來愈多的國民有機會接受高等教育。然而數量的提升是否等於質的提升，仍有待進一步研究證實。但是一般業界關心的，在於高等教育的畢業生是否具備職場所需的職能，充分為產業界所接受。因此，教育部設立了 UCAN 平臺，全名為「大專校院就業職能平臺」，目的在於協助高等教育學府學生能瞭解自己的職涯發展方向，協助他們能「更有目標、動機的加強其職場就業相關職能……」。期待高等教育學府學生能主動發掘個人能力與職場職能所不足之處，主動學習，補足職場職能不足之處，提升職場競爭力，以期未來畢業後可以順利就業，開創精彩的個人職涯。

UCAN 平臺更規劃了一些職業興趣診斷、職場職能診斷與能力養成計畫的一些作法，整個流程如圖 9-4 所示。更進一步的資訊可上以下網址查詢：http://ucan.moe.edu.tw/。

職業興趣診斷	職能診斷	能力養成計畫
・我最喜歡做的事	・一般職能診斷	・最適職業定位
・我最喜歡的科目	・專業職能診斷	・發現個人能力
・……	・……	・……

圖 9-4 UCAN 運作模式

個案介紹

中國鋼鐵的員工職涯管理模式

企業簡介

中鋼是國內唯一一家一貫作業煉鋼廠，民國 60 年剛開始成立時，是一家民營公司，民國 66 年 6 月因為政府增資，轉變為國營企業，80 年代在國營事業移轉民營的政策下，政府逐步釋出中鋼股票，迄民國 84 年 4 月，政府持有中鋼股權低於 50%，中鋼又轉為民營企業，由於中鋼一開始即以民營型態建置，各項規章制度的建立及營運管理，均以追求制度化、企業化及效率化為目標，並特別注重員工的品德操守、團隊紀律的養成，以及建構優質的企業文化。不同於一般的國營事業，在中鋼的民營化過程中，員工並未抵制，公司並將民營化列為企業國際化的開端。去年中鋼稅前盈餘 216 億元，今年因為景氣的因素，預估可能減少至 84 億元，雖獲利降低，但在傳統產業中仍算是表現不錯的企業。

員工職涯發展的概念

職涯規劃係偏重於個人的部分，個人依照自己的興趣、個性、專長、優缺點等進行分析，在自我發展、自我評估考慮下，分析規劃個人的職涯方向；職涯管理則偏重公司方面，公司如何就制度面、組織面來實行建構職務的歷練，例如：輪調制度、訓練培育、績效評估和前程諮商等，而管理者則是居中作催化和協助的角色，以促進職涯發展，所以在做職涯發展最重要還是在個人，因為唯有個人先找出自己的發展方向是什麼，公司才能視情況需要給予說明，此外，職涯發展不等於升遷，並不是所有人都適合當主管，職涯發展的最終目的是將個人的成就滿足和企業組織的發展做一個結合。企業在做職涯發展時，必須先清楚員工可能面臨哪些問題？例如：個人及家庭的問題有：個人理財、不良行為、需求不能滿足、婚姻生活、子女教育問題、婚喪喜慶等；工作上的問題有：工作壓力的調適、人際關係的和諧、工作能力的提升與發展等。中鋼因為具 24 小時連續生產的特性，大部分同仁須採輪班作業，有生理調適及工作壓力方面的問題。此外，平均員工年齡達 45 歲，又有中年危機的問題，另針對患有重大傷病或身心障礙的員工，中鋼特別設有申請特准病假的留職停薪制度，促使員工就醫，期間視情形得採支半年之全薪，或半年的半薪，待員工治療恢復後，再返回工作崗位。

公司對職涯發展的作法

中鋼公司對職涯發展的作法有職務的歷練，例如：輪調制度、績效評估和前程諮商等。首先就落實輪調制度部分，雖然有員工於同一職務服務滿 5 年一定要輪調，新進員工則服務滿 2 年才可申請職務輪調之規定，但是執行情形仍有待落實，主要是工作職位評價問題，雖然中鋼的薪給是用薪幅制，但是各職位還是有職等分別，非操作性職位從基層員工到最高階主管共分為一到二十等，在輪調過程當中，如果有輪調至比原來職等低的職位，薪水會有調降的可能，所以在跨部門的輪調時，所衍生職等降調的問題，將逐步修改內部的薪資結構來克服。另對於新舊員工之間仍有薪資差距的問題，對於表現優良的新進員工，在一年兩次調薪時，將拉大與一般員工之調幅。至於在工作輪調的作法上，應建立人力資源發展的正確觀念，將員工視為整個企業的共同資產，而非部門的資產，目的是以制度去促使主管將好的人才為公司共同使用，而非只留在單一部門裡。

第二是加強考評晤談，目的在使受評人對職業生涯的興趣及意向可以充分表示，中鋼目前的績效考評是每半年一次，員工可以針對前次考評的重點成果做完整陳述，並可以列出對未來半年考評重點的工作計畫。要做好考評晤談則要先做好教育訓練，對於主管要做晤談技巧和方式的訓練，而對員工則要教育他如何接受考評晤談。並且要認知績效考評的目的不僅是要找出好的員工，而且是要找出那些表現不好的員工，協助他們改善績效。

第三是職缺公告，可以把內部職缺和轉投資公司的職缺公告給內部員工，讓員工登記，並從中挑選合適職位的人才，在挑選過程中要落實面談，不可以只挑選自己熟悉的人面談，否則職缺公告的登記將會流於形式。至於中鋼的職位升遷體系採雙軌制，一邊是管理體系，另一邊是專業體系，二者在薪資方面大致上是相同的，差別的只是主管加給。

有關於訓練培育方面，就人才開發理念而言，以尊重人性為出發點，作法上則是不做重複性的培訓，不將所有訓練全集中到某些人上，而是做整體性、實用性、全面性的培訓，並訂定訓練規範，對各職位必備訓練課程則採全面調訓的作法。另外，將人才開發的責任賦予單位主管，而不是集中於 HR 部門，人力資源部門側重在規劃。在職位層級研修體系上，分為管理研修、專門研修、國內進修和國外研修，管理研修從經理人員、一級主管、二級主管、三級、四級一直到新進人員講習都有，對於新進人員講習一般是五天至一個星期，目前則朝網路教學上發展，將來希望讓新進人員自行利用時間上網學習，減少集中調訓的時間，俾作有效率的學習。專門研修則包含專業和技術方面。在職位晉升與主管遴選方面有所謂的基層主管甄試、三級主管管理才能評測中心（Assessment Center）和管理才能訓練（MTP），AC 評測主要是透過情境扮演，模擬各種狀況來測試員工處理事務的表現，能藉由角色扮演測試出一個員工的管理工作能力，中鋼曾從美國買下並引進這套制度，試用於三級主管的評測，未參加或未能通過評測者如已升任三級主管，僅能發布為「代理」。至於二級主管之培育則規劃有「管理人才培訓班」，也是中鋼企業大學課程的一環，未來亦考慮針對一級主管規劃相關的領導才能課程，亦可能針對一級和二級主管以職能來作為評鑒的基準。

AC 評測是針對擬升任三級主管人員而設計開發的，AC 評測可以測驗出六種管理能力，分別是計畫組織力、分析力、決斷力、追蹤管制力、指導統御力和溝通表達力等，參加評測不合格項目須再歷練半年至兩年，然後才能再參加複測。

中鋼企業大學所開設之課程主要以培育一、二級主管管理人才及策略性專業人才為目標，並將個人的職涯發展、升遷和企業的經營策略相結合，目的是以培育集團未來發展所需的人才為導向，借重外界及集團內的優質師資，採菁英重點式專班培育，兼具前瞻性及實用性的課程，培育具有國際宏觀的人才，並且預為規劃培育學員之職涯發展計畫。

組織活力調查的目的，主要讓公司內部同仁有機會與工作相關聯的問題表達看法和意見，俾建立公司活力指標，並針對活力不佳的專案找出癥結原因，制定改善方案，確實追蹤執行，以提升公司活力。組織活力調查共有八個構面，分為領導管理、創新改善、人際溝通、團隊合作、問題解決、發展規劃、工作滿足、新知學習。

未來人力資源發展方向

中鋼人力資源發展最重要的工作是建立人才庫，並配合企業集團發展需要，成立企業大學，培育國際化人才及領導管理人才。此外，因應企業環境之脈動，規劃多元化課程，以滿足員工需求；因應組織重整、人力合理化之需，持續辦理第二專長訓練，中鋼公司的原則是不裁員、不減薪，人力合理化作業雖然不好做，但為了公司的永續發展，還是要做；為了提升組織競爭力，亦必須將一些非核心的技術工作外包。另外，規劃建立職能制度，加強主管管理才能評估與發展，配合企業 E 化，建構網路教學系統，推動線上學習，提供開放學習環境。

問題與討論

1. 在職涯發展歷程中，雇主、主管與員工各應扮演什麼樣的角色？
2. 請舉例說明有哪些活動，主管或是雇主可以用來增進員工對於職涯的承諾？
3. 如果你是某公司的主管或是雇主，將會如何對於年長的員工進行退休管理？

參考文獻

Amabile, T. (1988). A model of creativity and innovation in organizations. In B. M. Staw & L. L. Cummings (Eds.), *Research in organizational behavior, vol. 10*. Greenwich, CT: JAI Press.

Ashforth, B. (2001). *Role transition in organizational life: An identity based perspective. Mahwah*, NJ: Lawrence Erlbum Associates Publishers.

Baruch, Y. (2000). Career development and organization and beyond: Balancing traditional and contemporary viewpoints. *Human Resource Management Review, 16*, 125-138.

Birkinshaw, J., Hamel, G., & Mol, M. J. (2008). Management innovation. *Academy of Management Review, 33*, 825-845.

Brewer, M. B., & Roccas, S. (2001). Individual values, social identity, and optimal distinctiveness. In C. Sedikides, & M. B. Brewer (Eds.), *Individual self, relational self, collective self*, 219-237.: Psychology Press.

Brousseau, K., Driver, M., Eneroth, K., & Larsson, R. (1996). Career pandemonium: Realigning organizations and individuals. *Academy of Management Executive, 11*, 52–66.

Doody, M. (2003). A mentor is a key to career success. *Health-Care Financial Management, 57*, 92-94.

Erdem, F., & Aytemur, J. (2008). Monitoring-A relationship based on trust: Qualitative research. *Public Personnel Management, 12*, 55-65.

Fleits, L., & Valentino, L. (2007). The case for phased retirement. *Compensation & Benefits Review, March/April*, 42-46.

Giannantonio, C. M., & Hurley-Hanson, A. E. (2006). Apply image norms across Super's career development stages. *Career Development Quarterly, 54*, 318-330.

Ginzberg, E. (1972). Toward a theory of occupational choice: A statement. *Vocational Guidance Quarterly, 20*, 169-176.

Gubler, M., Arnold, J., & Coombs, C. (2014). Reassessing the protean career concept: Empirical findings, conceptual components, and measurement. *Journal of Organizational Behavior, 35*, 23-40.

Hayes, B. (2001). Helping workers with career goals boosts retention efforts. *Boston Business Journal, 21*, 38.

Hoekstra, H. A. (2006). The life-span perspective: sustainable selection. In G. N. Smit, H. C. M Verhoven, & A. Driessen(Eds.). *Personnel selection and assessment*, 210-232. Assen: Van Gorcum.

Hogan, R. (2007). *Personality and the fate of organizations*. Mahwah NJ: Lawrence Erlbaum Associates Publishers.

Holland, J. L. (1973). *Making vocational choices: A theory of careers*. Englewood Cliffs, NJ: Prentice Hall.

Holland, J. L. (1987). Current status of Holland's theory of careers: Another perspective. *Career development quarterly, 36*, 24-30.

Luchak, A. (2008). When do committed employees retire? The effects of organizational commitment on retirement plan under a defined benefit pension plan. *Human Resource Management, 47*, 581-599.

March, J. G. (2001). The pursuit of intelligence in organizations. In T. K. Lant, & Z. Shapira (Eds.), *Organizational cognition: Computation and interpretation* (pp. 61-72). Mahwah, NJ: Lawrence Erlbaum Associates Publishers.

Moen, P. (1996). Gender, age, and the life course. In R. H. Binstock, & L. K. George(Eds.). *Handbook of aging and the social sciences*, 171-187. San Diego, Academic Press.

Mortimer, J., & Lorence, J. (1979). Work experience and occupational value socialization: A longitudinal study. *American Journal of Sociology, 84*, 1361-1385.

Otte, F., & Hutcheson, P. (1992). Helping employees manage careers. Upper Saddle River, NJ: Prentice Hall.

Parker, S. K. (2007). "That's my job": How employees' role orientation affects their job performance. *Human Relations, 60*, 403-434.

Richardson, M., Constsntine, K., & Washburn, M. (2005). New directions for theory development in vocational psychology. In W. B. Walsh, & M. L. Savickas (Eds.), *Handbook of vocational psychology: Theory, research and practice,* 51-83, 3rd ed. Mahwah NJ: Lawrence Erlbaum Associates Publishers.

Shay, R. (2009). Don't get caught in the legal wringer when dealing with difficult to manage employees. Retrieved from http://moss07.shrm.org/Publications/hrmagazine/EditorialContent/0702toc.aspx

Sidhu, J. S., Commandeur, H. R., & Volberda, H. W. (2007). The multifaceted nature of exploration and exploitation: Value of supply, demand, and spatial search for innovation. *Organization Science, 18*, 20-38.

Sterns, H. L., & Gray, J. H. (1999). Work, leisure, and retirement. In J. C. Cavanaugh & S. K. Whitebourn(Eds.), *Gerontology: An interdisciplinary perspective,* 355-390. New York: Oxford University Press.

Super, D. E.(1967). *The psychology of careers*. New York: Harper and Row.

Super, D. E. (1976). *Career education and the meanings of work*. Washington: Office of education.

Sullivan, S. E. (1999). The changing nature of careers: A review and research agenda. *Journal of Management, 25*, 457-484.

Thornton III, G., & Morris, D. (2001). The application of assessment center technology to the evaluation of personnel records. *Public Personnel Management, 30*, 55-66.

Zinko, R., Ferris, G., Blass, F., & Laird, M. D. (2007). Toward a theory of reputation in organizations. In J. J. Martocchio(Ed.), *Research in personnel and human resource, 26*, 163-204: Elservier/ JAI press.

Part 4

績效管理篇

Chapter

10

績效管理理論與實務之整合觀點

“

明於治之數，則國雖小，富；賞罰敬信，民雖寡，強。賞罰無度，國雖大，兵弱者，地非其地，民非其民也。

——《韓非子‧飾邪第十九》

”

學習目標

本章之學習目標有二項，首先瞭解績效管理的意涵、理論的基礎及基本原理，其次學習如何分辨績效管理（Performance Management）與績效評估（Performance Appraisal），接著理解績效管理系統與績效管理的工具，最後則是更進一步認識績效管理如何與人力資源管理功能結合。

據《史記・五帝本紀》記載，堯開始和下屬探討接班人問題的時候，距離他真正讓出帝位的時間長達 28 年。在堯不知連續否定了多少人選之後，他的手下推薦了「平民單身漢」的舜。大臣們初步評價是，雖然他的父親愚昧、母親頑固、弟弟傲慢，但舜仍然能夠孝順、友愛地與他們相處。這種績效評估的方式是一種基於事實的描述法，不是簡單地說他好或是不好，只關注「做人」的基本面，而不考慮其他的能力或者知識技能等問題。堯隨即將自己的兩位女兒嫁給了舜，以此來考驗舜的「德行」，從此堯對舜這位「未來的接班人」展開了漫長的績效評估過程。由此鑑古知今，可見績效評估其實是一個長期的過程，且用之於組織當中亦存在著某種程度的風險。

一、績效管理的理論與基本原理

傳統的績效定義已無法詮釋現代績效之意義，同時，現代之管理亦已非傳統管理的方式所能包含。因此，須先對「績效」與「管理」有新的認識與定義後，方能對績效管理有著更新、更正確的認識。績效管理是一種管理之執行策略，是以達成組織目標為目的之管理過程，依此，績效管理有以下三個重點：

1. 其為一種過程，是一種遍及整個組織之管理過程。
2. 使員工對於績效目標與達成之手段，能具有一致的認同。
3. 增加達成績效目標之可能性。

績效管理工作如果要確實有效，必須和組織成員的激勵體系加以結合，才能真正促使組織成員爭取更高的績效，或是對於績效不佳的成員進行各種不同程度的工作調整和懲戒。從理論上來看，組織的績效應該與個人有關的誘因體系相結合，最終才能夠達到組織所要追求的績效目標；但是，績效管理的概念和工具，通常都只在組織和個人層面分別加以探討，也就是人力資源管理的專家注重的是激勵理論、績效衡量等概念和工具。以下將針對績效管理制度研究中所蘊涵的理論基礎作介紹。

績效管理的意涵

當企業管理者面對外在激烈競爭的環境、顧客需求的快速變化，以及組織內部的結構改變，還有員工自主意識的高漲及資訊科技的發達等外在與內在衝突時，必須進行變革以適應多元環境的衝擊，並積極思考如何突破傳統的經營原則，以維持企業的永續發展。人員的效益能否完全發揮才是影響企業的成敗及經營利潤的重要因素，因此如何評估員工的績效，使員工發揮最大的效用，進而達到組織的目標，即為績效管理制度最主要的目的。績效管理制度早在 16 世紀時即開始發展，且逐漸受到管理者的重視及採用。根據美國的《財星雜誌》（*Fortune*）指出，美國一千大企業中，至少有半數以上的企業採用不同程度的績效管理制度，而績效管理制度亦為國內企業所最常採用的管理制度之一，足見績效管理已成為企業最主要的管理方法與技術工具。

彼得・杜拉克（Peter F. Drucker）在《有效的管理者》一書中對「績效」（Performance）的解釋為「直接的成果」。因此，績效可解釋為一種行為、活動所表現的結果，並可藉由管理的方法或技術，不斷地提升或改善這個結果，使其能充分符合環境的需要及顧客的期望與需求。至於管理的定義，依據美國管理學家 R. M. Hodgetts 對「管理」一詞的定義為：「管理是經由他人努力與合作而把事情完成。」綜言之，績效管理係指協助組織各階層主管與員工如何設定績效目標、達成目標的直接成果，正式評定成效，並能做上下順暢之溝通，其目的在於提升企業範疇的一環，是一種過程，是組織用來衡量和評鑑員工某一時段的工作表現；並可依評估結果作為薪酬、職務調整的依據，提供員工工作的回饋，決定訓練的需求，用以改進工作和規劃生涯，以及協助主管瞭解部屬等。然而大多數管理者常將績效管理與績效評估混為一談，究其不同在於「管理」一字。對組織而言，績效管理連結組織策略與部門績效，使所有員工皆能清楚瞭解組織目標，進而站在同一陣線齊心齊力；對個人而言，管理表示主管應給員工之協助，包括協助釐清工作目標、協助發展員工職涯。所以，可以得知績效管理之範圍大於績效評估，績效評估僅針對過去工作表現（甚至未來發展潛力）作考核，但並沒有「引導」的動作；而績效管理除了考核部分，更將重點放在公司政策之完成、員工適性之瞭解與員工未來發展之協助等較具有「管理」意涵之行為。

當我們清楚地認知到績效管理的真正意涵後，應進一步地瞭解績效管理過程，其包含績效目標設定、績效評估、績效面談三個階段。首先是目標設定，此為績效評估流程的第一步，就是確認要評估什麼（What）？為何要進行績效評估（So What）？透過一系列的思考，例如：主管須期望員工達成的績效標準是什麼、評估者必須能區辨什麼是有效的績效、評估過程須設立一個可達成的明確設定目標、目標達成的結果是可察覺的、員工能與主管共同參與討論，以及找出達成目標的障礙等，完成績效目標設定並依循績效設定之 SMART 原則，即明確性、可衡量性、可達成、實際性、有時效性等五大原則。

在目標清楚地建立後，接著進行績效評估。績效評估通常於某一特定時間舉行，且評估時間通常並未具一定的標準，應依照公司的組織規模、組織性質等因素進行一次以上的績效考核。過去進行績效評估乃由主管獨立作業，且祕密進行，員工不知道主管對其評語為何，只能從考評後隨之而來的薪資調整與職級變動得知，這種評估方式已逐漸不符時代潮流，同時易造成員工心生疑慮進而辭職。因此，目前較為員工所接受的方式為：(1) 員工依評估指標進行自我評核；(2) 主管依評估指標進行評核；(3) 主管就其間之差距與員工面談。在這種方式之下，員工較能瞭解過去表現對組織之貢獻度為何，是否努力方向有偏差，而主管透過此過程也可得知自己是否有盡到輔導之責。

績效面談是績效評估過程中為組織帶來正面效益的機制。通常績效面談會對績效考評結果作說明，同時主管針對考評結果提供意見。例如：如果員工表現不佳，主管須協助尋找原因，若因能力不足就須給予再教育的建議，若因個性不合則須協助職位調動，倘若工作態度有問題則須採取資遣動作；

而如果員工表現良好，則主管應給予員工完善的職涯發展。因此，透過績效面談，員工可以得知未來一年努力目標，同時感受到公司對其重視程度，提高同仁滿意度，同時也為組織留下優秀人才。

有別於傳統的績效評估，績效管理系統最常被管理者搭配平衡計分卡、360 度績效評估和目標管理等方式一併進行績效評估的建置與設計。當企業開始察覺到傳統單一的績效評估制度已不適用於逐漸成長的公司，試圖尋找多元的指標作為考核的標準。為此，針對每項搭配指標須明確瞭解其中的意義和使用方式，如此方能有效搭配績效管理系統之設計。以 360 度績效評估為例，探討管理者如何透過結合 360 度績效評估和目標管理以建置高績效的管理系統。360 度績效評估最主要的概念，是藉由員工自己、上司、直接部屬、同事甚至顧客等全方位角度來評估員工的績效表現。透過此種 360 度的績效評估，被評估者不僅可以從自己、上司、部屬、同事甚至顧客處獲得多種角度的回饋，更可從這些不同的回饋中釐清彼此間不同的期望，進而精確地瞭解自己需要加強哪些方面的才能。此外，由於資料的取得更多，而非傳統只是單一由主管來評定，則最後資料的整理結果將更具可信度。此將可以屏除一般員工認為績效評定的結果不夠客觀的想法，而減少一些抱怨。然而，在實務經驗上，若真的要企業做到 360 度的績效評估制度，則成本上、時間上、人力上的實施壓力也同時增加，故往往在企業當中，基於現實的考量，績效評估若真的無法做到 360 度的全面評量，亦可透過權變的方式輔以 180 度的衡量指標。綜言之，為因應內部和外部環境的衝擊，企業管理者漸漸體認到傳統單一衡量指標已不適用於員工的績效表現。理論上，藉由導入平衡計分卡、360 度績效評估或目標管理於績效評估設計中，以期建置更完善的評估機制；實際上，礙於時間、人力和經費等限制下，管理者在進行改革前必須經過縝密的評估，以建置最符合企業本身的績效管理方式。

績效管理基礎理論

(一) 屬於探討人類需求內涵

1. 需求層級理論（Need Hierarchy Theory）

由 Maslow（1943）提出，其將人類需求分為五個層級，他主張基本的需求滿足後，才能追求更高層級的滿足。

2. 雙因子理論（Two-Factor Theory）

由 Herzberg（1966）提出，其簡化需求內容，提出激勵因素與保健因素。根據 Herzberg 的理論，缺乏保健因素無法使員工有所行動，但保健因素只能使員工維持一定的工作水準，必須加上激勵措施才能使績效提升。此理論提示雇主必須在設定能充分滿足員工基本需求的薪俸之外，提供激勵因素，使員工追求更高層級的滿足。

(二) 強調個人行動與結果之關係

1. 期望理論（Expectancy Theory）

由 Vroom（1964）提出，其主張員工是否採取某項行動，是由三項期望因素所決定。首先是員工對工作所須付出努力的認知與判斷，其次是對於績效與員工貢獻之間的信念，最後則是這些績效對於員工的價值。若員工對這三者當中的任何一項考慮有所質疑，將失去達成團體任務的動機。

2. 學習強化理論（Reinforcement Theory 或 Learning Theory）

由 Skinner（1953）在其控制實驗所提出，並由 Luthaus 及 Kreitner 等學者將其由實驗室應用到職場。此理論認為任何行為將由其結果所決定，當員工的酬勞取決於員工的績效時，酬勞的增加將提高員工的績效；清楚地定義員工行為，縮小報酬給與和賞罰行動間的時間差距，都將強化行動與報酬間的關係。

3. 目標設定理論（Goal-Setting Theory）

由 Locke（1968）提出，根據這個理論，當組織目標明確、具挑戰性並能為員工接受時，員工績效最容易被激勵起來。因此，績效待遇得以創造對團體目標的認同，促進更遠大目標的設定，以及更多不同目標的追尋。

4. 公平理論（Equity Theroy）

由 Adams（1965）提出，其認為雇主和員工之間是一種交換關係，雇主提供各種報酬，員工提供相對的績效和人力資源，當員工認為報酬與其貢獻大致成比例時，員工將對其交換關係感到滿足。除了比較個人績效與個人貢獻的比例關係之外，員工也會和同一組織其他人或不同組織的人做比較，並依據其個人所認知的公平情況調整其個人績效投入，以達到個人認知的平衡。績效待遇的主要目標則是在提供績效及待遇的平衡關係，使得員工的績效提高。

波特及勞勒（Porter & Lawler, 1968）以預期理論為基礎，歸納上述學說，發展出較完整之「動機作用理論」。一個人之行為努力取決於可能獲得獎酬之價值大小及完成任務之機率（此為預期理論之觀點）。然而，事實上，一個人績效表現除受其個人努力程度決定外，尚受其工作技能及對工作瞭解之影響，此種績效可能給予其工作內獎酬，也可能給予其工作外獎酬（此為雙因素理論之觀點），但這些獎酬是否讓他滿足，則尚受其本身知覺之公平性與否而定（此為公平理論之論點）。

以上這些理論提供績效管理及績效獎金制度重要理論基礎，需求理論、雙因理論強調績效給薪的必要性，雖然基本薪俸使員工得以維持基本生計，但除基本需求外，雇主應以更多激勵措施使員工達到更高層次滿足。預期理論、學習強化理論、公平理論、目標設定理論主張員工績效和預期結果必須能有明確定義，兩者之間也必須緊密的結合，其待遇必須達到個人內在的平衡及外在的平衡，而績效報酬必須做到獎賞分明且賞罰即時。

以內在激勵因子來說，從最初 Maslow 的需求層級，就開始提出心理滿足的因子，例如：第三層級的社會需求、專業需求以及自我實現需求，一直到 Vroom 的預期理論提出透過個人努力、個人績效、組織獎賞到個人目標，這幾個模型構面間的期望如下圖 10-1。

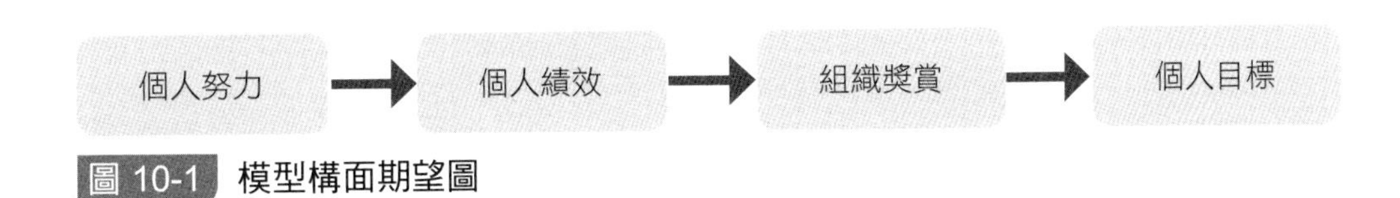

圖 10-1 模型構面期望圖

績效管理基本原理

因應績效的不同特性，設計出的績效衡量方式就會不同；而績效的決定因素也會影響如何設計衡量績效的系統及方式。績效必須要動機×陳述性知識×程序性知識，其中缺一不可。因此在績效衡量系統中，我們便要設計可以測量出這三個面向的測量指標與方式。因此，也並非單一種績效衡量方式便可以涵蓋所有欲測的績效指標，例如：動機面向的績效指標可能就要使用行為趨勢的績效衡量系統，而陳述性知識與程序性知識則適合用結果趨勢的績效衡量方式。另外因為工作的特性不同也必須設計不同的績效衡量系統，不一樣的主管風格帶領不一樣的部屬，會導致不一樣的績效結果，因此在績效評估時也必須將環境面向的因素考量進去。由此可以知道，並無一種績效衡量系統是最好的，只有最適切的績效衡量系統。

(一) 績效衡量系統

績效衡量對於企業而言皆可能有正向效果，但若用錯方向亦可能帶來潛在的風險。

傑克是一家知名鋼鐵公司的首位總裁，他總喜歡每天巡視他的煉鋼工廠，有一次他在視察的期間，看到一群剛完成傾注鑄塊的員工，傑克很快地去計算鑄塊，沒有說任何話並用粉筆在上面寫上 78 這個數字，然後他繼續他的視察行程，當他回到原來的站所時，他將原來寫上的 78 劃掉寫下 80 這個數字，一天後，80 又被劃掉改成了 85，整個生產的過程就依此種方式持續地增加生產的產量。

故事的寓意就在於員工對他們的績效都能負責任，且由衡量的系統判斷：好的員工可以得到獎賞，較差的員工會受到處罰（例如：被解雇），此時衡量系統便能發揮實際的衡量效果。但若衡量較為複雜的工作時，不只要求數量還要求品質，則建立績效指標和標準時，不宜一成不變，應隨實際的狀況和需要而有所更換；亦即不要採用單一和固定的績效指標，應用時可調整人格特質、行為和結果三種指標所占的比例，而標準則可隨時段而有所不同，只有靈活地加以運用，方能建立組織內部的公平性並且發揮績效衡量系統的功能性。然而，績效表現的衡量在組織中不是一個快又容易得到答案的議題，尤其在強調衡量情境中行為面的觀點。有些學者甚至認為衡量對企業而言是一種潛在的危險，當衡量的指標建立錯誤時，都有可能招致績效惡化的風險。

不同的績效制度都存在不同的觀點，所以在績效管理制度推動之前，必須釐清一件事情，那就是將績效管理制度區分為「激勵性導向」與「資訊性導向」。此衡量系統在使用上可分為兩大類：(1) 激勵性衡量：會影響被衡量的人，誘導這些人更努力的追求組織目標；(2) 資訊性衡量：主要的價值為他們表達的邏輯、地位以及研究資訊，他們可以給予一些建議，以及提供較佳的短期管理、長期組織程序的改善。

激勵性衡量的形式跟大多數人接觸過的很類似，例如：銷售紅利、績效獎金，或是任何能夠獎勵高績效的獎勵措施等，而到底是哪一種形式，則決定於組織所建立的衡量系統。在此種激勵性衡量系統下，員工的產出只要能在目標範圍內就能獲得獎勵，而達不到生產目標的員工就會受到懲罰（像是解雇）。

資訊性衡量的使用意圖，在概念上並不以激勵員工為目的。使用資訊性衡量的目的在於瞭解什麼東西應該被研究或被管理，在此概念下「測量」被描述成「根據某種法則，來賦予事物一個數字，讓這個數字可以代表品質」。若衡量某項東西能以數字形式表達出來，那麼對這樣東西的瞭解會比較多，比如將管理者的角色類比成飛行員，將組織衡量系統類比為航空飛行器。Kaplan 及 Norton（平衡計分卡發明者）就使用這種類比方式，提出多重指標衡量系統：當管理者想要駕駛著組織這臺飛機完成複雜任務時，就必須知道飛機的各項資訊，包含剩下多少燃料、飛行速度、目前海拔高度、風速以及目的地，用以瞭解現況及預測環境的資訊。

激勵性衡量與資訊性衡量的差異在於前者的主要目的在使被衡量者產生行為改變，而資訊性衡量則必須不能影響被衡量者的行為。在某些情況下，這兩種衡量系統是不相容的，若企圖將這兩種衡量系統強行結合則會產生功能失調的情形。

另外，在績效涵蓋範圍的部分，有所謂的任務績效與情境績效。任務績效是指與工作產出有直接相關，能夠直接對其工作結果進行評價的這部分績效指標；是與具體職務的工作內容密切相關的，同時也和個體的能力、完成任務的熟練程度和工作知識密切相關的績效。而情境績效是指與任務本身較為無關的績效，其對組織的技術核心沒有直接的貢獻，但它卻構成了組織的社會、心理背景，能夠促進組織內的溝通，對人際或部門溝通起潤滑作用。情境績效可以營造良好的組織氛圍，對工作任務的完成有促進和催化作用，有利於員工任務績效的完成及整個團隊和組織績效的提高，如表 10-1。

表 10-1 任務績效與情境績效

面向名稱	面向內容
任務績效 （Task Performance）	下列活動： 1. 將原料轉換成商品和服務的生產活動。 2. 協助生產活動的一切過程： (1) 補充原料。 (2) 分配完成的商品。 (3) 提供重要的規劃、合作、監督管理和員工職能。
情境績效 （Contextual Performance）	下列行為： 1. 對工作充滿熱情並盡心盡力。 2. 自願去完成職務以外的工作。 3. 協助同事並與之合作。 4. 遵守公司規章及政策。 5. 全力達到公司目標，展現對公司的忠誠度。

不論是任務績效或情境績效，重點是必須將績效與公司欲達到的目標結合。例如：麥當勞的目標為希望成為速食業中服務最佳之公司。服務最佳包含了出餐速度、點餐速度、服務態度等因素，而這些項目可以用任務績效或情境績效來衡量之，但要怎麼衡量、衡量的指標為何，就必須仔細的思考，並且明確的告訴員工考核重點、考核意涵為何，讓員工瞭解公司這項考核的緣由，並讓員工信服。藉此便可以促進員工往組織的目標邁進，達到組織績效。

(二) 職能為基礎的績效

根據績效理論，所謂績效的元素，包括應該要完成的職責、完成職責的條件與完成職責的意願。另一方面，隨著職能模式（Competency Model）的盛行，加上平衡計分卡（BSC）四構面的觀點，許多公司都會在績效評估中納入職能評估（Competence Assessment），或在學習成長面（Learning & Growth）中納入職能性的目標（例如：證照、訓練），期以強化員工的知識技能，繼而提升其工作流程表現，滿足客戶需求和股東財富。然而職能（Competency）與績效（Performance）並不是完全相同的概念，就 BSC 的四構面來看，職能只是屬於績效中學習成長裡面的一環，其他像工作流程的效率與效果、滿足客戶需求與財務目標的行為都是績效的概念，不單只有學習成長面。職能的概念源自於哈佛大學心理學教授 McClelland（1973）所倡導的工作職能評鑑法（Job Competency Assessment Method, JCAM），透過分析績效好的員工與績效差的員工間之「行為」差異（也就是傳統工作分析技術中的關鍵事例法）當作職能的鑑別指標。

90 年代起，職能一詞在各家企管顧問的強力促銷下，受到愈來愈多企業採用，並以職能模式當作人力甄選、薪酬制度、訓練發展與績效評估的標準。所謂職能，原則上與傳統工商心理學所強調的知識、技術、能力與特質（KSAOs）並無二致，不過是新瓶裝舊酒。最大的差異在於，職能模式強調評量 KSAOs 所展現的行為（Competency），而非直接評量 KSAOs 本身（Competencies）。KSAOs 乃藉由工作分析確認工作內容所包含的職責，以及做好這些職責所需要的知識技能為何，它的分析焦點在職務。而職能模式則是先歸納各類工作的職能領域（Area of Competence），例如：銷售、管理、企劃、服務等工作職務，根據各類職能領域，發展能有效區別績效好壞的行為事例，即所謂職能（Competency），而它的評估焦點在個人，而非職務。某些顧問公司分析統合所有職能領域的職能，並歸納成辭典，將它賣給企業界當作評量職能的參考依據，可以省去企業進行勞民傷財的工作分析成本。在職能模式中，所謂「職能」是指個人所具備的一種「潛在特質」，此潛在特質與個人的「工作績效表現」具有因果關係。進一步而言，「職能」是：

1. 一種潛在的特質，這些潛在特質是個人人格中最深層、長久不變的部分，包括個人的動機、特質、自我概念、專業知識與技術等，這些特質可解釋或預測個人在不同情境、工作任務中所表現出的行為。
2. 與實際的工作表現具因果關係，即「職能」能引發或預測個人行為或工作績效表現。
3. 效標參照，指當以某種特定的效標或標準衡量個人表現時，「職能」能區分個人實際工作表現的好壞。

上述的職能包含二塊：核心職能（Core Competencies）與職系職能（Job Family Competencies），前者大多屬企業核心價值下的產物，不分工作或職位，是組織要求每位同仁皆須展現的行為，也稱作文化職能

（Cultural Competencies），例如：組織公民行為（OCB）、客戶導向、追求創新、保持彈性等。而職系職能則屬於特別工作職系中所要求的知識、技術、能力與特質，重點在該職系所要達成的任務性績效，不見得適用其他職系下的工作同仁。

在眾多職能理論中，以冰山模型（Iceberg Model）最受到注目。其強調一個人的職能除了浮在水面上的冰山──知識、技術外（容易看到且容易學的），尚有水面下的冰山──動機、特質與自我概念（不容易察覺且不容易改變的）才是影響績效的關係。但評量這些冰山下的特質面，不易觀察正確，且衡量又易流於主觀。再者，職能行為事例的建立，乃藉由所有主管的訪談結果而來，但實務界主管們是否有能力區別旗下員工應有的知識、技能與特質間的明確差異與尺度，是一大問題。若採用顧問公司所提供的職能辭典，除了高額的購入成本外，亦不見得符合企業需求。然而，績效管理所重視的，理應是可以被改變與發展的「行為」和「才能」。

根據工商心理學的長期研究，除知識、技術外所重視的特質面大部分受員工的性格（Personality）、基本能力（Ability）與當事人的過去經驗（Past Experiences）所影響。對成人而言，性格、能力（例如：智能／體能／敏感度）與過去經驗，是不容易被改變或發展的。因此，特質面的應用大多侷限在甄選與職涯管理的流程中，不太適用在績效評估中。倘若特質面對績效影響甚大，且被用來當作薪酬與任用的指標，則應該化為具體且可以被觀察的行為指標，而非特質本身。亦或，若要評估像人格特質或能力本身，應該採用更適當的評估工具（例如：人格／性向能力測驗），或採用領導技術來影響自我概念與動機，但不要意圖用「績效評估」來處理所有的職能問題。例如：可以再另設員工發展（Employee Development）評估表，由員工自評自我的職能，來彰顯組織對「潛力」的重視，並強調職能所展現的具體行為或「產出」為評估標準，例如：被公認的專業證照、訓練評估結果等，但此職能產出須與工作者的流程、客戶、財務等任務績效相結合。綜言之，績效管理系統不能單獨存在，必須依循不同情境與目的而設計。透過理論基礎的建立，引導管理者有效運用於企業組織。

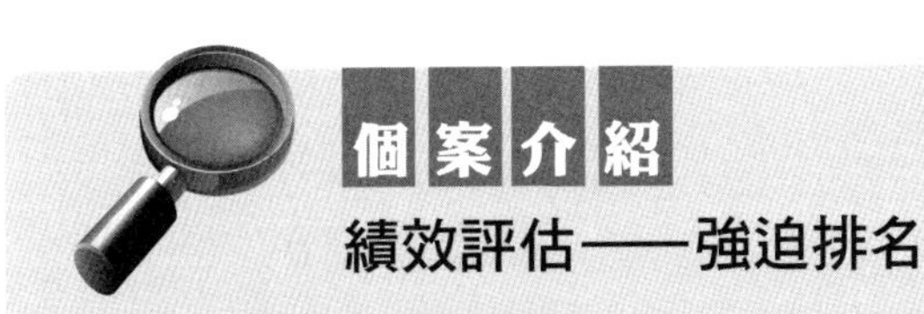

績效評估——強迫排名

一般而言，績效評估的立意雖好，但其作用仍然容易變質，成為主管威脅下屬的工具。具體而言，現行績效評估制度的缺失至少有如下三點：(1) 排名；(2) 評分；(3) 強迫式的分配。戴明指出，很多管理者似乎忘記：十位員工無論他們如何努力，評分後必定有五位排名在平均值之下。而這種排名的意義何在？

GE 強迫分配簡述

所謂的強迫分配意思是公司會把同一等級的員工拿來一起作一個評比，決定哪些人是這個等級的員工當中的較優秀、中等、較差的員工。最先實施的為美商奇異公司（GE），透過績效評量的差異化原則，將員工區分為表現最優秀的前 20%、不可或缺的中間 70%，以及表現不佳的最後 10%。

GE（General Electric）前任 CEO 傑克・威爾許（Jack Welch）在任內進行一系列改革，包含導入提升產品品質的六標準差、為刺激組織生產力與創造力的無疆界政策等，其中針對績效和人才管理的變革活動當屬「強迫排名」制度最為人所稱道。傳統績效評估方法最大的缺點就是只能判斷該員工有無達成目標，卻無法區分員工實際能力的高下，所以無法轉換人力成為一種有價值的資源，提升企業的競爭高度。為彌補這樣的缺陷，GE 在績效評量中納入「相對評量」的精神，讓經理人確保每位員工的績效表現，也讓員工瞭解在同儕之間，誰才是企業需要的人才、誰能夠擔當更多的責任和更高的職務，同時能為員工找出學習的典範對象。

每年 4 月，GE 會召集世界各地數千名經理人，舉行為期數個月的管理考核檢討會議，稱為「C 階段」（Session C）。將所有的整年所蒐集的員工資料（包含員工照片、任期、優劣勢分析、歷年績效的評估數據，和長期發展潛力評量表等），逐一審核、分析和討論每一位受評者過去一年來的表現，在評量每位員工時，不只是判斷該員工有無符合原先設定的個人業績目標，同時還會將該員工的績效結果與同部門、甚至跨部門的同仁作「奇異 4E」的相對評比，而所謂的奇異 4E 是該企業發展一套辨別人才的核心價值觀，其所指的是 Energy（是否具有活力）、Energizer（是否懂得激勵）、Edge（是否瞭解當機立斷所帶來的競爭優勢）、與 Execution（是否擁有絕佳的執行力）。簡言之，C 階段除檢核員工是否達成個人業績目標，也同時檢視該員工的核心能力，如此才能得到完整的資料，正確的評估該員工的績效表現。等到「C 階段」會議結束後，每位員工的排名終告出爐，同時也決定了每位員工未來在公司的升遷發展機會、薪資獎酬等。

資料來源：《經理人》，2010 年 10 月號，頁 94-95。

二、績效管理與績效評估之相關議題

績效管理是一個持續性定義、測量的程序，並發展個人與團隊績效以及促使績效與組織策略目標一致。除此之外，績效管理涵蓋兩個核心概念：首先，持續性的程序包括目標設定、執行、觀察績效，並提供指導與接受回饋；其次，與策略目標一致，管理者確認員工的行為、表現與組織目標一致，促使組織得以獲得競爭優勢。進行一年一度的員工評估，並持續提供回饋與指導，此即績效評估，其主要用途在於描述員工之優劣表現，因此績效評估是績效管理中的「程序」之一，亦是辨別績效管理與績效評估兩者差異之處。

績效管理的管理工具

要想使一套績效管理制度運行得宜，除了要先瞭解績效管理制度的理論與其原理之外，其次就是要去掌握相關的管理工具，以下所要討論的就是與運作績效管理制度有關的管理工具。與績效管理最直接相關的管理工具有目標管理、職能模式以及績效給薪等，這些管理工具的內容及意涵，簡要說明於下：

(一) 目標管理

目標管理（Management by Objective，簡稱 MBO）制度於 1954 年由彼得・杜拉克（Peter F. Drucker）提出，主張企業應透過整體目標設定個別的目標，藉由自我控制與分權管理達成企業的經營績效。所謂目標管理是每位員工根據公司的總目標建立其特定的工作目標，並自行負責規劃、執行及控制考評的管理方法。目標管理的精神在於激發員工潛能，群策群力達成目標，不但重視個人心理需求（Psychological Needs）的滿足，並能兼顧企業追求生存、成長、利潤、穩定等基本目標。換言之，目標管理能將員工個人的需求與企業的整體目標相互結合運用。目標管理首在建立目標，目標在執行後應與有效的考核辦法相配合，使員工從獎懲中獲得激勵，使企業易於達成績效目標。目標管理更是一種程序，藉由組織上下階層的管理人員，一起來確定組織的共同目標，並以對組織成員的期望成果來界定每位成員的主要責任範圍，同時依此來指導各部門的活動，並評估每位成員的貢獻。總的來說，目標管理的運作，首先由共同的目標設定開始，再經由協商溝通的過程，讓成員彼此溝通，確定合理的目標，最後再由每位成員在各自的績效目標上戮力執行，並透過自我控制、自我管理的方式，讓員工對績效目標負起責任，建立員工的榮譽感和責任心，最終促使組織績效的達成。

(二) 職能模式

傳統的人力資源管理強調以工作分析為整合基礎，但是未來將導入職能本位制度，作為人力資源管理的核心。因此，企業更應結合過去的經驗，透過職位的說明，配合描述與發展員工的職能，進而發展出一套適合公司運作的績效評估表，藉由一年多次的評估，作為員工短期的績效考核，再配合公司的年度績效評估表，更可作一相互對照，以提升企業之核心競爭力。Spencer 與 Spencer（1993）同時也將職能的種類區分為五種類型，亦即廣為大眾所知的冰山模型，在冰山模型中，將職能區分為外顯可觀察的及內隱不易觀察的兩類。

從 1950 年代之後，績效評估由最初的人格特質導向，轉變為重視員工應該做什麼和完成了什麼。在 1960 年代初期，彼得・杜拉克所提出的目標管理理論（MBO）被廣泛的運用在績效管理上，所以績效評估的重點在於員工是否有達成組織預先設定好的目標，倘若達成該目標，我們則可將其判斷為績效表現良好的員工；然而一直到了 1970 年代，評鑑中心（Assessment Centers）逐漸受到大眾的重視，透過被評估者與工作有關的行為向度，藉以判斷該員工之績效表現，不但可以更為客觀的評判該員工，而且也考量了更多的績效影響因素，不再單單只是透過目標是否達成來主觀的認定。

一般而言，行為定向法（Behaviorally Anchored Rating Scales, BARS，行為錨定評等量表）則為組織最常用來衡量績效的工具之一。BARS 是美國兩位心理學家 Patricia Smith 及 Lorne Kendall，在 1963 年所提專門為護理人員研創的一套績效評估方法。其兩位學者認為一項好的績效評估方法，在制度設計方面必須兼顧信度與效度。因此，程序的正確性與合理性應列為首要任務。此種方法的評估項目包括了工作表現、人格特質、人際關係等多方面的行為向度，同時也將員工應該有的工作表現整理成評量表，提供主管較客觀的員工工作行為評量標準。換句話說，員工的工作行為與工作結果開始變成績效評估的重點，依此我們可以將績效評估區分為兩個構面：工作結果面與工作行為面。針對主張用工作結果面作為績效指標的理由，主要在於員工可以有明確易懂的目標去達成，而且若針對可以直接獲得績效資料、不需透過評估者的認知過程來取得的工作，則應採用工作結果作為績效指標。然而，視工作目標達成與否來判斷員工的績效表現是相當不公平的，基於此點，企業逐漸採用以工作行為作為績效評估的指標，一來不但可以衡量較為複雜的工作，而且也可以和員工的實際工作表現有較為直接的關係。

(三) 績效給薪

績效給薪（Pay for Performance）就是指員工待遇須視績效來決定（Make Pay Contingent Upon Performance）。傳統上，所謂績效給薪是指在某一特定期間內，員工的財務性報酬是依據其績效的量度（Measure）決定。在此理念之下，績效給薪制度主要指的是待遇組合中的變動性部分，就是各種誘因及獎金制度，學者稱之為變動薪（Variable Pay）。但隨著資訊科技、知識經濟及全球化競爭的來臨，績效給薪理念及制度也有重大的轉變，除了原有的變動薪之外，尚及於基本薪部分。如前所述，基本薪管理受到關注組織績效趨勢的影響，能力薪及技術薪等新的待遇管理理念與增進員工能力相結合，透過增進員工技術或技能之價值，俾有助於結果的提升。簡而言之，在當前將員工當成人力資本的知識經濟的系統之下，績效給薪制度應包含以下兩個部分：

1. **固定部分**：基本薪係由個人技術、知識決定個人本薪（Person-Based

Pay）部分，亦即將報酬與員工的技術、知識結合的技術薪資。

2. **變動部分**：變動薪，係將報酬與結果或產出相結合（Result or Output），如各種獎金制度。

績效管理的流程

(一) 策略規劃

績效管理的實施程序有一定的流程可依循，其首要步驟，乃是確認出組織的策略。而組織策略的意義，不外是組織對未來的願景，透過 SWOT 的分析之後，找出組織與其他競爭者差異化的定位。而有關規劃的重點，在於形成能讓組織的使命和價值觀呈現出來的組織策略，並傳達給所有成員知道，從而凝聚共識，創造出卓越的績效表現。

(二) 制訂目標

其次是研擬組織目標，組織目標的意義是在將整合性的、職務上的和部門的目標加以清楚地界定與解釋，以讓所有人都能理解。此外尚須詳加說明哪些是部門需要去完成的使命、目標與目的，包括：團隊目標，指的是團隊的特定目標和貢獻，團隊被期待著去完成部門的目標；個人目標，主要與工作有關，被認為是成員最重要的個人當責（Accountability），內容多在說明成員主要的工作領域或須完成的關鍵任務，換句話說就是個人的工作。

(三) 績效評估與指標設立

績效評估是將組織績效表現透過量化方式顯示，讓數據說明目前組織的工作完成的程度，並與先前計畫的目標作比較，提供績效資訊給予管理者以判斷成員工作績效的管理工具。績效評估時有幾個前提須遵守：首先，績效評量不能因人而異，不能憑空評量績效，必須有事先訂定的目標為根據，透過讓實際績效和目標績效相互比較，才能發現真正的績效；其次，評估的設計應從瞭解組織與個人的長處與弱點著手，才不會落入以標準化的要求清單來評量，使績效評估成為只是形式上的表格填空，無助於揭露重要資訊；最後，則是對管理者的要求，管理者必須要有能正確評價受評者績效的能力和經驗，對於有些無法評量的東西，管理者能以其長期豐富經驗和審慎的態度做出分析與評斷。因為唯有滿足這些前提要求，評量工具才會被視為是可信而有效的。在目標制定的同時，確認績效評估的標準是很重要的，在此溝通變得格外重要，因為通常績效管理中目標的設立，都是組織成員共同參與決定的，所以目標被制定的同時，再依照被認同的目標來建立評估制度，才能設立公平且能被接受的績效標準，而對績效評估的成功界定也是組織能獲得最佳回饋的基礎，亦是績效管理之所以視績效評估為核心工作的主要理由。

(四) 設定行動計畫

緊接在目標和績效指標的設立之後，管理者即應與部屬根據所設立的各種目標，訂定行動計畫，而計畫的內容主要是在界定員工應從事哪些工作。這樣的行動計畫同時也設定了工作上的優先順序，說明何者是工作上的關鍵要素，提醒員工必須全力以赴；或者是各種方案、計畫中工作的重要性排序，以告知人員工作應如何被執行。這些在計畫中所做的重要性的排序和說明，其真正的意義是在確保組織目標和績效指標能在員工執行日常的工作中得到理解，以利於將目標轉換成真正的行動。

(五) 成果評估

成果評估立基於人員在工作和計畫達成上的真正表現，其中包含了對工作進度和最終結果的審查。換句話說，成果評估是一種具體而非抽象的評鑑，它讓管理者和個別成員一同持著正面的角度，來審視未來要如何才能達到更高的績效，以及討論在績效指標和實現目標上所遇到的問題要如何解決。

(六) 績效報酬、訓練發展

績效報酬乃是基於績效或成果評估的結果，來給予人員薪資之外的報償。當員工能達到工作預期上的績效目標，或者能在特定情況下，達到計畫上的要求的話，組織對於這些績效表現就會給予獎勵，獎勵方式可能是金錢上的報酬，也可以是其他如口頭獎勵、當眾讚美與鼓勵等，其主要目的是在增強這些達成績效的行為，以及表達對這些行為的讚許，讓所有人都能將這些行為當成榜樣，而加以學習，達到改善行為的結果。有關訓練發展計畫的擬定，同樣立基於成果評估之後所獲得的資訊。在成果評估之後，對於過去的目標、計畫和指標可能會有許多修補與更正，以解決績效不佳與計畫或評估指標所引發出來的問題。而在設立新的績效協定、行動計畫與指標的要求之後，組織尚需設計有關成員的發展與訓練計畫，用來訓練成員，讓成員學習新的知識、技術或精進能力，更新人力資源，以便因應新的需求及未來環境的挑戰。

(七) 績效回饋

績效評估將組織整體績效的訊息傳達給每一個人，為的就是要讓所有人瞭解他們工作的表現如何、他們的行為有沒有成效；而績效回饋的目的則是要引起人們注意什麼樣的行為才是適當的。績效回饋通常會展現在矯正錯誤時，或發生在讓行動運用於最好的機會上，有關這些矯正和朝好的方向發展，總是需要由管理者或是組織外的諮詢者如顧問等所發起。他們會基於觀察研究和對組織的理解，來提出建言給予組織回饋。

由於績效管理的目的即是為了讓企業能「永續經營」，以成本效益來說，雖然績效管理需要花費成本，但若有一套良好的績效管理制度來支持公司整體營運，其效益絕對遠超過成本。並且，適時的績效評估可以及時的發現這些問題並加以制止和改進。再者，合理、公平的績效評估系統也可以使真正促進組織發展的作業人員得到實際的鼓舞，產生向心力和穩定性。

法律原則對績效管理的影響

如何不斷地提升組織和員工的績效，是現代企業人力資源領域中備受關注的一環。然而人力資源績效評估的目的，在於實現企業經營目標以及提高員工的滿意程度，最終目的在於改善員工的工作表現，達到企業和個人發展的雙贏局面。而如何因應人力資源績效管理過程中所涉及的相關法律問題，亦是重要的課題。對企業而言，若要能夠找到優秀的人才，並激發員工的潛能，在設計績效管理時，除應和員工所簽訂的勞動契約配合外，在懲戒處分的部分，則要特別根據相關的法律規範制定，才能避免爭議。由於績效評估結果將直接影響後續薪資、升遷、獎懲等組織決策，就業相關法律因此特別重視績效管理內容的適法性。在執行績效管理時，很常會發生涉及訴訟的重要概念（圖 10-2），而因績效管理所引發的爭訟，最常見的案例訴求為歧視或非法解雇。企業為避免敗訴，必須建立經得起法院檢證的績效評估系統，才會避免不必要的法律問題。

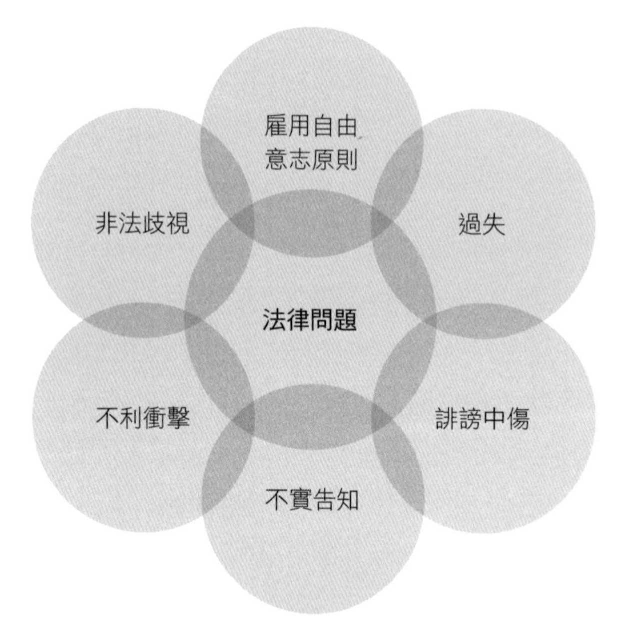

圖 10-2 績效管理容易引發的訴訟

企業若要根據績效考評與績效管理的結果，對員工祭出獎勵或處罰的手段來達成管理的目的時，應注意是否能達到客觀、公平的結果，若無法做到客觀、公平且合法的要求，必然會引發員工的反彈。特別是在部分影響重大的處分，例如：調職、免職、利益變更等，由於與員工的權益攸關，企業若未事先根據相關法律與司法見解以做出適當的因應，例如：未能將其獎懲的內容納入工作規則，並讓員工周知；或是已經納入，但是卻未能依據該等工作規則處理，反而會衍生許多不必要的爭議與訴訟。舉例來說，《勞基法》雖然沒有直接對績效管理做出規定，但由於績效考核的結果會影響到薪酬調整、職位調整和解雇等人事決策，這些決策又涉及到勞動合約的履行、變更和解除，因此，《勞基法》中有關勞動合約的履行、變更和接觸的規定必然對績效管理體系的設計產生影響。《勞基法》規定在勞動者被證明「不能勝任工作」的情況下，企業享有單方面變更勞動合約乃至解除勞動合約的權利，這實際上對企業的績效管理提出了更高的要求：必須提供充足的證據證明員工「不能勝任工作」，也因此解雇必須是正當且有充足理由的。但在 100 個勞動者的競爭中，可能 100 個人都勝任工作，但總有一個處於末位；

也可能 100 個人都不勝任，即使處於第一名也不符合工作要求。所以以員工比較為基礎的考核方法難以證明員工能否勝任工作，從西方國家的司法實踐中可以看到，採取這種考核方法的企業面臨較大的法律風險，也頻頻成為法律訴訟的對象。

特殊議題

自評與他評孰好

以組織正向及負向行為的衡量：創新行為與反生產工作行為為例

自評與他評之間的關係，一直是績效評估的重點。尤其當遇到績效評估的項目並無客觀的定義與評斷的標準時，自評與他評的公正性便受到了挑戰。且自評與他評之間會因為文化的因素而有些微的改變。舉例來說，組織中創新行為（Innovation Behavior）日漸受到重視，尤其在高科技的產業尤為重要，但因為有些創造力，行為主管可能看不到，有些創造力是出現在生活中的小細節之中，這樣的小細節，主管觀察不到，因此若由主管評定創造力績效的話，這部分的績效就不會被評定到，因此如果評定績效是由主管來評，可能會產生不夠準確的效果。然而自陳也會有一些缺點，例如：自陳的量表，由員工自己填的話，可能會有浮報的效果出現，例如：員工本身的創意績效可能只有一定程度，但卻給自己評為非常具有創造力績效的程度，員工可能會把自己本身看得太美好，而且有些部分可能其實並沒有創造力，然而員工的認知差異，誤以為自身的行為是具有創造力的，而造成問卷所測出來的創造力績效與員工本身實際的創造力績效是不一樣的。如果交由主管來評定員工的創造力績效的話，可能會較準確，因為主管本身具有一定程度的資歷與見解，對於員工是否有創造力績效能有較準確的判斷，因此由主管來評定的創造力績效可能相對較準確；但也有可能因為主管並非 24 小時都跟在員工旁邊，因此有些創造力的行為是主管看不到的，這樣會造成評定的創造力績效跟員工實際的創造力績效有一定程度的落差。

另一方面，有一種組織中較為負面的行為稱為反生產工作行為（Counterproductive Work Behavior, CWB），它是一種意圖傷害組織或組織裡其他成員之行為；此種行為被視為一種職場上的傷害，行為者基於自身利益而在工作上展現不良行為，其所產生的受害者可能包括雇主及顧客。反生產工作行為亦是目前企業界所關注的事情，諸如此類的行為意圖表現包含逃避工作、以錯誤的方式執行任務、職場攻擊行為、言語上的挑釁、偷竊等。上述行為有些是直接對人造成傷害，而有些則是直接針對組織，其所產生的影響將可能危害到企業或組織整體的運作，甚至隱性的帶來生產破壞、財務破壞、社交破壞和個人侵犯等行為，造成企業或組織無法估計的損失。若組織績效評估制度在測量該職場是否有反生產工作行為時，亦是要慎選自評或他評的工具，若採用自陳式量表測量反生產工作行為，無法確切測量到個人偏差行為，自評的缺點有可能導致自我膨脹或是自我掩飾，因為人不可能自曝其缺點。因此，在探討企業對於組織內員工特殊行為自評與他評的必要性之前，我們可以先檢視組織文化對自評與他評的影響，進而做出最適切的選擇。

特殊議題

如何避免績效評估偏誤

當督導在進行評估績效時，手中需要考核表以及表上所設定的標準來進行專業的評估。一份考核表所需具備的組成要素有：(1) 員工基本資料；(2) 職責、目標以及標準；(3) 職能和行為指標；(4) 主要成就與貢獻；(5) 發展成就；(6) 發展需求、計畫與目標；(7) 利害關係人的評價；(8) 員工評論；(9) 相關人員的簽章。績效評估表的具體項目，會依照員工任務的內容與時間長短，以及公司營運發展重點之內容或結果，而進行考核項目之調整。在績效評估考核表的最後，尚需有人資的相關業務人士督導，以及受考核員工的簽名才具有效力。

雖不見得每份績效考核表皆能通用，然績效考核表仍須擁有：(1) 簡單性；(2) 關聯性；(3) 描述性；(4) 適應性；(5) 全面性；(6) 定義清楚；(7) 溝通性；(8) 時間導向等幾項特性，一份設計完善的績效考核表可以讓人一目瞭然，並且作為後續績效改善的利器。績效總評方式分為兩種：(1) 判斷式評分；(2) 機械式評分。通常以機械式評分為最主要的總評方式，因為判斷式主要是依照考核者的能力來做出公平與精確的評分，這往往容易摻雜了考核者的主觀因素而導致無法給人有說服力的依據；而機械式評分呈現一定的依據使人信服（如評分的比重與加權），雖然兩者皆可能受到人為因素之干擾，但相較之下，機械式評分來得較公允。

除了考核表的內容與評分方式外，績效考核實施的時間點也是關鍵。理論上來說，考核時間點可以分為季、半年、年這三個時間點。大多數公司通常都以半年和一年為一個週期循環。以季來作為循環的話，通常對於考核者與被考核者，以及對一些幕僚單位來說，實施政策會較為吃力；以年週期為考評單位，容易配合公司的財政預算以及下年度展望，然對於受考核者的表現可能就無法進行即時有效的觀察與回饋；若以半年週期作為考評單位，情況可能反轉，考評狀況與行政執行無法契合，並且可能會有成本上的負擔，但優點則是能夠深入觀察員工的績效是否有改善，達到密切追蹤的功效。

進行績效評估時的流程，總共有六個階段，這六個階依序進行，或者一口氣執行完畢，總之，它屬於一個循環流程，確實執行每個流程才算完成績效評估。這六個步驟依序為：(1) 目標設定；(2) 系統執行；(3) 自我考核；(4) 績效回顧；(5) 功勞與薪酬回顧；(6) 發展計畫。透過這一系列的循環，我們可以知道一位員工的目標以及達成目標率，並且依照這樣的指標來發展員工下個年度應達成的目標為何，以及判定是否該調整員工的薪酬或職位等。

績效評估來源約可分為：(1) 管理者；(2) 同儕；(3) 下屬；(4) 自己；(5) 顧客。管理者是最主要且不可或缺的資料來源，因其最瞭解組織目標發展策略的制定，可區別個別員工之績效範圍、工作職掌，也是績效獎酬評估的決定者，最大的缺點即是管理者視績效評估為達成個人目的之工具。同儕評估來源適用於團隊合作導向的組織，可能受到友情偏見、鑑別度低與易受情境影響之限制，評估效果的可參考性偏低。下屬評估來源最能評斷主管領導能力的優劣（協助員工解決障礙、有沒有架子、保護員工、提升向心力、提高員工能力），以此機制為主要評估來源的 Dell 電腦，明定組織中任何人皆可在週期性的績效評估對其主管進行評價，包括 Dell 自己，認為主管的評估應包含下屬的評價。個人自我評估來源有助於提高員工對績效評估的接受度與降低績效面談的防禦心理，因員工瞭解績效評估重點與目標，故除了主管職責的追蹤外，個人亦可定期檢視自己的表

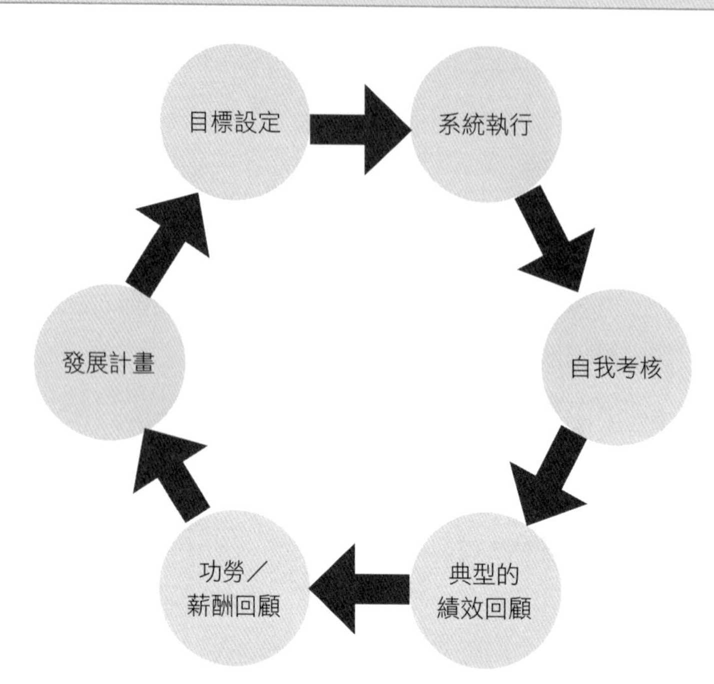

圖 10-3 績效評估的六個步驟

圖 10-4 績效評估來源

現，有助提升績效；最大的缺點則是評估標準可能寬鬆與偏頗，過度放大自己的工作努力與擔心績效分數偏低可能有的懲處。顧客評估來源最為費時、費力，適用於特定高度互動工作如服務業、餐飲業，例如：FedEx 快遞，透過顧客滿意評價與使用率檢視快遞員滿意度；王品餐飲集團有服務態度問卷調查，過程雖不一定最符合組織發展目標，卻可成為提升員工動機的手段。

分析比較上述五種績效評估來源，發現其各有特色與適用範圍，組織在進行績效評估時，可採用多種來源參考，依據組織目標與策略進行不同的權重分配，避免績效評估時可能帶來之偏誤，將績效評估效果應用最大化。

無論何種績效資訊來源評估，也就是不論何人評估，皆可能會有偏誤，偏誤可能會為組織帶來負面影響。當評估者認為績效評估結果無害或有利於自己，會傾向提供正確評估的資料；而當他發現評估結果無利且有害於自己，則偏向提供偏誤評估的資訊。

評估者在心中權衡利益得失後，若決定做不實的評估，可能分為兩種：(1) 提高績效評估分數；(2) 壓低績效評估分數。前者可能原因為當員工績效報酬最大化，提升自己或部門在組織中的利益；激勵員工，認為提高績效分數，員工獲得肯定，成為領導的一種方法；避免製造書面紀錄，尤其在上司下屬有朋友關係，不想留下績效不好的書面文件；避免與員工產生衝突，弄擰關係；使員工升遷以利離開部門，製造良好形象給主管，塑造領導有方的形象給組織或上司。後

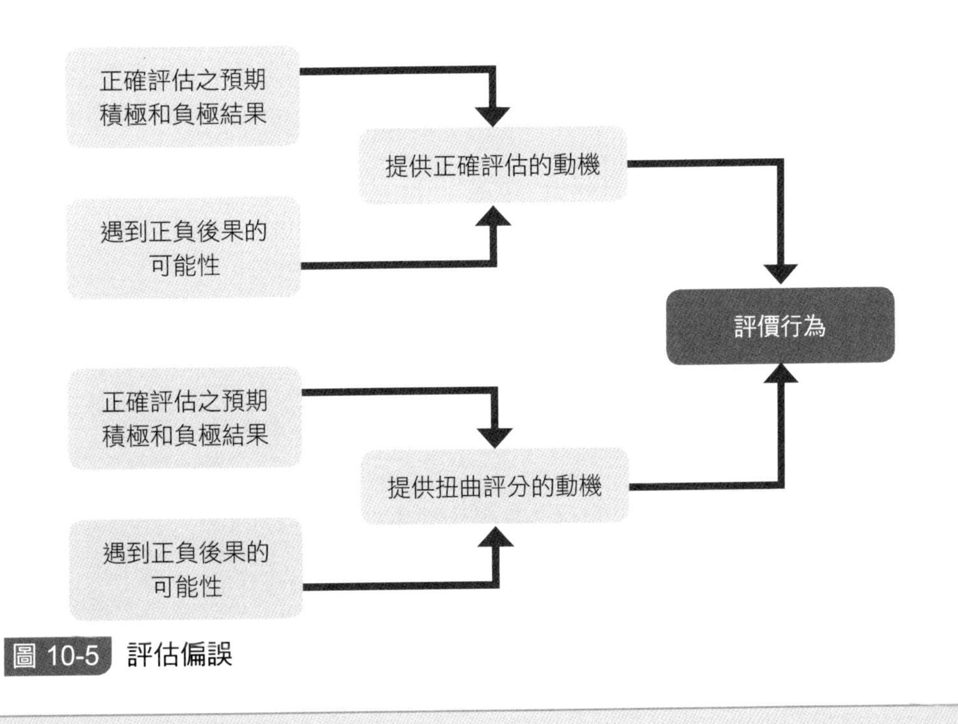

圖 10-5 評估偏誤

者可能利用壓低績效分數警惕員工不良的表現；作為不服從員工的懲罰工具，或逼使員工來與他溝通；暗示員工離開，可能發生在溝通能力不佳或難以開口的主管；保留員工績效不良的文件紀錄，為之後開除或資遣做準備。

為了避免評估偏誤，組織可以協助主管瞭解績效評估的好處，與降低其考核時面臨的人際尷尬。另外，組織可進行評估者的培訓計畫，讓員工瞭解績效評估的真正意涵與操作過程。培訓計畫的主題可包括：實行績效評估管理系統的原因及對全體員工的利益；工作識別與評級活動的標準；如何觀察記錄與填寫績效評估表；績效管理系統運作所包含的各項面向；如何最小化評估誤差；如何降低無意的偏誤誤差；進行績效評估面談的技巧，及協助員工職涯發展的規劃。

個案介紹

強迫分配考績，達到相對公平

「績效管理的重點是要讓公司員工的潛能、能力和生產力，做最大限度的發揮，充分達到人盡其才的目的。」此為台積電公司績效管理制度的精神所在。1998 年 10 月開始，台積電的績效管理制度做了多方面的改變，希望藉此落實「把員工當作是公司最重要的資產」的理念，新的制度稱為績效管理與發展（Performance Management and Development，簡稱為 PMD）。這一波績效管理制度的調整，在台積電組織內部也引發了不少的討論，例如：績效分布是否應該列出遵循的原則，績效評估是否應加強嚴格化，要不要進行評分等事項。推動 PMD 其中最具爭議性的是強迫分配考績表現（Force Distribution），過去主管績效評估的分布只要有 1% 的不好即可，現在要有 5% 的不好；過去只要有 5% 的特優即可，現在要有 10% 的特優。此一改變對主管而言帶來不少壓力，因為不論打好打壞，都必須費勁向部屬或主管解釋理由。而在推動 PMD 的過程中，台積電相當關注被列為需要輔導的 5% 比例的同仁。人們也許覺得台積電是一流的企業，員工應該也是最優秀的，為什麼一定要找出需要輔導的部分同仁呢？台積電積效評比分布的原則如下:

· 傑出≦ 10%
· 優良≦ 25%～45%
· 良好≦ 50%～70%
· 需改進、不合格≧ 5%

這個辦法可以避免甲主管把 80% 的員工評估為好，乙主管卻把80%的員工評定為不好的現象，或是有主管把所有的員工評得一樣好。這個辦法雖然無法達到絕對的公平，但至少可以達到相對的公平。這同時也是台積電追求卓越表現的一種具體展現，因為台積電不但要和自已比，更要和世界級一流的企業相較高下。找出需要接受輔導的員工，可以協助員工發展潛能，跟上其他員工的腳步，創造卓越的經營團隊。

個案介紹

福特之績效管理法律問題

福特公司曾經把中層管理人員按績效考核結果劃分為 A、B、C 三個等級。在一個年分中被評為 C 級的管理人員將不能獲得任何獎金；如果一位中層管理人員連續兩年被評為 C 級，那麼這就意味著此人很可能被降職或解雇。公司每年都會把 10% 的中層管理人員評為 C 級，也因此，福特汽車公司的這種績效評價方法使它成為幾次法律訴訟的被告。

後來，福特汽車公司不得不改變其原有的績效管理過程中的一些主要內容，其中包括：每年必須有固定比例的管理人員被劃為 C 級，而被劃為 C 級的管理人員不僅得不到任何獎金和績效加薪，而且還可能失去工作。現在，調整為每年必須列入 C 級的管理人員下降到了 5%，原來的 A、B、C 三級也被換成了「高績效者」、「績效達標者」以及「績效有待改進者」的說法，並且，那些被評為「績效有待改進者」的員工還可以得到以幫助他們改善績效為目的的相關指導和諮詢。

問題與討論

1. 試探討動機理論如何影響績效管理系統在組織的運作？
2. 一位好的領導者如何依公平原則於組織中實施績效評估制度？
3. 一個好的績效管理系統是如何跟組織的經營理念做結合？

參考文獻

一、中文部分

洪贊凱、王智弘、蔡瑩璇（2008）。創意時間壓力與創意績效間非線性關係之探討。《人力資源管理學報》，第 8 卷第 2 期，頁 21-44。

蔡慧菁譯（2006），Drucker, P. F. 著（2003）。《創新企業 8 講》（*Harvard business review on the innovative enterprise*）。臺北：天下。

二、英文部分

Adams, J. S. (1965). Inequity in social exchange. In L. Berkowitz (Ed.), *Advances in experimental social psychology*, Vol. 2, 267-299. New York: Academic Press.

Aguinis, H. (2009). *Performance Management* (2nd ed.). Pearson Prentice Hall.

Austin, R. D. (1996). *Measuring and Managing Performance in Organizations*. Dorset House Publishing.

Aquino, L., Tripp, T. M., & Biess, R. J. (2001). How employees respond to personal offense: The effects of blame, attribution, victim status, and offender status on revenge and reconciliation in the workplace. *Journal of Applied Psychology, 86*(1), 52-59.

Bennett, R. J. & Robinson, S. L. (2000). Development of a measure of workplace deviance. *Journal of Applied Psychology, 85*(3), 349-360.

Bies, R. J. & Tripp, T. M. (1996). Beyond distrust: Getting even and the need for revenge. In R.M. Kramer, & T.Tyler (Eds), *Trust and organizations*, 246-260. Thousand Oals, CA: Sage.

Bies, R. J. & Tripp, T. (2001). A passion for justice: The rationality and morality of revenge. In R. Cropanzano's (Ed.), *Justice in the workplace: From theory to practice, Vol.2, Series in applied Psychology*, 197-208. Mahwah, NL: Erlbaum.

Borman, W. C. & Motowidlo, S. J. (1993). Expanding the criterion domain to include elements of contextual performance. In N. Schmitt, & W. C. Borman (Eds.), *Personnel selection*, 71-98. San Francisco: Jossey-Bass.

Campbell, J. P., Gasser, M. B. & Oswald, F. L. (1996). The substantive nature of performance variability. In K.R. Murphy (Ed.), *Individual Differences and Behavior in Organizations*. San Franciso: Jossey-Bass.

Carlsmith, K. M., Darley, J. M., & Robinson, P. H. (2002).Why do we punish? Deterrence and just deserts as motives for punishment. *Journal of Personality and Social Psychology, 83*(3), 284-299.

Colber, A. E., Mount, M. K., Harter, J. K., Witt, L. A. & Barrick, M. R. (2004). Interactive effects of personality and perceptions of the work situation on workplace deviance. *Journal of Applied Psychology, 89*(4), 599-609.

Dunlop,P. D. & Lee, K. (2004). Workplace deviance, organizational citizenship behavior, and business unit performance: The bad apples do spoil the whole barrel. *Journal of organizational behavior, 25*(1), 67-80.

Giacalone, R. A. & Greenberg, J. (Eds.) (1997). *Antisocial behavior in organizations*. Thousand Oaks, CA: Sage.

Glomb, T. M.,& Liao, H. (2003). Interpersonal aggression in work groups: Social influences, reciprocal and individual effects. *Academy of Management Journal, 46*(4), 486-496.

Greenberg, L. & Barling, J. (1999). Predicting employee aggression against coworkers, subordinates and supervisors: The roles of person behaviors and perceived workplace factors. *Journal of Organizational Behavior, 20*(6), 897-913.

Greenberg, R. A. & Giacalone, J. (1997). *Antisocial behavior in organizations*. London: Sage.

Hegarty, W. H. & Sims, H. P. (1978). Some determinants of unethical decision behavior: An experiment. *Journal of Applied Psychology, 63*(4), 451-457.

Henle, C. A., Giacalone, R. A., & Jurkiewicz, C. L.(2005). The role of ethical ideology in workplace deviance. *Journal of Business Ethics, 56*(3), 219-230.

Herzberg, F. (1966). *Work and the Nature of Man*. Cleveland, OH: World Publishing Company.

Hochwater, W. A., Witt, L. A., Treadway, D. C., & Ferris, G. R. (2006). The interaction of social skill and organizational support on job performance. *Journal Applied Psychology, 91*(2), 482-489.

Hollinger, R. C. (1986). Acts against the workplace: Social bonding and employee deviance. *Deviant Behavior, 7*(1), 53-75.

Hung, T. K., Chi, N. W., & Lu, W. L. (2009). Exploring the relationship between perceived loafing and counterproductive work behaviors: The mediating role of revenge motive. *Journal of Business and Psychology, 24*(3), 257-270.

Innovation Centre Europe. (2000). *Innovation climate questionnaire*. West Sussex, England: Winton.

Jex, S. M. & Spector, P. E. (1996). The impact of negative affectivity on stressor–strain relations: A replication and extension. *Work and Stress, 10*(1), 36-45.

Jones, D. A. (2004b). Counterproductive work behavior toward supervisors and organizations：injustice, revenge, and context. In C. Zhang（Chair）, *Creating Actionable Knowledge*. Symposium conducted at the 2004 Academy of Management Annual Meeting, New Orleans, LA.

Judge, T. A., LePine, J. A., & Rich, B. L. (2006). Loving yourself abundantly: Relationship of the narcissistic personality to self- and other perceptions of workplace deviance, leadership, and task and contextual performance. *Journal of Applied Psychology, 91*(4), 762-776.

Kaplan, R. S. & Norton, D. P. (2000). *The Strategy-Focused Organization*. Harvard Business School Publishing Corporation.

Klein, H. J. & Mulvey, P. W. (1995). The setting of goals in groups: An examination of processes and performance. *Organizational Behavior and Human Decision Processes, 61*(1), 44-53.

Korsgaard, M. A. & Roberson, L. (1995). Procedural justice in performance evaluation: The role of instrumental and non-instrumental voice in performance appraisal discussions. *Journal of Management, 21*(4), 657-669.

Liden, R. C., Wayne, S. J., Jaworski, R. A., & Bennett, N. (2004). Social loafing: A field investigation. *Journal of Management, 30*(2), 285-304.

Locke, E. A. (1968). Toward a theory of task motivation and incentives. *Organizational Behavior and performance, 3*, 157-189.

Maslow, A. H. (1943). A theory of human motivation. *Psychological review, 50*(1), 370-396.

McClelland, D. C. (1973). Testing for competence rather than for intelligence. *American Psychologist*, 1-24.

Miles, D. E., Borman, W. C., Spector, P. E., & Fox, S. (2002). Building an integrative model of extra role work behaviors: A comparison of counterproductive work behavior with organizational citizenship behavior. *International Journal of Selection and Assessment, 10*(1/2), 51-57.

Mount, M., Ilies, R., & Johnson, E. (2006). Relationship of personality traits and counterproductive work behaviors: The Mediating effects of job satisfaction. *Personnel Psychology, 59*(3), 591-622.

Penney, L. M. & Spector, P. (2002). Narcissism and counterproductive behavior: do bigger egos mean bigger problems? *International Journal of Selection and Assessment, 10*(1), 126-134.

Penny, L. M. & Spector, P. E. (2005). Job stress, incivility, and counterproductive work behavior (CWB): The moderating role of negative affectivity. *Journal of Organizational Behavior, 26*(7), 777-796.

Podsakoff, P. M. & Organ, D. W. (1986). Self-reports in organizational research: Problems and prospects. *Journal of Managemnt, 12*(4), 531-544.

Porter & Lawler (1968). *Managerial Attitudes and Performance*. Dorsey Press.

Richard S. W. (2001). *Performance Management-Perspectives on Employee Performance*. International Thomson Business Press.

Sackett, P. R. (2002). The structure of counterproductive work behaviors: Dimensionality and relationships with facets of job performance. *International Journal of Selection and Assessment, 10*(1), 5-11.

Spector, P. E. & Fox, S. (2002). An emotion-centered model of voluntary work behavior: Some parallels between counterproductive work behavior (CWB) and organizational citizenship behavior (OCB). *Human Resource Management Review, 12*(2), 269-292.

Spector, P. E. & Jex, S. M. (1998). Development of four self-report measures of job stressors and strain: Interpersonal conflict at work scale, organizational constraints scale, quantitative workload inventory, and physical symptoms inventory. *Journal of Occupational Health Psychology, 3*(4), 356-367.

Spencer & Spencer (1993). *Competence at work: model for superior performance*. New York: John Wiley.

Skinner, B. F. (1953). *Science and Human Behavior*. New York: Macmillan.

Vardi, Y. & Weitz, E. (2003). *Misbehavior in organizations: Theory, research and management. Mahwah*, NJ: Lawrence Erlbaum Associates.

Vardi, Y. & Wiener, Y. (1996). Misbehavior in organization: A motivational framework. *Organization Science*, *7*(2), 151-165.

Vroom, V. H. (1964). *Work and Motivation*. New York, NY: Wiley.

績效管理的實踐過程

> 雖有良藥，苟不當於病，不逮下品；雖有賢才，苟不適於用，不逮庸流；梁麗可以沖城，而不可以窒穴；犛牛不可以捕鼠；騏驥不可以守閭；千金之劍，以之析薪，則不如斧；三代之鼎，以之墾田，則不如耜。故世不患無才，患用才者不能器而使適宜也。
>
> ——清　曾國藩《挺經・英才》

學習目標

本章之學習目標有三項：首先瞭解績效評估的意義、目的與方法，其次認識與解決績效管理與評估中常見的偏誤，最後探討如何利用績效回饋系統發揮組織最大的績效。

小花貓的故事

主人養了一隻小花貓，平時這小花貓已經習慣了養尊處優。為了改變這種狀況，主人想到有必要給牠布置一些任務，讓其不至於整天無所事事。於是，主人讓小花貓每天都去抓老鼠，並且承諾只要抓到了老鼠，就給小花貓鮮魚吃。鮮魚對於小花貓的激勵作用很大，於是小花貓開始了抓老鼠的嘗試。然而一開始，由於抓老鼠的技能已經很生疏了，所以第一天小花貓餓了肚子。第二天，小花貓在饑餓的壓力下變得勤奮起來，在傍晚有了收穫——逮到了一隻老鼠。但是，這個時候花貓留了個心眼，為了每天有鮮魚吃，它並沒有殺死這隻老鼠，而是與老鼠達成了一個協定——每天老鼠都出來轉一圈，而後花貓叼著牠去主人面前領功，獲得鮮魚後，分給老鼠一塊魚尾巴。老鼠答應了，於是每天花貓都能夠獲得主人賞賜的鮮魚，老鼠也得到了魚尾巴。對於這個故事的結局，沒人會指責老鼠。而從人力資源管理的角度看，若把主人比喻成主管，花貓比喻成員工，花貓的態度雖是惡劣，但是實際上，真正的問題在於主人自己給了花貓製造假象、混淆視聽的空間。

一、績效評估的意義、原則、目的及方法

績效評估的意義

績效評估（Performance Appraisal）又稱績效評核、人事考核，其用語很多，諸如 Merit Rating、Performance Rating、Efficiency Rating、Personnel Rating、Performance Evaluation、Employee Evaluation/Appraisal 等，意指組織對其員工在過去某一段時間或完成某一任務後的工作表現，做出的績效或

者貢獻度之評核，並對其所具有的潛在發展能力作一個判斷，以瞭解其將來在執行業務之適應性及前瞻性，作為調整薪資及考慮升遷、獎懲的依據。簡而言之，績效評估的意義主要有以下兩個方面：

(一) 使員工加深對職責與目標的瞭解

透過評估這種正常的工作管道，能夠使上下級之間不斷地進行工作上的溝通交流，在主管履行評估職責的同時，迫使員工加深對自身職責與目標的瞭解。有些企業中，管理者普遍有二種管理模式，一是與下屬之間沒有交流，進行完全授權式的管理；二是直接自己去做下屬沒有完成的工作內容，使其符合標準。對於後一種情況，管理者雖然表現出了很強的責任心，但實際上卻包攬了與其職位價值不相匹配的事情。在這種情況下，就有必要強調工作說明書中的三個核心內容：

1. 工作職責

這部分內容最主要的是突顯這個工作存在的價值和理由，相當於該職位的身分標識。

2. 工作內容和標準

其中包含了一個權重的設置。所謂權重，就是指某項工作在這個職位所有的工作內容中所占的重要程度，它決定了該職位的工作權重。另外一個重要的內容就是工作標準，工作標準的詳細程度決定了員工在這個職位上工作所需要達到的要求和水準。

3. 任職條件

任職條件也是工作說明書中的一個重要的內容。編寫工作說明書的時候，任職條件或者職位資格要充分考慮其合理性，不能過於苛刻、讓人難以接受。

(二) 幫助主管與部屬之間建立夥伴關係

透過績效評估，主管能夠讓部屬瞭解其職責與目標，同時部屬也可以與主管進行溝通；於是，主管和部屬之間基於交流會產生一種互動的、夥伴性質的關係。

績效評估的原則

績效評估所需重視的原則不外乎二點，一是公開，二是客觀。

(一) 公開

公開就是要將以下內容明確地公布出來，這樣就保證了評估能夠擁有一個公平的環境：

1. 績效評估的標準

績效評估的標準需要向被評估者以及所有參與評估的相關人員公開，即讓所有人都清楚這個職位的具體責任、能力要求和待遇條件。

2. 評估的內容

所公開的評估內容應該包括評估的方法、評估的角度、評估的頻率等內容，公開的範圍也包括被評估者以及所有參與評估的相關人員，這樣就可以增加評估的可信度。

3. 評估的結果

由於評估的直接目的是發現目標與實際結果的差距，並針對存在的問題進行修正與解決，因此，評估的結果也需要公開。

(二) 客觀

在績效評估中要以他人的判斷為中心，因此需要將評估規則的制訂者、評估的執行者以及評估結果的提出者等三者區分清楚。它們三者是相互獨立的，也相互監控的，否則績效評估就容易失去客觀性。

績效評估的目的

績效評估的根本目的是建立一種系統。只有把評估的結果與人力資源管理策略連結，才能真正改變人們的行為，幫助組織獲取競爭優勢。對於企業而言，真正的人才是來自於內部而絕對不是來自於企業外部的。透過對評估結果的分析和比較，企業會從內部挖掘出很多能力突出的人才。績效評估應該成為企業內部發現人才的一個工具，且績效評估的作用不僅僅是發工資、領獎金。企業績效評估時常執行不下去，或者執行了之後得不到大家的認同，其實際原因在於把績效評估的功能侷限在僅為獎優汰劣的工具而已。

績效評估的方法

(一) 目標管理法

這種方法是指由主管和員工共同討論和制定員工在一定時期內需達到的績效目標，以及檢驗目標的標準；經過貫徹執行後，到規定期末，主管和員工雙方共同對照既定目標，依據原訂的檢驗目標的標準，衡量部屬的實際績效，於其中找出落差；然後雙方本著合作互利、發揚優點、克服缺點的原則，制定下一階段的績效目標。目標管理法作為一種現代管理的績效評估方法，有其特定的適用領域。它一般適用於從事工作獨立性強的人員評估，如管理人員、專業技術人員以及銷售人員等，而對從事工作屬性為例行性的工作人員並不適用，如作業線上的工人就不適合採用目標管理。目標管理法若能恰當地運用，則可充分發揮目標管理的優勢。例如：評估的目標明確、將個人的目標融進部門目標之中、部門目標與組織目標結合等，都能激勵個人忠於職守、努力工作。又如，它的高度民主性，主管和員工共同討論和制定員工的績效目標和檢驗目標的標準，都有助於發揮員工的自主性和創造性。

(二) 評價量表法

評價量表法需作維度或因素分解，每一維度劃分等級，常見的是劃分五個等級：很好、較好、中等、較差、很差。在績效評估過程中，運用評價量表可實現量化評估，並以最終評分值作為績效衡量依據，可操作性也較強。然而，此量表的設計，特別是維度的選用和確定，同樣需要較多的準備。

(三) 關鍵事件法

關鍵事件法是以記錄直接影響工作績效優劣的關鍵行為為基礎的評估方法。採用此法必須保持對被評估者的日常績效記錄。這種日常績效記錄與一般資訊蒐集性的生產記錄、出勤記錄等有所不同，記錄的不但是具體的事件和行為，而且是突出的、與工作績效直接相關的事件和行為。例如：某員工在某日由於疏忽大意，違反操作規程，造成多少損失；或者，某員工在某日執行的一次任務中，充分發揮積極性和主動性，出色完成了任務，為單位爭取到多少利潤。如此具體地記錄員工日常的突出事件和行為，為評估活動提供了重要的客觀依據。通常在評估中把關鍵事件法與量表評分結合起來應用，可得出令人信服的評估結論，易被評估者接受和理解。同時，可為開發和設計其他評估方法提供依據和內容。

(四) 關鍵績效指標法

企業關鍵績效指標（Key Performance Indicator, KPI）是透過對組織內部流程的輸入端、輸出端的關鍵參數進行設置、取樣、計算、分析，衡量流程績效的一種目標式量化管理指標，是把企業的策略目標分解為可操作的工作目標之工具，是企業績效管理的基礎。KPI 可以使部門主管明確部門的主要責任，並以此為基礎，確立部門人員的業績衡量指標。建立明確及切實可行的 KPI 體系，是做好績效管理的關鍵。關鍵績效指標是用於衡量工作人員工作績效表現的量化指標，是績效計畫的重要組成部分。

(五) 360 度回饋

360 度回饋是一種「多元來源回饋」（Multiple-Source Feedback）方式，針對特定個人，包含受評者自己在內的多位評估者來進行評分（自評、主管、顧客、部署和同事評分）。360 度回饋系統能和個人發展計畫（IDP）、學習管理、薪酬、雇用計畫（人力資本資料庫與盤點）和專案計畫結合。藉由 360 度回饋系統可以看出自評與他評的差異程度或一致性程度，可以提升個體的自我察覺，突顯目標與工作績效之間的差距，進而指出個人需要改進的地方。360 度回饋系統不一定有利於所有人和組織。例如：比起自我效率低的人，自我效率高的人較可能從接收到的回饋意見來改善自身的表現；在組織方面，當組織有良好的支持風氣時，才能將此法運作得最好。

(六) 平衡計分卡

1992 年，Robert Kaplan 和 David Norton 在《哈佛商業評論》上合作發表了一篇題為〈平衡計分卡：企業績效的驅動〉（The Balanced Scorecard: Measures that Drive Performance）的文章，引起了各界對這一績效管理工具的廣泛關注。Kaplan 與 Norton（1996）認為平衡計分卡是一個整合策略所衍生出來的量度新架構，它保留用來衡量過去績效的財務量度，但引進驅動未來財務績效的驅動因素，以彌補過去績效財務量度之不足。它不僅是一個新的衡量系統，創新的企業更以計分卡作為管理流程的中心架構。而此一全方位的架構，將企業之願景與策略轉換成一套前後連貫的績效衡量。計分卡的目標（Objectives）和量度（Measures），即是從組織的願景與策略衍生而來的，它透過四個不同的構面：財務、顧客、企業內部流程、學習與成長來評估一個組織的績效。而這四個構面組成了平衡計分卡的架構（如圖 11-1）。

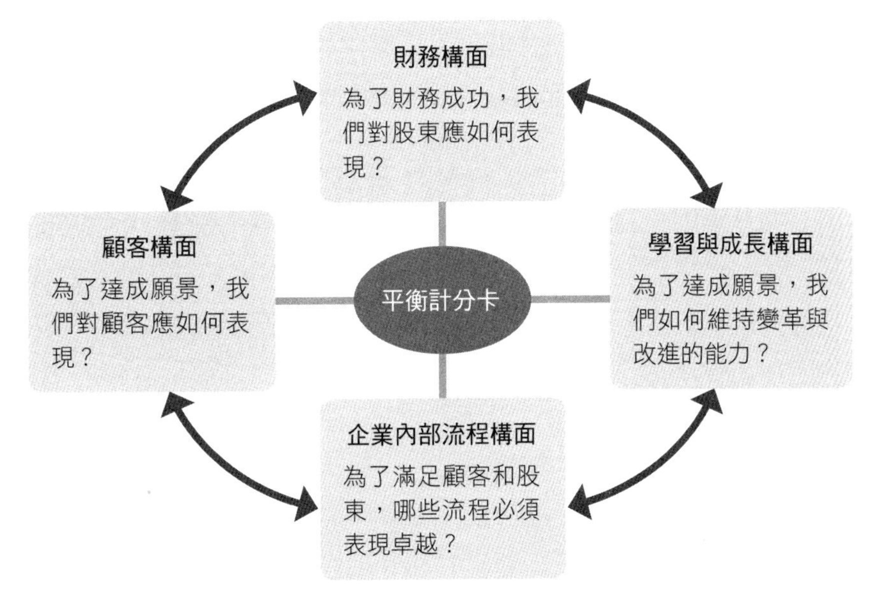

圖 11-1 平衡計分卡的四個構面

資料來源：Kaplan R. S., Norton D. P. (1996). *The Balanced Scorecard: Translating Strategy into Action*. Cambridge, Massachusetts: Harvard Business School Press.

1. 財務構面

對大部分企業而言，增加營收、改善成本、提高生產力、加強資產利用率、降低風險這些財務主題，是整合平衡計分卡四個構面的必要環節。而財務目標是一切平衡計分卡構面目標與量度的交集。其所選擇的每一個量度，都是環環相扣的因果關係鏈中的一環，其終極目標為改善財務績效。

2. 顧客構面

顧客構面通常包含幾個核心的或概括性的量度，這些量度代表一個經過深思熟慮和確實執行的策略應該獲致的成果。核心成果量度包括顧客滿意度、顧客延續率、新顧客爭取率、顧客獲利率，以及在目標區隔中的市場和客戶占有率。

3. 企業內部流程

在企業內部流程構面中，管理階層須掌握組織內重大的內部流程，而組織的這個流程必須有卓越的表現，才能幫助事業單位提供價值主張來吸引及保留目標市場區隔中的顧客，並滿足股東期望的卓越財務報酬。大多數企業目前使用的績效衡量系統，重點在於改進既有的營運流程。

4. 學習與成長構面

組織的學習與成長來自於人、系統、組織程序等三方面。平衡計分卡的財務、顧客及企業內部流程，往往會顯示人、系統和程序的實際能力與要達成目標之間的落差。為了縮小這個落差，企業必須投資於員工的技術再造、資訊科技和系統的加強，以及組織程序和日常作業的調整，這些都是學習與成長構面追求的目標。

個案介紹

財團法人精密機械研究發展中心

財團法人精密機械研究發展中心（Precision Machinery Research Development Center，以下簡稱 PMC）於民國 82 年 6 月 1 日由政府與工具機業界集資成立。延續精密機械發展協會（CMD）十餘年來在工具機檢驗、測試等技術成果之傳承，擁有深厚的技術根基，為機器公會產業科技發展策略的重要夥伴，及政府執行機械產業升級轉型政策的工具。該公司之新制績效評估制度之流程，如圖 11-2 所示：

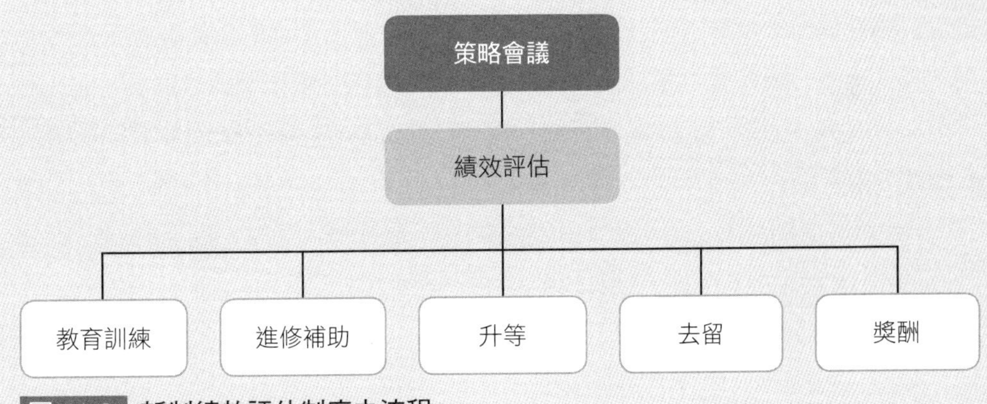

圖 11-2 新制績效評估制度之流程

策略會議

PMC 每年定期開一次年度策略會議，全體員工皆必須出席，從上而下訂定工作目標。先由高層主管決定年度組織策略目標（例如：年度營業額成長達 20%、四大指標「創新、傳承、財務和流程改善」），組織策略目標設定好之後，各組組長依據組織策略目標，協商各組的組目標（例如：產業機械發展組的年度營業額成長達 40%、工具機產業發展組的年度營業額成長達 30%），各組的組目標達成協議之後，各組組長和組內的部門經理開會討論各部門的部門目標（例如：產業機械發展組中的橡塑膠機械部的年度營業額成長達 35%、產業機械發展組中的光電製程設備部的年度營業額成長達 25%），各部門的部門目標設定好之後，各部門經理將部門內的員工各自帶開，員工在瞭解組織策略目標、組目標與部門目標的情況下，自行訂定個人的工作目標（例如：針對年度組織策略目標四大指標中的「傳承」，員工的個人工作目標為：「根據自己工作狀況寫出 SOP（標準作業程序）與 Q&A，並把工作上遇到的難題與解決之道編成案例，以利於未來傳承給同職務的新進人員。」）部門經理負責審核員工的個人工作目標，與員工進行討論，確定之後，記錄在員工績效評估表的個人工作目標，並現場請員工信心喊話：「我一定可以達到！」策略會議所制定的目標將成為績效評估的依據。

績效評估

PMC 每年進行四次績效評估，每一季進行一次，主管每季皆須評量員工，員工只須在第二季及第四季自評。員工自評之後，將員工績效評估表上呈部門經理，部門經理完成評量且經由上一級主管簽名通過後，統一交置管理部，由 HR 專員做後續處理。評估的方式用評估尺度法（Graphic Rating Scale）以勾選的方式評核，範圍從 5 分到 10 分，級距為 0.5 分（例如：7.5 分、8 分、8.5 分），以 7.5 分為基準值做加減，表現出平均水準的員工應勾選 7.5 分。評估的內容分為兩大部分，共十二項，每一項皆有觀察要點之描述：

1. 工作表現：占總分的 50%，工作表現包含「目標達成進度掌控」與「工作品質」這兩項，各占總分的 25%。「目標達成進度掌控」之評估依據為年度策略會議時，記錄在員工績效評估表上的個人工作目標。
2. 職能指標：占總分的 50%，職能指標共十項，主管的職能指標包含影響他人、追求卓越、團隊合作、主動積極、培育他人、自信心、果斷性、尋求資訊、團隊領導力、推理分析；一般員工的職能指標包含顧客服務、主動積極、資訊蒐集、自信心、創新能力、團隊合作、人際溝通、知識技能、推理分析、持續學習。根據不同的員工工作性質，比重略有不同，如表 11-1 所示，技術部門較偏重主動積極與創新能力，支援部門較偏重顧客服務與主動積極。

評估完成後累計分數，員工自評分數僅供參考，依據主管評分換算成等第，95 分以上為特優等，85 分至 94 分為優等，75 分至 84 分為甲等，65 分至 74 分為乙等，64 分以下為丙等，並強迫分配，特優等不超過 5%，優等不超過 20%，甲等不超過 50%，乙等不超過 20%，丙等不超過 5%。等第換算完成後，進行績效面談，為了將時間做最有經濟效益的分配，通常部門經理只會面談特優等、優等以及乙等的員工，對表現特別傑出的特優等與優等員工進行口頭嘉勉，並使他們百尺竿頭更進一步；對表現低於水平但有改善潛力的乙等員工提供所需的協助，讓他們迎頭趕上。績效評估結果為員工之教育訓練、進修補助、升等、去留、調薪、獎酬之依據。

表 11-1 職能指標比重

職能指標（50%）	技術部門	支援部門
顧客服務	4.375%	**7.500%**
主動積極	**7.500%**	**7.500%**
資訊蒐集	4.375%	4.375%
自信心	4.375%	4.375%
創新能力	**7.500%**	4.375%
團隊合作	4.375%	4.375%
人際溝通	4.375%	4.375%
知識技能	4.375%	4.375%
推理分析	4.375%	4.375%
持續學習	4.375%	4.375%
總共	50.000%	50.000%

員工之教育訓練

年中評估時（第二季），根據職能指標的評分以及主管們的意見，選出員工普遍最缺乏的職能對症下藥，委託顧問公司，針對全體員工進行教育訓練，例如：98 年針對 PMC 之全體同仁而言，普遍在「創新能力」的部分較為缺乏，因此推行「促進創新及創意提案改善計畫」，鼓勵全體同仁動腦並強化投入產業之創新能力。

員工之進修補助

員工獲取進修補助之準則為，兩年內的績效評估等第至少得到一個優等與一個甲等以上。

員工之升等

員工獲取升等之準則為，三年內的績效評估等第至少得到二個甲等與一個乙等以上。（未來會提高準則）

員工之去留

1. 正職員工：若第一季或第三季被評為丙等的正職員工必須限期改善，年中（第二季）及年終（第四季）都被評為丙等的正職員工將受解聘。
2. 約聘員工：第一季到第三季的分數平均，換算成等第後，特優等與優等的約聘員工可以轉為正職，甲等的約聘員工獲得續聘，乙等的約聘員工在主管、HR 單位及總經理同意下可獲得續聘。前三季當中，有一次以上被評為丙等的約聘員工將受解聘。

員工之獎酬

1. 年終獎金：部門經理有自行分配年終獎金之權利，總額為部門員工數乘上 2 個月的年終獎金，例如：假設 A 部門有 10 個員工，A 部門的經理能分放的額度為 20 個月的年終獎金。按慣例，特優等與優等的員工能領到 2.5 個月的年終獎金，其他等第的員工則領低於 2 個月的年終獎金。
2. 營運獎金：舊制為每年年終發放，新制改為每 2 個月結算並發放，以盈餘的特定百分比撥成營運獎金，年度目標達 90% 以上即按同等比率發放（例如：年度目標達 95% 即發放營運獎金的 95%）。營運獎金為技術部門所特有，支援部門不發放。
3. 研發獎金：評核項目為員工的論文發表、創意提案、對客戶廠商進行技術移轉、執行政府專案。此外，以 PMC 名義，將技術出版成書會獲得版稅回饋。每位員工每年至少要提一個創意提案。研發獎金的發放包含技術部門與支援部門。

二、績效管理及評估的偏誤

績效管理的認識偏誤

對績效管理的錯誤認識是企業績效管理效果不佳的最根本原因，也是最難突破的障礙。企業管理者對績效管理往往存在如下誤解：

(一) 績效管理僅是人力資源部門的事情

績效管理實務中，有很多這樣的事例：公司管理者對績效管理工作很重視，人力資源部門也很努力進行績效管理工作，但各部門和員工對績效管理認識不夠，總認為績效管理是人力資源部或人事部門的事情；有些部門經理認為填寫績效評估表格會影響正常工作；作為直屬主管不想參與對其員工的工作績效評價，認為自己評價有失公正，總想由人力資源部門對員工進行評核。在這種思想觀念的影響下，某些部門會對績效評估消極應付，並且有「績效管理是人力資源管理部門的事」這種觀點的人不在少數，甚至某些公司連管理高層都這麼認為。有些部門主管往往習慣了簡單的管理方式，對定期蒐集評估資料、填寫績效評估表格等工作會非常厭煩，同時由於還沒有看到績效管理帶來的好處，因此會極力抵制績效評估工作。

(二) 績效管理就是績效評估

很多公司在進行績效管理專案時，對績效管理並沒有清楚的認識，認為績效管理就是績效評估，把績效評估作為約束、控制員工的手段，透過績效評估給員工增加壓力，把績效評估不合格作為辭退員工的理由。有些企業逕行採用不達績效水準即淘汰的方式，若公司內部的企業文化跟長期的管理模式有異於此，那麼績效評估可能就容易受到員工的抵制。事實上，績效管理和績效評估是不同的，績效評估只是績效管理的一個環節。績效管理是一個完整的循環，由績效計畫制定、績效輔導溝通、績效評估評價以及績效結果應用等幾個環節構成。績效管理的目的不是為了發績效薪資和獎金，而是持續提升組織和個人的績效，從而保證企業發展目標的實現。績效評估是為了正確評估組織或個人的績效，以便有效進行激勵，是績效管理最重要的一個環節。在績效管理過程中，績效評估結果回饋會使部屬知道自己的缺點和不足，主管從旁支持，從而使個人能力素質和工作績效都得到提高。

(三) 忽視績效計畫制定細節的工作

在績效管理實施過程中，很多管理者對績效評估工作比較重視，但對績效計畫制定細節則重視不夠，這是初次嘗試績效管理的企業經常遇到的問題。績效計畫是主管和員工就評估期內應該完成哪些工作以及達到什麼樣的標準，進行充分討論，形成共識的過程。績效計畫有以下的作用：

1. 績效計畫提供了對組織和員工進行績效評估的依據

制定切實可行的績效計畫，是績效管理的第一步，也是最重要的一個環節。制定了績效計畫，期末評估就可以根據由員工本人參與制定並做出承諾的績效計畫進行評估。對於出色完成績效計畫的組織和個人，績效評估會取得優異評價並獲得獎勵；對於沒有完成績效計畫的組織和個人，管理者應幫助員工分析沒有完成績效計畫的原因，並幫助員工制定績效改進計畫。

2. 合理的績效計畫

個人的績效計畫、部門的績效計畫以及組織的績效計畫之間是相互依賴和支持的關係。一方面，個人的績效計畫支持部門的績效計畫，部門的績效計畫支持組織整體的績效計畫；另一方面，組織績效計畫的實現有賴於部門績效計畫的實現，部門績效計畫的實現有賴於個人績效計畫的實現。

3. 績效計畫為員工提供努力的方向和目標

績效計畫包含績效評估指標及權重、績效目標以及評價標準等方面，這對部門和個人的工作提出了具體、明確的要求和期望，同時也明確表達了部門和員工在哪些方面取得不錯的表現會獲得組織的獎勵。一般情況下，部門和員工會選擇組織期望的方向去努力。在制定績效計畫的過程中，確定績效目標是最核心的步驟。如何科學、合理地制定績效目標，對績效管理的成功實施具有重要意義。許多公司績效評估工作難以開展的原因就在於績效計畫制定的不合理，如果有的員工績效目標定得太高，無論如何努力，都無法完成目標；而有的員工績效目標定得比較低，很容易就完成目標，這種事實上的內部不公平，也會對員工的積極性造成很大影響。另一方面，績效目標定得過高或過低，會降低薪酬的激勵效應，達不到激發員工積極性的目的。績效目標制定合理可行是非常關鍵的，科學、合理地制定績效計畫，是績效管理能夠取得成功的關鍵環節。

(四) 忽略績效輔導溝通的作用

績效管理強調管理者和員工的互動，管理者和員工形成利益共同體，因此管理者和員工會為績效計畫的實現而共同努力。績效輔導是指績效計畫執行者的直接主管及其他相關人員為幫助執行者完成績效計畫，透過溝通、交流或提供機會，給予執行者指示、指導、訓練、支持、監督及鼓勵等幫助行為。績效輔導溝通的必要性在於以下三點：

1. 管理者需要隨時掌握員工工作進展狀況

管理者和員工多次溝通對於達成績效目標有具體共識後，並不等於員工的績效計畫必定能順利完成。作為管理者，應及時掌握員工的工作進展情況，瞭解員工在工作中的表現和遇到的困難，及時發現並導正偏差；另外，掌握員工的工作狀況，有利於績效期末對員工進行公正、客觀的考核評估。有效的績效評估指標是結果性指標和程序控制指標的結合，管理者只有對員工的工作過程清楚瞭解，才能對其進行正確的考核評價。掌握員工的績效資料，可以使績效評估更真實可信，避免偏差，同時可節省績效評估時間。進行績效輔導有助於員工及時發現自己或他人工作中的優點、問題與不足，也有利於加強團隊內的相互溝通，避免工作中的誤解或矛盾，創造良好的團隊工作氛圍，從而提高整體的工作效率。

2. 管理者須善用績效回饋資訊

員工希望在工作中不斷得到自己績效的回饋資訊，希望及時得到管理者的評價，以便不斷提高自己的績效和發展自己的能力素質。肯定員工的工作成績並給予明確讚賞，以維護並進一步提高員工的工作積極性，是非常重要的。如果員工績效比較好，得到肯定評價的員工必然會更加努力，期望獲得更好的表現；如果工作中存在較多問題，及時指出工作中的缺陷，也有利於員工迅速調整工作方式、方法，逐步提高績效。管理者應及時協調各方面資源，對員工的工作進行輔導及協助。由於工作環境和條件的變化，在工作過程中，員工可能會遇到在制定績效計畫時沒有預期到的困難和障礙，這時員工應該及時得到協助。

3. 績效計畫須不斷地進行調整

績效計畫是基於對外部環境和內部條件的判斷，在管理者和員工取得共識的基礎上做出的。外部環境是不斷變化的，公司的內部資源是有限的，因此在績效評估週期開始時制定的績效計畫，很可能變得不切實際或無法實現，所以在實施績效計畫的過程中，應不斷地進行調整。

(五) 過於追求量化指標，忽略過程評估

定量指標在績效評估指標體系中占有重要地位，在保證績效評估結果公正、客觀方面，具有重要作用。但定量評估指標並不意味著評估結果必然公正、公平，故不一定需要全部採用定量指標。

(六) 績效評估過於注重結果面而忽略過程面

公平、公正地進行評估以便對績效好的員工進行激勵，是績效評估非常重要的一環，但績效評估絕不只是最終結果的獎優汰劣，在過程中對績效計畫執行細節進行有效監督控制，及時發現存在的問題，可以讓績效有更好的表現。

(七) 對績效管理持有過高的期望

企業推行績效管理不可能解決所有問題，不要對績效管理給予過高期望。很多企業對推行績效管理不是十分重視，就是因為許多企業總是希望透過績效管理迅速改變企業現狀，但這樣的目的，短期是不會達到的。績效管理對企業會產生深遠的影響，但這種影響是緩慢的。績效管理影響著企業各級管理者和員工的經營理念，同時對於促進和激勵員工改進工作方法、提高績效有很大幫助，但這些改變都是逐漸的，非一蹴可幾的。

績效評估經常發生的偏誤

使績效評估失去公正性而產生偏誤的因素有很多，歸納起來，主要有以下幾個面向：

(一) 單一標準

所謂單一標準，就是指主管只單單關注員工某一方面的表現，而忽略其他面向的表現成果。

(二) 月暈效果

所謂月暈效果，簡而言之就是以偏概全的效果。舉例來說，績效評估過程中評估者僅關心員工的某個優點，且逐漸將其美化，會很順其自然的把其他的缺點都掩蓋掉了。

(三) 相似效應

所謂相似效應，就是指主管採用「似己」的標準對員工進行評估，這種方式在績效評估中是頗為常見的現象。

(四) 低鑑別度

所謂低鑑別度，就是指主管對於員工缺乏分類及歸類的能力。如此，便無法分辨每一個員工的長處和短處，進而所採取的措施也就沒有了差異性。

(五) 印象管理

一般主管往往會依照習慣性的思維或者平時的印象對員工進行績效評估。這種思維方式往往會促使主管對員工作錯誤的判斷，使評估失去公正性。

(六) 寬大為懷

所謂寬大為懷，就是指主管具有一種得過且過且不想得罪人的心態。如此容易導致員工認為自己努力與否，最終都會得到相同的績效成績，進而抑制努力，這對組織來說是一種潛在性的傷害。

(七) 標準誤差

所謂標準誤差，就是指在不同部門的績效評估標準不一，導致績效結果的不同，而使績效評估失去公平性。這主要因部門主管的評分標準及主觀意識不同所致。

(八) 趨中傾向

趨中傾向是指主管的不得罪人的心態。如此，其評估的結果會造成沒有最好的，亦沒有最差的，每個人的表現都是平庸的。

(九) 近因偏誤

就是指主管在評估過程中，往往對接近評估結束時期內員工的表現較為重視，而忽略其在整個評估過程中的整體表現。

避免績效評估不公正性的方法

如何避免評估「不公正性」的內容，具體有以下幾種方法，雖無法完全解決以上所述之偏誤，但是可大幅度地減少其發生的機率。

1. **運用多重標準**：運用多重標準，實際上就是為了克服在績效評估中單一標準的不良影響。
2. **使用多個評估者**：讓最瞭解被評估者工作的人，準備評估所需要的資料，並以此為依據來進行評估。
3. **訓練評估者**：給予評估者相關的訓練，可以減少績效評估過程中的不公正且不公平的現象。
4. **工作說明書和工作規範**：運用工作說明書和工作規範，以提供員工職責導向的相關依據。
5. **自評的重要性**：運用自評結果，可以讓被評估者自己闡述在評估期間內的工作情況，包括具體的工作內容、沒能做到的工作事項以及另外一些主管沒能看到的環節，從而客觀地評價自身能力與不足。
6. **跨二級評估**：以甲為上級、乙為中級、丙為下級為組織評估層級關係為例，所謂跨二級評估，就是指在考評丙的時候，如果丙有異議，則最終結果需要得到甲的確認。
7. **建立申訴管道**：企業的員工對績效評估的結果進行申訴，其實不是組織所樂見的事情。雖是如此，還是應該允許員工就績效評估方面的問題或者不滿進行申訴，以免造成未來更大的爭端，甚至訴訟情事之產生。

需要注意的其他問題

(一) 堅持評估原則

在企業的績效評估中，所制定實施的相關規章制度應該是在綜合考量績效評估體系各方面因素的基礎上，維護絕大多數人的利益。因此，在評估過程中若遇到原則性的問題，一定要堅持原則、秉公處理。

(二) 賞罰分明

在企業的績效評估中，獎罰的環節就是在於賞罰分明。對於獎罰，一定要做到「獎貴小，罰貴大」。所謂的「獎貴小」，就是指獎勵要從小事情或者職位級別低的人著手，這樣才能表明公司的價值觀念，使獎勵變得有意義；而所謂「罰貴大」，則是指懲罰要從大的方面或者職位級別高的人著手，這樣才能發揮績效評估制度的重要性及影響性。

特殊議題

定量評估 vs. 定性評估

績效管理實務中，很多管理者都會希望所有評估指標結果都能按公式計算出來，實際上這是不符現實的考量。績效評估不是績效統計，一定要發揮評估者的主觀性，根據實際情況的變化，對績效被評估者做出客觀、公正的評價。以下是某公司對某行政部門的評估指標：服務滿意度 98%；會議內容傳達率 85%；檔案及時歸檔率 95%。該企業很明顯掉入了一個追求定量評估指標的偏誤。以「服務滿意度 98%」來說，這樣的指標很難計算，即使能夠計算，也需要用抽樣統計或其他計量的方法，獲取這樣的評估資料可能要付出很大成本，評估這樣的指標有時較不切實際，可以考慮用定性的方法來評價；另「會議內容傳達率 85%」，這個指標也無法計算，可以改由主管根據實際工作情況進行主觀評價；「檔案及時歸檔率 95%」，這個指標評估結果獲取成本也很高。如此，這樣的評估已經失去績效管理的意義了。

另外，以組織行為領域中常談到的「工作績效」來說，各個部門對於該指標的認識便有所不同。舉「營運收入」為例，有些營運部門和財務部門對於營運收入的認知及其計算方式往往會有差別。財務部門通常傾向以實際收到貨款計算；而營運部門則習慣於根據契約金額或發貨量來計算，因此營運部門和財務部門的統計資料就有所差別。簡而言之，定量評估必須合情合理，符合公司整體策略且可明確定義及衡量時，方可實施，以免公司在進行績效管理的過程中，造成部門間對評估指標定義的認知不同，而產生績效評估的功能大打折扣。

三、績效回饋機制

從組織的觀點來看，績效回饋可使評估者及受評者雙方展現對於目標的共同認知，並激勵高投入的行為；從個人的觀點來看，回饋的目的在取得達成目標所需的資訊，以及得知其個人表現如何的來源。在心理學的研究中，對回饋的滿意程度，是決定未來展現的行為和對工作及組織態度的重要決定因子。

績效回饋機制的實施過程

(一) 先以績效評估結果進行員工分類

透過績效評估的過程，最後可以將員工區分為 A：優秀的；B：良好的；C：合格的；D：不足的；以及 E：差強人意的五個等第，請參考圖 11-3。

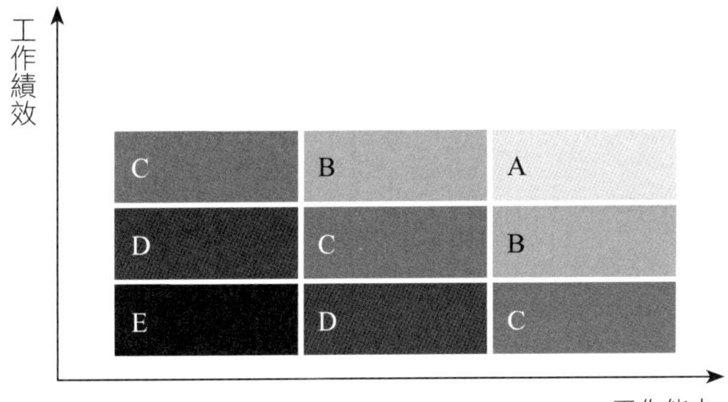

圖 11-3 績效評估結果示意圖

(二) 根據評估結果對員工採取措施

得到績效評估的結果之後，有必要將這個結果轉換成為 20%、70% 和 10% 的比例，然後對其中不同比例、不同類別的員工採取相應的措施：

1. 20% 的優秀員工：對這些員工應該表揚、激勵。
2. 70% 的合格員工：對這些員工則要提升、不斷地予以培養及訓練。
3. 10% 績效很差的員工：組織對這些員工應該審慎考慮其去留，因為把很差的員工轉變為合格員工所付出的努力，可能要遠比把合格員工轉變為優秀員工多得多。

績效回饋面談的意義與實施步驟

績效回饋面談是績效管理系統不可或缺的部分，組織在得到績效評估的結果後，必須將此資訊回饋給員工，讓員工知道如何改善，主管於其中亦須幫助員工排除困難，共同達成改善績效之目的。有效的績效回饋面談，具體包括六個步驟：

第一步：以坦誠、友善的態度提出問題

績效評估的目的是就問題達成共識，所以第一步是在一個相對友善的氛圍內清楚明確地提出問題。同時在提出問題時，要本著對事不對人且以解決問題為目的之態度。

第二步：請員工協助提供解決辦法

對於管理者而言，如果自己的員工出了問題，其實責任在自己而不在員工，因為目標任務是主管與員工一起制定的，而完成任務也依靠員工的努力。所以，在面談時要以誠懇的態度請員工協助提供解決問題的辦法，而不是迫使員工尋找解決問題的對策。

第三步：討論問題產生的原因

在提出問題、表達請求員工協助提供解決辦法之後，需要雙方認真地共同尋找問題產生的原因。這一過程包括三個部分：徵詢員工的意見、採用開放式的提問，最後總結問題的原因。

第四步：找出合適的解決辦法

在找到問題的原因之後，就需要尋找解決問題的對策。首先請員工提出解決方法，並且必要時，主管也要能提出解決方法。

第五步：雙方決定採取的具體行動

在尋找到合適的解決辦法之後，就需要安排具體的行動計畫。在安排具體的行動計畫時，要做到分頭行動。有些問題不是員工能夠解決的，可能涉及到與其他部門或更高層次管理者的溝通，這樣就需要主管的支持和幫助。同時在制定具體行動計畫時，不要忘記在適當的情況下，多採用員工的意見，發揮他們的創造力。

在制定具體行動計畫時，注意做到讓員工承擔全部或部分尋找解決問題的辦法及解決問題的責任。很多管理者在出現問題的時候，總是指責員工，甚至責難員工，其實並不利於問題的解決和現狀的改善。所以正確的作法是管理者主動承擔失敗的責任，然後讓員工承擔全部或部分尋找解決問題的辦法及解決問題的責任，這樣既有利於發揮員工的積極性，也體現了對員工的信任，對員工給予了激勵。

第六步：確定再次討論的日期

隨著市場競爭的加劇，企業的壓力也愈來愈大，新事物不斷出現，所以員工有時犯錯是無可厚非，但若總是在重複的地方犯錯，此時不管對個人或組織而言，都易造成相當程度的傷害。所以，在面談之後，雙方應該商定再次討論的日期，以便保證改進計畫的實施和及時修正。

掌握績效回饋面談的方法和技巧

績效回饋面談是評估者推動績效評估的重要過程之一。其主要方法與技巧如下：

(一) 把握好績效回饋面談的時間

必須明確的是，績效面談開始的時間應該是在主管對其員工進行了一個基本評估之後。這樣才能在評估依據充分、問題定位清晰的基礎上，將告知評估結果的過程轉變為主管與員工相互溝通、交流及下次執行目標過程的改善，避免面談內容的空洞和時間的浪費。

(二) 掌握績效回饋面談的技巧

績效回饋面談實際上是一項具挑戰性的工作，如果不注意其中的某些細節，被評估的員工就會不滿意，從而使評估者失去管理魅力，並直接影響到整個團隊的成長。因此，績效回饋面談過程當中，有些技巧是需要掌握的：

1. 建立並維持彼此信賴

這是指在進行績效回饋面談之前，評估者有必要考慮一下是否與其員工存有過節或者不愉快，如果雙方已有很深的誤會，則最好是把誤會消弭之後再來進行這種交流。

2. 清楚地說明面談目的

評估者在進行績效回饋面談之前，一般應該提前一到兩天通知被評估者，讓其做好相應的準備；並且明確地告知面談的目的和大致內容。如此可表達對被評估者充分的重視，為面談的順利進行，奠定良好的基礎。

3. 在平等立場上進行商討

所謂平等，實際上指留意許多細節，例如：對面談環境和位置的選擇以及對坐姿和語氣的把握等。

4. 傾聽並鼓勵員工說話

如果將績效面談的時間設定為 40 分鐘，那麼作為評估者所占用的時間應該最多在 5 到 10 分鐘之間：前面 5 分鐘用於基本的闡述和詢問，而剩下 5 分鐘用來對員工進行評核，並且找出問題、提供相關資源和幫助等。另外的 30 分鐘則應該讓下屬來陳述和表達，評估者在這個過程中需要穿插一些問題來予以引導，但必須要讓員工把話說完，這樣方能讓員工感受到應有的尊重。

5. 不要與他人做比較

在企業中，不一樣職位的員工其個性化差異很大，因此，在績效回饋面談過程中，將被評估者與其他人做比較，不僅是毫無意義的，而且還會在員工之間引發許多無謂的誤會和衝突。

6. 重點在績效而非性格

績效回饋面談的內容重點應該放在有關績效的本身，儘可能不要對被評估者的性格進行評價。

7. 重點在未來而非過去

在績效回饋面談中，即便被評估者存在很多的問題和失誤，也應該始終將重點放在對未來改進計畫的討論上，否則只會加重員工的膽怯心理，無益於問題的解決以及員工能力的提升。

8. 優點與缺點並重

在績效回饋面談中，不需將員工貶得一無是處或者猛咬著其失誤、缺點不放，否則員工將很容易變得灰心喪志、陷入困惑中無法自拔。過程中應該是讓其感受到主管對他的支持，所以主管應該從其具備的優點入手予以鼓勵和幫助。

總之，績效管理不是簡單地評判優劣並作為發放薪酬的依據，而是尋求績效改進的機會。績效管理成功與否，在很大程度上取決於如何應用績效評估結果。一般來講，績效評估結果應該和薪酬有所連結，否則績效評估就不會受到員工的重視，績效管理提升績效的目的也就很難實現。此外，績效評估結果還應該和教育訓練、績效改進計畫相聯繫。只有公平、合理地應用績效評估結果，才能充分啟發員工的積極性，才能使公司的績效得以提升。

然而，有些企業將績效管理視為績效評估，且僅作為發放薪酬的依據，認為填寫完績效評估表格、算出績效評估分數、發放績效獎金後，績效管理就結束了，這種作法不可避免地會遭到員工的心理抵制，為了緩和矛盾，評估結果就只能流於形式。其實，績效管理的首要目的是為了提高績效，應該讓員工知道自己的績效狀況，管理者也應將對員工的期望明確地表達給員工。如果能讓員工感覺到管理者真正尊重他們的意見，並為他們尋找改進自己工作能力和績效的機會，員工就會逐漸從抵制轉為接受績效評估，並將績效評估視為積極的管理方式。最後，在績效評估結果應用時，也需要管理者與員工進行溝通。如果只是發獎金而不做溝通，那麼激勵強化也無法完成，因為員工拿到獎金後，不明白自己為什麼拿到這些獎金，也不知道拿到這個數目的合理性，那績效評估亦無法發揮其應有的效能。

個案介紹

緯創資通股份有限公司

緯創資通股份有限公司（下述簡稱緯創）成立於 2001 年 5 月 30 日，為全球最大的資訊及通訊產品 ODM 專業代工廠商之一，除總部立基於臺灣外，更布局全球運籌及營運據點於亞洲、歐洲及北美，員工人數超過 3 萬人，市場價值從初創的臺幣 1,000 萬資本額，創造出現在每年逾 135 億美元營收的亮眼成績。

近年緯創更獲多項國際大獎，如 2008 年商周及數位雜誌全球科技 100 強之第 8 名、2009 年富比士亞太 50 家最佳上市企業等，雖獲各界殊榮的肯定，緯創董事長暨執行長林憲銘仍以「豐收而不奢華」此靜定沉潛之語鼓勵員工持續揚帆前進，期待未來再見緯創攀至產業之巔。提高客戶滿意度是緯創對顧客的承諾之一，其商標更結合了兩種「I」的含意，分別代表著創新（Innovation）及誠信（Integrity）。對緯創及其客戶而言，創新是所有產品以及各種跨部門相關產品開發支援的服務核心要素；誠信則提供了緯創員工對所有行為活動的架構準則，能和客戶、供應商以及股東間建立穩固的深厚基礎。

緯創的績效評估系統乃是結合目標管理、KPI、平衡計分卡的概念所規劃而成的，並以 KPI 為主軸，KPI 即為關鍵績效指標，可使部門主管明確部門的主要責任，以此為基礎，建立出部門人員的績效衡量指標，將考評建立在量化的基礎上。績效評估系統如圖 11-4 所示。

目標管理

欲達成有效的績效管理，必須先從目標管理做起，將公司的策略結合各組織的目標，才能有效落實各項事情。目標管理乃是一連串公司欲達到的結果，具有系統的概念，而公司目標從何而來？則分別與公司的管理面、發展面、以及策略面有關。

(一) 管理面

組織可利用績效評核結果所獲得的訊息作為許多管理上的決策，例如：調薪、升遷、留任、資遣，或對員工的貢獻予以表揚。

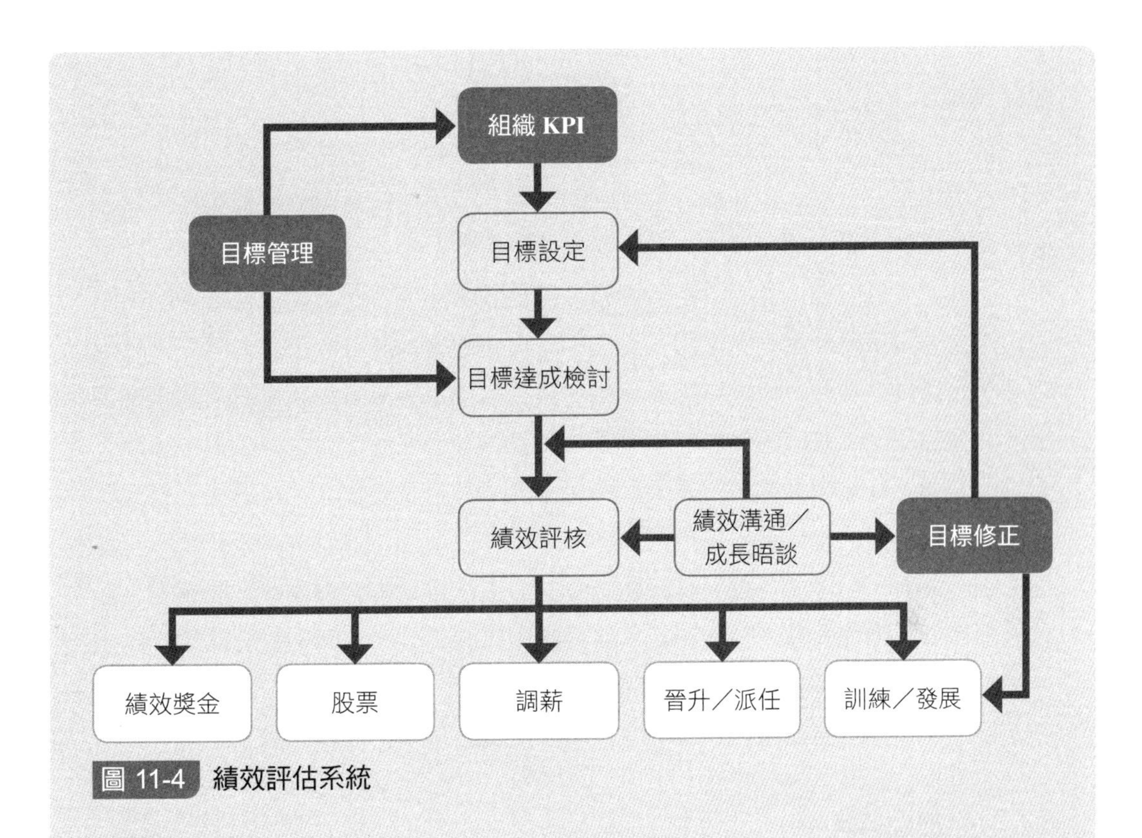

圖 11-4 績效評估系統

(二) 發展面

績效管理的第二個目的在於協助那些表現良好的員工持續發展，至於對那些表現不理想的員工，則協助其改善工作績效。在績效回饋面談的過程中，通常會討論到員工的優點與弱點，甚至會進一步討論到導致工作上缺失的原因，例如：技能不足、動機的問題，或阻礙員工表現的因素，並尋求可能的解決方案。

(三) 策略面

績效管理系統最後但也是最重要的功能，應該是把員工的行動與組織的目標充分結合。策略執行過程中，一項相當重要的方式是，經由明確訂定達成該策略目標所需要的結果、行為方式，以及員工的特質，例如：知識與技能；接著則須發展一套衡量與回饋制度，以使員工該特質能發揮到最大，充分地執行這些行動，進而產生所要的結果。為達成此一策略目標，績效管理系統應保持一定的彈性，因為當組織的目標與策略變遷時，相關的行為與特性也應跟著調整。

組織 KPI

首先，緯創以平衡計分卡為訂定關鍵績效指標之基礎。其好處在於，平衡計分卡可將企業策略轉化為實際、可行動的方案，以確保企業短期與長期目標間、財務與非財務之量度間、落後與領先之衡量指標間及企業內外部績效構面間，可形成一種均衡的狀態，並提供高階管理人員一個快速且全面審視企業營運的策略管理工具。對策略性績效管理制度而言，亦可藉由平衡計分卡來釐清策略，將策略轉化為行動，讓個人目標與組織目標一致，加上定期檢討，以達成落實全方位績效管理的目的。實際運作情形為，公司會先從願景、使命來檢視公司平衡計分卡的財務面（確認組織努力的成果對股東創造的利益及價值）、市場顧客面（在股東價值或成本的限制下，組織努力的成果為客戶與社會提供多少價值）、流程面（檢視研發、生產、行銷到其餘的後勤支援運作成效），以及學習成長面（包括人力資源、資訊科技、設備與組織氣候等）等各部分，有哪些需要著手訂定出新的方向，再與公司各部門進行協商與討論，最後，在各事業群瞭解及確認公司的目標之後，即訂定出各部門未來一年的關鍵績效指標。流程如圖 11-5 所示。

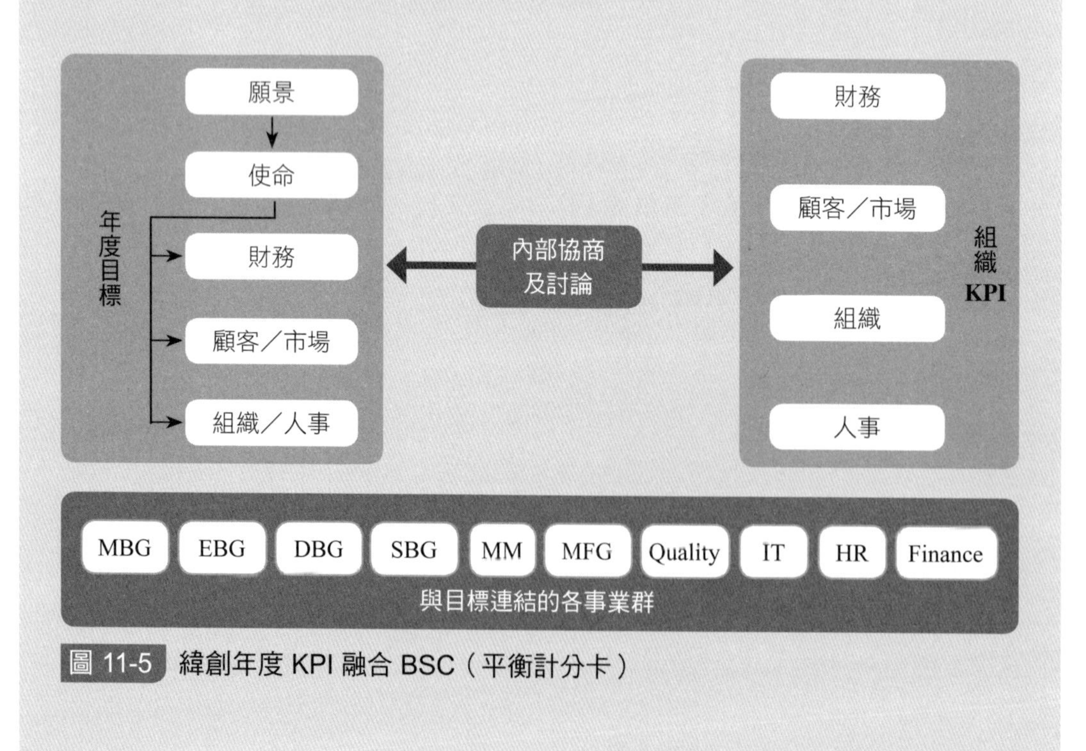

圖 11-5 緯創年度 KPI 融合 BSC（平衡計分卡）

PRD 系統

在定義出組織 KPI 後，根據目標設定、目標達成檢討、績效評估、績效溝通／成長晤談的流程，緯創即建立線上 PRD 系統執行之，而此系統的全文為 Performance Review & Development，中文為「績效檢視與發展」，亦為一種績效評估系統。在個案公司的 PRD 系統內，包括了績效評估系統中的「目標設定、目標達成與檢討、績效評估、績效溝通／成長晤談」等四個部分，員工在實行績效評估時，皆是以上網登錄專屬頁面以進行操作，其頁面如圖 11-6，在左邊有一欄選項，分別為「設定／查詢 KPI」、「自我評核及主管回饋」、「360 度職能評核」、「自我成長及發展」，在頁面的中間，可看到個人是否已填寫評核表。

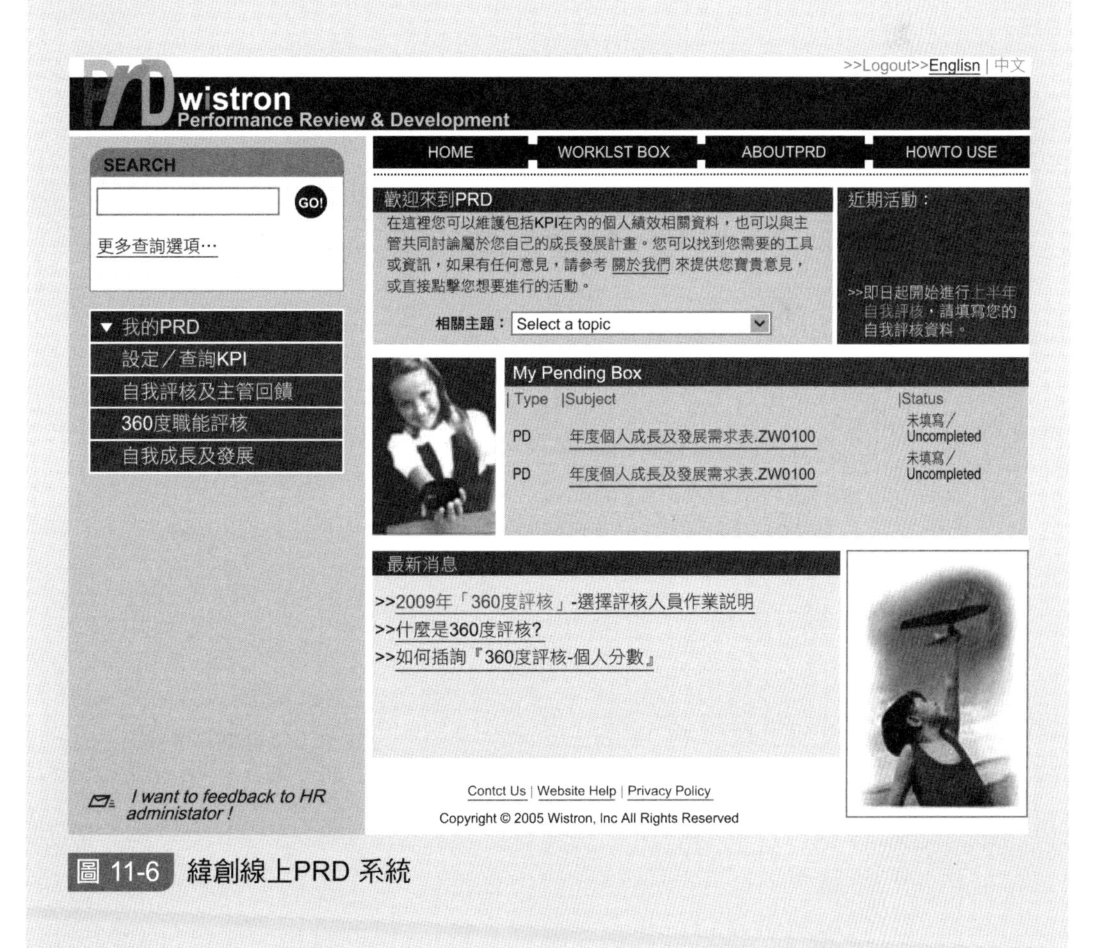

圖 11-6 緯創線上PRD 系統

(一) 個人 KPI 設定

首先，如何明確訂立組織 KPI，是非常重要的，它可以讓員工瞭解在未來的一年有哪些事情是必須完成的，並且將個人和部門的目標與公司的整體戰略目標做聯繫，以全局的觀念來思考問題。以 KPI 為指標相當簡單明瞭，且容易執行和被接受，但 KPI 的產生則必須經過複雜的過程。在組織 KPI 訂定結束之後，接著就要訂定個人的 KPI，而設定的 KPI 必須符合 SMART 原則（S = Specific 明確的、M = Measurable 可衡量的、A = Attainable 可達到的、R = Relevant 相關的、T = Time-based 具時效性的）。在緯創，個人的 KPI 乃 60% 從主管而來，40% 是自己必須完成的事項。經過這道手續之後，緊接著發展每個人所須完成且可衡量的目標。就以績效專員為例，其主管的目標為「發展全球的 Overseas Sites New HRIS System」，而他自己的目標為「完成全公司自我評量率、PRD 系統建造完成率」，從主管和他自己的目標所延伸出來的就是個人 KPI，為可衡量的項目，因此，他個人的 KPI 即為「支援公司人事作業、實踐個人 KPI、發展有效 SOP 執行績效管理作業」。

個人 KPI 是屬於評估個人工作成效的「結果面」，除此之外，也要衡量工作的「行為面」。在緯創，行為面的衡量有兩項，分別是「核心專長」與「自發能力」，在主管被評核的核心專長項目包括：設定目標、執行力、願景領導，而非主管被評估的核心專長項目有：客戶導向、專業能力、紀律務本、團隊合作；另外，在主管被評估的自發能力項目包括：目標設定、溝通輔導、賞罰分明、變革領導，而非主管被評估的自發能力項目有：自動自發、主動積極、自我挑戰。

(二) 自我評核及主管回饋

在 KPI 與核心專長及自發能力方面，滿分為 5 分，凡自己評估或被主管評估在 4.5 分以上或是 2 分以下，都必須加註具體事例，以確認非隨便評分而來。

(三) 360 度職能評估

還有一項是屬於有帶部門的主管須接受的評估，叫作「360 度職能評估」，雖然稱作 360 度，但是實際上評估者只有同事及部屬，部門主管可自行挑選同事及部屬各三人來對自己做評鑑，此部分是針對核心專長、人員管理能力、執行情況來評核的，而本人不會看到每個人所打的分數，只會看到平均分數以保護他評的隱私，並能得到較客觀分數。

(四) 自我成長及發展

這部分與績效回饋面談，以及如何將評估結果與學習發展面做連結有關係。在緯創，做完績效評估後，若考績為乙等，則強迫與主管績效面談，稱為「1 On 1 Coaching」，至於其他員工是否也有績效面談，則視主管而定。另外，人力資源部人員會定期詢問員工是否主管有進行績效面談。

以下為個案公司績效評估原則：

1. 半年一評，每年 6 月及 12 月進行一次評估。
2. 績效評估時，先由員工進行自評，再由主管對員工進行評估。
3. 績效評估結果乃針對部門內員工的表現進行排序，以各大事業部門為單位，每單位依照強迫分配決定員工績效等第，所占比例分別為特優 5%、優 30%、甲 60%、乙 5%；徹底執行每年淘汰 5% 之規定，以維持組織競爭力。

問題與討論

1. 績效管理與績效評估的關係為何？
2. 理想的績效評估指標應具備何種特性？
3. 目標管理法有何優缺點？
4. 為何組織中會有許多人不重視績效評估？
5. 績效回饋系統的重要性為何？

參考文獻

Bernardin, J. H. & Beatty, R. W. (1984). *Performance appraisal: Assessing human behavior at work*. Boston: Kent.

Bernardin, H. J., Hagan, C. M., Kane, J. S., & Villanova, P. (1998). Effective performance management: A focus on precision, customers, and situational constraints. In J. W. Smither (ED.), *Performance appraisal: State of the art in practice*. San-Franciso, Jossey-Bass.

Bretz, R., Milkovich, G., & Read, W. (1992). The current stage of performance appraisal research and practice: Concern, directions and implications. *Journal of Management, 18*(2), 321-352.

Brown, M. & Benson, J. (2003). Rated to exhaustion? Reactions to performance appraisal processes. *Industrial Relations Journal, 34*(1), 67-81.

Blakely, G. L. (1993) The effect of performance rating discrepancies on supervisors and subordinates. *Organizational behavior and Human Decision Processes, 54*(1), 57-80.

Boswell, W. R. & Boudreau, J. W. (2002). Separating the developmental and evaluative performance appraisal use. *Journal of Business and Psychology, 16*(3), 391-412.

Cardy, R. L. & Dobbins,G. H. (1994). *Performance appraisal: Alternative perspectives*. Cincinnati, OH: South-Western.

Cascio, W. F. (1991). *Applied psychology in personnel management* (4th ed.). Englewood Cliff, NJ: Prentice Hall.

Carroll, S. J. & Schneier, C. E. (1982). *Performance appraisal and review system: The identification measurement and development of performance in organizations*. Glenview, IL: Scott, Foresman.

Cawley, B. D., Keeping, L. M., & Levy, P. E. (1998). Participation in performance appraisal process and employee reactions: A meta-analysis Review of field investigation. *Journal of Applied Psychology, 83*(4), 615-633.

Dobbins, G., Cardy, R., & Platz-Vieno, S. (1990). A contingency approach to appraisal satisfaction: An initial investigation of the joint effects of organizational and appraisal characteristics. *Journal of Management, 16*(3), 619-632.

Earley, P. C., Northcraft, G. B., Lee, C., & Lituchy, T. R. (1990). Impact of process and outcome feedback on the relation of goal setting to task performance. *Academy of Management Journal, 33*(1), 87-105.

Elicker, J. D., Levy, P. E., & Hall, R. J. (2006). The role of Leader-member exchange in the performance appraisal process. *Journal of Management Journal, 32*(4), 531-551.

Fletcher, C. (1993). Appraisal: An idea whose time has gone? *Personnel Management, 25*(9), 34-37.

Fletcher, C. (2001). Performance appraisal and management: The developing research agenda. *Journal of Occupational and Organizational Psychology, 74*(4), 473-487.

Fletcher, C. (2002). Appraisal: An individual psychology analysis. In Sonnentag, S. (ed.), *Psychological Management of Individual Performance*. Chichester: John Wiley, 115-135.

Giles, W. F. & Mossholder, K. W. (1990). Employee reactions to contextual and session components of performance appraisal. *Journal of Applied Psychology, 75*(4), 371-377.

Gilliland, S. W. & Langdon, J. C. (1998). Creating performance measurement systems that promote perceptions of fairness. In J. W. Smither (Ed.), *Performance appraisal: State of the art in practice*, 209-243. San Francisco: Jossey-Bass.

Huselid, M. A. (1995). The impact of human resource management practices on turnover, productivity, and corporate financial performance. *Academy of Management journal, 38*(3), 635-672.

Ilgen, D. R., Fisher, C. D., & Taylor, M. S. (1979). Consequences of individual feedback on behavior in organizations. *Journal of Applied Psychology, 64*(4), 349-371.

Illgen, D. R., Barnes-Farell, J. J., & Mckellin, D. B. (1993). Performance appraisal process research in the 1980s: What has it contributed to appraisals in use? *Organizational Behavior and Human Decision Processes, 54*(3), 321-368.

IPD (1998). UK companies help employees improve their job prospects, according to IPD survey. *Leadership & Organizational Development Journal, 19*(1), 60.

Judge, T. A. & Ferris, G. R. (1993). Social context of performance evaluation decisions. *Academy of Management Journal, 36*(1), 80-105.

Judge, T. A., Boon, J. E., Thoreson, C. J., & Patton, G. K. (2001). The job satisfaction-job performance relationship: A qualitative and quantitative review. *Psychological Bulletin, 127*, 376-407.

Kay, E., Mayer, H. H., & French, J. R. P. Jr. (1965). Effects of threat in a performance appraisal interview. *Journal of Applied psychology, 49*(5), 311-318.

Keeping, L. M. & Levy, P. E.(2000). Performance appraisal reaction: Measuring, modeling, and method bias. *Journal of applied psychology, 85*(5), 708-723.

Kluger, A. N. & DeNisi, A. (1996). The effects of feedback interventions on performance: A historical review, a meta-analysis, and a preliminary feedback invention theory. *Psychological Bulletin, 119*, 254-284.

Korsgaard, A. M. & Robertson, L. (1995). Procedural process in performance evaluation: The role of instrumental and non-instrumental voice in performance appraisal discussions. *Journal of Management, 21*(4), 657-669.

Larson, J. R. (1984). The performance feedback process: Preliminary model. *Organizational Behavior and Human Performance, 33*, 42-76.

Latham, G. P. & Wexley, K. N. (1994). *Increasing productivity through performance appraisal*. Reading MA: Addison Wesley.

Lefkowitz, J. (2000). The role of interpersonal affective regard in Supervisory performance ratings: A literature review and proposed causal model. *Journal of Occupational and Organizational Psychology, 73*(1), 67-85.

Lee, M. & Son, B. (1998). The effects of appraisal review content on employee's reactions and performance. *International Journal of Human Resource Management, 9*(1), 203-214.

Levy, P. E., Albright, M. D., Cawley, B. D., & Williams, J. R. (1995). Situational and individual determinants of feedback seeking: A closer-look at the process. *Organizational Behavior and Human Decision Processes, 62*(1), 23-37.

Levy, P. E., Cawley, B. D., & Foti, R. J. (1998). Reactions to appraisal discrepancies: Performance ratings and attribution. *Journal of Business and Psychology, 12*(4), 437-455.

Levy, P. E. & Williams, J. R. (2004). The social context of performance appraisal: A review and framework for the future. *Journal of Management, 30*(6), 881-905.

Lewis, P. (1998). Managing performance related pay based on evidence from the financial sector. *Human resource Management Journal, 8*(2), 66-77.

London, M. (2003). *Job feedback: Giving, seeking and using feedback for performance improvement* (2nd ed). Mahwah NJ: Erlbaum.

Murphy, K. R. & Cleveland, J. N. (1995). *Understanding performance appraisal: Social, organizational, organizational and goal-based perspectives*. Thousand Oaks, CA: Sage.

Nadler, D. A. (1977). *Feedback and organizational development: Using data based methods*. Reading, MA: Addision-Wesley, 1977.

Neubert, M. J. (1998). The value of feedback and goal setting over goal setting and potential moderators of the effect: A meta-analysis. *Human Resource management Journal, 8*(1), 41-55.

Northcraft, G. B. & Ashford, S. J. (1990). The preservation of self in everyday life: The effects of performance expectations and feedback context on feedback inquiry. *Organizational Behavior and Human Decision Processes, 47*(1), 42-64.

Norris-Watt, C. & Levy, P. E. (2004). The mediating role of affective commitment in the relation of feedback environment to work outcomes. *Journal of Vocational Behavior, 65*(3), 351-365.

Pervin, L. A. (1989). Persons, situations, interactions: The history of a controversy and a discussion of theoretical models. *Academy of Management Review, 14*(3), 350-360.

Pettijohn, C., Pettijohn, L. S., Taylor, A. J., & Keillor, B. D. (2001a). Are performance appraisals a bureaucratic exercise or can they be used to enhance sales-force satisfaction and commitment? *Psychology and Marketing, 18*(4), 337-364.

Pettijohn, C., Pettijohn, L. S., & d'Amico, M. (2001b). Characteristics of performance appraisals and their impact on sales force satisfaction. *Human Resource Development Quarterly, 12*(2), 127-146.

Podsakoff, P. M., Mackenzie, S. B., Lee, J., & Pasakoff, N. P. (2003). Common method biases in behavioral research: A critical review of the literature and recommended remedies. *Journal of Applied Psychology, 88*(5), 879-903.

Poon, J. M. L. (2004). Effects of performance appraisal politics on job satisfaction and turnover intentions. *Personnel Review, 33*(3), 322-334.

Ressell, J. S. & Goode, D. L. (1988). An analysis of manager's reactions to their own performance appraisal feedback. *Journal of Applied Psychology, 73*(1), 63-67.

Robert, G. E. & Reed, T. (1996). Performance appraisal participation, goal setting and feedback. *Review of Public Personnel Administration, 16*, 29-41.

Rosen, C. C., Levy, P. E., & Hall, R. J. (2006). Placing perceptions of politics in the context of the feedback environment, employee attitudes, and job performance. *Journal of Applied Psychology, 91*(1), 211-220.

Jawahar, I. M. (2006). Correlates of satisfaction with performance appraisal feedback. *Journal of Labor Research, 27*(2), 213-236.

Keeping, L. M., Makiney, J. D., Levy, P. E., Moon, M., & Gillette, L. M. (1999). Self-rating and reactions to feedback: It's not how you finish, but where you start. In R, A, Noe (Chair), *New approaches to understanding employees' and behavioral responses to multi-rater feedback systems*. Symposium conducted at the 59th annual meeting of the Academy of Management, Chicago.

Keeping, L. M. & Levy, P. E. (2000). Performance appraisal reactions: Measurement, modeling, and method bias. *Journal of Applied Psychology, 85*(5), 708-723.

Kluger, A. N. & DeNisi, A. (1996). The effects of feedback interventions on performance: A historical Review, Meta-analysis and preliminary feedback intervention theory. *Psychological Bulletin, 119*, 254-284.

Kuvaas, B. (2006). Performance appraisal satisfaction and employee outcomes: mediating and moderating roles of work motivation. *International Journal of Human Resource Management, 17*(3), 504-522.

Liao, H. & Chuang, A. (2007). Transforming service employees and climate: A multilevel, multisource examination of transformational leadership in building long-term service relationships. *Journal of Applied Psychology, 92*(4), 1006-1019.

London, M. (2003). *Job feedback: Giving seeking, and using feedback for performance improvement* (2nd ed.). Mahwah, NJ: Erlbaum.

Steelman, L. A., Levy, P. E., & Snell, A. F. (2004). The feedback environment scale

(FES): Construct definition, measurement and validation. *Educational and Psychological Measurement, 64*, 165-184.

Steelman, L. A. & Levy, P. E. (2001). The feedback environment and its potential role in 360-degree feedback. In J. R. Williams (Chair), *Has 360-degree feedback really gone amok? New empirical data*. Symposium conducted at the 16th Annual Meeting of the Society for industrial and Organizational Psychology, San Diego, CA.

Steelman, L. A., & Levy, P. E., & Snell, A. F. (2004). The feedback environment Scale (FES): Construct definition, measurement and validation. *Educational and Psychological Measurement, 64*, 165-184.

Taylor, M. S., Tracy, K. B., Renard, M. K., Harrison, J. K., & Carrol, S. J. (1995). Due process in performance appraisal: A quasi-experiment in procedural justice. *Administrative Science Quarterly, 40*(3), 495-523.

Terborg, J. R. (1981). Interactional psychology and research on human behavior in organizations. *Academy of Management Review, 6*(4), 569-576.

Vroom, V. (1964). *Work and motivation*. New York, NY: Wiley.

Waal, A. A. D. (2003). Behavioral factors important for the successful implementation and use of performance management systems. *Management Decisions, 41*, 688-97.

有效的績效管理系統

> 孟子曰：「存乎人者，莫良於眸子。眸子不能掩其惡。胸中正，則眸子瞭焉；胸中不正，則眸子眊焉。聽其言也，觀其眸子，人焉廋哉？」
>
> ——《孟子・離婁上》

學習目標

本章學習目標在於經由績效管理系統而習得常見的基礎動機理論，瞭解適當激勵的效果。第二節則是介紹職涯發展理論及一些促進員工職涯發展的新作法。

績效管理是一個連續的過程，在大多數的組織中，績效大多會在一段固定的時間進行評估；再利用評估作為未來改善或是提升績效的參考。Aguinis（2019）亦認為績效評估乃是藉由個人與團隊在一連串表現上的確認、測量以及發展情形作為回饋，就其表現狀況加以調整，以作為達到組織目標的策略。基本而言，績效管理有六大目的：1. 策略（Strategy）的目的，嘗試連接員工的行為與期待的結果，以達成整體組織目標；2. 管理（Administration）的目的，透過薪酬、升遷、解聘及員工表現的認同，達到管理目標；3. 發展（Developmental）的目的，透過對於員工強弱處的瞭解，提供主管對於員工回饋、增能、引導或是職涯規劃的機會；4. 溝通（Communication）的目的，著重於進一步瞭解員工是否知道別人對他的期待、員工表現得如何、員工如何才能更進步及表達公司的價值觀及原則等；5. 組織維持（Organization Maintenance）的目的，對於勞動力的表現、訓練發展以及公司人才需求的方向等；6. 文件紀錄（Documentation）的目的，管理決策及未來發展資訊的紀錄等。

可見得有效的績效管理系統乃是達成組織目的的重要策略。為了評價相關的績效，績效管理多會經由觀察與判定的方式，透過工作分析（Job Analysis）、工作表現的標準（Job Performance Criteria）及工作評價（Job Evaluation），加以確認與組織目的差異多寡，作為衡量績效的表現指標。具體的衡量策略常見的有相對比較法（The Comparative Approach），透過評分者針對員工的表現彼此相較，列出高低或是將員工們的表現形成統計分布圖，以協助員工瞭解在同儕中的相對位置；歸因策略（Attribution Approach），藉由員工在評定量表的表現，找出員工在哪個領域表現的程度佳或是需要再加強的；行為模式（Behavior Approach），評定員工在對於績效有效的關鍵行為中的表現程度，用以作為員工績效表現的評定來源；結果模式（Results Approach）則是針對組織目標進行管理，以客觀、可測量模式，瞭解員工對於組織的貢獻程度，以作為績效指標（Patten Jr., 1982; Scullen, Bergey, & Aiman-Smith, 2005; Snell, 1992）。

然而，員工並非機器，許多績效行為表現的背後潛藏許多心理因素，如認知與動機因素等，加以工作環境的調和，產出當下的工作績效。其次，績效多由主管所評定，但是有時候員工認為主管賴以評定績效的標準與他們認知的標準迥異時，員工便會認為主管評定時僅以主管的角度出發，缺乏從員工的觀點考量。如此一來，會使得原本類似「師生關係」、「教練選手關係」受到傷害，影響員工未來努力投入的意願。其他主管對於員工績效評估亦有可能產生月暈效果、趨中效果、過鬆或是過緊效果、新近效應（Recency Effect）甚或是刻板印象誤差等，使得員工不易認同或是信服績效評定。

因此，即使給予工作績效的激勵，如假期或是薪資津貼等，雖可能有認知失調效果存在，長期下來不見得能讓員工提起勁來為公司效力，使得達成組織目標難度增加。因此，本章將從心理激勵的角度出發，說明激勵與績效的關聯性；接著再談績效制度與職涯發展的關係。

一、績效與激勵制度

激勵（Motivation）又稱為動機，泛指各類驅動自主行為發生的動力。在職場上所談的工作動機（Work Motivation）或是工作激勵，則是泛指引發與工作相關所有行為的驅力。包含三種要素：1. 方向（Direction），導引人們在工作上應在某些方面努力，在其他方面較不需要付出這麼多；2. 強度（Intensity），導引人們在投入某項工作時，所要投入的努力或是精力的程度；3. 持續度（Duration），導引人們在投入某項工作時所能持續的時間長度。尤其是持續度，更是近年來各項激勵理論關注的重點。就組織層次而言，公司希望員工可以一起同甘共苦；就個人層次而言，員工亦希望公司提供的工作，可以讓他們的工作興趣或是內容維持不墜（Kanfer & Ackerman, 2004）。所以激勵的三個要素對於公司組織或是員工個人，都有重要影響。

激勵與績效的關係

近年來，心理學家嘗試著找出對於績效的預測因子，並且加以公式化。其中一個常用的公式，將績效視為能力與激勵的乘積。

績效（Performance）＝能力（Ability）×激勵（Motivation）

能力主要描述員工能力，多以認知觀之，不同的能力會導致不同的績效表現。其內涵包含性向與習得學習能力兩者。性向為先天心智準備度，有效的先天心智準備度可使得員工學習有效率、表現佳並且容易成功。人們有許多各種不同類型的性向能力，這些性向能力會影響學習新技能。例如：有較佳的小肌肉運動能力者，剛開始時與其他員工相較並無特出之處，但是其學習能力會較佳，進而達到高度表現的潛能優於其他的同事。習得能力泛指個人目前已有的知識或是技能，隨著時間流逝，習得能力若無使用或是練習的機會，會逐漸消失。

能力的意涵在管理界與競爭力（Competitiveness）相近，甚至多以競爭力取代能力。競爭力又猶如個人可以達到較傑出績效表現的個人特質總合，如人格、危機處理能力、提出具有創造力想法的能力等。然而，員工績效好，對員工本人而言不盡然是個好工作，必須再考量員工的工作幸福感。

雖然能力與動機可以影響績效表現，但是員工仍舊需具備角色知覺（Role Perception），方能有不錯的績效。角色知覺乃指員工本身對於個人工作責任理解程度。因此，角色知覺可以使員工本身瞭解在工作中應該努力的方向，亦可從中發掘員工的進步情形，或是與工作場域同儕是否能和睦相處，以達到績效最高表現。有趣的是，研究發現，大多數的人都瞭解公司願景與目標，但是對於自己的角色知覺，僅有 39% 的員工瞭解如何發揮一己之力，以達成組織目標。

常用的一些激勵理論

(一) 馬斯洛的需求層級理論

需求是一種內在的緊張性，必須藉由認知歷程的中介反應。在行為的改變上降低心理緊張程度（Kanfer, 1991）。中介的認知歷程即為激勵的來源。人們通常會被激勵以達需求的滿足，包含可能為滿足食物的需求、或是取得社會認同的需求等。需求層級理論認為，人們的健康與調適能力欲佳的基本條件為其需求被滿足。換句話說，一位成功或是績效佳的員工，基本上其需求應被滿足了。根據馬斯洛（Maslow, 1943），人類需求從最基本到最高共分成五種不同層級。人們若欲達到上一個層級，其前一個層級必須被滿足。

最基本層級是指生物趨力或稱為生理需求被滿足，包含對於食物、空氣以及水的需求等。對於員工而言，生理需求包含薪資是否能滿足日常生活所需、在工作中是否能給予足夠的休息、工作場所是否提供運動休閒的設備與空間等，終極目標在於維持員工的健康與對公司組織的適應性，提升產能。

生理需求被滿足後，安全需求是下一階段。安全需求包含生理與心理的安全感及免於傷害的恐懼。公司組織可以透過幾種不同的方式，協助員工滿足安全需求，在生理安全部分，構築友善的工作環境、適宜的工作介面，符合人因工程的工作器具、電腦桌椅等，因而降低職業傷害的可能性；心理安全部分，可以提供健康、意外保險，國內勞工聘任的基本勞動條件的勞保，已包含職災給付，使得員工不會因職災所需的醫療問題，而讓員工陷入財務困境。甚至在美國俄亥俄州克利芙蘭市的 Lincoln Electric Company，給予在其公司任職滿三年的員工永不開除的保障，員工的心理安全感可望更穩定，即使在經濟狀況不佳時。

(二) 公平理論（Equity Theory）

公平理論出發點認為，人們為了維持自己與他人間公平關係的緣故，避免他們的關係變質而會注意某些情況。人們會自己進行檢測，並且與他人比較受到公平影響的程度與組織的對應關係。

根據公平理論，員工藉由酬賞獲得（Output）與工作投入（Input）的比值與其他同仁比較後，再來判斷公平性。亦即與同仁比較單位工作投入所獲得酬賞較同仁所獲得的多寡加以比較。比較的結果會有三種可能性：酬賞獲得與工作投入的比值低於同仁，稱為 Underpaid，會有忿忿不平（Angry）的感受，覺得同樣的工作投入，為什麼獲得較少；酬賞獲得與工作投入的比值高於同仁，稱為 Overpaid，此種狀況會有罪惡感（Guilty）產生，覺得獲得過多的酬賞；酬賞獲得與工作投入的比值與同仁相當，此種情形會對於酬賞感到滿意（Satisfied），而不會有不公平的感受。

不公平的感受通常可以透過酬賞獲得與工作投入的微調，以達到公平的結果。如，對於 Underpaid 的員工，他可能會透過降低工作投入，以較低的工作品質來達到公平的目標；而對於 Overpaid 的員工，可能會增加工作投入或是主動要求降低酬賞以達到公平的目標，獲得滿意的感受。上述的作法都是以行為的方式，對於特定不公平的型態加以回應。不過並非所有員工都願意調整行為，以達成公平的目標。有時候可以透過認知與思考的調整，重新看待酬賞獲得與工作投入，使兩者的比值改變。如 Underpaid 的員工可以合理化自己的表現，重新思考同仁的工作投入品質是否如同想像的那麼好；Overpaid 的員工可以認為自己的表現確實優於同仁，獲得較好的酬賞也是應該的。許多研究發現，員工對於不公平的感受是有反應的，尤其是他們感受所應得的酬賞不足時。Harder（1992）對於美國 NBA 職業籃球員的薪資與得分的關係進行研究發現，覺得自己 Underpaid 的球員得分低於自己認為獲得合理酬賞的球員；職業棒球選手認為自己薪資與其他表現相當選手相比被低估時，會傾向於轉隊或是離業。Greenberg（2002）研究也發現，當某公司實施減薪 15% 之後，該公司物品的失竊率增加為原本的 2.5 倍，員工藉著竊取公司物品以補償薪資上的損失，然而，其他相關沒有減薪的公司物品失竊率並無重大變化。有趣的是，當公司的薪資調回原先情況時，公司物品的失竊率又降低至與減薪前相仿。減薪的結果增強員工認為竊取公司物品，作為補償薪資降低的想法。因此，純粹依減薪降低營運成本是否划算，值得資方深思。

(三) 期待理論（Expectancy Theory）

期待理論在 21 世紀以來並無重大進展，在組織與工商心理學的新發展也不多。Lord et al.（2003）另一個可期待的驚人進展，可能在於導出神經心理學的期待理論模型。但是目前存在的問題，在於人類認知的計算是非常複雜的，如果僅用電腦模擬的方式，欲解釋認知歷程的神經心理原理，仍有解釋上的困難。

身為激勵理論重要成分的期待理論，乃描述個人努力會影響未來績效表現的信念。換句話說，人們相信個人努力與績效表現相關。但仍有另一群人認為個人努力與績效不見得有那麼直接的關係。舉例而言，有部分非常低期待者員工，願意提升努力程度，進而改善績效；有另一類具有很高期待者，不盡然願意自己提升其努力程度，後端績效看不出來。一位好的上司會設法讓他的員工都相信，只要努力投入工作，工作的表現亦隨之提升。其次，公司亦可詢問員工的激勵期待為何，並且採用員工的建議，結果 United Electric Controls 公司的主管開始例行性問員工如何增進工作效率，並且開始採用員工的建議，一段時間後，該公司的績效有驚人的進步。

此外，期待理論也可以包容在某些情況下，員工的表現也無法達到令人滿意的層次。如，對於業務人員而言，在某些產業基本面不佳時，他們也很難有機會創造高度的績效；甚至於有些公司組織提供給員工的資源不足，使得員工即使被激勵亦無法達成令人滿意的績效。

(四) 社會認知理論（Social Cognitive Theory）

社會認知理論由 Bandura（1977）所提出，其強調人類認知中介環境前導物與結果的關係。因此，人們的激勵來源會透過認知系統，盱衡現有資源，並計算需要投入多少努力與資源以達成目標。自我效能（Self-Efficacy）即是這些努力與資源在認知統整後，個人對達成目標信念的高低。所以，較高自我效能者會設定較高目標，以期達成較佳的績效。如果目標無法達成，有可能投入更多努力或是感到非常懊悔（Bandura, 2001）。

Vancouver et al.（2001）發現，當人們愈接近達成目標時，會減低其努力的程度，而導致其績效變差。他們也發現自我效能愈高，愈會導致其自滿，而降低績效表現。這似乎與自我效能愈高，所達成的績效愈佳的想法背道而馳。但是 Bandura 與 Locke （2003）認為 Vancouver 研究與大多數人有出入的主要因素，可能在於其研究設計所致。

社會認知理論與特質論對於行為的影響無關。自我效能是與環境連結的而非與人格特質連結的。Chen et al.（2004）亦發現自我效能與自尊（Self-Esteem）對於預測一個組織的重要表現或是績效，是分別獨立的。自我效能的獨立性亦顯示社會認知理論與其他激勵理論具有區分的。

具有激勵效果的工作設計（Job Design）

每個公司都期待其員工工作效能愈高愈好，然而有些工作內容是具重複性、無趣的。長期以降，員工會容易感到無趣、倦怠甚至於離職。為了避免上述效應，工作設計便因運而生。工作設計的目標在於創造讓員工願意投入，具有吸引力，且樂於其中的工作內容、工作環境（Morgenson, 2003）。而工作特性模式（Job Characteristics Model, Hackman & Oldham, 1980）提供了如何在工作設計中，充實工作內容的方式，達成工作設計的目標。

(一) 工作特性模式

工作特性模式的假設，在於工作是為了讓人們從中找到樂趣，而且能使人們關心在乎他（她）們的工作。所以，工作特性模式是希望人們認為他們正在從事具有意義並且有價值的工作。因此，工作特性模式藉由五種核心工作向度，創造出三種心理狀態，最後增益個人成就與工作成果（De Varo et al., 2007）。

核心工作向度包含：技能多樣性（Skill Variety），乃是描述一個工作職位所需要哪些技能，這些技能要求到何種程度，如超商的店長可能需要督導店員、幫店員排班、整理商品零售紀錄等；任務認同（Task Identity），指某一個工作職位需要從頭到尾完成一個任務的程度，如醫師需要高度的任務認同，其在執行業務時，所做的所有事情都與診斷病情、治療病人有關，包含問診、聽心跳呼吸、開立處方、進行病歷撰寫等；任務重要性（Task Significance），在描述某一個工作職位對他人影響程度，或是在一個組織中，對組織中的工作同仁及組織目標的影響，如公司的執行長，對於整個組織營運方向與績效具有舉足輕重的影響；工作自主性（Autonomy），指員工有多大的空間可以計畫自己的工作內容、工作時間等，如許多公司的研發人員，並未規定固定上下班時間，只要在期限內完成專案即可；回饋（Feedback），指員工可以獲得有關其工作績效的訊息可以到何種程度，如電信公司的話務行銷人員常被告知其在一週內接了多少通電話，電話中所接到的訂單具有多少產值等。

核心工作向度對於關鍵心理狀態具有相當的影響力。技能多樣性、任務認同與任務重要性在員工認定工作意義度（Experienced Meaningfulness）具有重大影響力。當員工真實經歷過工作內容的某種任務時，如果他們覺得該任務是非常重要並且具有價值時，員工會認為此任務是有意義的。當員工被賦予相當高的工作自主性，自己可以決定工作要怎麼做、要做哪些事情，他們會覺得自己應對於該工作成敗負起責任、並覺得自己是可靠的（Personally Responsible and Accountable for Their Work），所以被委予重任。有意義的回饋可以使員工瞭解他們本身對工作結果或是績效的資訊（Knowledge of The Results of Their Work），此舉可以協助員工內省或是發展更好的工作方式，以提升未來的工作績效。當員工知覺到經歷認定工作意義度愈高、對於工作表現的責任感愈強、對於有效回饋訊息愈多，對於員工本身或是工作都有正向的效果。

如果公司給予員工在核心工作向度部分較高的話，員工會感到高度激勵，並且會有高品質的工作成品產出，員工本身對工作滿意度亦高，離職可能性低。但必須注意的是，此理論的訴求對於個人成長需求高的員工較有效果；對於個人不思成長的員工，如何重新找回他們對工作的熱情，恐是第一要務。

根據工作特性模式，既然高度核心工作向度與其相關的關鍵心理狀態有關，工作激勵會在工作表現成效高的時候達到最高。因此，被高度激勵的員工，其工作的表現愈佳。

(二) 如何藉由工作特性模式原理激勵員工

工作特性模式提供了如何藉由工作設計，提升該項工作的激勵性。如，與其聘請數位員工，請每位員工完成工作的某一部分，不如請每一位員工完成工作的全部。

針對某些技術導向的工作內容，或是傳統上不會直接面對客戶的工作，可以考慮將這一部分的員工除了完成本身的工作產品之外，亦可與銷售末端的客戶直接接觸。如此一來，員工除了具有原本的技能之外，必須要增加與顧客直接互動的能力（增加工作多樣性），提升工作的自主性，並且亦可直接從客戶口中得到最即時與直接回饋。其次，員工應該能獲得愈多的回饋愈好，愈多人知道員工表現並且提供資訊，愈能提醒員工進行必要的改善與修正。

二、績效與職涯發展

績效管理包含對於個人與團隊表現的評估與連續性的進步（Cascio, 2006）。而在一般的企業中，常會因員工個人條件搭配其在工作崗位上的表現，擬定其職涯發展。所謂職涯發展（Career Development），是一輩子會達成個人職業探索、職業成功或是職業滿足的所有活動。大多數的人都期待在職涯發展歷程中，工作職位能夠步步高升，工作轉換時能得到更適合自己的工作，亦即在升遷的過程中可以順利平安。然而，職涯發展需要的不僅是升遷，員工應嘗試去思考自己具備什麼能力或是什麼能力不足，公司會不會提供自己受訓機會，提升本身的能力與公司的管理效能（Dragoni et al., 2009），接著亦提升績效，公司的支持愈高，績效愈佳（Kraimer et al., 2011）。當員工知覺到未來職涯是一片光明時，公司對於員工發展的支持愈高，員工主動離職率愈低，可見當員工覺得有良好的職涯發展機會，他／她們傾向留職留業。

人力資源管理導向的職涯發展

引進人力資源管理導向的職涯發展不但支持員工的需求，更是促進自我職涯分析與發展（Selmer, 2000）。與其使用績效評估來調整員工的表現，以達到工作要求，不如使用績效評估作為員工設定較佳的職涯計畫，或是調整其計畫的參考。基本上，職涯發展導向的計畫可以很單純，如僅接受回饋、具有個人發展計畫，即一些非技術性的訓練即可。因此，早期與現代的人力資源導向的職涯發展有顯著不同。就職涯發展重心而言，在人力資源計畫中，傳統的重心在於使用統計資料分析工作、技巧與作業的現在與未來；現在的觀點則是強調增加個人興趣、喜好等。招募與安置在傳統作法是找到合適的員工，以滿足公司需求；當今則是根據員工職業興趣與性向及訓練發展，公司提供與工作相關機會予員工學習技巧、態度訓練的養成；當今的觀點則是提供員工生涯進路資訊予個人。在績效評估方面，早期強調評比或是發獎品；當今則著重於個人發展計畫與目標設定。薪資與補償計畫，早期著重於根據完成的時間、產能與天賦；當今則以薪資計畫、與非工作相關活動的補償。基本上，員工、雇主與主管需共同合作一起計畫、引導與發展員工生涯。

一些創新的職涯發展策略

除了傳統的職涯發展策略，如職涯工作坊、主管訓練計畫等以外，近年來已有一些員工嘗試著使用較新職涯發展策略：角色回想（Role Reversal），先給與員工轉換到不同的工作，再回來評估先前工作的好壞；組成職涯成功團隊，而且固定時間見面，彼此支持，直到達成職涯目標；職涯教師的加入，職涯教師協助員工發現他們的發展需求並且協助員工找尋資源，包含訓練、專業發展等，協助員工滿足其需求，職涯教師通常幫員工訂立短到中期的職涯發展計畫，接著由雇主與員工基於上述的職涯發展計畫，調整部分內容，有些先進行、有些晚進行，使得職涯計畫使用有效率。

特殊議題

績效管理新方法：Objectives and Key Results

新近績效管理方向會從目標與關鍵結果（Objectives and Key Results，簡稱 OKR 或 OKRs）考量。OKRs 是 John Doerr 於 1970 年代所提出，是以 KPI 和 BSC 為基礎的新方法，是一個定義和跟進目標及其結果的架構（Radonic, 2017）。

OKR系統的實施過程可以簡單劃分為四個步驟：即確定目標、設定關鍵結果、執行與定期反饋（Zhou & He, 2018）。

1. 確定目標：OKR 的主要目標是指公司或團隊的目標，即公司、部門和員工的月度／季度／年度目標。
2. 設定關鍵結果：確定每個目標的關鍵結果，以衡量該目標的要求是否有在期限內完成。
3. 執行：實施既定的計畫。
4. 定期反饋：每個評定績效的週期都需要確認目標的完成情況，並且予以反饋，接著根據結果思考改進方式，進行適當的調整，以確認下一個週期的

OKR 實施方案。

OKR 是一個批判性思考的架構，並且是持續性的紀律，其旨在確保組織內的員工能夠共同努力工作，集中精力去做出可以衡量的貢獻，以推動組織的發展進程（Niven & Lamorte, 2016）。OKRs 被用來幫助組織以結構化的方式快速地實現其業務目標。

Intel 是第一家開始採用 OKRs 概念的公司，如今，OKRs 作為組織推動專注、協調、參與和執行的工具愈來愈受到歡迎，被廣泛運用在 Google 和 LinkedIn 等知名企業，以及愈來愈多的各行各業中。

問題與討論

如果你是一位公司的老闆，會如何巧妙考慮哪些因素，然後給予員工合理的待遇，以避免間接造成公司的損失？

參考文獻

Aguinis, H. (2019). *Performance management* (4th ed.). Upper Saddle river, NJ: Prentice Hall.

Bandura, A. (1977). *Social learning theory*. Englewood Cliffs, NJ: Prentice Hall.

Bandura, A. (1997). Self-efficacy: *The exercise of control*. New York, NY: Freeman.

Bandura, A., & Locke, E. (2003). Negative self-efficacy and goals revisited. *Journal of Applied Psychology, 88*, 87-99.

Cascio, W. F. (2006). Global performance systems. In I. Bjorkman and G. Stahl (Eds.), *Handbook of research in international human resource management*, 176-196. Cheltenham, UK: Edward Elgar.

Chen, G., Gully, S., & Eden, D. (2004). General self-efficacy and self-esteem: toward theoretical and empirical distinction between correlated self-evaluations. *Journal of Organizational Behavior, 25*, 375-395.

DeVaro, J, & Brookshire, D. (2007). Promotions and incentives in nonprofit and for-profit organizations. *Industrial and Labor Relations Review, 60*, 311-339.

Dragoni, L., Tesluk, P. E., Russell, J. E. & Oh, I. (2009). Understanding managerial development: Integrating developmental assignments, learning orientation, and access to developmental opportunities in predicting managerial competences. *Academy of Management Journal 52*, 731-743.

Greenberg, J. (2002). Who stole the money, and when? Individual and situational determinants of employee theft. *Organizational Behavior and Human Decision Processes, 89*, 985-1003.

Hackman, J. R., & G. R Oldham. (1976). Motivation through the design of work: Test of theory. *Organizational Behavior and Human Performance, 16*, 250-279.

Harder, J. (1992). Play for pay: Effects of inequity in a Pay-for-Performance context. *Administrative Science Quarterly, 37*, 321-335.

Kanfer, R., & Ackerman, P. (2004). Aging, adult development and work motivation. *Academy of Management Journal, 29*, 440-458.

Kraimer, M., Seibert, S., Waynes, S., Liden, R., Bravo, J. (2011). Antecedents and outcomes of organizational support for development: The critical role of career opportunities. *Journal of Applied Psychology, 96*, 485-500.

Lord, R., Hanges, P., Godfrey, F. (2003). Integrating neural networks into decision making and motivational: rethinking VIE theory. *Canadian Psychologist, 44*, 21-38.

Maslow, A. (1943). A theory of human motivation. *Psychological Review, 50*, 370-396.

Morgenson, F. P. & Campion, M. (2003). Work design. In W. C. Borman, D. R, Ilgen, & R. J. Klimoski. (Eds.), Handbook of psychology (Vol. 12): *Industrial and organizational psychology*, 423-452. Hoboken, NJ: Wiley.

Niven, P. R., & Lamorte, B. (2016). Objectives and key results: Driving focus, alignment, and engagement with OKRs. John Wiley & Sons.

Patten Jr. T.(1982). *A Manager's Guide to Performance Appraisal*. New York: Free Press.

Radonic, M. (2017). OKR system as the reference for personal and organizational objectives. *Econophysics, Sociophysics & other Multidisciplinary Sciences Journal (ESMSJ), 11*, 28-37.

Scullen, S., Bergey, P., & Aiman-Smith, L.(2005). Forced choice distribution systems and the improvement of workforce potential: A baseline simulation. *Personnel Psychology, 58*, 1-32.

Selmer, J. (2000). Usage of corporate career development activities by expatriate managers and the extent of their international adjustment. *International Journal of Commerce and Management, 10*, 1.

Snell, S. (1992). Control theory in strategic human resource management: The mediating effect of administrative information. *Academy of Management Journal 35*, 292-327.

Vancouver, J., Thompson, C., Williams, A. (2001). The changing signs in relationship among self-efficacy, personal goal, and performance. *Journal of Applied Psychology, 86*, 605-620.

Zhou, H., & He, Y. L. (2018, April 21-22). Comparative Study of OKR and KPI [Conference presentation]. 2018 International Conference on E-commerce and Contemporary Economic Development (ECED 2018), Hangzhou, China.

Part 5

薪酬管理篇

薪酬管理的策略思維

古者官以任能，爵以酬功。…… 夫以官賞功有二害，非才則廢事，權重則難制。

——《資治通鑑》

學習目標

本章之學習目標為探討薪酬管理架構，以及薪酬管理如何與組織策略連結。

一位年輕人第一次參加馬拉松比賽，成為史上最年輕的冠軍得主。記者團團圍住他，不停地提問：「你是如何取得這樣好的成績？」年輕的冠軍喘著粗氣回答說：「因為我的身後有一隻狼。」他說：「在山嶺間訓練時，雖然我盡了自己最大的努力，但成績依然平平。有一天，我在訓練的途中，忽然聽見身後傳來零星的狼叫聲，我不敢回頭，拚命地跑，回到訓練基地的時間快得令教練訝異。從此之後，我在訓練的時候，總想像著身後有一隻『狼』，成績就突飛猛進了。」

這位年輕人之後連著二年都參加馬拉松比賽，也獲得冠軍，但成績卻每況愈下，甚至第四年參加時，成績退步只屈於亞軍，讓這位最年輕的冠軍得主非常洩氣。直到第五年重獲冠軍，且更進一步破世界紀錄時，記者再度團團圍住他，問著同樣的問題：「你是如何取得這樣好的成績？」這位紀錄保持人說：「我腦海裡不只後面有狼，前面還有糖。」

糖與狼就像企業給予員工獎懲，如何給「糖」與放「狼」使員工達成組織設定的目標，甚至超越目標，是薪酬管理的價值所在。在企業營運的變動成本中，員工的薪酬費用占相當程度的比例，會直接影響企業的獲利能力。對營運者而言，常見的問題是，「這些薪酬費用花得值不值得？有沒有達成預期的組織目標？」對於員工而言，也會評估獲得的薪酬是否符合目前的「身價」。

由於薪酬本質上屬於是一種變動成本，因此，對營運者而言，是一種彈性且極有效果管理工具，例如：當營運者判斷薪酬費用花得不值得時，則會調低薪酬水準；當營運者發覺目前的薪酬成本花得很值得時，也不會立即提升薪酬水準，而是會盡力維持目前的薪酬水準；但若想要獲取更好的人才時，勢必提高薪酬水準。對於員工而言，企業給予的薪酬水準不論是過低或過高，都會影響工作的動機與績效。「值得或不值得」、「符合或不符合」

該如何斷定？有沒有一套薪酬管理架構協助判斷？在探討薪酬管理架構，首先必須要先定義薪酬，瞭解薪酬水準制定的方式，以及相關的理論基礎，才能形成有效的薪酬管理架構。

一、薪酬管理架構

薪酬定義

勞基法第 2 條相關用詞定義中，工資謂勞工因工作而獲得之報酬：包括工資、薪金及按計時、計日、計月、計件以現金或實物等方式給付之獎金、津貼及其他任何名義之經常性給與均屬之。勞基法第 2 條第 3 款所稱之其他任何名義之經常性給與係指下列各款以外之給與：

1. 紅利。
2. 獎金：指年終獎金、競賽獎金、研究發明獎金、特殊功績獎金、久任獎金、節約燃料物料獎金及其他非經常性獎金。
3. 春節、端午節、中秋節給與之節金。
4. 醫療補助費、勞工及其子女教育補助費。
5. 勞工直接受自顧客之服務費。
6. 婚喪喜慶由雇主致送之賀禮、慰問金或奠儀等。
7. 職業災害補償費。
8. 勞工保險及雇主以勞工為被保險人加入商業保險支付之保險費。
9. 差旅費、差旅津貼、交際費、夜點費及誤餐費。
10. 工作服、作業用品及其代金。
11. 其他經中央主管機關會同中央目的事業主管機關指定者。

勞基法對於企業給予員工的報償之定義，較偏向經濟性的報償，實際上，企業給予員工的報償，並非僅限定在經濟性的報償，非經濟性的酬勞（例如：成就感、成長機會）也被定義在內。因此，多以薪酬（Compensation）一詞作為統稱。

具體而言，薪酬可分為兩種概念，分別為內在報酬與外在報酬。外在報酬（Extrinsic Reward），或稱經濟性報酬，包括金錢、福利及座車等實體的經濟性給與，其中又可再區分為直接的經濟性報酬以及間接的經濟性報酬。直接的經濟性報酬包含基本工資、加班費、獎金、加給、津貼以及紅利等；間接的經濟性報酬如保險、退休、福利以及培訓等。內在報酬（Intrinsic Reward）則為非經濟性報酬，難以透過貨幣的方式衡量，包括工作本身帶給員工的責任感、成就感與實現個人價值的機會，企業形象也會帶給員工某些程度的社會地位，其他諸如工作環境、工作地點的便利性以及人際關係等，也屬於非經濟性報酬。

從薪酬的內容可知，一般所謂的薪資或薪水的概念，尚不足以概括企業給予員工的報償，應以整體（Package）的概念討論如何進行薪酬管理，而不是單獨比較薪資水準或福利優劣。

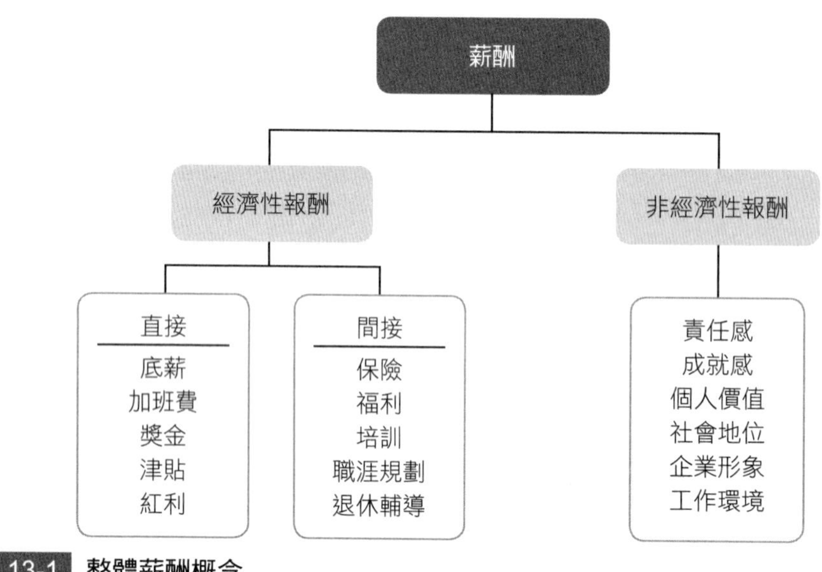

圖 13-1 整體薪酬概念

薪酬制定

勞基法第 21 條明文規定，工資由勞雇雙方議定之，但不得低於基本工資。根據勞基法施行細則第 11 條（基本工資定義），本法（勞基法）第 21 條所稱基本工資係指勞工在正常工作時間內所得之報酬，但延長工作時間之工資及休假日、例假日工作加給之工資均不計入。2022 年 9 月 8 日審議通過，最低工資為每小時不得低於 176 元，每月最低不得低於 26,400 元。

雖然法律有明文規定基本工資的最低水準，但在實務上，大多數企業的薪酬水準會高於法定最低月薪；顯然，企業在制定薪酬水準，除了合乎相關法律規範外，還會考量其他的相關因素。

在眾多影響薪酬設定的情境因素中，可分為外部因素以及內部因素兩方面討論。

(一) 外部因素

影響薪酬制定的企業外部因素包括：

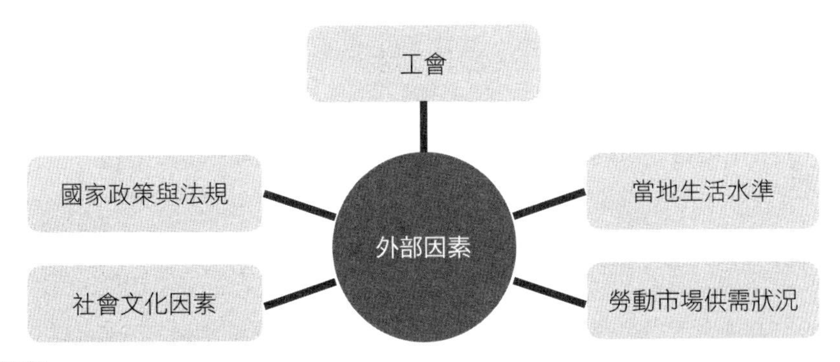

圖 13-2 影響薪酬的外部因素

1. 國家政策與法規

許多國家和地區對薪酬設定的下限和性別歧視問題都有相應的規定，例如：上述勞動基本法最低的薪資水準。

2. 當地生活水準

當地生活水準的高低，決定員工對個人生活期望，生活水準高的地區，表示企業將承受較高的薪酬壓力。

3. 工會

工會是代表勞方的組織，強大的工會組織能與資方（企業）進行談判，爭取較佳的薪酬待遇。

4. 社會文化因素

這些特點也包括了倫理道德觀和價值觀。韋伯在《基督新教倫理與資本主義精神》一書中，闡述在基督新教的教義規範下，塑造許多的個人主義行為，例如：上帝之下人人平等、強調個己性／獨立性、以客觀的理性關係為主、非人格的法律契約關係 ；相對的，傳統儒家思想的情境下，人世間強調尊卑親疏，具人格特質的信任關係。因此，在西方的社會文化下，員工對於薪酬制度的公平性要求，會高於華人的社會情境，並反映在薪酬等級的差異。

5. 勞動市場的供需狀況

各職業的勞動市場狀況，會成為影響薪酬設定時的重要因素。從基本的勞動需求與勞動供給分析可知，特定職業的勞動供給曲線與職業的勞動需求曲線的均衡（A 點）將決定薪酬水準（即該職業的行情）以及勞動雇用量（圖 13-3）。當特定職業的勞動市場發生超額供給時（如 B 點），薪酬水準會往下修正，回到原來的均衡薪酬水準；相反的，當特定職業的勞動市場發生超額需求時（如 C 點），則薪酬水準會向上提升，直到原來的均衡水準。

某些外生變數的影響，會造成勞動需求曲線的移動（圖 13-4），例如：當景氣好時，企業擴大經營，將提升勞動需求，使勞動需求曲線右上移動至 L^{d1}，此時，勞動雇用量提升且薪酬水準也向上提升。勞動供給線的變動也會造成新的均衡點，例如：人口老化將造成勞動供給線向左上方移動 L^{s1}，此時，勞動雇用量降低，薪酬水準提高。

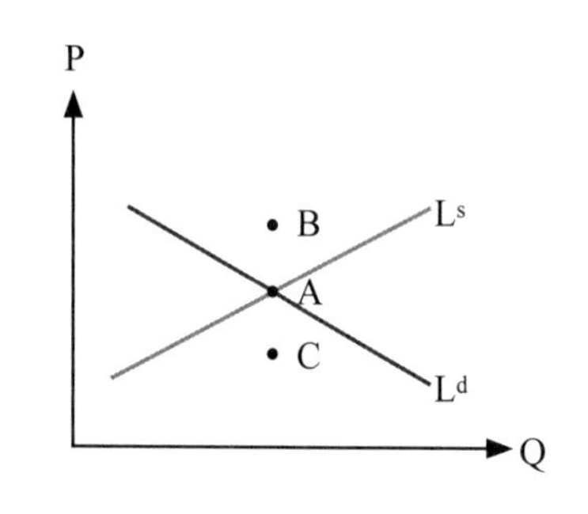

圖 13-3 勞動市場均衡 (1)

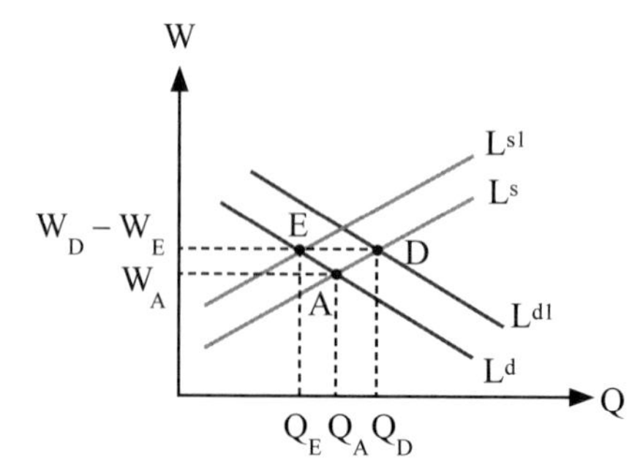

圖 13-4 勞動市場均衡 (2)

(二) 內部因素

影響薪酬制定的企業內部因素有許多，主要涉及以下幾個方面：

圖 13-5 影響薪酬的內部因素

1. 企業的經營性質

不同經營性質的企業在薪酬制定上將有差異，勞動密集型的企業，通常薪酬組合的內容，底薪占較高的比率，加班或獎金等酬勞的比率較低；然而，資本密集型的企業，如高科技企業，底薪占整體薪酬的比率會較低，獎金、股利等占整體薪酬比率會較高。

2. 企業的支付能力

獲利良好的企業會傾向於支付高於勞動力市場水準的薪酬，吸引更優秀的人才；獲利差的企業恐無法負擔有競爭性的薪酬水準，將直接影響求職意願。

3. 工作特性

薪酬水準將與職務所背負的權責成正向關係，表示當該職務愈重要時，組織應給予相對應的薪酬水準。當工作性質具有危險性時，例如：核能安全檢測，其薪酬設計將包含危險加給。工作時段的不同會影響薪酬水準，例如：當工作超過法定的 8 個小時後，加班費將依不同的時數計算；某些工作必須要三班輪流，夜班的工作薪酬水準通常高於正常班的薪酬水準。

4. 員工能力

員工的能力反映在員工的過去資歷或經驗、目前擁有的技能以及未來的潛力，能力愈佳的員工，企業會預期其績效會愈佳，可交付重要或有貢獻程度的工作，也期望能留住能力好的員工。因此，普遍而言，員工的能力與薪酬水準兩者間會呈正向的關係。

在內部因素的討論中，有三項重要因素須被考量，分別為職務（Job）、績效（Performance）與個人（Person）。企業會根據員工執行的職務之重要性或貢獻性，給予適當的報酬，例如：計時工資。除了職務本身的重要性外，員工的個人績效表現也是企業訂定薪酬水準的重要因素，例如：計件工資或佣金。此外，某些職務對於特定技能或經驗具有相當程度的需求時，則會視該員工本身所持有的專業能力程度，作為制定薪酬水準的依據。

表 13-1 薪資要素與工作特性

薪資要素	工作特性	實　例
職務	明確定義的任務與工作特性	薪水制、計時工資制
績效	可確認與可控制的產出	按件計酬、傭金
個人	變異性的任務與產出、相當程度的技能需求	技能基準性薪資、專業層級性薪資、年資薪資

資料來源：Mahoney（1989）。

整合性薪酬設計架構

由於薪酬水準的制定對企業而言是極重要的功能，因此應以整合性的框架檢視這些重要因素，並且理解這些因素背後隱藏的理論邏輯為何，方能擬定具競爭力的薪酬內涵。

諸承明、戚樹誠與李長貴（1996）回顧相關薪酬文獻後得知，以職務為基準的薪酬設定方式，會出現：(1) 結構格式上的不一致，難以整合結果；(2) 因素重疊；(3) 組織層級的影響；以及 (4) 性別偏差等四種缺失。從實務觀點指出職務評價的三種可能問題，包含：(1) 評估者偏差導致評估信度與效度的問題；(2) 職務評價的方式未考慮個人因素，導致高績效員工與低績效的員工獲得同等報酬，產生不公平的現象；(3) 職務為基準的方式不適用於創新性組織，如扁平化及團隊組織設計。整體而言，職務評價為基礎的薪資制度缺乏彈性與適應性。

績效基準性薪資的優點在於具有相當程度激勵作用，且能解決代理問題，有助於提升企業營運績效以及達成策略目標；然而此方式依然會衍生相關問題，包含：(1) 增加公司成本；(2) 員工內在工作動機被外部獎酬抵銷；(3) 績效評估的客觀性和公平性會受到更嚴格的標準檢驗。

技能基準性薪資有以下幾點優勢，包含：(1) 可節省職務說明書與職務規範書的製作，亦可省略職務等級以及薪資等級的設定；(2) 不需進行職務評價，可減輕行政管理負擔；(3) 適合創新與參與式的管理型態。然而，技能基準性薪資將隨著員工技能增加而付出更多的薪資，如何評估技能的價值，以及管理工作的複雜性（員工技能可能隨時變動）為延伸的問題。

表 13-2 薪資三要素之特徵

要　素	特　徵
職務基準性薪資	1. 主要缺失分為四種：(1) 結構格式上的不一致，難以整合結果；(2) 因素重疊；(3) 組織層級的影響；(4) 性別偏差。 2. 從實務觀點指出職務評價的三種可能問題： (1) 先天問題：報酬因素未能反映貢獻；評估者偏差；評估信度與效度問題。 (2) 實務上的問題：如職務評價無法與市場薪資調查資料相配合，使內部公平與外部公平相衝突；未考慮個人因素；薪資分布產生集中趨勢；不符合高績效員工的公平期望等。 (3) 不適用於創新性組織：如扁平化及團隊組織設計。
績效基準性薪資	1. 由於績效基準性薪資具有激勵作用，且能解決公司代理問題，所以多數學者認為績效基準性薪資，有助於公司整體績效的提升與策略目標之達成。 2. 增加公司成本。 3. 外部獎酬將降低個體內在動機。
技能基準性薪資	1. 技能基準性薪資的優點可歸納為以下幾點： (1) 可節省職務說明書、職務規範書、職務等級、薪資等級與薪資調查等工作。 (2) 不需進行職務評價，可減輕管理負擔與紙上作業。 (3) 增加彈性。 (4) 僅針對有價值的技能給予報酬，具有成本優勢。 (5) 適合創新與參與式的管理型態。 2. 技能基準性薪資增加公司的訓練支出，且會因員工技能增加而付出較多薪資。技能評估的困難性、管理工作的複雜性（員工技能可能隨時變動）等問題，均將造成不利影響。

資料來源：整理自諸承明、戚樹誠與李長貴（1996）。

基於上述職務基準、績效基準以及技能基準的優缺點，在實務運作中，鮮少有企業選擇單一的方式設定薪酬水準，因此，需要一整合的薪資設計四要素模式，包含保健基準性薪資（Hygiene-Based Pay）、職務基準性薪資（Job-Based Pay）、績效基準性薪資（Performance-Based Pay）及技能基準性薪資（Skill-Based Pay），各要素之內涵與理論基礎如下：

(一) 保健基準性薪資

根據公平理論，員工在評估報酬公平性時，會有以下四種比較方式，(1) 自身－內部（Self-Inside）；(2) 自身－外部（Self-Outside）；(3) 他人－內部（Other-Inside）；(4) 他人－外部（Other-Outside）（Goodman, 1974）。其中「自身」與「他人」係指比較的主體；至於「內部」與「外部」係指比較的場域，組織內部比較或是比較的基本是否擴及至組織外部。決定薪資報酬時，內部公平性與外部公平性須同時兼顧。

在考量外部公平性下，組織應提供「保健因子」（Hygiene Factor），消除員工自「外部比較」所形成的薪資不滿足；當員工知覺外部不公平時，表示公司薪資低於市場薪資，員工可能採取「離職」作回應，無法吸引或留任人才。

由於企業是在開放系統下運作，員工能輕易接收外界環境的相關資訊，例如：企業所處地區的物價、生活水準、市場薪資水準等，皆是員工進行外部比較時的依據，將直接影響「外部公平性」的認知。因此，企業在進行薪酬水準制定時，應將當地物價水準、一般生活成本以及就業市場的薪資調查等資訊，作為核薪依據的重要因素。

(二) 職務基準性薪資

除了外部公平性的考量外，組織還須顧及內部公平的問題；當員工知覺內部不公平時，表示該員工在比較組織內的相似職務的同事薪酬水準後，感受到其職務的相對價值不符合薪資報酬，此不滿足將導致「怠忽行為」等。

為達成內部公平性，組織可評估職務的價值，作為核薪的依據，即職務基準性薪資。該核薪依據為組織內部各項職務的相對價值。為了準確判斷職務的相對價值，組織必須對各項職務內容，系統性分析與評估可報酬因素，並給予適當評分；實務上有許多方式，如評點法，進行職務基準的評估，使評估程序能客觀公正，評估的結果為組織內部所有人員皆可接受。

(三) 績效基準性薪資

依據代理理論，公司由委託人（Principal）和代理人（Agent）兩個部分組成，其中委託人提供資本賺取公司利潤，而代理人提供勞務換取薪資報酬，因立場並不一致，常有衝突之處；代理人基於自利心態，可能選擇不利委託人的決策，而產生代理問題。

為避免代理問題，委託人可選擇在營運過程中，嚴格監督代理人行為；然而，監督需要耗費成本，在實務上也不可能做到完全監督。因此，組織的制度須能解決委託人與代理人間的不一致立場，方能有效解決代理問題。組織應該視員工的實質貢獻來決定薪資多寡，並將核薪基礎由「投入面」因素，轉變為「產出面」因素。

組織可藉由提供激勵因子，使代理人和委託人的利益不相衝突，甚至達成一致性，將代理人的工作產出納入核薪決策考量，使代理人必須提高績效表現，方能獲取較高薪酬。此績效基準的核薪方式，消極的可降低員工系統性怠工的現象，或基於自利心態，採取對自身有利但對組織不利的行為；積極的則如能提供誘因，激勵員工提高績效表現，換取更高的薪酬。

(四) 技能基準性薪資

由於企業在開放式體系中經營，需依據環境變動隨時調整策略作為，以及與其他類似的企業競爭；在此條件下，員工必須不斷學習新技能，使企業能保有競爭優勢以及生存的基本條件。因此，薪資設計除了要面對外部公平、內部公平以及代理問題外，尚有待解決員工學習的議題，即如何提高員工的學習動機，激勵員工學習更多技能。

由於學習的本質就是一系列行為改變的過程與結果，必遭受抗拒，組織需提供誘因激勵員工學習。依據操作制約理論，認為當行為後果出現後，若能伴隨著良好的刺激，則此項反應會重複出現，達成學習的效果。是以，根據學習理論，組織若希望員工不斷學習新技能，應對其學習行為給予適當的正增強，以提高員工學習行為的出現意願與頻率。所以，技能基準性薪資根據員工技能的多寡來決定薪資的作法，可以達到強化員工學習動機目的。核薪依據視公司實際情況與員工技能程度（教育、經驗、檢定資格）而定，此核薪方式需要在人力資源制度上配合，提供員工適當的訓練、教育與管理發展等課程，建立完整的教育訓練系統。

表 13-3 薪資四要素整合表

薪資要素	保健基準性薪資	職務基準性薪資	績效基準性薪資	技能基準性薪資
設計目的	維護薪資的外部公平性	維護薪資的內部公平性	激勵員工的工作動機	激勵員工的學習動機
薪資基準	員工適當的保健需要	各項職務的相對價值	員工的績效表現	員工的技能程度
核薪依據	物價、生活水準、薪資調查資料	職務評價分數	績效評估分數	技能評鑑分數
理論基礎	公平理論（外部公平性）	公平理論（內部公平性）	期望理論、代理理論	學習理論、組織變革理論
配合措施	薪資調查系統	職務評價系統	績效評估系統	教育訓練系統

資料來源：諸承明、戚樹誠與李長貴（1996）。

綜整以上薪資設計四要素，公司在擬定薪資計畫時，應同時顧及公平、激勵以及學習的問題，不能只考慮單一項薪資設計要素，而忽略其他要素，因此，建議公司應採取「整合性觀點」，兼顧員工對薪資的各種需求，將四項薪資設計要素一併納入考慮，才能擬定出理想的薪資組織方案。此四要素的相對重要性可視企業的策略需求，調整權重以決定各項薪資要素的比例，發展出最佳的薪資組合方案。

工作評價的實際作法

根據薪資四要素模式的理論觀點，可知薪酬設計時需要顧及的層面非常廣，將理論概念轉化為實際執行方案，仍要遵循公平與激勵原則，可善加使用排序法、分類法以及因素計點數法。

排序法是一種較為簡單的工作價值評估方法，它根據職務的相對價值即（該職務對組織成功的貢獻度），將職務從高到低的排序。排序法又可以分成三種類型：順序排序法（Sequential Ranking Method）、交替排序法（Alternation Ranking Method）以及配對比較法（Paired Comparison

Method）。順序排序法表示按照職位的價值，由高至低進行排序，適用於小規模、人數精簡的組織。交替排序法則是先找出最高價值與最低價值的職位後，再找出價值次高與次低的職位，依序將組織中所有的職位排序完成。配對比較法是將組織中所有職位，進行職位重要性的兩兩比較，記錄重要性得分次數，最後依重要性次數的多寡排序職位。

分類法（Classification Method）是使用既有的職等分類，將不同的職位依其重要性歸入適當的職等（Grade）中，需以下列幾個步驟進行分類法。首先，組織需設定涵蓋所有職位的分類；再依據職位分類說明書，區別職類的差異；最後，依照工作說明書的內容，決定特定職位所屬的職類。此分類法適用於穩定的組織結構，例如：公務人員的俸額表。

因素計點法（Point-Factor Method）是從各工作中找出報酬因素（Compensable Factor），並依照該報酬因素對組織的貢獻度設定相對應的權重；每項報酬因素中可再細分等級，等級愈高可獲得較高的點數。將報酬因素的權重與點數分配表完成後，針對各工作進行評分，獲得點數愈高的工作，薪酬給付的水準應愈高。

不論是排序法、分類法或是計點法，企業在進行實務運作時，要掌握具體、明確、公開、合理以及與績效連結的原則，才能制定具有競爭力的薪酬內容。

特殊議題

肥貓現象

美國國會議員對於是否金援三大汽車公司，爭論不休，決定找三大汽車公司的 CEO 到華府報告紓困計畫。然而，這三家瀕臨破產的汽車公司的 CEO，紛紛搭上私人噴射飛機，飛往華府，卻沒帶來任何企業紓困計畫，氣壞的美國國會議員在議場上大罵這群 CEO，公司都快垮了，竟然還如此奢華，而且兩手空空，實在太過顢頇，要求他們擇日報告。另一離譜的現象發生在 AIG，AIG 獲得美國金援超過千億美金，竟有超過 10% 作為支付高階主管薪水與紅利，引發美國輿論嚴重反彈。

資料來源：節錄自《天下雜誌》，2009 年2 月號。

二、薪酬管理與組織策略之連結

薪資雖可吸引或保留有價值的員工，也同時關係到組織的人事預算。薪酬代表企業的成本，企業不會沒有目的地耗費成本，而是要達到組織設定的策略目標。為了能有效地完成策略目標，薪酬管理的思維就不能僅限於成本的管控，或是微觀的公平與激勵議題，而是需跟隨企業整體策略與制度，形成策略性薪酬給付計畫，才能夠提升企業的競爭優勢，如圖 13-6 所示。

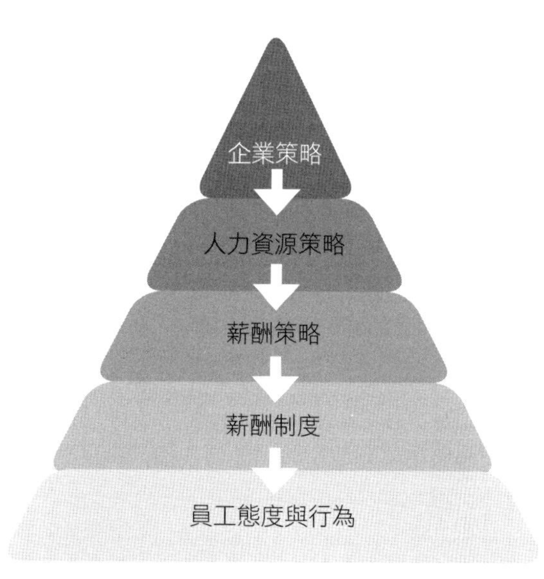

圖 13-6 企業策略與薪酬策略之關係

策略性的薪酬給付計畫有兩大目標，符合員工的公平、激勵與學習議題之外，更重要的是，需與競爭策略相符，此時，策略性薪酬扮演的角色是提供一個雇用條件。當企業邁入國際化時，對於擁有國際化管理與經驗的人力有需求，此時，薪酬的制定則必須參考國際的薪資水準，獎勵與福利制度的內涵也需國際化，以吸引企業需要的人才。

在企業策略與薪酬管理的相關研究中，以促進創新為策略的企業，通常基本薪資會較低，但允許員工持股，激勵員工的工作動機，此策略下的組織較注重內部公平，而非外部公平。當企業採取全面成本領導策略時，組織會透過明確的工作說明書與工作規範書，強調員工的專業資格與技能，發展以職務為基準的報酬，並以市場的薪資水準，作為薪酬決策的主要考量；換言之，成本領導策略將會導致薪酬管理的重點為外部公平。相對的，若企業採取差異化策略時，企業則會注重績效為基準的報酬。因此，薪酬策略必須服膺在企業策略下，制定適當的薪酬結構與內涵。

表 13-4 競爭策略與薪酬思維關聯表

策略類型	組織特性	薪酬思維
全面成本領導	資本投資 監督員工 低成本的生產系統 穩定的組織結構	強調專業資格與技能 以工作為基礎的核心依據 密切觀察市場薪酬水準 強調外部公平
差異化／創新策略	優秀的行銷能力 以激勵取代監督 容忍不確定性與模糊 扁平彈性的組織結構	強調內部公平 變動薪酬占總體薪酬比例高 以績效為主要的核薪依據

資料來源：Gomez-Mejia, Balkin, & Carrdy (1995); Schuler & Jackson (1987).

以策略層級的角度思考薪酬時，薪酬給付目標有以下幾項：(1) 報償員工過去的工作績效；(2) 維持企業在勞動市場中的競爭力；(3) 維持員工薪資報酬的公平性；(4) 使員工未來的績效能與組織目標密切結合；(5) 控制薪資總預算；(6) 吸引新進員工。無論企業設定的策略目標為何，最後所形成的相對應薪酬內容，大致上會出現三種薪酬策略準則，包含領先型薪酬策略、跟隨型薪酬策略以及落後型薪酬策略。

領先型薪酬策略表示企業提供的薪酬水準高於市場的薪酬水準，通常這類的組織所生產或提供的服務具有獨占性，能將薪酬成本以提高售價的方式轉嫁給消費者；而高於市場薪酬的薪酬給付能有效激勵員工，提高員工的生活品質，從外部勞動力市場吸引更多優秀人才，以及可避免員工被其他組織挖角等。

跟隨型薪酬策略表示企業根據競爭對手或市場的薪資水準，決定企業的薪資水準。薪酬管理者採用跟隨型策略，是考量薪酬水準低於競爭對手，會令組織內員工不滿，以及薪酬水平低會影響組織的招聘；因此，許多企業較傾向採取跟隨策略，一方面不會因薪酬水平過低而導致招募與留任的問題，另一方面也不用支付過高的薪酬水準而增加成本，其管理哲學著重在消除「員工的不滿意」。

落後型薪酬策略表示企業以低於市場的薪資水準給薪，通常在企業營利能力降低，或某種職位的應聘人員「供過於求」，高流動率不影響組織績效，或能以其他報償來補貼，例如：員工相處和諧，會採用此薪酬策略。

薪酬結構

公司規劃薪資結構、訂定適當薪資給付率時，需進行五項步驟：

1. **薪資調查**：企業本身的調查（Informal Survey）、政府機構或商業調查機構的調查或是網路調查，以瞭解當地市場的薪資水準。
2. **職務評價**（Job Evaluation）：透過評估各項職務的相對價值（Comparable Worth），決定該職務相對的薪酬報償。
3. **建構薪等**：將價值相近的職務組成一個薪資等級。
4. **繪製薪資曲線**：決定每一個等級的薪資價格，繪出薪資曲線。
5. **建立薪資結構**（Pay Structure）：確立各薪等給付範圍，並將薪資給付範圍劃分為若干薪級（Pay Level），作為同一個薪等內調薪的依據。完整的薪酬曲線會包含薪資架構中的職等、職級（Pay Grade）的數量、薪資水準與薪資幅度（全距）構成。如圖 13-7 所示。

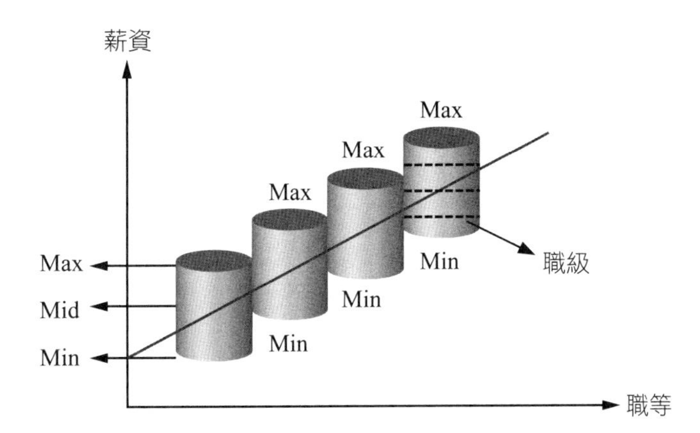

圖 13-7 薪資曲線

從圖 13-7 觀之，每個職等有其最大（Max）與最低（Min）的薪資報償，各職等的中間點為薪資幅度的中位數；薪資幅度的計算方式為，單一職等的最高薪扣除最低薪；薪資變動率則是將薪資幅度除以最低薪 {(Max–Min)/Min}。黑色的薪資線為各職等中位數的連線，透過薪資線可與其他相關產業的薪資線作比較，可分析出組織的薪資水準是否高於或是低於其他公司的水準。若薪酬採取領先策略時，公司的薪資線低於一般同行業薪資線，則必須調升公司的薪資水準；相對的，若採取落後策略，又薪資線高於同行業水準之薪資線，則需調降薪資水準以達到策略。

基本上，低職等表示該工作所需的技能要求較低，承擔的責任較少，薪資變動率會較低，若要獲得更高的報酬，則需要晉升至下一職等。隨著職等愈高，該職務所需的技能、專業能力、困難度、責任以及對組織的貢獻將逐漸提升，組織會提供更高的誘因激勵該職位的員工，將績效與薪酬做適度連結，例如：績效好的經理人，組織從不會吝嗇給予高額的薪酬；因此，隨著職等愈高，薪資變動率將愈高。如圖 13-8 所示，隨著職等提升，將擴大薪資幅度，薪資變動率也會增加。

在圖 13-8 中可發現，每相鄰職等之間有相互重疊（Overlap）的情形，即高職等的最低薪必小於低職等的最高薪，原因在於，當高職等的新進人員進入公司時，若其薪資水準高於低職等的最高薪，而低職等之最高薪通常為年資已久之員工，將造成新進人員薪資高於資深人員的詭異現象，因此組織在設計薪資幅度時，必須將重疊的概念一併納入考量。但若重疊過高，表示此相鄰之兩職等之間的差異性不大，可直接合併成單一職等。

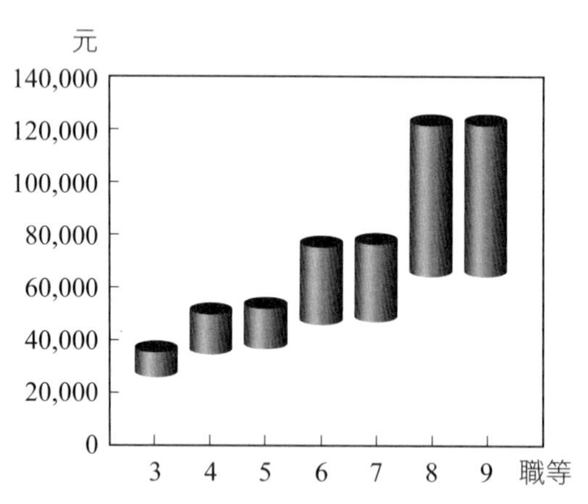

圖 13-8 主管職薪資曲線

扁平寬幅

延續上述，延伸出之問題為，到底組織的薪資結構中需要幾個職等，職等內又需分為幾個職級才是最佳的薪資結構？目前無論是學術界或是實務界都沒有一個非常明確的答案，原因在於每家公司的文化與體質不同，但基本上會朝向扁平寬幅的薪酬結構進行設計。

「扁平寬幅」（Broadbanding）就是在組織內用少數但全距較大的薪資範圍，代替原有數量較多但全距較小的薪資範圍。具體的作法是，首先分析原來 10-20 個薪酬職等，優先將薪資重疊率高的職等合併，再根據內部討論的結果，壓縮成 3-7 個職等，同時將每一個職等對應的薪資全距拉大，取消原來狹窄的薪資全距，形成一種扁平寬幅的薪資曲線。

扁平寬幅的薪酬結構有許多優點，包含：

1. 為因應多變與全球化時代，組織結構朝向扁平化發展，與傳統多職等／低全距的薪資結構，所塑造出的逐步升遷現象，產生矛盾，因此，薪資結構需與企業結構扁平化的方向配合，形成扁平寬幅的薪資結構。
2. 在傳統等級薪酬結構中，員工即使能力達到了較高的水平，但是若企業沒有出現適當職缺，員工仍然無法獲得較高的薪酬。然而，扁平寬幅的薪資結構下提供更大的薪資全距與薪資變動率，加上薪酬給付與績效做適度的連結後，能力高且績效佳的員工，其薪酬水準將不受傳統窄幅的薪資結構限制，而能獲得更佳的報酬。
3. 扁平寬幅的薪資結構能打破傳統職等之僵化，在薪酬變動範圍高的職等中，組織依員工表現與專業能力給予薪資，將促使員工重視個人技能的增長和能力的提高；換言之，扁平寬幅的薪資結構提供員工學習的誘因，有助於組織朝向學習型組織的方向發展。
4. 傳統等級薪酬結構中，員工的薪酬水準與其所擔任的職位相連結；若水平輪調的職位無法提升薪酬時，表示輪調對員工而言缺乏誘因。相對的，扁平寬幅的薪資結構給薪之依據，較著重員工專業能力與績效表現，員工可透過輪調的方式提升能力，預期未來獲得更大的回報。因此，扁平寬幅的薪資結構有利員工水平發展取代垂直升遷。
5. 傳統的多職等／窄全距之薪資結構，造成薪資管理的過多行政負荷，導致人力資源部門流於處理例行性的工作內容，對組織的貢獻有限。扁平寬幅的薪資結構將能減低行政負荷，使人力資源部門投入在策略性作為，提升對企業的貢獻程度。

扁平寬幅的薪資結構仍會產生一些缺點：

1. 傳統薪酬制度下的職等較多，員工比較容易得到晉升，然而在扁平寬幅制度，員工很可能始終在一個職等中移動，長時間內只有薪酬水準的變化但職銜仍維持不變。

2. 各部門的主管有更大的權力決定所屬員工的薪資，可能造成人力成本大幅度上升。
3. 扁平寬幅之薪資結構並非適用在所有組織，在大型的組織中，層級結構多層且複雜時，扁平寬幅的薪資結構在執行上會遭遇到許多困難，例如：國家所屬機關之組織，則可能較不適用。

績效與薪酬的連結

在制定薪酬制度時，除了考量內外環境因素、企業策略、薪資策略以及扁平寬幅的趨勢外，薪酬制度的大原則是將員工的績效與薪酬進行連結。在實務上，有許多薪酬內容即是朝此方向制定。

最簡化的績效與薪酬連結方式為計件制（Piece-Rate Pay），即員工的薪酬完全按成品數量計算，適用於結果導向的工作內容。以計件制為基礎的薪酬制度中，如個人銷售佣金（Commissions），即當員工做到某個銷售量或完全以銷售量為基礎來分配獎金的激勵措施，期望能激勵業務人員提升個人業績。除了以個人為單位的計件，尚有群體計件薪（Group Incentive），是以群體產量為單位的計算方式，特別適用於當工作成本必須由多人協力完成，且個人產出難以明確劃分的工作內容，例如：團隊業務獎金（Team Bonuses）。

某些職位的績效與銷售量沒有直接的關聯，例如：生產人員，只以計件制的獎勵制度將無法有效激勵員工，因此，員工提案系統（Suggestion System）可克服類似的問題，藉由鼓勵員工提出對組織有幫助的解決方案，經採用後可領取獎金，例如：中華汽車即以類似方式，解決汽車製造流程的問題，提升品質與效率，再透過知識管理系統將此方案發布在建構的系統中。

股票選擇權（Stock Options）為目前實務界普遍使用的績效與薪酬連結方式，員工股票選擇權是公司提供予優秀人才或是經理人報酬之方式，公司會約定特定價格、股數、持有期間以及履行契約日期等項目，員工將持有此項權利至履約日到期，在履約日當天，如果股票市價高於約定價格，則員工可以執行此項權利，獲得相當程度的報酬；相對的，若公司發生虧損甚至倒閉時，股票選擇權將不具任何實質報酬，因此，股票選擇權能將績效與薪酬形成高度的連結。

績效與薪酬的連結關係普遍受到學術研究與實務運作的認同，然而，此二者的連結性過高時，有可能會造成反效果，例如：股票選擇權或股利分紅，反映當下公司在股票市場中的價值，將會誘使經理人過度強調短期的營利，能在短時間內提升公司股價，但卻犧牲未能反映在股價的長期組織績效。再者，公司股價的波動並非僅由經理人的個人績效決定，還會受到景氣循環的影響，當景氣好時，經理人只須保持現狀，公司股價自然呈現上揚；而景氣低迷時，將抵銷經理人的苦心經營，造成股價難以提升。換言之，以選擇權或股利方式進行給薪時，景氣好則可能高估經理人的績效，景氣差則可能低估經理人的努力。因此，績效與薪酬連結的方式與強度宜適中。

特殊議題

有關薪酬的六大迷思

企業主管每天都要在瞬息萬變的環境中制定有關薪酬的決策。已有愈來愈多公司捨單一薪俸制，改採其他財務選擇權模式。企業經理人常受轟炸，各方都對何者為最佳薪酬辦法提出建議。不幸的是，外界常給企業經理人錯誤的建議。事實上，人們對薪酬的傳統觀念以及針對目前薪酬的公開討論，容易產生誤導，或是根本不正確，甚至兩者兼具。因此，對於為何支付酬勞給員工，以及應如何支付酬勞，企業經理人的觀念都不正確，尤其是他們對薪酬課題有六大危險的迷思：

1. 工資率等同於勞動成本。
2. 降低工資率可以降低勞動成本。
3. 一家公司的總成本中，勞動成本占很高比例。
4. 維持低勞動成本，可創造有力及持久之競爭優勢。
5. 提供個人業績獎勵，可提升績效。
6. 人們工作主要是為了賺錢。

作者（Jeffrey Pfeffer）告訴我們，為何人們普遍有上述迷思，並點出它們的謬誤，最後指引企業領導者從更具建設性的角度看待薪酬課題。作者指出，根據他的觀察，已有愈來愈多的經理人被這些迷思說服——並採取相對應之行動——而對組織造成傷害。作者警告，到後來，這些人可能註定不斷修補現行薪酬制度，他們付出昂貴的代價，收效卻微乎其微。

資料來源：詳見《哈佛商業評論》，2006 年 3 月號。

問題與討論

1. 政府是否有權干預企業的運作？
2. 組織的薪酬制度如何避免肥貓現象？
3. 高階管理者的薪酬由誰來制定？

參考文獻

一、中文部分

勞動部——勞工法令查詢系統。

康樂、簡惠美譯（2007）。韋伯原著，《基督新教倫理與資本主義精神》（1987）。臺北：遠流出版。

諸承明、戚樹誠、李長貴（1996）。薪資設計之文獻回顧與評論——建立薪資設計四要素模式。《人力資源管理學報》，第6期，頁57-84。

二、英文部分

Abowd, J. M. (1990). Does Performance-Based Managerial Compensation Affect Corporate Performance? *Industrial and Labor Relations Review, 43*, 52-73.

Barrett, G. V. (1991). Comparison of Skill-Based Pay with Traditional Job Evaluation Techniques. *Human Resource Management Review, 1*(2), 97-105.

Deci, E. L. (1975). *Intrinsic motivation*. New York: Plenum.

Eisenhardt, K. M. (1988). Agency and institutional theory explanations: The case of retail sales compensation. *Academy of Management Journal, 31*, 488 - 511.

Gomez-Mejia, L. R., Balkin, D. B., & Carrdy, R. L. (1995). *Managing Human Resources*. McGraw-Hill.

Goodman, P. S. (1974). An examination of referents used in the evaluation of pay. *Organizational Behavior and Human Performance, 12*, 170-195.

Gupta, N. & Jenkins, Jr. G. D. (1991). Job evaluation: An overview. *Human Resource Review, 1*(2), 91-95.

Lambert, R. A. & Larcker, D. F. (1987). An analysis of the use of accounting and market measures of performance in executive compensation contracts. *Journal of Accounting Research, 25*, 85-125.

Lambert, R. A., Larcher, D. F., & Weigelt, K. (1993). The Structure of Organizational Incentives. *Administrative Science Quarterly, 38*, 438-461.

Lawler, E. E. III. & Ledford, Jr. G. E. (1985). Skill-Based Pay: A Concept that's Catching on. *Personnel, 62*(9), 30-37.

Lawler, E. E. (1971). *Pay and organizational effectiveness: A psychological view*. New York: McGraw-Hill.

Mahoney, T. A. (1989). Multiple pay contingencies: Strategic design of compensation. *Human Resource Management, 28*, 337-347.

Schuler, R. S. & Jackson, S. E. (1987). Linking Competitive Strategies with Human Resource Management Practice. *Academy of Management Executive, 1*(3), 207-219.

Skinner, B. F. (1971). *Beyond Freedom and Dignity*. New York: Alfred A. Knopf.

Stonich, P. J. (1984). The performance measurement at reward systems: Critical to strategic management. *Organizational Dynamic, 12*(2), 45-57.

Weiner, B. (1991). Metaphors in motivation and attribution. *American Psychologist, 46*, 921-930.

激勵機制與員工福利

“

是馬也，雖有千里之能，食不飽，力不足，才美不外現，且欲與常馬等不可得，安求其能千里。

——唐　韓愈《雜說四首》

”

學習目標

本章之學習目標有二：一為瞭解激勵機制與薪酬的關係，二為探索員工福利的實質內涵為何。

如果說工業經濟時代可以依靠組織的生產設備來留住人才的話，那麼知識經濟時代將依靠什麼來留住人才？

某城市有個著名的廚師，他的拿手好菜是烤鴨，深受顧客的喜愛，特別是他的老闆，更是倍加賞識。不過這個老闆從來沒有給予過廚師任何鼓勵，使得廚師整天悶悶不樂。

有一天，老闆有客從遠方來，在家設宴招待貴賓，點了數道菜，其中一道是老闆最喜愛吃的烤鴨。廚師奉命行事，然而，當老闆夾了一條鴨腿給客人時，卻找不到另一條鴨腿，他便問身後的廚師說：

「另一條腿到哪裡去了？」

廚師說：「老闆．我們家裡養的鴨子都只有一條腿！」老闆感到詫異，但礙於客人在場，不便問個究竟。

飯後，老闆便跟著廚師到鴨籠去查個究竟。時值夜晚，鴨子正在睡覺，每隻鴨子都只露出一條腿。

廚師指著鴨子說：「老闆。你看，我們家的鴨子不全都是只有一條腿嗎？」

老闆聽後，便出聲拍掌，吵醒鴨子，鴨子當場被驚醒，都站了起來。

老闆說：「鴨子不全是兩條腿嗎？」

廚師說：「對！對！不過，只有鼓掌拍手，才會有兩條腿呀！」

一、激勵與薪酬的關係

人力資源管理的目標就是開拓人的積極性，進而開發組織內部人力資源的潛在能力。激勵是人力資源管理的重要手段。從心理行為過程看，激勵主要是指透過各種外部因素的刺激，激發人的動機，使人產生一種內在的驅力，從而把外部的刺激內化為個人自覺的行動。人的行為來源於人的動機，人的動機產生於人的需要。需要是人的積極性的基礎和根源。動機是推動人去從事某項活動，是推動行為的直接原因，同時又是人的需要直接推動的。

員工激勵是指透過各種有效的手段，對員工和各種需要予以不同程度的滿足或者限制，以激發員工的需要、動機、欲望，從而驅使員工達到組織所設定的目標。

激勵是對員工潛能的開發，它完全不同於自然資源和資本資源的開發，無法用精確的計算來進行預測、計畫和控制。員工激勵有以下幾個特點：

1. **激勵的結果不能事先感知**。激勵是以人的心理作為激勵的出發點，激勵的過程是人的心理活動的過程，而人的心理活動不可能憑直觀感知，只能透過其導致的行為表現來感知。
2. **激勵產生的動機行為是動態變化的**。從認識的角度看，激勵產生的動機行為不是固定不變的，受多種主客觀因素的制約，不同的條件下，其表現不同。因此，必須以動態的觀點認識這一問題。
3. **激勵方式是因人而異的**。因人的需要有所差別，從而決定了不同的人對激勵滿足程度和心理承受能力也各不相同。要求對不同的人採取不同的激勵方式。

在組織中，每個員工都有自己的特性，因而，領導者應採取不同的方法對他們進行激勵。激勵是一種精神力量或狀態，可以引導個人或組織行為指向組織所設定的目標。激勵的作用具體表現為需要的強化、動機的引導和提供行動條件。人們在應用心理學和社會學知識去探討如何預測和激發人的動機、滿足人的需要和調動人的積極性方面，做了大量工作，產生了一系列的理論，如 Maslow 的需求層級理論、Herzberg 的雙因子理論、期望理論、公平理論和增強理論等。

激勵理論

「激勵」（Motivation）一詞源自古代的拉丁語「Movere」，該詞的本義是「推動、移動、轉換」。在現代管理學中，激勵是指激發、鼓勵、鼓動人的熱情和積極性。從誘因和強化的觀點看，激勵是將外部適當的刺激轉化為內部心理的動力，從而增強人的意志和行為。從心理學角度看，激勵是指人的動機系統被激發後，處於一種活躍的狀態，對行為有著強大的內驅力，促使人們為期望和目標而努力。

(一) Maslow 的需求層級理論

Maslow 的需求層級理論（Need Hierarchy Theory）被視為早期激勵理論的基石。該理論認為人有五種層級的需求，分別是：生理需求（Physiological Needs）、安全需求（Safety Needs）、社會需求（Social Needs）、自尊需求（Esteem Needs）、自我實現需求（Self-Actualization Needs）。此理論係指激勵的過程是源起於未滿足的需求，因此一旦某一層級需求獲得滿足，則該項需求即不具有激勵效果。基於 Maslow 的需求層級理論，必須先瞭解員工所處的需求狀態，順應個體，迎合其願望之滿足，從而誘導其行為以有效地達成組織目標（Robbins, 1996）。

(二) 雙因子理論

Herzberg（1959）的雙因子理論（Two-Factor Theory）又稱為「激勵－保健理論」，包含的因子為保健因子與激勵因子：保健因子（Hygiene Factor）：多半與工作本身無關，而與工作環境有關，例如：公司政策、管理、督導、薪資、人際關係、辦公環境等。這些因素不能促使員工賣力地工作，只能使他們維持對工作最起碼的努力。而這些因素若能提供給員工，員工不一定會滿足；若不能提供給員工，則員工必定會不滿足；激勵因子（Motivation Factor）：提供個人滿足的事物多與工作本身有關，包括：成就、工作成績的肯定、工作本身、責任、器重、成長等。有了這些因素之後會使員工感到滿足，但缺乏這些因素亦不會讓員工覺得不滿足。保健因子是否具備、強度如何，對應著員工「沒有不滿足」和「不滿足」，因為保健因子本身的特性，決定了它無法給人以成長的感覺，因此它不能使員工對工作產生積極的滿足感；激勵因子是否具備、強度如何，對應著員工「滿意」和「沒有滿意」，因為人的心理成長取決於成就，而取得成就就要工作，激勵因子代表了工作因素，所以它是成長所必需的，它提供的心理激勵，促使每個人努力去達成自我實現的需要，如圖 14-1。

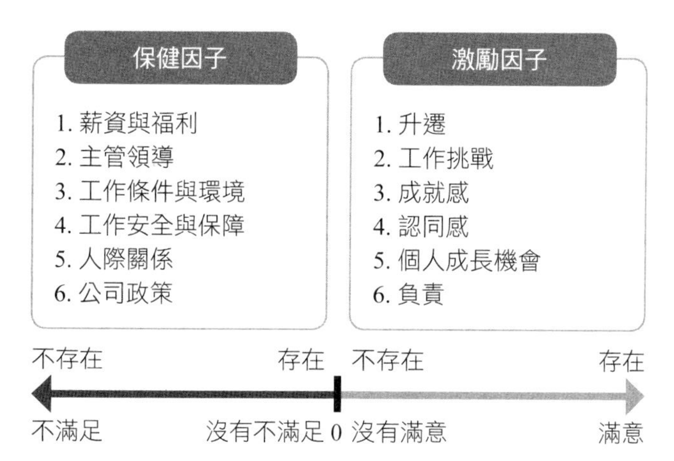

圖 14-1 雙因子理論

資料來源：Herzberg, F., Maunsner, B., & Snyderman, B. (1959). *The Motivation to Work*. New York: John Wiley & Son.

(三) 期望理論

Vroom（1964）所提出的期望理論（Expectancy Theory）認為人之所以想採行某種行為的意願高低，取決於其認為行為後能夠得到某結果的期望強度，以及該結果對他的吸引力；換句話說，期望理論認為激勵能否對員工產生作用，完全根據員工是否相信在努力之後就會有好的績效表現，而績效表現較好的時候，管理者就會給予例如：加薪、升等或是分紅的獎勵，這些獎勵恰巧可以滿足自己的目標。因此期望理論的焦點在於三個關係式上：努力與績效的關聯性、績效與獎酬的關聯性、獎酬與個體目標的關聯性。

(四) 公平理論

Adams（1965）認為公平理論中的主要兩個元素為投入與結果。強調人們不僅在意自己付出的努力是否獲得同值的報償，更會與其他人的努力所獲得的報償做比較，若當兩者間相同的投入有不對等的結果時，將會產生不公平感，而當員工產生不公平感時，將會有下列反應與行為（Champagne, 1989）：

1. 改變對工作的投入。
2. 改變報酬方式。
3. 扭曲對自己的認知。

4. 扭曲對他人的認知。
5. 改變參考的對象。
6. 離職。

(五) 增強理論

Skinner（1971）提出增強理論，增強的類別包含正增強、懲罰、趨避、消滅等四種，認為人的行為可透過外在刺激加以操控、強化或削弱來改變。

「正增強」為透過員工喜愛的事物，讓員工持續表現出某種行為；「懲罰」則為透過重複實施員工不喜愛的事物，讓員工知道某些行為表現是不被允許和接受的；而「趨避」為透過減少實施員工喜愛的事物，讓員工減少某些行為表現；最後「消滅」則是實施員工不喜歡的事物，使員工終止某些行為表現。

激勵因素與措施

為使員工達成組織所設目標，組織將會設計不同的激勵措施，以滿足組織內部不同階級的成員的內外部需求。學者對於激勵因素與措施有不同的分類方式：

(一) 狹義與廣義的激勵因素

現代學者對激勵因素的區分，主要有狹義的激勵因素與廣義的激勵因素（Dessler, 1992）兩種：

1. 狹義的激勵因素

即單純的將金錢視為基礎誘因的激勵因素，則可稱為「狹義的激勵因素」，此種定義偏重財務性誘因，單純顯示人對基本需求的追求，即需求理論中的生理、安全需求、生存需求或保健因子，一般據以建立薪資福利制度。Locke（1986）曾研究金錢的激勵作用，探討金錢（Money）、目標設定、參與（Participation）決策、工作豐富化（Job Enrichment）等四種激勵員工績效的方法。結果發現：金錢可以使績效平均提升 30%，目標設定只有 16%，參與決策不到 1%，而工作豐富化也只有 17%。另一方面並發現只要採用金錢作為激勵手段，員工的績效都會得到某種程度改善。所以把激勵因素視為以金錢為基礎誘因者，就稱為狹義的激勵因素。

2. 廣義的激勵因素

Gary Dessler（1994）認為每項人事活動的背後，都隱含著相關激勵作用的涵義，並且對人力資源管理的活動範圍做出定義，包括了甄選與配置、訓練與發展、報償與激勵、勞資關係、員工保障與安全等，以上人力資源管理活動稱之為「廣義的激勵因素模式」。

不同於狹義的激勵因素，只單純的以金錢為誘因，廣義的激勵因素模式包括了類似於 Herzberg 雙因子理論中的激勵因子。

(二) 內在與外在激勵

Robbins（1982）將激勵制度區分為內在（Intrinsic）與外在（Extrinsic）激勵，內在激勵包含參與決策、工作自主權、尊重等；外在激勵則分為非財務性（如：福利、保險、產假等）與財務性（如：薪水、獎金、紅利等）兩種類別。

根據 Carvell 與 Kuzmits（1982）對激勵的分類，將薪資報酬分為內在報酬（Intrinsic Rewards）與外在報酬（Extrinsic Rewards），前者即指尊重、升遷機會與工作環境等；後者則包括兩大部分，一部分為金錢報酬，包括：計時（件）工資、薪俸、獎金、紅利等；另一部分則為福利，包括：保險、退休金、給假等。

(三) 財務性與非財務性激勵

Abrantt 與 Smythe（1989）將對業務員的激勵制度分為兩類，一為貨幣性報酬，例如：佣金、獎金、利潤分享和其他現金報酬；另一為非現金報酬，例如：獎品、旅遊獎勵和銷售競賽表揚，其中銷售競賽也可能包括貨幣性報酬。

Churchill（1990）將激勵措施區分為財務性與非財務性激勵措施，財務性激勵指有形或可衡量其價值的措施，如：薪資、津貼、獎金、保險等；非財務性激勵措施，如：暢通的晉升管道、訓練安排及表揚等，又稱為內在激勵措施，意指無形的或心理層面滿足的激勵，又如：工作氣氛、歸屬感、價值觀等。

(四) 其他分類

Greenberg 與 Liebman（1990）依報酬所滿足的需求層級不同，將業務員激勵措施分為三大類：

1. **物質型**：包含所有屬於財務性的報酬，可滿足個人的生存需求，如：獎金、佣金、獎品等。
2. **社會型**：能滿足對人際關係和受人尊重的需求，如：表揚、晉升等。
3. **活動型**：適合有自我成長的需求者，如：透過競賽，讓員工有表現的機會。

Urbanski（1986）將獎酬制度分為金錢性制度、旅遊制度、獎品制度及表揚制度。

Johnston、Boles 與 Hair（1987）將激勵制度劃分為十三類：其包含表揚制度、個人績效獎金制度、公布業績制度、教育訓練體系、旅遊制度、佣金制度、薪資制度、升遷制度、目標管理、指定配額制度、獎金制度、業務會議以及部門績效獎金制度。

以上所述激勵因素之綜合分類比較，請見表 14-1。

動機的定義

動機可定義為：個體透過高水準的努力而實現組織目標的願望，而這種努力又能滿足個體的某些需要。動機可以視為需要獲得滿足的過程。需要指的是一種內部狀態，它使某種結果具有吸引力。當需要未被滿足時，就會產生緊張，進而激發了個體的內驅力，這種內驅力將導致尋求特定目標的行為。在動機的定義中，包括了個體的需要必須與組織目標相一致的涵義。如果兩者不一致，個體可能會產生與組織利益背道而馳的努力行為。

表 14-1 激勵因素之綜合分類比較

Maslow 需求層級理論	自我實現需求	自尊需求	社會需求	安全需求	生理需求
Herzberg 雙因子理論	激勵因子		保健因子		
狹義與廣義的激勵因素	激勵因子（廣義的激勵因素亦包括）			狹義的激勵因素（金錢誘因）	
內在報酬及外在報酬	內在報酬		外在報酬		
Urbanski（1986）	表揚制度			金錢型激勵制度、獎品制度及旅遊制度	
Johnston, Boles & Hair（1987）	教育訓練體系、目標管理、表揚制度、升遷制度、公布業績制度		業務人員會議、部門（團體）績效獎金制度	個人績效獎金制度、旅遊制度、佣金制度、薪資制度、指定配額制度、獎品制度	
貨幣性及非現金報酬	非現金報酬（非財務性報酬）			貨幣性報酬（財務性報酬）	
Greenberg & Liebman（1990）	活動性報酬		社會型報酬		物質型報酬

資料來源：Ivancevich & Matteson（2002）之分類方式，綜合整理。

激勵的內容

(一) 概念與過程

心理學家一般認為，人的一切行動都由某種動機引起的。動機是人類的一種精神狀態，它對人的行動起激發、推動、加強的作用，因此稱之為激勵。人類的有目的的行為都出於對某種需要的追求。未得到的需要是產生激勵的起點，進而導致某種行為。行為的結果，可能使需要得到滿足，之後再發生對新需要的追求；行為的結果也可能是遭受挫折，追求的需求未得到滿足，由此而產生消極的或積極的行為。在激勵過程中，行動結果提供的回饋又會反過來影響人的需要，也就是說當人的需要得到很好的滿足時，這種需要就會得到強化，其行為的動機就會更強烈，或產生進一步的需要；如果這種需要沒很好地被滿足，那麼顯然就會影響下一次的激勵效果。

(二) 激勵的作用

激勵是與人的行為過程緊密聯繫在一起的，激勵的作用主要表現在以下三個方面：

1. 需要的強化

激勵工作需要強化的是那些有利於組織目標實現的人的需要。事實上，往往人們做出的選擇最後並不是完全偏向一種需要，而是多種需要的調和與相互妥協。如何能在這種調和中去強化最有利於組織目標的需要，這裡就包含著激勵的技巧與藝術。

2. 動機的引導

強化了需要不一定應能得到預期的行為，因為可能有多種行為都能提供同一滿足。如一名銷售員想要更多的報酬，他可以努力地工作以獲得更多的獎勵，也可以考慮保持現狀而業餘再兼一份銷售工作，或者跳槽到另一家收入更高的公司；甚至更糟的情況，他會違反公司的紀律，以不正當的手段謀取更高的收入。管理者可以採取相對應的激勵措施來杜絕其不良動機，從而引導出對組織目標有利的行為。

3. 提供行動條件

要鼓勵人員行動，就應該為他們的行動提供條件，幫助他們實現目標。例如：要讓一名銷售員提高其銷售業績，就應該為他提供各種產品和客戶資訊，透過激勵措施，讓其他有關部門配合他的工作，這樣為其實現目標提供條件，從而提高他的工作積極性，獲取工作成績。可見得為人們提供行動條件也是激勵工作的重要作用。

激勵原則

所有激勵理論都是就一般而言的，而每個員工都有自己的特性，他們的需求、個性、期望、目標等個體變數各不相同。因而領導者根據激勵理論處理激勵實務時，必須針對部下的不同特點採用不同的方法。以下為激勵的一般性原則：

1. **目標結合原則**：在激勵機制中，設置目標是一個關鍵要素。目標設定必須同時體現組織目標和員工需要的要求。
2. **物質激勵和精神激勵相結合的原則**：物質激勵是基礎，精神激勵是根本。在兩者結合的基礎上，逐步導引到以精神激勵為主。
3. **引導性原則**：外在激勵措施只有轉化為被激勵者的自覺意願，才能取得激勵效果。因此，引導性原則是激勵過程的內在要求。
4. **合理性原則**：激勵的合理性原則代表激勵的措施要根據所實現目標本身的價值大小，確定適當的激勵程度。
5. **時效性原則**：要把握激勵的時機，激勵愈及時，愈有利於激發員工動力，使其績效能有效地發揮出來。
6. **賞罰分明的原則**：若員工的表現符合組織目標的期望，應給予獎勵。但若員工違背組織所期望行為則須有相關罰則，如此方能建立公平的組織氣候。

薪酬激勵

薪酬作為企業對員工付出的直接回報，它反映了一個員工工作與責任等方面的基本情況。薪酬的多寡某種程度代表一個員工的才能、積極性和貢獻的大小，象徵著員工的地位和榮譽。薪酬激勵不單單是金錢激勵，實質上，它是一種很複雜的激勵方式，它隱含著成就激勵、地位激勵等。巧妙地運用薪酬激勵方式，不但能激發員工的高昂士氣與工作熱情，還可以吸引外部的高級人才，為企業的發展注入活力。儘管薪酬激勵不是員工激勵的唯一手段，也不是最好手段，但卻是一個非常重要、最易被人運用的方法。

(一) 建立激勵為主的薪酬體系

企業的薪酬水準是否合理，直接影響到企業在人才市場上的競爭力。如果企業薪酬水準不合理，特別是關鍵的技術骨幹力量的薪酬水準比市場水準偏低，對外缺乏競爭力，便會導致技術骨幹和中層管理人員流失。薪酬缺乏市場競爭力，造成企業人才流失的後果是十分明顯的，必然造成企業不斷招聘新員工以滿足運作的需求，組織又陷入了不斷離職的惡性循環。隨著我國市場化的進程加快，人才配置必然符合市場經濟的規律，人才的流動會受到價格、薪酬的影響，人才向著價格高的地區、企業流動成為普遍現象。企業要想留住和吸引人才，在制定薪酬標準時，必須要考慮到本地區同行業相似規模的企業薪酬水準，以及本地區行業的市場平均薪酬水準，盡力使企業的薪酬具有競爭力。內部的一致性即必須有科學的工作分析和相對合理的職位價值評價，只有將激勵的重點放在核心員工、關鍵職位之上，才能真正構建起企業的核心競爭力。

企業薪酬設計應該遵循「公平與公正」原則，特別是對內公平，不同部門之間或同一部門個人間權利與責任不對稱，將使部分員工在比較中有失公平感，造成心理失衡。所以，要加強企業薪酬的對內公平，就必須合理的確定企業內部不同職位的相對價值，就是要做好職位評估，針對職位本身的複雜性、責任大小、控制範圍、所需知識和能力等方面來對職位的價值進行量化評估，這才是從根本上解決薪酬對內不公平的關鍵所在。

(二) 建立合理的薪酬結構

薪酬是一個很廣泛的概念，它包括基本薪資、獎勵薪資、附加薪資、福利薪資等。在確定人員薪酬時，我們可以從三個方面進行設計，一是職位等級，二是個人的技能和資歷，三是個人績效。在薪酬結構上與其相對應的，分別是職位薪酬、技能薪酬、績效薪酬，也可以將前兩項合併考慮，作為確定一個人基本薪酬的基礎。在確定職位薪酬時最常用的方法就是用職位評估制度來評估某一職位在公司相對價值。職位評估的第一步就是對企業內部不同職位進行描述；然後，根據一系列因素對各職位進行評估，這些因素包括工作狀況、必要的知識、必要的管理技能以及重要性。每個因素的得分都根據標準尺度得出，這樣，總得分可以用來評定不同職位的級別順序。該步驟完成以後，接著進行工資調查，以瞭解其他企業類似職位的工資水準。在此過程中必須確定與其他企業的相對職位的工資水準可比性。

技能薪酬制主要根據員工的技能水準來確定其薪酬數額的薪酬制度。它的假定條件是員工在敬業程度上不存在差別。它可以有效激勵員工提高自身的業務水準和能力，有利於吸引高素質人才。在使用技能工資時，應堅持效率優先分配原則，同時兼顧職工的歷史貢獻。

績效薪酬制主要是根據員工的個人績效來確定其薪酬數額的薪酬制度。

它的假定條件是員工的所有勞動貢獻都可用績效指標來衡量。其優點是，薪酬與勞動貢獻直接連結，比較公平；員工對薪酬能夠準確預期，激勵效果好；可有效減少員工的無效勞動；如果績效指標與企業策略目標相適應，可促進企業策略目標的實現。

綜上所述，儘管薪酬不是激勵員工的唯一手段，除了薪酬激勵這一物質激勵外，還有其他物質激勵手段和精神激勵方法，但薪酬激勵卻是一個非常重要、最容易被管理者運用的激勵方法。同時企業管理者必須認識到薪酬管理並不只是對金錢的直接關注，而是關注如何正確使用薪酬這一金錢的激勵作用。即使薪酬總額相同，但其支付方式不同，會取得不同的效果。

IBM 的薪酬激勵

薪酬是企業管理的一個有效硬體，直接影響到員工的工作情緒，許多企業拿薪金作為管理員工的利器。如何讓員工相信企業的激勵機制是合理的，並完全遵從這種機制的裁決，是企業激勵機制成功的標誌。

在 IBM，每一個員工工資的漲幅，會有一個關鍵的參考指標，這就是個人業務承諾計畫 PBC（PBC, Personal Business Commitment）。只要你是 IBM 的員工，就會有個人業務承諾計畫，制定承諾計畫是一個互動的過程，你和你的直屬經理坐下來共同商討這個計畫如何進行。IBM 的薪資政策精神是透過有競爭力的策略，吸引和激勵業績表現優秀的員工繼續在職位上保持高水準。個人收入會因為工作表現和相對貢獻、所在業務單位的業績表現以及公司的整體薪資競爭力而進行確定。IBM 的薪金管理非常獨特和有效，能夠透過薪金管理達到獎勵進步、督促平庸的目的，IBM 將這種管理已經發展成為高績效文化（High Performance Culture）。下面，讓我們來解讀 IBM 高績效文化的精髓。

案例內容

(一) IBM 的工資與福利專案

1. 基本月薪：是對員工基本價值、工作表現及貢獻的認同。
2. 綜合補貼：對員工生活方面基本需要的現金支援。

3. 春節獎金：農曆新年之前發放，使員工過一個富足的新年。
4. 休假津貼：為員工報銷休假期間的費用。
5. 浮動獎金：當公司完成既定的效益目標時發出，以鼓勵員工的貢獻。
6. 銷售獎金：銷售及技術支援人員在完成銷售任務後的獎勵。
7. 獎勵計畫：員工由於努力工作或有突出貢獻時的獎勵。
8. 住房資助計畫：公司提取一定數額資金存入員工個人帳戶，以資助員工購房，使員工能在儘可能短的時間內用自己的能力解決住房問題。
9. 醫療保險計畫：員工醫療及年度體檢的費用由公司解決。
10. 退休金計畫：積極參加社會養老統籌計畫，為員工提供晚年生活保障。
11. 其他保險：包括人壽保險、人身意外保險、出差意外保險等多種專案，關心員工每時每刻的安全。
12. 休假制度：鼓勵員工在工作之餘充分休息，在法定假日之外，還有帶薪年假、探親假、婚假、喪假等。
13. 員工俱樂部：公司為員工組織各種集體活動，以加強團隊精神，提高士氣，營造大家庭氣氛，包括各種文娛、體育活動、大型晚會、集體旅遊等。

可是，雖然 IBM 的薪金構成包含了以上諸多因素，但裡面卻沒有學歷工資和工齡工資。在 IBM，學歷是一塊很好的敲門磚，但絕不會是獲得更好待遇的憑證。IBM 員工的薪金跟員工的職位、職務、工作表現和工作業績有直接關係，工作時間長短和學歷高低與薪金沒有必然關係。

(二) IBM 公司的薪酬發放方式

IBM 公司採取了與個人承諾計畫結果相結合的方式。在 IBM，每一個員工薪資的漲幅，會有一個關鍵的參考指標，這就是個人業務承諾計畫——PBC。只要你是 IBM 的員工，就會有個人業務承諾計畫，制定承諾計畫是一個互動的過程，你和你的直屬經理坐下來共同商討這個計畫怎麼做得切合實際。幾經修改，你其實和老闆立下了一個一年期的軍令狀，老闆非常清楚你一年的工作及重點，你自己對一年的工作也非常明白，剩下的就是執行。到了年終，直屬經理會在你的軍令狀上打分，直屬經理當然也有個人業務承諾計畫，上頭的經理會給他打分，大家誰也不特殊，都按這個規則走。IBM 的每一個經理都掌握著一定範圍的打分權力，他可以分配他領導的那個 Team（組）的工資增長額度，他有權力決定將額度如何分給這些人，具體到每一個人給多少。IBM 在獎勵優秀員工時，是在履行自己所稱的高績效文化。

(三) IBM 的個人業績評估計畫，從三個方面來考察員工工作的情況

第一是 Win，致勝。勝利是第一位的，首先你必須完成你在 PBC 裡面制定的計畫， 無論過程多麼艱辛， 到達目的地最重要。第二是 Executive，執行。執行是一個過程量，它反映了員工的素質，執行是非常重要的一個過程監控量。最後是 Team，團隊精神。在 IBM 埋頭做事不行，必須合作。IBM 是非常成熟的矩陣結構管理模式，一件事會牽涉到很多部門，有時候會從全球的同事那裡獲得幫助，所以團隊意識應該成為第一意識，工作中隨時準備與人合作。

(四) IBM 公司為員工就薪酬福利待遇問題提供了多種雙向溝通的途徑

如果員工自我感覺良好，但次年初卻並沒有在工資卡上看到自己應該得到的獎勵，會有不止一條途徑給你，讓你提出個人看法，包括直接到人力資源部去查自己的獎勵情況。IBM 的文化中特別強調 Two Way Communication——雙向溝通，不存在單向的命令和無處申訴的情況。IBM 至少有四條制度化的通道給你提供申訴的機會。

1. 高層管理人員面談（Executive Interview）。員工可以借助「與高層管理人員面談」制度，與高層經理進行正式的談話。這個高層經理的職位通常會比你的直屬經理的職位高，也可能是你的經理的經理或是不同部門管理人員。員工可以選擇任何個人感興趣的事情來討論。這種面談是保密的，由員工自由選擇。面談的內容可以包括個人對問題的傾向意見、自己所關心的問題。你反映的這些情況，公司將會交由直接有關的部門處理。所面談的問題將會分類集中處理，不暴露面談者身分。
2. 員工意見調查（Employee Opinion Survey）。這條路徑不是直接面對你的收入問題，而且這條管道會定期開通。IBM 透過對員工進行徵詢，可以瞭解員工對公司管理階層、福利待遇、工資待遇等方面有價值的意見，使之協助公司營造一個更加完美的工作環境。很少看到 IBM 經理態度惡劣的情況，恐怕跟這條管道關係密切。
3. 直言不諱（Speak Up）。在 IBM，一個普通員工的意見完全有可能被送到總裁的信箱裡。「Speak Up」就是一條直通管道，可以使員工在毫不牽涉其

直屬經理的情況下，獲得高層領導對你關心的問題的答覆。沒有經過員工同意，「Speak Up」的員工身分只有一個人知道，那就是負責整個「Speak Up」的協調員，所以不必擔心暢所欲言過後會帶來危險。

4. 申訴（Open Door），IBM 稱其為「門戶開放」政策。這是一個非常悠久的 IBM 民主制度，IBM 總裁郭士納剛上臺就一改 IBM 老臣的作風，他經常反向執行 Open Door；直接跑到下屬的辦公室問某件事做得怎麼樣了。IBM 用 Open Door 來尊重每一個員工的意見。員工如果有關於工作或公司方面的意見，應該首先與自己的直屬經理懇談。與自己的經理懇談是解決問題的捷徑，如果有解決不了的問題，或者你認為你的工資漲幅問題不便於和直屬經理討論，你可以透過 Open Door 向各事業單位主管、公司的人事經理、總經理或任何總部代表申述，你的申述會得到上級的調查和執行。

即使是到了離職面談的階段，IBM 也不放棄解決薪酬方面問題的努力。

(五) IBM 的薪金保密制度

IBM 的薪金是背靠背保密的，薪金沒有上下限，工資漲幅也不定，沒有降薪的情況。如果你覺得工資實在不能滿足你的要求，那只有走人。如果因為工資問題要辭職，IBM 不會讓你的煩惱沒有表達的機會，人力資源部會非常惋惜地挽留你，而且跟你談心。IBM 會根據情況，看員工的真實要求是什麼，一是看他的薪金要求是否合理，是否有 PBC 執行不力的情況；如果是公司不合理，IBM 會進行改善，公司對待優秀員工非常重視。第二種情況是看員工提出辭職是以加薪為目的，還是有別的原因，透過交談和調查，IBM 會讓每一個辭職者有一種好的心態離開 IBM。

為了使自己的薪資有競爭力，IBM 專門委託諮詢公司對整個人力市場的待遇進行非常詳細的瞭解，公司員工的工資漲幅會根據市場的情況有一個調整，使自己的工資有良好的競爭力。

1. IBM 公司的全面薪酬專案真正為員工考慮到了各方面的需求。公司除為員工提供基本薪酬外，還設置了各式各樣的補貼、資助、獎勵計畫、保險福利專案以及員工俱樂部等。儘管投資巨大，但公司仍支付全面的保險費用，以此來表示公司對員工每時每刻安全的關心；此外，春節資金、休假津貼、住房資助計畫等的提供，反映了公司對員工深切的人性化關懷，不僅解決了員工的後顧之憂，更主要的是，公司以這種體貼的關懷傳達了公司對員工的重視與期望。全面的薪酬專案，實際上代表著公司將員工作為一個全面的人來看待，因此員工必然會深深感受到來自公司的尊重，這就使得員工的安全、自尊、交際以及自我實現的需要都能在公司裡找到很好的結合點：那就是努力為公司的使命實現而貢獻自己的智慧與力量，因為在這一過程的同時也能實現自身的各種需要。

2. IBM 公司的薪酬福利待遇雖然十分優厚，但公司的人工成本卻仍然得到了極為有效的控制。這是因為，雖然薪酬專案很多，但其發放卻是以員工的工作業績的優劣為依據的，不僅沒有工齡工資，也不存在學歷工資。根據人工成本的涵義，公司的薪酬支付項目或總量雖然可能要比其他公司更多，但由於支付是以業績為前提，即每一單位的薪酬投入是以更多的產出或利潤的增加為前提的，因此人工成本的增長速度始終要小於公司經濟利潤的增長，從而使得總人工成本得到了有效的控制。這一機制在公司主要是透過個人承諾制度來實施的。IBM 的個人業績評估計畫從致勝（Win）、執行（Executive）、團隊精神（Team）三個方面來考察員工工作的情況。這就在確保公司工作任務達成的基礎上，引導員工行為朝著企業文化所宣導的方向實現良性的發展。

3. IBM 公司的雙向溝通方案，體現出了對公司員工的高度尊重和盡力創造員工對企業文化進行評價、傳播與溝通的最大自由空間。無論是與高層管理人員面談、員工意見調查、直言不諱管道，還是申訴政策，都體現出企業真正對員工工作與生活的關心，並想盡辦法為企業與員工實現共同發展，在觀點、思想領域取得一致看法而創造切實的途徑。這些舉措真正促進了企業文化的形成、推廣與完善，並且大大提高了員工對企業的歸屬感，真正將員工的智力資源引為己用。

4. IBM 公司的薪酬政策有意識地關注了維持薪酬體系的適應性，並及時進行調整。比如，IBM 公司專門委託諮詢公司對整個人力市場的待遇進行非常詳細的瞭解，並隨之會根據市場的情況對公司員工的工資漲幅進行調整，以保持公司工資的外部公平性。此外 IBM 公司的人力資源部門會真誠地挽留因工資問題提出辭職申請的員工，並與其進行談心，讓員工的煩惱有表達的機會，確保每個離職的員工以良好的心態離開。這樣不僅可以透過離職員工擴大公司在市場的良好聲譽，同時也為公司瞭解薪酬政策的功能與其侷限性，並根據所瞭解的資訊進一步來調整薪酬體系，使它能適應公司環境的變化和促進企業文化的發展。

個案介紹

京元電子之無形激勵制度

京元電子公司成立於 1987 年5 月，目前在全球半導體產業上下游設計、製造、封裝、測試產業分工的型態中，已成為最大的專業測試公司。個案公司工廠占地約 20,000 坪，廠房樓地板面積約 92,000 坪，無塵室面積則達 56,000 餘坪。晶圓針測量每月產能 40 萬片，IC 成品測試量每月產能可達 4 億顆。公司在北美、日本、歐洲、中國、新加坡設有業務據點。2010 年底，資產總額約為新臺幣 347 億元。如此龐大的專業測試規模，已經躍上國際半導體產業的舞臺。此外，京元電子公司採用業界和國際認可的品管制度，是臺灣第一家通過 ISO/TS16949 品質系統認證的 IC 測試廠，具有 ISO 9001、ISO 14001、OHSAS 18001、ISO/TS 16949 等國際認證，同時也取得了 Sony 綠色夥伴（Green Partner）認證，這是 IC 測試業中，最高品質紀錄與品質標準。

因此京元電子公司人資部門於 2011 年設定了四項主要達成目標，分別為下圖 14-2 所示，計畫修改的方向有 SHR 系統、人力維新、菁英專案以及精銳專案，希望能將公司內所有的作業流程與所需標準、方法以書面的方式完善的呈現，以確保這些流程可達成有效的作業及管制。個案公司認為現已建立完畢「獎金發放辦法」屬較有形的福利與激勵制度（例如：每月達標獎金），還有其不足之處，因此，個案公司希望除此之外，還能建立屬較無形的激勵方式，以期更能驅動員工在工作上的成就感與榮譽感，進而提升員工的工作滿意度與工作績效。

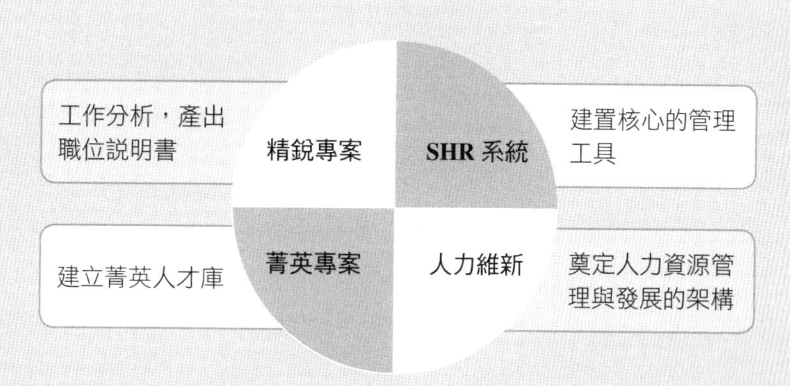

圖 14-2 營運管理制度計畫

公司組織規章裡的「獎金發放辦法」即為個案公司目前的屬於金錢性的激勵方式，然而，對於一組織來說，一般職員固然重要，因為他是撐起組織運作的基礎，但能管理好一般職員、設定目標，使之有效運作的管理者也不容忽視，二者相輔相成才能有好的組織績效，因此若能有一良好的激勵措施，同時激勵一般職員與管理者有向上邁進的動機，相信此組織一定能蒸蒸日上。綜合上述，不管是與金錢相關的物質型的報酬（例如：獎金制度、佣金制度、獎品制度及旅遊制度等），還是非金錢相關的社會型報酬（例如：表揚制度、晉升制度）與活動型報酬（例如：競賽制度和教育訓練制度）都是同等重要的。誘因制度的激勵作用之實驗研究結果指出：「如果管理者利用高額的個人獎金吸引員工努力工作時，在這樣的獎金制度設計之下，因為得獎機會小，導致只有少部分能力較好且得獎機會較高的員工願意努力工作，其他員工都傾向選擇保留部分實力，甚至退出競爭；當獎金制度的設計使大部分的員工擁有得獎機會時，我們發現能力普通或是能力差的員工都會傾向選擇努力工作，且所有類型的員工在這樣的獎金制度設計之下，所表現出的工作態度較為一致。」若要以激勵大部分人的角度去設計時，要確保讓員工都有「只要我努力就有機會拿到獎勵」的感覺，這也就是 Vroom 所提出的「期望理論」認為激勵能否對員工產生作用，完全根據員工是否相信在努力之後就會有好的績效表現，因此綜合高獎金制度——激勵能力佳的員工與低獎金制度——激勵能力普通與能力低的員工的混合獎金制度來當作制定的基礎。

榮譽徽章獲取

第一條：榮譽徽章獲取之辦法

一、年度績效評核

(一) 本辦法依據下列「評分標的」所述條文給分，評分標的共三個部分，分別為達標獎金（權重 40%）、年度績效考核等第（權重 40%）、部門年度整體績效（權重 20%），於年終時加總結算個人分數，總分為 100。

計算公式如下：

（達標獎金分數×40%）
\+ （年度績效考核等第分數×40%）
\+ （部門年度整體績效分數×20%）
Total 個人總分

(二) 採上述個人總分方式作為榮譽徽章評等之標準，個人總得分達 85 分（含）以上者，即榮獲銅牌。

(三) 當年度總分為 82-84 分者，可轉換成總分併入下年度計算，如當年度得分為 84 分，則可換算成 2.5 分併入下年度總分計算中，如表 14-2：

表 14-2 績效總分計算

當年度加權總分	換算總分	下年度分數計算
84	2.5 分	（下年度加權總分＋2.5）＝下年度實際得分
83	1.5 分	（下年度加權總分＋1.5）＝下年度實際得分
82	0.5 分	（下年度加權總分＋0.5）＝下年度實際得分

二、重大事例

員工在任職期間，若有符合以下重大事例，則依績效管理辦法之獎別（大功、小功、嘉獎）給予加總分數，如表 14-3：

表 14-3 重大事例加分計算

獎別	大功	小功	嘉獎
單位	1 次	1 次	1 次
加總分數	加 3.5 分	加 1.5 分	加 0.5 分

(一) 重要專案記小功一次，例如：職位說明書成果發表得名者。

(二) 特殊貢獻記大功一次，例如：提案降低公司生產成本、接獲（簽訂）重要訂單、協助公司獲獎（例如：TTQS）。

(三) 創新行為記嘉獎一次：例：個人創新、創意發想能夠應用於組織中。

計算方式：

若本年度累積小功一次，則為年度個人總分＋1.5＝年度實際總分

第二條：勳章等級制度

一、三面銅牌勳章可換取一面金牌徽章。

二、當銅牌勳章依第二條之三辦法換取實質獎勵後，則此銅牌勳章就無法作為金牌徽章的累計。

三、獲取獎牌後，獎勵方式採自助餐式的獎勵選擇方式，每面銅牌可選擇 2 種一次性獎勵方法；累積一面金牌可以選擇 2 種一次性獎勵與 2 種永久性獎勵，永久性獎勵必須為任職期間才算數。

四、3 至 6 等主管級（含）員工若獲取金牌，不僅可享有金牌相同福利外，則可成為優先晉升的後備人選，海外工廠若有主管級職缺則優先推薦之。

第三條：表揚時程

一、依年度績效評核規定內容而獲取勳章者，在每年尾牙當日公開接受表揚，並由高階管理者（總經理、副總經理以及各部門最高管理者）頒發獎項。

二、依重大事例而獲取勳章者，即在當月月會時接受表揚。

評分標的之分數計算方式

第一條：達標分數（40%）

一、此達標分數占個人總分的 40%。

二、年度達標獎金月數在 1-11 個月範圍內，每月以 8.4 分計。（100 分 ÷ 12 月 ≒ 8.4 分／月）

三、年度達標獎金達 12 個月，以滿分 100 分計。

計算方式：

(一) 達標月數為 1-11 個月內：達標月數×8.4× 40%＝達標分數

(二) 達標月數為 12 個月：100 分×40%＝達標分數

第二條：年度績效考核等第分數（40%）

一、此年度績效考核等第分數占個人總分的 40%。

二、本辦法評分標的參照績效考核辦法第七條「年度績效考核成績及等級」計算之，從業人員績效考核成績區分為優、良、甲、乙、丙共計五等。本辦法評分範圍為甲等以上等第之員工，未達甲等者，不列入計分。給分標準為評估各等級人數比例與達成難易度後定之，年度績效考核等第為優等者，即給予 95 分；為良等者，給予 85 分；為甲等者，則給予 70 分，如表 14-4：

表 14-4 年度績效考核等第分數計算

人數比例	年度績效考核等第	給分標準	加權後分數
10%	優等（90 分以上）	95 分	95 分×40%＝38 分
20%	良等（80-89.99 分）	85 分	85 分×40%＝34 分
60%	甲等（70-79.99 分）	70 分	70 分×40%＝28 分

第三條：部門年度整體績效分數（20%）

一、此部門年度整體績效分數年占個人總分的 20%。

二、本辦法目的為促進團隊凝聚力，除計算個人績效分數外（第一條與第二條），也計算部門年度整體績效分數。由於單一個人績效只占部門整體績效的一部分，非操之在己，故給予較低權重。

三、部門年度績效計算方式以部門內全體員工績效加總後平均計之，1-5 名給分標準如下，若此部門為第 1 名，則部門內所有員工個人皆得總分 19 分，如表 14-5：

表 14-5 年度績效排名加權分數計算

部分年度績效排名	給分標準	加權後分數
第 1 名	95 分	95 分×20%＝19 分
第 2 名	85 分	85 分×20%＝17 分
第 3 名	75 分	75 分×20%＝15 分
第 4 名	65 分	65 分×20%＝13 分
第 5 名	55 分	55 分×20%＝11 分

第四條：額外獎勵分數

一、全勤獎勵分數：以每月起迄日期至月底止為一單位計之，每單位給予0.5分，直接計入至個人總分內，計算方式如下：
全勤月數×0.5＋個人總分＝當年度個人實際總分

二、進修獎勵分數：進修課程需與各職位說明書內職務規範相關始予以計分，且時數需達 16 以上，課程經過人資部門核定後，每堂課給予個人總分 0.5 分。
（達 16 小時課堂數×0.5＋個人總分＝當年度個人實際總分）

二、員工福利

「福利」不僅能為組織帶來更正面的企業形象，也是組織內員工產生認同感的重要因素之一。也就因為如此，許多公司不斷在員工福利上投注更多心力，以期建構一套更為完整的福利制度。在第二次世界大戰期間，美國政府對公民營機構實施薪資管制，為了照顧員工的生活，很多機關組織採取了變通的辦法，以各種津貼、分紅或帶薪休假等方式給予員工工資以外的額外給付，當時稱之為「邊際利益」（Fringe of Wages），但隨著人們對福利的要求與重視，福利相關措施占薪資總額的比重與日俱增，學者才改稱為「員工福利」（Employee Benefits）。但員工福利的型態卻隨著社會的發展而持續變化。由於就業人口型態急速地改變，以往僅由男性負擔家庭生計的情形，已逐漸衍生許多不同的型態，比如女性就業人口、雙薪家庭，甚至於單親家庭的產生。因此，原有一體適用的福利方案早已無法滿足各種不同型態的社會結構。

定義

福利是指員工所獲得的薪資收入之外，還享有的利益（Benefits）和服務（Services）。其中利益是只對員工直接有利，且具有金錢價值的東西，如退休金、休假給付、保險等；而服務卻是無法直接以金錢來表示，如運動設施、報紙、康樂活動等的提供。由於福利亦是企業的一項成本，同時又被員工視為待遇的一部分，所以，不論對企業或其員工而言，均極為重要。而提供員工福利的目的在改善勞工生活，提高工作效率，為勞工基本權益之一。企業若需要好的勞動生產力，對於勞工基本權益的重視是不可輕忽的。對企業員工而言，廣義的福利包括三個層次：首先，作為一個合法的國家公民，有權享受政府提供的文化、教育、衛生、社會保障等公共福利和公共服務；其次，作為企業的成員，可以享受由企業興辦的各種集體福利；最後，還可以享受到工資收入以外的、企業為員工個人及其家庭所提供的實物和服務等福利形式。狹義的員工福利又稱勞動福利，它是企業為滿足勞動者的生活需要，在工資收入之外，向員工本人及其家屬提供的貨幣、實物及一些服務形式。

員工福利的特點

它具有下述基本屬性：

1. **補償性**：即員工福利是對勞動者所提供勞動的一種物質補償，享受員工福利須以履行勞動義務為前提。
2. **均等性**：即員工福利在員工之間的分配和享受，具有一定程度的機會均等和利益均霑的特點，每個員工都有享受本單位員工福利的均等權利，都能共同享受本單位分配的福利補貼和舉辦的各種福利事業。
3. **補充性**：即員工福利是對按勞力分配的補充。因為實行按勞力分配，難以避免各個勞動者由於勞動能力、供養人口等因素的差別所導致的個人消費品滿足程度不平等和部分員工生活困難，員工福利可以在一定程度上緩解按勞力分配帶來的生活富裕程度差別。所以，員工福利不是個人消費品分配的主要形式，而僅僅是工資的必要補充。
4. **集體性**：即員工福利的主要形式是舉辦集體福利事業，員工主要是透過集體消費或共同使用公共設施的方式分享職工福利。雖然某些員工福利項目要分配給個人，但這不是員工福利的主要方式。

員工福利的內容

員工福利的內容包羅萬象，凡一切有關維護員工權益、改善員工生活的措施皆可稱之，茲將不同學者對員工福利的解釋與範圍界定，整理如下：福利措施所包含的內容很廣，包括廣義與狹義的範圍，依美國商業公會（The Chamber of Commerce of the United States）的區分，可分為如下五類：

1. **法定給付**：如各種失業、老年及工作條件之保險等
2. **員工服務**：如退休金、醫療保險、儲蓄等。
3. **有給休息時間**：如午餐、換衣及準備時間。
4. **有給休假**：如事假、病假、公假及特休假等。
5. **其他各種給付**：如分紅、獎金等。

此外，福利措施可分為廣義及狹義等二種範圍：

(一) 廣義的福利措施

凡是能改善員工生活、提升生活情趣、促進身心健康者均屬之，包括下

列各項：

1. 工作方面

(1) 工作的適當。

(2) 工作的安全。

(3) 工作的舒適。

(4) 工作的發展。

2. 生活方面

(1) 合理的薪資。

(2) 適當的休假。

(3) 意外事故的保障。

(4) 利潤分享。

(5) 康樂活動：舉辦郊遊、同樂會、電影欣賞、慶生會等社交活動或橋藝、插花、書法、攝影及戲劇等活動，以調劑身心。

(6) 退休撫卹。

(二) 狹義的福利措施

狹義的福利措施係指依政府頒布之職工福利金條例及相關規定提撥福利金而舉辦之活動與措施。基本上，可分為經濟性福利措施、娛樂性福利措施及設施性福利措施。茲分別說明如下：

1. 經濟性福利措施

主要在於對員工提供基本薪資和有關獎金外的若干經濟安全服務，藉以減輕員工之負擔或增加額外收入，進而提高士氣和生產力。此類福利措施包括以下各項：

(1) 退休金給付。

(2) 團體保險。

(3) 員工疾病與意外給付。

(4) 互助基金。

(5) 分紅入股。

(6) 公司貸款與優惠存款計畫。

(7) 眷屬補助、撫恤及子女獎學金。

2. 娛樂性福利措施

舉辦此類福利措施之目的在增進員工的社交和康樂活動，以促進員工身心健康及增進員工的合作意識，但最基本的價值還是在於透過此類活動，加強員工對公司的認同感。其內容包括：

(1) 各種球類活動及提供運動設施。
(2) 社交活動，如郊遊、同樂會等。
(3) 特別活動，如辦電影欣賞及其他有關嗜好的社團，如橋藝、烹飪、插花、書法、攝影、演講及戲劇等之活動。

3. 設施性福利措施

設施性福利措施乃是使員工的日常需要因公司所提供的服務而得到便利。此類福利服務大約有七項，包括：

(1) 保健醫療服務，如醫務室、特約醫師及保險等。
(2) 住宅服務，如供給宿舍、代租、代辦房屋修繕或興建等。
(3) 員工餐廳。
(4) 公司福利社，廉價供應日用品及舉辦分期付款等。
(5) 教育性服務，如設立圖書館、閱覽室，辦理幼兒園、托兒所、子弟學校及勞工補習教育等。
(6) 供應交通工具，如交通車。
(7) 法律及財務諮詢服務，由公司聘請律師或財務顧問行之。

員工關係

美國企業在 90 年代初在女性工作潮出現後，發展出許多幫助公司員工減輕家庭負擔的方案，當時稱作「工作家庭平衡方案」（Work-Family Balance）；到了近幾年，這類的協助方案就不再僅限於有家累的婦女員工，而是普遍地適用在每位公司員工。其主要的目的在於減輕員工在工作之餘的負擔，能夠將更多的心思放在工作上，因此改稱為「工作生活平衡方案」（Work-Life Balance）。由於此方案仍在發展階段，各個公司的財務能耐與員工需求也都因時間的推演而有不同的設計出現，因此到目前為止，雖其重要性受到業界的普遍肯定，但在實際推行後的效益評估與影響力分析部分仍無定論。除工作與家庭的平衡方案外，近年來世界各國企業雖然對人力資源管理的各種策略性工具很重視，對員工關係也有復古的趨勢，但是強調的重點與從前勞資關係所強調的員工關係稍有不同，目前企業注重員工關係的方案主要是因為下列原因：

(一) 吸引且留住人才

由於近幾年來，美國的經濟蓬勃發展，新興高科技公司四處林立，且公司規模成長快速，因而造成知識性員工嚴重短缺，各個公司都求才若渴，人才招募的競爭程度與日俱增，具充分吸引力的工作條件和報酬激勵系統成為公司所必備的求才條件，這樣才有機會在人才的競爭上贏得勝利。根據 1999 年美國 Rutgers 大學針對目前的「工作趨勢」（Working Trend）進行調查，研究發現近年來有愈來愈多員工表示，「工作生活的平衡」比其他任何雇用條件對他們而言都要來得重要。由於招募人才的困難度加劇，若公司現有人才又不斷流動，更是造成公司招募成本的雪上加霜，因此更顯出公司修改目前的工作條件與雇用條件，以增加公司對人才的吸引力，儘可能地留住所需人才是當務之急，而美國已有多數的公司都認同提供員工一個「工作生活平衡」的工作環境，是吸引人才和留住人才的重點課題之一。

(二) 提高員工生產力

根據顧問公司 Work & Family Connection Inc. 在「工作生活最佳實務專題研究」（A Special Report on Best Practices in Work-Life）中指出，目前美國已有超過半數以上的公司體認到工作生活平衡方案的實施，確實能夠提升員工生產力，並且明顯降低員工缺勤率；這樣的結果是能夠被理解和預期的，由於工作生活平衡方案的施行，員工就不需再為家務和家人的問題擔心，或甚至需要放棄工作以家庭（或生活）為主要重心，而是可以無後顧之憂、全心全意地致力於工作，自然而然地，公司的生產力必定會有明顯的提升，因此工作生活平衡方案愈來愈受企業主的重視。

(三) 增強員工忠誠度

長久以來，「如何贏得員工的心與靈魂」這個問題一直都是雇主心中最大的疑問，更是雇主不斷努力的方向。我們都知道，員工忠誠度的增強遠比員工生產力還要來得重要，當員工提高其工作生產力，卻沒有用心或甚至沒有心在避免錯誤的產生上，因而製造出許多品質低劣的產品，這反而會造成公司更大的傷害。所謂員工忠誠度是指員工注意自身的工作品質，願意花時間在改善工作效率上，有效地運用工作時間，並停止抱怨或聊天的行為，全心為公司的績效付出心力。許多企業認為工作生活平衡計畫的實施，就是獲得員工最高忠誠度的最佳辦法，理由是工作生活平衡計畫並不只是一個制度或優惠方案的提供，而是公司對於建立員工關係的態度和塑造整個公司文化的問題；因此唯有企業先塑造出關懷員工、體諒員工的公司文化，最好的方式就是提供體貼的工作生活平衡計畫，公司才有辦法完全擄獲員工的心，得到員工真正全心的付出。

另外，在增強員工忠誠度方面，Cambridge 研究機構的學者 Stephen Zimney 也曾從事相關研究，他建議雇主們可以透過「無條件的努力」（Discretionary Effort）來顯示公司不但瞭解生活（家庭）對員工的重要程度，更願意和員工站在同一陣線，同意他們去做他們認為是重要的事，這也是工作生活平衡方案的設計原意；由於現今新世代的年輕人多半趨向於認為生活 （家庭）遠比他們的工作職涯或是金錢的追求都要來得重要，因此企業透過工作生活平衡方案的提供，是顯示公司「無條件努力」的最佳方式。

(四) 提升工作士氣

1994 年 Wilson Learning Corp. 在針對 25,000 名員工的調查中顯示，改善公司績效和提高底線（Bottom Line）的最重要關鍵在於提高員工滿意度和士氣。另外，Susan Seitel 和 Joan Fingerman 在「工作生活最佳實務專題研究」（A Special Report on Best Practices in Work-Life）中發現，有 40 項不同的工作生活平衡方案和 16 種工作表現（如：工作滿足、生產力、忠誠度、缺勤率、離職率、成本降低與效率增加等）呈明顯的正向關係，由此可以得知工作生活平衡方案對員工滿意度和士氣的影響，更進一步推得工作生活平衡方案對改善公司績效和提高底線之關聯性與重要性。

(五) 公司高績效表現

Vanderbilt 大學和 Hewitt Associates 在 2000 年針對《財富雜誌》

（*Fortune Magazine*）所選出美國最佳工作環境之公司（Best Companies to Work for in America）進行研究，其結果發現，這些提供有較佳的工作生活平衡方案（Work-Life Balance Program）或家庭友善方案（Family-Friendly Program）而被選為最佳工作環境的企業，皆明顯地較其他沒有在名單上的公司有較高的年度股票獲利率、較佳的營運表現和較高的平均資產報酬率。

(六) 曠職問題

在工作排程緊湊且產能滿載的企業運作中，員工的缺勤將會對企業造成很大的傷害，尤其是未先安排的缺勤狀況，一直以來都是人力資源管理人員努力克服的問題之一。美國 CCH Inc. 所做的 Unscheduled Absence Survey 指出，1999 年有 40% 曠職員工是藉故於工作壓力過大（19%）或以生病（21%）為由，而雇主平均每年每名員工在類似員工缺勤行為上的成本是 602 元美金；另外，Audits & Surveys Worldwide Poll 調查發現，教育程度愈高、薪水愈高的員工愈容易請假，其數據是年薪高於 5 萬美金的有 62% 在 1999 年一年請過病假，其中有 42% 承認自己是謊稱病假。因此，曠職的成本非常嚴重，而工作生活平衡方案的原意就是在減輕員工生活上、家庭上的壓力，讓他們有能力更從容地處理工作和家庭問題，因此工作生活平衡方案成功的推行可以有效地減低曠職的問題。再者，缺勤問題與員工工作滿足、士氣和忠誠度都是環環相扣的，透過工作生活平衡方案的推行，若成功地提高工作滿足和員工士氣、忠誠度，將勢必可以成功降低員工缺勤率。

彈性福利

為了提高同仁對工作的滿足感並進而凝聚同仁的向心力，在資源與預算有限的前提下，如何以更彈性的方式解決同仁對福利的需求，是目前最受重視與關注的福利議題，而「彈性福利」也就在此時逐漸成形。由於個別員工會對不同的福利產生不同的需求；換句話說，員工會因性別、年齡、教育程度、婚姻狀況、工作職位與工作收入等因素影響對不同福利的重視程度，也就是說，不同員工對福利項目重要優先順序不同，所以彈性福利推行有其必要性。「彈性福利」是一種有別於傳統固定式福利的新型態員工福利制度，它的設計係強調讓員工可以依照自己的需求，從機關所提供的福利項目中來選擇、組合屬於自己的一套福利「套餐」。亦即利用類似自助餐式的福利管理方法，讓每位員工可以在固定的福利點數範圍之內，選購自己最喜愛的福利組合。如此一來，不僅員工可依自己家庭結構之變化而隨時調整自己的福利選項，亦滿足了同仁對福利項目求新求變的期待。這種新的福利方案，不但對勞資雙方都提供了更多的彈性，更有助於企業控制日漸高漲的福利支出，因此也造成了彈性福利制度的流行。經過一段時間的演變，彈性福利依實際的運作形式已出現數種不同的類型，大致可分為以下五大類：

(一) 附加型彈性福利計畫（Add-On Plans）

是以現有的福利計畫之外，再額外提供其他不同的福利項目，並讓員工依自己之需求來作選擇。優點是可增加員工選擇的範圍；缺點是行政作業繁複，成本將較為增加。

(二) 核心加選擇型彈性福利計畫（Core-Plus Option Plans）

由核心福利（Core Benefit）和彈性選擇福利所組成，是重新設計一套新的福利制度，並把所有的福利項目全部都再檢討一遍，以決定存廢或增減。

(三) 彈性支用帳戶（Flexible Spending Accounts）

其特色是員工每一年可以從其稅前總收入中提撥一定數額的款項作為自己的「支用帳戶」，並以此帳戶去選擇購買雇主所提供的各種福利措施，而且撥入此帳戶中的金額不需扣繳所得稅，意即可增加員工的淨收入；但若未能於年度內用完，則不可在下一年度中使用，亦不得以現金方式領取。

(四) 套餐式彈性福利計畫（Modular Plans）

這種方式和餐廳菜單中的 A 餐、B 餐一樣，雇主會設計不同的「福利組合」（Package of Benefits），每一種組合所包含的項目都不一樣，員工僅能從當中選擇一種組合，不能更改組合中的任何福利項目內容。這種方式彈性小，但行政作業較為簡單。

(五) 選高擇低型福利計畫（Opt-Up/Opt-Down Plans）

以現有組織的固定福利計畫為基礎，再規劃數種不同的福利組合，若員工挑選的福利措施價值高過其額度，則可以從薪水中扣除一定的金額來補足。雖然此種方式對員工較為有利，但行政作業成本將加大。

員工協助方案

員工協助方案（EAPs）在最近受到重視的主要原因，是認知到以事先預防的方法訓練員工具有解決自己問題的能力，進而增加組織人力的穩定，減少許多管理的問題。雖然在這方面的花費逐漸增加，使得組織已重新檢討方案的有效可行性，但是其存在於組織發揮管理功效的價值已不容懷疑，獲得肯定。員工協助方案可分為不同的類型，包含員工諮商輔導、生涯發展與健康福祉三方面，以下茲將其分類內容詳述說明。

(一) 員工諮商輔導

員工諮商輔導主要是集中在員工心理、生理健康以及處理可能間接影響工作表現的個人問題，輔導的目的在幫助提升個人的效率與品質，使其有能力面臨各種問題情境與挑戰。就企業來說，輔導的目的在幫助企業瞭解組織內員工的需求與問題，進而提供若干策略，一方面幫助個人做最佳之適應，另一方面則對企業做出最佳之回饋——高品質的生產。員工諮商輔導的意義分成三方面：對勞工個體而言，協助與輔導員工解決其困難與問題，增進個人生活能力，促進人際關係，發揮工作潛能及維護身心健康；對企業組織而言，聯繫上下良好溝通管道，取得良好協調，並改善勞資關係、增進工作效率；對社會責任而言，安定生活秩序、化解勞資糾紛、防止員工流動，以減少社會問題的發生，維繫社會關係的和諧。員工協助方案（EAPs）使用多重複合的策略，協助員工解決其可能影響工作表現的個人問題。一般包含諮商、生涯計畫、婚姻家庭與其他有關心理健康的問題，類似這些問題都會影響員工的生理、心理健康和員工生產、公司利益。

(二) 生涯發展

生涯發展方面，主要進行對個人的評估、諮商、計畫、訓練以幫助個人做生涯決定，並能配合組織人力資源規劃的需要。通常員工生涯發展方案可提供下列幾項結果：更為有效的發展和運用員工自我的能力，有助於其在組織內的升遷；評鑑自我發展的機會，以考慮新的生涯方式；在部門間或地區因素中，更為有效的分配或部署組織內人力資源；滿足員工個人需要，減低流動意願；增加員工的忠誠及工作機會，減低離職；決定訓練和發展需求的模式。

(三) 健康福祉

在健康福祉方面，主要是教育員工健康生活型態，提升心理健康功能，預防員工生理、心理問題發生，促進組織人力資源有效發揮。一般員工健康促進方案，包含四個部分：員工壓力管理的概念與技術；鼓勵保持健康的活動；發展出日常生活問題處理能力；減低工作場所的壓力來源。

隨著時代潮流的演變，新的雇用關係也逐步轉變，以往的企業可以高高在上的雇用員工，著重在合理的待遇就能吸引人才。然而，隨著新知識競爭時代的來臨，上對下的主從關係已成為過去，21 世紀企業間的勝負幾乎取決於人才與人才之間的競爭，於是，新的平等、合作的「夥伴」關係逐漸取代昔日的雇用關係，愈來愈多的企業體認到，促進並維繫良好的勞資關係，才能促進組織和諧，並進而提升企業競爭力；也有愈來愈多的企業不惜在促進勞資關係方面投注大筆資金，並提供更好的員工福利來留住人才。愈來愈多企業關注員工福利，塑造愉快的工作環境，或推出別出心裁的服務、設施、員工休閒活動等，來吸引及留住人才。如何吸引優秀的人才進入公司並安心工作，以貢獻所長，這也是規劃員工福利的主要目標，員工福利的滿意度與勞資關係的和諧對員工的工作效率及企業競爭力的提升，實有莫大的影響。

特殊議題

勞基法規定有關福利的規範

第二十九條

事業單位於營業年度終了結算，如有盈餘，除繳納稅捐、彌補虧損及提列股息、公積金外，對於全年工作並無過失之勞工，應給與獎金或分配紅利。

第三十七條

內政部所定應放假之紀念日、節日、勞動節及其他由中央主管機關指定應放假之日，均應休假。

第三十八條

勞工在同一雇主或事業單位，繼續工作滿一定期間者，應依下列規定給予特別休假：

一、六個月以上一年未滿者，三日。

二、一年以上二年未滿者，七日。

三、二年以上三年未滿者，十日。

四、三年以上五年未滿者，每年十四日。

五、五年以上十年未滿者，每年十五日。

六、十年以上者，每一年加給一日，加至三十日為止。

第三十九條

第三十六條所定之例假、休息日、第三十七條所定之休假及第三十八條所定之特別休假，工資應由雇主照給。雇主經徵得勞工同意於休假日工作者，工資應加倍發給。因季節性關係有趕工必要，經勞工或工會同意照常工作者，亦同。

第四十一條

公用事業之勞工，當地主管機關認有必要時，得停止第三十八條所定之特別休假；假期內之工資應由雇主加倍發給。

第四十三條

勞工因婚、喪、疾病或其他正當事由得請假；請假應給之假期及事假以外期間內工資給付之最低標準，由中央主管機關定之。

第五十條

女工分娩前後，應停止工作，給予產假八星期；妊娠三個月以上流產者，應停止工作，給予產假四星期。

前項女工受雇工作在六個月以上者，停止工作期間工資照給；未滿六個月者減半發給。

第五十一條

女工在妊娠期間，如有較為輕易之工作，得申請改調，雇主不得拒絕，並不得減少其工資。

第五十二條

子女未滿一歲須女工親自哺乳者，於第三十五條規定之休息時間外，雇主應每日另給哺乳時間二次，每次三十分鐘為度。

前項哺乳時間，視為工作時間。

第五十五條

勞工退休金之給與標準如下：

一、按其工作年資，每滿一年給與兩個基數。但超過十五年之工作年資，每滿一年給與一個基數，最高總數以四十五個工作基數為限。未滿半年者以半年計；滿半年者以一年計。

二、依第五十四條第一項第二款規定，強制退休之勞工，其身心障礙係因執行職務所致者，依前款規定加給百分之二十。

前項第一款退休金基數之標準，係指核准退休時一個月平均工資。

第一項所定退休金，雇主應於勞工退休之日起三十日內給付，如無法一次發給時，得報經主管機關核定後，分期給付。本法施行前，事業單位原定退休標準優於本法者，從其規定。

第五十九條

勞工因遭遇職業災害而致死亡、失能、傷害或疾病時，雇主應依下列規定予以補償。但如同一事故，依勞工保險條例或其他法令規定，已由雇主支付費用補償者，雇主得予以抵充之：

一、勞工受傷或罹患職業病時，雇主應補償其必需之醫療費用。職業病之種類及其醫療範圍，依勞工保險條例有關之規定。

二、勞工在醫療中不能工作時，雇主應按其原領工資數額予以補償。但醫療期間屆滿二年仍未能痊癒，經指定之醫院診斷，審定為喪失原有工作能力，且不合第三款之殘廢給付標準者，雇主得一次給付四十個月之平均工資後，免除此項工資補償責任。

三、勞工經治療終止後，經指定之醫院診斷，審定其遺存障害者，雇主應按其平均工資及其失能程度，一次給予失能補償。失能補償標準，依勞工保險條例有關之規定。

四、勞工遭遇職業傷害或罹患職業病而死亡時，雇主除給與五個月平均工資之喪葬費外，並應一次給與其遺屬四十個月平均工資之死亡補償。

其遺屬受領死亡補償之順位如下：

(一) 配偶及子女。

(二) 父母。

(三) 祖父母。

(四) 孫子女。

(五) 兄弟姐妹。

綜合上述勞基法規定，本研究將其內容依不同的知覺構面，歸納成表 14-6。

表 14-6 勞基法有關企業福利內容摘要表

歸納之企業福利知覺構面	構面內容
工時性福利	工作時間、休假、休息、特別休假、產假、病假、喪假、事假
生活支援福利	職業災害補助、撫恤、生活津貼、交通車、宿舍、伙食津貼、溝通意見之方法（申訴管道）、工作服、工作鞋、低利住宅貸款
退休福利	退休金、資遣費
保險福利	勞工保險、職業災害保險、普通事故保險、老年、殘障、傷病保險、健康保險、失業保險
子女福利	托兒所、教育獎學金、助學金
休閒性福利	休閒活動、康樂設施、育樂中心
發展性福利	職業訓練、圖書室、書報閱覽室
經濟性福利	獎金、紅利、加班費
工作安全衛生福利	醫務保健室、工作安全衛生、特約醫療院所、心理諮商

個案介紹

童綜合醫院員工心理健康相關措施

童綜合醫院，經衛生署及教育部評定為區域教學醫院，擁有千餘床規模，具有五星級飯店的硬體設備，現代化、人性化的工作環境，為臺灣「國際化醫療中心」。該個案醫院在中部地區醫療背景下，本身即擁有豐富的協助資源，但是要進行整體的資源整合及評估，提供員工所需要的協助內容，卻是件不簡單的事。一般在職場上真正高壓、需要協助的人，往往沒有時間休息或是不願意花時間在這上頭；而對於那些高壓力的人而言，更在意的是如何能解決因為壓力而影響績效的現象——需能提供一種明確的實際作法。從事醫療相關人員是屬於相當高壓的群體，因為除原有的工作職責外，為因應考核或是評鑑需要，常常必須單位整體的動員，所以不論是前線人員或是後勤人員，內心的壓力都相當大，在此情況下，對於這些臨床工作的人員而言，如何規劃有效的員工協助方案，便是相當重要的。

該醫院現有的心理支持機制僅有社團活動、壓力紓解課程，以及人資室、社工室、心理師、心身科醫生所組成的關懷團體，由社工室作主要的轉介機制，並透過使用人次、課程／事後反應來衡量活動成效的情況。可是觀察社團活動、壓力紓解課程參與人員的組成，可以發現參與的人員大抵多為行政工作人員，缺乏臨床工作者的參與；而在活動內容上，缺乏多樣性內容（活動多為舞蹈、瑜伽等內容）。另一方面，員工輔導部分使用人次少，因為涉及隱私，普遍會受到質疑的部分是保密性的問題，組織多半僅能採取被動性提供協助的方式。綜觀童綜合醫院的員工心理健康相關措施可以發現，醫院在於員工心理健康部分處於被動的狀態，即大多屬於員工知覺到自己需要相關的幫助時，才會尋求醫院的協助。

臺灣目前在操作員工協助方案的部分，不論是心理健康講座或是教育訓練上，通常以使用的人次來衡量活動成效，但是這並無法如實表達出活動的成效，僅可以看到人次上的變化，無法知道每次的心理健康講座對於員工而言是否發揮成效。童綜合醫院積極推動促進員工心理健康並且逐步規劃員工心理健康之相關的措施，除了推行各單位人員心情溫度計的檢測，結合院內 BIKM 系統，提供員工自行點擊測試（施測對象包括醫療人員以及行政人員），以瞭解員工工作的壓力狀況，員工可參考施測結果決定是否需要協助。此外，個案醫院更結合人資室、社工室、身心科共同組成院內關懷小組，若員工或是單位主管發覺員工工作狀況異常，主管瞭解其未能獲得改善，可進一步通報關懷小組或鼓勵該員工主動尋求協助，交以相關輔導或是轉介其他資源。其中社工室扮演重要的轉介機制角色，提供相關員工所需的資訊；而人資室進行後續情況之追蹤；身心科提供所需之身心科相關門診與諮商。

除組成關懷小組外，個案醫院院內舉辦心靈成長相關講座以及健康保健課程，善用個案醫院內的資源，聘請相關內容之醫生擔任講師，帶領參與講座的員工（醫療人員或是行政人員）認識壓力、排解壓力，或是菸害防制等相關議題，瞭解相關疾病傷害的預防。透過此類課程講座，員工可以將相關知識傳遞給親朋好友，落實相關疾病傷害預防。另外，允許院內員工成立社團組織，創立單車社、國標舞社、瑜伽社等社團，提供員工下班後身心靈的放鬆與發洩。在院內亦設有宗教場所，如：禱告室、佛堂等，除提供病患家屬心理寄託外，也能提供員工心理慰藉。此外，院內也提供管道讓員工表達心聲，院內管理人員也可藉此傾聽員工意見反映，除了定期員工座談會外，員工也可以藉由人資室信箱或是直接撥打電話到人資室反映意見，達到意見的抒發。

該醫院員工協助方案的執行可以分成三個部分：身心靈成長課程與社團活動、員工諮商、協助資訊的連結。以下就這三點提出可行方法：

身心靈成長課程與社團活動

身心靈成長的課程主要仍以使用人次，及課程後的滿意度調查作為每次內容的改進參考，但是能夠在講述壓力源、舒壓等課程時，於現場搭配簡式健康量表的檢測，主動提供員工進行心情溫度計的檢測，再於課程中加強宣導心理健康的重要性，強化員工對此的正向態度。而社團活動部分，除在院內設立社團或是開設瑜伽、舞蹈等課程外，也可與鄰近的社區大學、社區活動作連結，並與承辦單位簽約保有院內員工參與的優惠，提供員工不同的休閒環境，可以適度的運動又有助於壓力的放鬆、避免職業倦怠，更可同時加強與社區的結合，實現「社區民眾最信賴的醫院」的目標。至於執行成效的衡量，可透過每年固定的員工滿意度調查以及員工意見反映管道的內容而獲知。

員工諮商

員工諮商的部分較偏向於個人隱私，故即使員工有諮商的需求，亦不敢主動尋求幫助；另一方面，真正面臨高壓力的人可能也沒有時間或是精神處理員工諮商的過程，所以首先必須先從組織文化著手，將員工諮商導向正面且正常的行為。員工願不願意使用員工諮商管道，有賴於直線主管的態度是否支持，除可透過公開會議進行宣導外，另一方面也可向全體員工清楚表明透過員工諮商可以獲得的資訊與資源。對於諮商的恐懼以及汙名，多半是由於對員工諮商的不瞭解，所以若能清楚的將資訊傳達給員工，能幫助有需要者對員工諮商的正確理解。若組織特別重視員工協助方案者，其實可以委外進行員工諮商，雖然醫療組織中本身就具有身心科或是社工師等輔導諮商機制，但員工仍易有防衛心態，況且不論是身心科或是社工師等輔導人員，面對自我負向情緒的處理仍須委外進行諮商。更或者，組織可以將關懷小組緊密地與周遭的諮商服務連結，將需諮商的員工轉介給諮商處。

協助資訊的連結

員工協助方案除提供心理、生理的關懷外，更能提供法律、理財、管理、醫療等諮詢，提供員工解決生活周遭遭遇的困難所需。整合醫院本身的醫療資源，提供員工簡易的醫療相關資訊，更應該結合社區資源，整合可能相關的法律、理財、管理等資訊。這些資訊要能在員工需要協助時發揮作用，可以透過網站的架設，提供員工連結資訊，或是特定設立工作小組／處室，讓員工需要協助時，能及時的提供訊息。

問題與討論

1. 傳統的薪酬制度與激勵性的薪酬差異為何？
2. 激勵制度如何有效結合組織策略？
3. 彈性員工福利之優缺點為何？

參考文獻

一、中文部分

朱承平（1996）。淺談員工協助方案。《人力資源發展月刊》，第 9 期，頁 5-7。

行政院勞工委員會（1998）。《員工協助方案工作手冊》。

李長貴、諸承明、余坤東、許碧芬、胡秀華（2007），《人力資源管理——增強組織的生產力與競爭優勢》，頁 288-291。臺北：華泰文化。

李誠、周子琴（2001）。《高科技產業人力資源管理——高科技產業的員工關係篇》。臺北：天下遠見。

許道然（1993）。彈性福利制之探討。《人事月刊》，第 98 期，頁 53-59。

黃英忠（1998）。《人力資源管理》。臺北：三民書局。

潘明燦（1991）。《業務員激勵制度的激勵效果分析及其受個人特質及組織經驗的影響》。國立臺灣大學商學研究所。

鍾亦筑（2007）。《誘因制度的激勵作用之實驗研究》。花蓮：東華大學經濟系博士論文。

中國人力資源網。

勞動基準法施行細則。

童綜合醫院網站。

二、英文部分

Adams, J. S. (1965). Inequity in social exchange. *Adv. Exp. Soc. Psychol*, *62*:335-343.

Carvell, M. R. & Kuzmits, F. E. (1982). *Management of Human Resource, Personal.*

New York: Bell & Howell Co..

Champagne, P. J., & McAfee, R. B. (1989). *Motivating Strategies for Performance and Productivity: A Guide to Human Resource Development.* Westport, Connecticut: Greenwood Press, Inc..

Churchill, G. A. (1990). *Sales force management* (3rd ed.). New York: McGraw-Hill.

Dessler, G. (1992). *Human resource management 4*, New Jersey: Prentice-Hall.

Gary Dessler (1994). *Human Resource Management*. Englewood: Previnсe Hall International, Inc..

Greenberg & Liebman (1990). Incentives: The Missing in Strategic Performance. *Journal of Business Strategy*, 8-11.

Herzberg, F., Maunsner, B. & Snyderman B. (1959). *The Motivation to work.* New York: John Wiley & Son.

Ivancevich, J. M. & Matteson, M. T. (2002). *Organization Behavior and Management.* New York: McGraw-Hill.

Johnston, M., Boles, J. & Hair, J. (1987). *Motivation and Supervision of the Sales Force.* Working Paper, Department of Marketing, Louisiana State University, Jan.

Locke, E. A. & Henne D. (1986), Work Motivation Theories. In Cooper, C. L. & Robertson (eds.). *International Review of I/O Psychology*, Chapter 1, 1-35.

Maslow, A. H. (1943). A Theory of Human Motivation. *Psychological Review*, Vol.50, 370-396.

Robbins, S. P. (1996). *Organizational Behavior*. Prentice-Hall.

Robbins, S. P. (1982). *Personnel, The Management Behavior*. Northern Territory: Prentice-Hall.

Skinner, B. F. (1971). *Beyond Freedom and Dignity*. New York: Knopf.

Urbanski, A. (1986). *Incentives get specific, sales and marketing management*, 98-102.

Vroom, V. H. (1964). *Work and Motivation*. N.Y.: Wiley.

Part 6

特殊議題篇

人力資源管理的未來趨勢與挑戰

“

貴賢，仁也；賤不肖，亦仁也。

——《荀子》

”

學習目標

本章之學習目標首先是瞭解目前全球化所帶來的衝擊，再者，勞資關係須如何重新塑造，最後探討何謂道德為本的組織。

一、全球化的衝擊

全球化的現象其背後隱含著，國與國之間的資訊流動，不再受到國與國間之距離所阻礙，而是可以透過網際網路的管道，瞭解各國的風俗民情。在資訊流動快速的前提下，企業獲得擴張的有利條件，例如：企業可清楚瞭解其他國家的經濟發展狀況與動向，作為企業擴張時的決策資訊來源。因此，在全球化的現狀下，企業能夠更有效率地在不同的國家進行擴張，邁向海外更大的目標市場，或是尋找能降低生產成本的據點，成為國際企業或集團企業。

當企業一旦發展成為國際企業或集團企業時，人力資源管理的各項功能將更複雜，在原本的人力資源規劃、工作分析、招募甄選、績效管理、薪酬管理、教育訓練以及員工關係等之外，還需要考量國家層次的問題；例如：當華人家族企業從單一國家擴張至多國的國際企業時，既有的管理思維與制度是否可以直接套用，即以母國為主的管理制度？或是應因地制宜，視國情不同，發展當地化模式，形成以地主國為主的人力資源管理制度？類似的議題係在國際人力資源管理範疇中。以下將討論本土化策略與標準化策略取捨，以及外派相關議題。

本土化策略與標準化策略

國際企業或集團企業為了確立與推展經營目標，母公司與子公司，或者關係企業間必須建立良好的互動機制。倘若母公司完全授權子公司，讓子公司有權力採取差異化策略時，子公司可能會出現與母公司整體策略相衝突的行為；相對的，若母公司對子公司控管過嚴時，母公司採取標準化策略，可能讓子公司失去及時的反應能力，影響經營績效。因此，子公司應與母公司整體制度之間維持相一致的「標準化策略」？抑或母公司下放權力給子公司自行訂定的「本土化策略」？

以薪酬管理為例，薪酬管理究竟應該採取何種策略，經常困擾著國際企業的管理處以及相關聯企業的人力資源部門，畢竟員工薪酬占組織成本極大的比例，因此需要謹慎的思考差異化策略或者標準化策略。此問題在薪酬管理上具有兩難性質的決策。若國際企業對於所屬關聯企業的薪酬管理制度控制過嚴，將會因此失去薪酬管理的彈性與自主性，進一步影響其外部人才招募的競爭優勢。傾向採取較高程度的標準化策略時，則會儘量維繫各企業間薪酬給付的一致性，然而，此標準化策略很可能會引發外部不公平的問題，畢竟不同的區域其物價水準差異頗大，若採取標準化策略時，處於物價較高的區域之企業，會感受到實質薪酬所得較低，衍生出員工離職或是招募人員的問題；相對的，處於物價較低的區域之企業，員工則會感受到較高程度的實質薪酬所得。但是如果控制過鬆，採取差異化策略時，可能會出現自肥現象，導致人事成本增加，降低國際企業的競爭力。此外，雖然差異化的薪酬策略較不會產生企業的外部人才招募問題，但可能會誘發國際企業內人才交流的爭議，實質薪酬較低公司的人員，會儘量爭取前往實質薪酬較高的公司任職；相對的，如果企業需要將實質薪酬較高的人員派往實質薪酬較低薪公司任職，會引起員工抗拒，阻礙內部人才交流之推行，需要額外進行人員派任時的薪酬補償。因此，多國籍企業的人力資源管理模式應在標準化策略與本土化策略之間作一取捨或平衡。

外派

除了既有的人力資源管理功能外，國際企業的人力資源管理功能，還會涉及外派的議題。外派人員的花費較為昂貴，但外派人員對國際企業而言，卻是相當重要的投資。儘管成本如此高，國際企業仍持續增加外派人員數量，不僅是為了監控海外分公司的營運情況，也是為了移轉與教導專業知識給當地員工。除此之外，組織增加外派人員數量也可能是企業為了進入新市場，需要外派者前往開拓，或是藉由外派經驗讓員工培養國際性的管理能力。國際企業人力的外派與回任可由幾個觀點探討之，分別為控制觀點、人才培育觀點及職涯發展觀點。

(一) 控制觀點

多國籍企業為由若干個獨立企業形成的企業群體，企業間具有協調或統合機制，形成從屬關係。為了方便母公司有效掌控子公司，可透由外派的方式，指派母公司內優秀的人才管理子公司，控制子公司之營運，當母公司採取策略性控制時，子公司的營運與重要決策將受到影響，例如：透過策略資源的分配，達到控制的目的；當母公司對子公司採取財務控制時，將使外派的經理人著重短期效益，如投資報酬率、成長率或市場占有率等，以及壓縮企業活動的成本，例如：員工訓練、行銷研究等。當母公司試圖透過指派高階經理人前往子公司管理與控制子公司營運時，需思考集團企業的特性，運用適合的管理控制型態。多國籍企業間控制型態的配合，亦是集團企業需考量的重點，才能有效達成管理控制的目的。

(二) 人才培育觀點

員工可透過外派之方式，提升本身的專業與技能以及培養個人的人力資本；因此，外派的議題除了從控制的觀點探討外，亦可從人才培育的觀點討論。外派員工至其他關係企業任職時，被指派的員工勢必面對新環境的挑戰，多國籍企業的海外外派員工將面對新的工作挑戰，工作角色的不確定性、不熟悉性以及不可控制性，同時面對陌生的人際網絡，而使外派人員產生較高程度的工作壓力。除了新工作的挑戰外，外派人員還需面對文化適應的挑戰，此文化適應問題被認為是海外外派失敗的重要原因；當外派人員面臨當地不同文化與風俗的衝擊，將會承受工作以外的生活壓力。為確保外派員工能夠順利達成任務，組織會針對外派人員進行教育訓練，教育訓練內容包含提升外派人員個人能力以及文化適應能力。由於海外外派員工會較非海外派遣的員工受到更多教育訓練，可藉由學習、訓練以及經驗累積專業能力；因此，外派除了可控制子公司外，亦可栽培優秀的人才。

(三) 職涯發展觀點

控制觀點以及人才培育觀點皆以企業的角度探討，職涯發展的觀點則是以集團企業內員工的觀點，探討外派人員的議題。職涯發展（Career Development）為個人進入組織後，在組織中成長發展的過程。員工在組織的職涯流動可區分為向上、水平與向下流動，其中向上流動為晉升；水平流動如輪調，可培養員工不同職位上的能力；向下流動則較不能為員工所接受，通常較不會發生向下流動的情況。相較於單一企業，國際企業可透過外派的形式，能提供更多的向上以及水平流動的機會，將激勵員工更努力工作，追求向上或水平流動的職涯發展。可知，從員工職涯發展的觀點，國際化的企業將具備更寬與更長的職涯路徑，有助於員工的職涯規劃與職涯發展。

回任

回任係指外派人員完成海外派遣任務，返回母國的過程。對外派者而言，回任後會面臨許多問題，如文化衝擊、可支配收入減少的財務問題，以及生活型態改變等問題。外派人員於外派前即會開始擔心回任的問題，會思考組織內是否有空缺職位，該回任職位是否可能不符合個人能力、資歷與需求；外派者對回任的疑慮往往成為外派成功與否的另一項重要因素。從企業的角度，成功的外派者對組織而言是一項重要的人力資產，勢必有一套良好的回任制度作為配套措施，才能讓外派者回任後發揮人力資源價值。

在影響外派者回任願意的因素中，以組織在外派期間給予的支援和外派者對企業的回任政策的感知，為兩大主因。組織對外派人員的各種支援會影響外派人員的外派與回任意願，若組織給予外派人員文化、語言訓練、醫療服務的支援及外派人員的家庭協助等，則人員會有較高的外派意願，且外派的績效也較佳。外派工作可促進外派人員的職業生涯，透過外派任務培養出具全球性管理能力的人才，因此外派者通常在外派任務結束前，組織就會清楚地告知下一個任務，外派人員的外派與回任意願會較高。

外派人員與母國主管的關係密切，擁有良好的互動關係時，會感受到組織的重視，就會增加回任意願；組織也可以留住這些擁有國際經驗的外派人員。具體的作法如師徒制，組織若有師徒制（Mentoring Program）則可增加外派人員與母企業的互動，可維持組織與外派人員間良好的關係。外派人員的師徒制即為外派者在母公司內安排一位導師，通常導師多為外派者在母公司的主管，導師的概念超出主管的範疇，除了任務相關屬性的協助外，導師尚需負擔對外派者在非任務屬性的相關需求，除了扮演主管的監督角色外，還要稱職地成為該外派者的良師，可有效提升外派者的績效以及回任意願。

 二、勞資關係的重新塑造

勞資關係

工業革命是人類歷史中極重要的事件，工業革命的興起改變了生產模式，使用機械化的生產方式，除了可大量製造物品外，更形塑成初步的勞資關係。工廠內包括兩類不同身分的人，一類為工廠的擁有者，或稱「資本家」、「雇主」，他們支配與管理工廠內的一切人員與事務；另一類人是「勞工」，他們受雇主雇用，領取工資並從事生產工作。因此，勞力不但是一種生產要素，更被視為一種可以買賣的商品，從經濟學的角度分析，當需求大於供給，價格就高，代表雇主使用金錢換取勞力的代價較高，即面對較高程度的薪資成本；相對的，當供給大於需求時，雇主可以就較低的薪資成本換得勞動生產要素。這種薪資與勞動力的交換關係即是狹義的勞資關係，或是說，勞資關係是一種互相依賴的關係，但是，此相互依賴關係往往是不對等的。

實際上，影響勞動生產力的成本不僅止於以商品為核心概念的供需關係，畢竟，勞動力與一般商品之間，仍存在差異性；一般商品的擁有者可以保留該商品，等待價格合理時才出售，也可以囤積商品，等待高價時才出售。可是，勞力有別於一般商品，它具有無形性，且難以被保留或被儲存，無法等到勞動市場上價格合理時才出售。當勞力供給無虞時，勞工與雇主之間的依賴關係就出現「不對稱」的情況，由於勞工為了生存出售勞力，雇主則可以決定是否要購買；再者，工人們都想得到工作，換得薪資以求取生存時，可能會降價求售，使得雇主得利，雇主可以決定購買勞力的價格，使得勞工對雇主的依賴，往往遠大於雇主對勞工的依賴。在勞工對雇主的依賴大於雇主對勞工的依賴時，個別勞工處於絕對的劣勢，對雇主而言，在自利心態的驅使下，除了儘可能壓低薪資成本外，還可能剝削勞工相關權益，例如：惡劣的工作環境等。

是以，勞資關係並不僅是單純的薪資與勞動力交換之關係，還包含了社會觀點以及法律觀點下的勞資關係，從社會的觀點而言，勞資關係可擴及至勞資雙方權利義務不成文之傳統、習慣及默契等的倫理關係；就法律層面而

言，係依據雙方訂定之雇傭契約而產生的權利義務關係。因此，廣義來說，勞資關係包含雇傭關係所有面向的實務，從一個受雇者接受工作面談開始，到離開工作為止的各種事務。

勞動三權

由於雇主所追求的是「效率」（Efficiency），偏重經濟面的考量；勞工所期待的是「公平」（Equity），傾向人性面的需求。勞資雙方基於不同的目標與利益，衝突於是就產生了。當個別勞工處於相對弱勢地位，想要靠一己之力爭取權益，幾乎毫無勝算，使得個別勞工逐漸意識到，必須共同向雇主爭取權益才可能改善不利的現狀。個別勞工團結所成立的組織，在勞動三權的法理上，逐漸演變成今日所謂的工會，且工會在勞資關係中舉足輕重。

勞動三權包含「團結權」、「集體協商權」以及「爭議權」。其中，「團結權」是指勞工以集體協商為目的，為維持或改善其勞動條件，而組織或加入工會的權利。「集體協商權」是指勞工藉著團結權組成的工會，有權利與雇主或雇主組織協商勞動條件及相關事項。「爭議權」是指工會在與雇主協商時，有權利進行爭議行為（如罷工、怠工）。綜觀勞動三權之內涵，勞動三權看似是三種個別權利，實際上，三者之間彼此緊密連結，集體協商權與爭議權的根源是建立在團結權之上，而集體協商權是三種權利的核心，且集體協商要能貫徹，必須有爭議權作為後盾，若三者缺一，將無法扭轉勞工先天上的弱勢地位。

「新」工會法

在勞動三權的具體實行上，我國分別於 1928 年公布《勞資爭議處理法》，1929 年公布《工會法》以及 1930 年公布《團體協約法》，並付諸施行。但由於此三法之立法時間與現今環境已有極大的差別，唯恐內容已不合時宜，經相關單位的投入後，《團體協約法》、《勞資爭議處理法》及《工會法》分別於 2008 年、2009 年以及 2010 年完成修正，並自 2011 年 5 月 1 日施行。此三法之推動，將成為重塑勞資關係的重要契機，人力資源管部門在勞資關係的推動上，必先合乎相關法令之規範。

2010 年 6 月1 日修正通過的新《工會法》有幾項重要修正之處，首先，舊《工會法》第 12 條前段中載明「凡在工會組織區域內，年滿十六歲之男女工人，均有加入其所從事產業或職業工會為會員之權利與義務。」此強制入會的作法略微修正成軟性強制入會原則。新《工會法》第 4 條第 1 項中規定「勞工均有組織及加入工會之權利」，並在第 7 條中規定「依前條第一項第一款組織之企業工會，其勞工應加入工會」，強調強制入企業工會之原則，但產業工會與職業工會則無強制入會之規定。然而，若違反強制入企業工會的法令時，在新《工會法》第 11 章的罰則中，對於違反第 7 條之規定者，並無罰則之規定。換言之，若勞工如拒絕加入企業工會時，依法也無法處罰。在此種軟性強制入會原則下，工會必須思考如何能繼續吸收和留住會員，人力資源部門在資方與勞方之間的溝通角色，將更顯重要。

再者，舊《工會法》對於入會費和經常會費僅有上限的規定，即是說明，會員沒有繳納會費的義務，造成工會在運作時，捉襟見肘；新的《工會法》在第 28 條第 2 項中規定：「入會費，每人不得低於其入會時之一日工資所得。經常會費不得低於該會員當月工資之百分之零點五。」表示未來工會在運作時，有更多的財源，可以獨立運作，無須依靠募款維持運作，將能更堅定表達工會的立場。

重新檢視工會與人力資源部門的角色

面對新施行的《勞動事件法》、《團體協約法》、《勞資爭議處理法》及《工會法》，工會究竟是對立的組織還是合作的夥伴？人力資源部門在面對工會與企業的雙重壓力下，有如面對婆媳問題，剪不斷理還亂，使得人力資源部門的立場非常尷尬，但不變的原則仍是維持勞資雙方的和諧，唯有抱持中立的立場，才能有助塑造和諧的勞資關係。

然而，和諧與對等的勞資關係往往會因某些特性的因素而受到挑戰，例如：區域經濟和全球化之發展，促使勞動力作跨國性流動的現象也愈趨普遍，進而增加勞動問題及勞資關係內涵的複雜性，造成勞資雙方的立場矛盾並引發衝突；當勞工對勞動條件不滿，進行罷工或抗爭，影響企業的營運績效外，更波及社會治安，甚至影響整個國家的經濟發展。為了維持勞資雙方的和諧，人力資源部門應重新思考對工會的認知，勞工籌組工會實為國際潮流趨勢，應以平常心看待，在合理合法的範圍內，提供相關協助，避免干預或阻擾籌組工會；甚至在籌組的初期，主動協助以及輔導，人力資源部門人員應善用其所知悉之法令規範，給予適當方式之提醒，如發起人數、章程、會議召開、會費收取及工會幹部選舉等事務。先建立良好互動關係，在互信的基礎下建立工會。當勞資雙方產生疑慮或衝突時，人力資源部門應該把工會視為溝通的平臺，以及勞資衝突的緩衝區，以相關法令作為判斷依歸，由「員工關係」專責部門或人員，在不違背三法的前提下，進行勞資協商。

三、道德為本的組織

情境案例：我任職於一家高科技公司，擔任分公司銷售經理。市場競爭非常激烈，而我現在的確遇到一個棘手的問題。連續六個月來，公司的銷售額直線下跌，上司對我不斷地施加壓力，希望我能夠想出好辦法來。這一個月來，我一直在尋找業務高手，希望能擴大銷售的陣容。三天前，一名看來十分有潛力的年輕人前來應徵。

這位年輕人走進我的辦公室，他不僅以往的銷售業績良好，而且熟知產業動態，但令我感到興奮且好奇的是，他剛離開的公司恰好是我們公司的主要競爭對手，他在那家公司待了六年之久，成績非常傑出，離職時的職位也不低。

我判斷他絕對優於其他的應徵者，正打算雇用時，他露出詭異的笑容，拿出一個磁碟片，用充滿自信的語氣解釋道，這個磁碟片全是一些機密情報，包括那家競爭公司（也就是他的老東家）所有客戶的資料，以及該公司爭取某一合約的成本資料。其中包含一個重大的國防預算合約，正是我們公司夢寐以求的。他對我表示，如果我答應雇用他，這個磁碟片就是我的了，不僅如此，以後我還可以得到更多「磁碟片」。這時我陷入了兩難，到底該不該雇用那位年輕人？

道德與倫理的定義

在日常生活中，「道德」和「倫理」此二字彙不難釐清，在使用上會隨著不同的情況調整，某些時候又可互換使用，因此兩者意義有點相似，但仍有差異，很難對兩者做出完美的定義。從字義來看，「道」者人所行，延伸出的意義為待人處事之方法，或是一種處世哲學；從「大學之道，在於明明德」中，德是一種德性；將道與德合併，可解釋成以德待人處事，因此，「道德」比較強調偏向行動者本身行為，是從個人的內心境界出發，是一種由內而外的行為。

「倫」可從「五倫十義」一詞做解釋，義是指合宜的行為，此合宜的行為展現是根據「倫」來決定，「倫」即人倫關係，從行動者二人間之關係來界定二位體（Dyad）的人倫角色關係（配對或對偶的關係），而配對的角色各有其責任及義務性的要求，例如：君仁臣忠，君與臣彼此均有相互對應的合宜行為之規範。「理」可視為道理，也可稱為一種處事的原理原則。將「倫」與「理」二字合併後，就成為根據人倫關係決定待人處事的原則，因此，倫理則偏向一種人際對待的法則，在儒家主義下的個體會受到倫理的法則規範；換言之，由外在的因素決定行動者本身的行為。

從上述的概念中，可以知道「道德」和「倫理」兩者間的差異在於「德」跟「倫」，兩者間的共同點則是在「道」以及「理」，皆可擴大解釋為待人處事的方法。基本上，「道德」和「倫理」兩詞的意義並不互斥，本文在論述過程中，兩詞會根據使用情境交替使用。

企業與倫理

人的行為會受到內心的德以及外在的倫所影響，企業行為是否也存在德，或者需要受到外在的倫所規範？由於企業與人的本質不同，因此企業與倫理的關係也有不同的說法。為釐清企業與倫理兩者的關係，有必要先探討企業的本質，才能進一步討論企業與倫理間的關係。

從經濟學的角度，Coase（1937）在 “The nature of the firm” 一文中，解釋廠商出現的原因，簡單來說，當個體對某一商品有需求時，有兩種方法可以取得，到該商品市場買或自己製造。選擇到商品市場購買時，必須付出價格，即交易此商品的成本；選擇自己做時，則需耗費自行生產的成本；顯然的，理性的消費者會在交易成本與生產成本間的高低做抉擇。當交易成本低於生產成本時，在商品市場購買；相對的，當交易成本高於生產成本時，選擇自行生產。延續此邏輯，由於商品由特定的廠商製作時，會有規模經濟、技術創新或管理效率等因素，使得廠商生產該商品所付出的成本，會低於在市場中進行交易的交易成本時，廠商才會存在。

因此，由經濟學的角度，廠商的存在在於能將生產成本低於市場的交易成本，那麼，當倫理的實踐會造成生產成本的增加時，廠商是否還要顧及所謂的企業倫理？至此，企業與倫理的關係，有以下幾種說法。

1. **商業與道德無關**：認為商業是一種道德中性（Morally Neutral）的活動，兩者間沒有關聯，好比藝術跟道德無關一樣。
2. **先賺錢後倫理**：此立論強調公司要實行商業倫理有一個先決條件，就是公司首先要能賺錢，行有餘力再實踐企業倫理。
3. **商業倫理等於守法**：企業是在合乎法律的限制下，極盡所能的賺取利潤，再依法納稅給政府。政府所獲得的稅收依據相關社會政策，或透過其他非營利機構，將該資源分配給需要單位。此觀點是基於，企業的角色不是進行額外的倫理要求，將實踐道德倫理的責任交給其他非營利機構。因此，企業的終極且唯一需要負擔的倫理責任，就是在合法的前提下，將利潤最大化。
4. **商業倫理沒有對錯**：西方社會中的商業對錯，是由其文化所完全決定；同理，東方社會中商業行為準則亦全部受東方文化所決定，兩者不能互相比較，兩者都各有道理。因此，企業實踐倫理的內涵，依據不同文化情境下，應有所變動，不可一概而論。
5. **企業必負起倫理責任**：守法只是倫理行為最低限度的要求，況且很多時候，法律是消極被動的，往往是在發生問題後才進行立法程序，因此法律範圍之外的很多行為仍需要更積極的道德倫理來約束及指引，才能事先避免問題。

企業需不需要負起道德倫理責任？缺乏道德倫理的企業所造成的影響性為何？要負責到什麼程度？本書所抱持的立場是，由於企業行為影響的範圍非常廣，從企業利益關係人的論點來看，企業的經營環境不是真空，而是有一個彼此緊密聯繫及互相依存的複雜社會系統，因此，企業所涉及有關個人或組織的活動都是受影響的範圍，這些利害關係人都會受到缺乏企業倫理的影響。

企業最基本的道德倫理是要遵循法律規範，對於法律無規定之事項，企業也應視企業本身的能力，實踐企業倫理，即所謂的企業社會責任。雖然實踐企業倫理確實需要耗費更多的成本，或是降低企業的獲利程度；然而，許多國內外企業，仍非常重視企業倫理的實踐，甚至將企業社會責任提升至企業策略的層次。從積極面來看，實踐企業倫理甚至可成為為企業競爭優勢的來源。

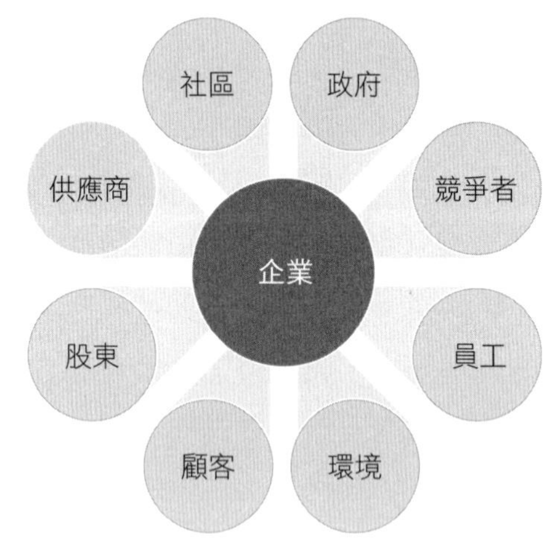

圖 15-1 企業的利害關係人

「綠色供應鏈」的概念成為產業鏈中的競爭門檻，代工廠、供應商想要取得訂單時，品質與價格之外，更要符合環保規範，因此也有人形容，節能減碳成為企業面臨「Do or Die」的現實狀況。在具體的作法上，IBM 將「六標準差」（Six Sigma）的品管方式運用在節能減碳機制，稱為「綠色標準差」（Green Sigma）。此節能作為獲得消費者普遍的認同，成為發展品牌優勢的新途徑。由 *Cheers* 雜誌與美商惠悅（Watson Wyatt）企管顧問公司共同舉辦的「最佳企業雇主獎」，2010 年由台灣杜邦、台灣禮來、台灣大哥大以及訊連科技勝出，此正面的企業形象將有助於招募甄選。根據 IBM 調查指出，認真投入企業社會責任（CSR）領域的企業，往往能夠吸引更優秀的人才，優秀的員工將能為顧客發展出更好的解決方案，創造更高的企業績效。相對的，違反倫理的企業，往往最終會導致巨大的損失，例如：梅鐸新聞集團竊聽案件。

個案介紹

企業違反倫理道德的影響力——昱伸與賓漢

塑化劑，或稱增塑劑、可塑劑，是一種增加材料的柔軟性或是材料液化的添加劑。其添加對象包含了塑膠、混凝土、乾壁材料、水泥與石膏等。同一種塑化劑常常使用在不同的對象上，但其效果往往並不相同。但是絕不會直接添加在食品中。

有別於塑化劑，食品添加物的「起雲劑」是廠商合法可使用的乳化劑，除了運動飲料外，多半會添加在果汁或者果凍類產品，為了讓產品看起來稠密、均勻。起雲劑是由阿拉伯膠、乳化劑跟精緻棕櫚油下去調配，其中「棕櫚油」的成本是塑化劑的 5 倍。

「昱伸」是國內老字號起雲劑大廠，為節省成本，居然用塑化劑代替棕櫚油，調製起雲劑，再銷售給下游供應鏈廠商，受害廠商包括，香吉士粒粒檸檬果汁，以及知名的悅氏運動飲料等，大賺黑心錢，每個月光是起雲劑的營業額就有 300 萬元，毛利約 30 萬元，在起雲劑中，以塑化劑代替棕櫚油長達 5 年，獲利數千萬。

鬧出塑化劑風暴的昱伸香料負責人賴俊傑（57 歲）已向檢方認錯，也同意公司與名下財產被查封。賴俊傑坦承，他在起雲劑中添入塑化劑已將近 30 年，而早期所用的「DOP」還比 DEHP 更毒，他不諱言地說，「我 18、19 歲當學徒時，就是使用這樣的配方。」一直到 5 年前，才改用 DEHP。DOP 和 DEHP 最大的差異，在於 DOP 不容易被分解與排出，容易堆積在體內，而 DEHP 若停止接觸，攝取後 48 小時就會被代謝。

彰化地檢署偵結昱伸香料公司供應黑心起雲劑案，認定昱伸是戕害國人健康、重創我國國際形象的塑毒案禍首，從 1996 年開始將塑毒加進起雲劑及果醬，賣給 16 家公司，再轉售 400 餘家食品廠商，超過千項食品遭汙染，依《刑法》詐欺取財、違反《食品衛生管理法》等罪起訴昱伸負責人賴俊傑，求刑 25 年、併科罰金 1,000 萬元，另昱伸公司處罰金 2 億元。

繼昱伸公司之後，新北市衛生局又發現，土城區的「賓漢香料公司」也違法添加！而且塑化劑成分 DINP，不只會讓公鼠罹癌，要是孕婦食用過多，可能會造成男嬰生殖器畸形，衛生局兵分三路，追查統一下游廠商，目前總共封存統一公司所生產的「寶健運動飲料」、「7-SELECT 低鈉運動飲料」，另外「統一蘆筍汁」原配方，用的就是賓漢香料公司的有毒起雲劑。賓漢公司的下游業者「千賓香料公司」，所製造的涉案產品主要是百香果醬、芒果醬、芭樂醬、紅豆醬、香蕉醬、蛋牛奶膏、鳳梨醬，也流向 20 餘家烘焙及食品材料行。

檢方調查，還有個驚人發現，賓漢香料公司是民國 62 年成立，當時兩個學徒可以說是師兄弟關係，一個在民國 96 年承接賓漢香料公司，一個自立門戶，另外成立昱伸香料公司，兩家負責人雙雙成為捲起毒塑化劑風暴，成為用塑毒風暴的源頭。

資料來源：今日新聞網等相關網站。

個案介紹

梅鐸媒體帝國的竊聽案

出生於澳洲的梅鐸打造了一個專門挖掘聳動頭條新聞的媒體帝國，梅鐸 1969 年斥資買下《世界新聞報》，而在英國傳媒市場取得重要根據地。接下來他又購入《太陽報》，並將它轉型成一家迎合英國大眾口味的八卦報紙，發行量也出現大幅度成長。在英國辦報帶來豐厚利潤，也讓他得以在 1981 年進一步吃下《倫敦泰晤士報》和《星期泰晤士報》。這兩份報紙都是英國國內頗為權威的大型報（Broadsheets），梅鐸的購併行動曾遭到許多英國人反對。梅鐸最後總算過了英國政府這一關，也讓他往後有機會躍居全英影響力最大的媒體大亨。梅鐸早年在澳洲阿德雷德（Adelaide）開創報業，當時僅擁有一家晚報。後來卻打造成一個版圖從澳洲擴及到歐洲、美國、亞洲，甚至拉丁美洲的巨大傳媒集團。

這位身家約 40 億美元的媒體大亨，掌控市值超過 400 億美元的新聞集團（News Corporation），版圖遍布歐、美、亞洲。他旗下擁有澳洲 60%、英國 40% 的報紙發行量；美國銷量第一的財經報紙《華爾街日報》（*The Wall Street Journal*）、收視戶最多的福斯電視網（Fox）也在新聞集團底下。2010 年集團成績單：營收 328 億美元，淨利 25 億美元，市值 419 億美元。美洲版圖：美國《紐約郵報》、《華爾街日報》、福斯電視網、美國偶像、二十世紀福斯、國家地理頻道。歐洲版圖：英國《太陽報》、《泰晤士報》、《世界新聞報》；德國天空電視；義大利天空電視。澳洲版圖：《澳洲人報》等 146 家報紙、福斯電視澳洲網。亞洲版圖：印度星空衛視。曾在梅鐸旗下媒體工作 17 年的媒體人努恩（HughLunn）曾說：「梅鐸事業愈做愈大，這顯示即使已經 80 歲，前景依然大有可為。」2010 年梅鐸的新聞公司資產總值號稱高達 570 億美元，年營收高達 330 億美元，事業領域涵蓋電視、出版、網路以及平面媒體，其中包括有美國權威保守派媒體福斯電視網和《華爾街日報》。然而，這次導致關閉旗下《世界新聞報》的竊聽醜聞，可說是個人媒體生涯中，最大的一起爭議事件。

整起事件的導火線要回到《世界新聞報》（*News of the World*）被踢爆，為了挖獨家新聞，竟然非法竊聽性侵謀殺案的受害少女手機，引發輿論譁然。警方表示，當《世界新聞報》雇用私家偵探在 2002 年竊聽並刪除 13 歲被害少女的語音信箱時，布魯克絲是這家報紙的編輯。之後，又有人指控這家八卦報社用錢向警方買消息，形象重挫，包括福特、雷諾和維珍等業者，紛紛撤銷廣告。2005 年倫敦爆炸案的六週年紀念日，《世界新聞報》再度被指控，曾經非法竊聽這起恐怖攻擊的受害者手機，梅鐸也在同一天，決定關閉這家報社。

英國八卦媒體《世界新聞報》的竊聽案愈鬧愈大，為了平息眾怒，原本擔任報社總編的布魯克絲，閃電請辭。這位布魯克絲，當年就是靠竊聽採訪升官，32 歲就以高中學歷當上《世界新聞報》總編，竊聽門事件就是發生在她任內。力挺她的集團老闆梅鐸，也親自登門向受害者家屬道歉。

正當梅鐸事業登上顛峰，2010 年在新聞集團年報中宣布，天空電視臺收購案是下年度「最核心的事業」，外電 BNET 分析，因為它是英國最大的付費電視臺，訂戶超過一千萬人，檢視天空電視 2011 年第一季報，過去 9 個月的稅前獲利 11 億美元，獲利率 14.3%，本業活動的淨現金流量 25 億美元，現金流量比率比新聞集團高出 40%、獲利率高出 4%，因此，梅鐸強取豪奪也要拿下天空電視這條金礦脈。一旦新聞集團購併天空電視，營運規模是英國廣播公司（BBC）的兩倍，梅鐸將成為壟斷英國媒體市場的最大玩家，這並非英國政府所樂見的。新聞集團主力的報紙業務，在整體事業群的營收占比已經從兩年前的 26%，滑落到現在 16%，為了挽救被報紙拖垮的營收數字，梅鐸費盡心機找到天空電視臺這個新的生財工具。

隨著竊聽風暴持續延燒，媒體大亨梅鐸，雖然已經將《世界新聞報》停刊，並發表公開聲明，表示他認為竊聽案以及向警方購買內幕消息的指控，「令人憤慨、無法接受」，加上親自向受害者家屬道歉，但還是擋不住輿論和政治壓力，在英國首相卡麥隆帶頭，朝野一片撻伐聲中，梅鐸領軍的新聞集團，終於被迫放棄英國天空電視臺（BSkyB）125 億美元（約合新臺幣 3,600 億元）的收購案，堪稱是梅鐸的最大挫敗。

資料來源：整理自網路新聞。

若實踐企業倫理能帶來絕對的利益，為何現實社會中，所謂的黑心企業，或違反道德倫理規範的企業卻層出不窮。顯然，在進行決策的過程中，企業往往面臨了兩難困境，兩難困境其背後皆有隱含的特定觀點，因此，有必要針對兩難困境的決策進行更進一步的分析。

實踐倫理道德的不同觀點

如果我們問企業經營者，為何企業的作為需要考慮企業倫理？企業不是只要在合法的基礎上追求利潤極大化嗎？也許我們會得到一個令人詫異的答案：因為大家都在關心企業倫理。或許會認為此答案太過空泛不具體，但是，此答案實為制度學派所欲闡述的核心思想。制度學派認為，在共同環境制度下的組織為了能生存，必須獲得正當性（Legitimacy），為了獲得正當性將使組織會採取相同的行為，因此，現有的企業皆會考量企業倫理。同樣的，現實中的組織現象仍無法僅透過制度學派完全解釋，雖然大多數的企業行為都符合企業倫理的規範，但是，企業的不倫理行為仍不斷的被揭露，表示並非所有的企業皆遵守企業倫理的規範，要如何解釋此現象？企業是否遵守企業倫理的規範，最終的決定權仍屬於經營者，經營者本身的決策足以影響企業的行為。

從上述的瞭解，基本上可以知道，企業實踐倫理與否，都有其理由，除非我們能更進一步推論或理解這些理由時，才能知道企業遭遇兩難決策時的困境。以下就從幾個常見的觀點來討論，包含經濟學觀點、制度學派觀點、風險貼水、策略管理觀點、正義觀點以及效用主義觀點。

(一) 經濟學觀點

新古典經濟學中的廠商（企業）是處於完全競爭市場模式，廠商僅能被動的對價格做出反應（Price Taker），在給定的價格下，理性的控制產量以追求利潤極大化；廠商所關心的是勞動與資本之間的替代問題、不同勞動與資本組合的等量曲線。為了追求利益，組織的行為勢必在追求效率，用最少的資源獲得最大的產出，即成本最小化或產量最大化。因此，企業（生產者）行為的焦點為生產成本，例如：總成本、平均成本與邊際成本等。綜觀而言，新古典經濟學將組織視為勞動與資本的一種組合形式。然而，為何我們不透過市場實現這種組合，而一定要在正式的組織結構中（企業）實現？

Chandler 對於上述的問題予以回應，認為透過組織管理將能提高效率，產出將因透過組織過程而大於投入，產生規模報酬遞增的效果，因此廠商（企業）將存在於市場中。但是，若市場是有效率的話，一位雇主可每天至勞動市場中找尋所需要勞動，到機械市場找尋設備等，再透過管理的方式亦能達到 Chandler 所闡述的規模報酬遞增；顯然 Chandler 並未做出令人信服的解釋。Coase（1937）的廠商理論明確說明廠商存在於市場的原因，其理論重點在於因為市場並非如經濟學家所假設般的有效率，使得在市場交易時所造成的交易成本，將促使交易者捨棄在市場進行交易，轉變為以廠商進行交易，然而，廠商的運作仍然有其成本，即為管理成本。當交易成本大於管理成本時，將以廠商的形式進行交易；反之，當交易成本小於管理成本時，將採用市場進行交易，此時廠商無存在的必要。

由 Chandler 與 Coase 兩位著名學者的文獻中可知，經濟學對企業的存在給予了非常具有說服力的說明，認為廠商存在的充分條件為管理成本小於交易成本，因此經營者需要儘可能降低企業運作的管理成本，才能獲取利潤以及有存在市場中的必要。延續經濟學觀點的邏輯，若企業為了符合企業倫理所付出的額外成本將造成其管理成本大於交易成本時，此時企業將沒有存在的必要。因此，在經濟學的效率機制下，若為了符合企業倫理的規範使得企業必須付出額外的成本時，企業應忽略企業倫理的規範，持續追求成本極小化（管理成本極小化）的目標；相反的，若企業一味的追求企業倫理而造成成本的增加時，市場的機制將淘汰此不具備效率的企業。綜觀而言，根據經濟學的效率機制，企業首先必須考量的是符合企業倫理規範下所衍生的成本。

(二) 制度學派觀點

Myer 首先提出制度學派的思路，認為研究組織的各種行為需要從制度環境（Institutional Environment）著手，即一個組織處在各種的法律制度、文化期待以及社會規範等被人們廣為接受（Taken-for-Granted）的社會事實的環境制度下，當組織的行為符合這些廣為接受的事實時，將能獲得正當性。制度學派非常強調正當性（Legitimacy）機制的重要性（周雪光，2003）；由於組織生存需要資源，而這些資源是存在於制度環境下，因此，組織為了獲得這些資源，勢必依循廣為接受的事實以取得正當性，進一步透過正當性獲取生存的資源。延續正當性的邏輯，不同的組織會為了追求正當性以獲得生存資源，與此同時，組織必須遵循廣為接受的事實的規範，將使不同的組織呈現相似的行為、結構，最終由相異轉變為相似，此即為組織趨同的現象。

從制度學派的觀點可知，由於企業生存的制度環境迫使企業必須重視企業倫理，方能獲得正當性；因此，企業都會重視企業倫理的這種趨同現象的最根本原因在於重視企業倫理所獲得的正當性。相對的，不重視企業倫理的企業則違背了此制度環境下的社會事實，導致無法獲得正當性，限制了其獲取生存資源的能力，不利於企業的後續發展。因此，因為大家都在關心「企業倫理」的這個答案，實際上呼應制度學派的正當性邏輯。

(三) 風險貼水觀點

風險貼水強調風險與報酬之間的關係，認為承擔高風險的動機乃是為了獲得相對應的高報酬。由於企業負責人承擔較高的風險，例如：環境不確定性造成的營運風險，須獲得較高的報酬。然而，當經營者考量企業倫理時，將可能會降低其報酬，例如：營運成本增加，此時，經營者為了獲得相對應風險的報酬，將忽略企業倫理。如此論述的前提假設在於，由於某些為了符合企業倫理的行為將會造成企業在財務上的損失，然而，這樣的假設是有爭議的，因為符合企業倫理的行為有時會替企業帶來財務數字上的成長，例如：節稅的考量會促使企業從事公益活動；此時，風險貼水的觀點則會促使經營者進行符合企業倫理規範的決策。因此，風險貼水的觀點對企業倫理產生了兩種相矛盾的結果，這意味著高風險高報酬的邏輯是錯誤的嗎？顯然問題並不在於風險貼水的解釋邏輯，而是在於企業為了符合企業倫理規範時所採取的行為是否有益於營運績效。

(四) 策略管理觀點

企業的策略應著重於如何有效利用資源以獲得競爭優勢，提升經營績效。Barney（1991）將 SWOT 分析歸納為兩個思想主流：一是強調外在環境的掌握，主要是透過對組織外部環境的機會與威脅之分析，來探討組織如何獲取競爭優勢；另一個是對組織內部優勢與劣勢的分析，來探討組織如何運用內部資源取得競爭優勢，此內部分析稱之為「資源基礎觀點」（Resource-Based View）的策略分析取向。其研究進一步指出，企業追求的不僅是競爭優勢，更應是持續性競爭優勢（Sustained Competitive Advantage）。

持續性競爭優勢係指「該公司目前潛在之競爭對手不僅無法與該公司同步執行該公司現在所執行的價值創造策略，同時也無法複製並取得該公司在此項策略中所獲得的利益」。簡言之，持續性競爭優勢即為「可持續一段長時間」（A Long Period of Calendar Time）的競爭優勢，用以獲得更佳的經營績效。他認為持續性競爭優勢雖然會因為產業環境產生意料之外的變化而喪失，但卻不會由於競爭對手的複製而喪失。因此，競爭優勢與持續性競爭優勢的分界點在於後者是無法被競爭者所複製。其研究更進一步指出，當資源同時具有：(1) 有價值；(2) 稀少性；(3) 不可完全被模仿；以及 (4) 不可替代性，這些資源能幫助企業獲得持續性競爭優勢。

根據資源基礎的觀點，當企業倫理能夠成為企業長期競爭優勢的資源時，企業應儘可能符合企業倫理規範，例如：高企業倫理的企業通常伴隨較佳的商譽或企業形象，而商譽與形象往往是企業與競爭對手產生差異的重要資源。

(五) 正義觀點

「正義」（Justice）一詞就字義而言，涵蓋合法、正當之意，隱含一種是非的標準；將此概念延伸至組織內部，即所謂的組織正義；組織正義強調的是企業組織員工是否有感受到公平的對待，此組織正義的概念能夠有效預測員工工作表現。一個能讓員工感受到組織正義的企業，能夠提升許多正面的職場行為，例如：組織公民行為與工作績效，能為企業帶來競爭優勢。具體而言，組織正義知覺是指員工主觀地認知組織在分配資源、決定各種獎懲措施時，是否合法與正當的問題，其內涵包含程序正義、分配正義、互動正義等三個因素。

程序正義是指探討員工對最終決定結果的決策過程是否符合公平正義的標準之公正知覺；互動正義的概念類似程序正義，較強調在組織中的人際互動情形，是否被公平正義的對待，包含同僚間的互動正義，以及上司與下屬間的互動正義。相較於程序正義以及互動正義，分配正義則是討論最終結果的分配是否公平。因此，從正義的觀點闡述倫理，會偏向勞方的立場，檢視企業對員工的對待是否符合程序正義、分配正義以及互動正義三大原則。

(六) 效用主義觀點

道德哲學家在討論道德理論時，將道德分為兩大類，分別為義務論（Deontology）以及目的論（Teleology）。義務論主張道德的最終標準是行為本身的義務，而不是行為的結果。相對的，目的論則是以行為的結果，作為決定行為善惡的唯一標準。由於效益主義主張凡是促進所有人（大眾）的利益的行為，都是道德行為，相反，凡是減少所有人的利益之行為，都是不道德行為；從效用主義的觀點來看，它是一種目的論（Teleology or Goal-Based Theory）的道德哲學。延伸出的意涵為，道德不再是用來防止貪欲與享樂的戒條，而是用來讓人感受到更快樂的行為準則，在所有可能的選項中，能達成最佳結果的行為，就能稱之為道德；該原則有時又叫作「最大幸福原則」（The Greatest Happiness Principle）。根據效益主義的觀點，有關倫理道德的決策似乎變得容易多了，然而，效益主義本身仍存在一些問題受到挑戰，首先，我們難以預先知道一個行為的全部後果，所以無法獲得所謂的「所有選項」；再者，快樂是難以用精確的數字加以衡量，使得難以對行為後果的快樂程度進行比較；最後，純粹的效用主義可能合理化某些不正義的行為，例如：以違法行為穩定治安。

綜觀經濟學、制度學派、風險貼水觀點、策略管理觀點、正義理論以及效用主義等理論發現，每個理論對企業的行為是否應符合企業倫理皆有獨到邏輯以解釋現實的組織現象，將之整理如下表 15-1，提供了一套較為完整的分析觀點。最終的企業倫理決策，以及人力資源管理部門在提供建議時，實際上體現的是一種倫理哲學。

表 15-1 不同觀點下的倫理道德決策內涵

觀點	經濟學	制度學派	風險貼水	策略管理	正義理論	效用主義
內涵	企業倫理是否使企業的管理成本大於交易成本？	企業倫理是否協助企業能取得正當性？	企業倫理是否對營業者產生高風險低報酬的現象？	企業倫理是否成為持續性競爭優勢的資源？	企業行為是否符合程序正義、分配正義以及互動正義三大原則？	企業倫理的決策是否使利害關係人獲得最大的利益？

個案介紹

多蘭斯公司的取捨

多蘭斯公司是一家以美國為基礎的藥學公司，它經常地貢獻地方的慈善事業，並鼓勵員工在社區組織裡有建設性地從事參與工作，康寧漢認為重要的是多蘭斯公司應使自己在 1990 年至少達成 13% 利潤成長率，但是，部門提出的 1990 年度預算加起來在稅後利潤只有 8% 的成長率，比最低可接受的水準少了 5 個百分點。依照概略的計算，利潤成長率每個百分點的增加將會需要在稅前利潤增加大約 800 萬美元。他審試了上述進展的 8 種可能性。

1. 研究預算的大小：如果要在市場上銷售一種新藥或新產品，一家藥學公司要花上 1 億元的 R&D 開支；為了將來的成長而投資以及達成短期可接受的利潤兩者之間需要加以取捨。在所提出的 1990 年度預算裡，康寧漢可能加以修正的是一筆減少 1,000 萬元的 R&D 費用。
2. 出口業績：有一筆菲律賓政府採購 Savolene 的 400 萬元銷售機會，成本約 100 萬元，在一項新的、非常敏感的測試基礎上被美國市場所拒絕，而菲律賓使用舊的測試則顯示沒有內毒素。麻疹是一種嚴重的疾病。某年菲律賓患有麻疹的小孩子一半死亡。運送給他們我們唯一僅有的這批 Savolene 會是一筆好生意，但是我們怎麼可以有雙重標準呢？一種為美國而設，另外一種則為第三世界國家而設。

3. 資本投資：投資自動化設備的目的是減少成本，可以配合專利到期後的低價競爭。成功地安裝新技術將會使得工廠可以比現在雇用更少的人達到需求產量，但是公司將必須和沒有工作的資深員工們奮鬥，且花在這個計畫上的基金將會在 1990 年減少大約 900 萬元的利息收入。
4. 員工健康保險成本：公司替它的員工支付百分之百的保險金以及替員工的眷屬支付 80% 的保險金。公司維持此項計畫的成本預計在 1990 年增加 1,200 萬元。
5. 關閉多蘭斯在阿根廷的工廠：阿根廷的子公司在 1990 年度預算計畫虧掉 400 萬元。結束阿根廷那邊的營運，公司的利潤將會在 1990 年獲得 400 萬元的改善，但是約有 370 位公司員工將會被資遣。
6. 提高美國主要產品的價格：銷路最好的產品 Libam 實質上價格的提高將可能不會明顯地影響到銷售量。提高 5%，在銷售收入方面將會增加 400 萬，10% 則將會產生額外的 1,200 萬元收入。Libam 是慢性病人的用藥，他們之中有許多是老年人，且藥價是一個很容易被注意的目標，對藥學公司提高藥價的攻擊也會逐漸地升高。
7. 哥斯大黎加新廠：廢棄物處理設施的完成至少會耽擱一年，沒有處理廢水的途徑，公司的工廠無法營運。若我們自己建廢棄物處理設施將會增加 500 萬元到工廠的成本上，而且至少需要 12 個月的時間，並會虛耗已經雇用超過 100 位受過教育訓練的工人。一份來自工廠經理的消息指出，該鎮的衛生委員給予公司特准，允許它排放廢水到工廠後的河流，但是這條河流是用來灌溉這個區域內人們賴以維生的甘蔗田和小蔬菜園。因此，廢水裡的物質有可能將會被那些食用這些農作物的人們所吸收。
8. 重要新產品的定價：在大部分的情形下，使用 Miracule 處方的病人將會終生需要此藥，除非發明更有效的藥，將使公司在 1990 年產生額外的 800 萬元利潤以及往後數年相當可觀的利潤。

資料來源：Dorrence Corporation Trade-Offs。

問題討論

請為個案公司找出解決之道。

實踐企業倫理的兩難

企業倫理的重要性已不可言喻，企業實踐企業倫理的決策中，往往遇到兩類問題。一種是企業清楚知道實踐企業倫理的內涵，但實際企業倫理連帶會產生代價，例如：成本提高、獲利降低，此時，經營者面對的問題是，實踐企業倫理的勇氣。第二類問題是，即使經營者有實踐企業倫理的勇氣，願意承受代價時，道德倫理兩難的困境，會讓經營者望之卻步、無所適從，從而導致錯誤的決策。

多數企業倫理之討論圍繞如何克服第一類問題，因此，相關的報導、研究或實務作法開始強調企業倫理的重要性，藉由實踐企業倫理能獲得許多優勢，讓企業倫理本身變成有利可圖，以克服實踐企業倫理的勇氣。本書更強調的是，當遇到企業道德倫理的困境時，該如何決策？此時，人力資源應該扮演什麼角色？

道德兩難（Moral Dilemma）是指當人面臨進退維谷的現象時，他所面臨的是一種為難選擇，也就是中國古諺：「魚與熊掌，孰為重？」當遵循的道德準則之間產生的衝突是導致道德兩難的重要原因，一般倫理學家在談道德兩難時，會把辯論重點放在應根據哪個規則來作為行動的依據上。華人情境中也不乏類似的討論，隱約可得出一些結論。例如：《論語》書中所闡發的諸多觀點，旨在教人以「義」（即以「道德」）制「利」（即「利益」），用「義」這種「道德」作為制衡「利益」的工具，以便將人們對利益追求的這種強烈欲望，控制在社會整體利益所允許的範圍之中。《論語・里仁篇》有言：子曰：「富與貴，是人之所欲也；不以其道得之，不處也。貧與賤，是人之所惡也；不以其道得之，不去也。放於利而行，多怨。君子喻於義，小人喻於利。」顯示對於利的追求是必須建立在合宜的行為之下，此合宜的行為則是儒家思想強調的禮節德行。《論語・子路篇》記載：子夏為莒父宰，問政。子曰：「無欲速，無見小利。欲速，則不達；見小利，則大事不成。」說明對於利的追求要受到合宜的行為規範，也認為短視近利的人，將因小失大，無法成就大事。因此，儒家觀點強調的是，利與義之間若發生矛盾或者兩難時，應捨利求義。然而，當合宜的行為間發生衝突時，例如：忠義無法兩全時，應捨忠求義抑或捨義求忠，仍有賴個人的價值判斷。

人力資源在企業倫理議題的角色

當現代企業發覺倫理與利潤間並不是相互牴觸，甚至以長期的觀點看來，企業倫理可以穩固企業的成功時（Stoner, 1989），有關企業倫理的議題就延伸至如何建立組織整體的制度化企業倫理體系；在建立企業倫理體系時，人力資源管理部門將扮演著創造、協助以及監督的角色義務。

身為企業倫理體系的執行者，人力資源首先應瞭解勞資關係的轉變。在工業先進國家的工人可謂是幸運者；相對的，勞動人口的絕大部分分布在發展中國家的工人，仍受到資方的不公平對待。當代的勞資關係顯然已經轉變，回到雇主員工的倫理基本面，人力資源部門第一件要做的事，是重新解讀企業的性質及員工的特質。

早期的勞資關係偏向由資方主導，直至從代理人的概念（Agency Perspective）提出，解讀雇主與員工的關係，代理人觀點將雇主視為主理人，員工視為代理人，代理人對主理人要履行其代理人義務，而主理人要對代理人履行其責任，兩者間係以相對等的回報原則，作為這種關係的基礎；然而，回溯代理理論或代理問題時，較偏向高階經理人，表示在所有勞方中，僅有高階經理人能逐漸開始向資方爭取權益。

當代的勞資關係又比代理理論的觀點更向前一步，雇主對員工倫理對待需以經營原則內企業與員工的倫理義務來規定，實踐倫理義務的對象不僅止於高階經理人，而是公司應尊重每一位員工的尊嚴，以及嚴肅地對待他們的利益，包括為員工提供職業及適當的報酬，改善他們的生活素質，以及為員工提供尊重他們健康與尊嚴的工作環境，在具體的作法上，可以列出以下幾項企業對員工的倫理清單。

1. 每個人在工作上有平等的權利，並且在職位上有被平等對待的權利，不能以宗教、性別、種族、膚色或經濟狀況歧視員工。
2. 每個人有同工同酬的權利。
3. 在沒有合理程序的情況下，員工在任何情況下均不能被解雇。
4. 每一位員工在工作上有合理程序的權利（Right to Due Process）。員工在被降職或被解雇前，有權要求同儕審查，有權接受聆訊，而在有需要的時候，有權要求外界的審裁。

5. 員工有權反對他認為是不合法或不道德的公司行為，而不會受到報復或懲罰。這種反對可以是言論自由、揭發或良知反對。所有批評應該將內容詳細寫出來，並且附有證據。
6. 員工的隱私應受到保護。
7. 員工有自由參與公司以外活動的權利。
8. 員工有工作安全的權利，包括有權獲取安全資料及有參與改善工作安全的權利。
9. 員工有權獲得關於公司本身、工作、工作所涉及的危險，及晉升機會和其他有關職業改善與發展的資料。
10. 員工在適當的時候，有參與有關其工作、部門及公司的決策的權利。
11. 公營及私營公司的員工在其對工作期間的要求未被滿足時，有權罷工。

企業對員工的倫理清單如何落實至企業倫理體系，是人力資源管理部門責無旁貸的責任。許多企業賦予人力資源部門以建立或維繫企業倫理計畫的一個關鍵領導角色，包括提供倫理的資訊及建議，並擔任倫理方案的發展與執行，根據人力資源管理的幾種功能，設計人力資源管理制度的建立與運作，以強化塑造組織內部的倫理文化。企業應該將倫理的考量納入招募活動、績效評估活動以及升遷活動中，在公司的人力資源活動中融入倫理的內涵。例如：在報償及薪酬系統中設定企業倫理的因素，制定了與倫理行為連結的薪酬獎勵政策，表揚及獎勵倫理的行為，將能提升組織的倫理文化。換言之，人力資源系統成為傳遞企業倫理文化的工具，遍及甄選與人力配置、績效評估、薪酬及留才的決策中，來增強組織的倫理文化。

特殊議題

道德的告密者 (Whistle-Blowing)

有天早上，我一踏進辦公室，就發現老同事吉姆正在等我。我與吉姆共事四年，我瞭解他的為人，他說「有重要的事」，就必定是有相當重要的事情。

「鮑伯！」他說，「我碰上一件我無法單獨處理的事情，我不得不來找你商量。這件事我一定要向主管報告，而我的主管就是你。」

「我昨天就請祕書抽個空把 5 年以上的計畫清理出來。結果，竟讓我發現了一個天大的祕密。」說著，吉姆從他的公事包拿出一本紅色的檔案夾。

「這是 15 年前核能部門的兩位工程師所寫的報告，裡面詳述公司雷頓二號核子反應器在設計上的缺失，而這在電廠興建時才會暴露出來；這雖然不涉及安全問題，可是卻要花相當多的時間與大筆經費來補救。報告上說，他們準備重新設計雷頓二號反應器。可是，你看看當時核能主管的批示！」

他逐字讀了出來「 雷頓二號可能的設計問題的確教人傷腦筋。不過，這個問題與安全無關。因此，如果公司重新進行設計而暫停該機型的銷售，將徒然對公司的營收產生不利的影響。事實上，容器結構設計上的問題，會在電廠興建過程中裝機受阻時顯示出來，公司屆時再進行必要的修改就可以了。而這種事情對電廠興建者而言，倒也司空見慣，客戶對追求這種預算幾乎不會有任何意見。」

吉姆闔上報告，抬起頭來看著我。

「鮑伯！我真不敢相信，我們公司會把明知有瑕疵的產品賣給顧客。客戶們認為費爾衛的產品是世界一流的，可是公司竟如此對待客戶！這等於公司對客戶撒謊！電廠對這種事情之所以不會表示意見，是因為他們可以把建廠的成本轉嫁給電力用戶，這對用戶是不公平的！真沒想到公司的高級主管竟會縱容這種事情的發生！」

我告訴吉姆，我要去查查看，下班前會給他答覆。

我直接去找肯恩（肯恩是我在費爾衛電子公司的「貴人」），把這件事一五一十地轉告他。

當肯恩接過那份報告，一眼就認出它來了。

「我以為這份報告已經銷毀了！你自己看過了沒有？」肯恩道。

「我想我知道大意。公司似乎是在明知道雷頓二號反應器的設計有瑕疵的狀況下，將它賣給客戶。」

「可以這麼說。不過，你大概不瞭解當時的環境。那個時候，世界正面臨能源危機，因此，到處都有人急著興建核能電廠。公司那時面對市場相當大的壓力，客戶希望我們及早推出雷頓二號。興建前幾個電廠時，就陸續發現到一些問題，於是公司派了幾個人過去調查。可是，在這篇報告出來之前，我們已經無法回過頭來直接修改設計圖了。這麼做，公司會失去所有的客戶。所以，公司決定，一方面馬上解決設計不良所造成的問題，一方面仍繼續銷售雷頓二號。事實上，雷頓二號除了那些小缺點之外，的確很出色，也相當安全。」

「我真不敢相信公司會冒險做這種事！」

「的確，這是特例。不過，這樣大概也可以讓你想像到當時的情形有多特殊了！實在別無選擇！」

「這件事已經過去了。當時執筆的人也都不在公司了。研究的結果顯示，雷頓二號沒有安全的顧慮，只是在興建時必須增加一些修改的工作。過去的事就讓它過去吧！舊事重提徒然造成公司龐大的損失罷了！政府主管單位或某些股東，可能會利用這個機會對公司大加批評；反核人士則會利用這個機會大作文章。我們的問題已經夠多了！」

「難道有人希望公司因此而失去訂單？員工因此而失去工作？甚至讓公司關門？老實說，費爾衛可能不夠完美，不過，它卻是我所見過最富社會責任感、最有品質的公司。」

「告訴吉姆我剛剛對你說的話。」

回到我的辦公室，發現吉姆又等著我。當我告訴他肯恩的想法後，我發現他的臉色很難看。

「吉姆！肯恩的話不無道理。我不見得同意他的看法，可是這件事該由他作主，不是嗎？」

「他媽的！鮑伯！」

「如果我們就此不吭聲的話，那就與 15 年前那批傢伙一樣有虧職守！」吉姆咆哮著說。

「冷靜點！冷靜點！畢竟，沒有人因此受到傷害，如果這個時候宣揚此事，恐怕只會對公司造成傷害！」

「不！我不能就此罷手！也許這對肯恩而言是件過去的事情，可是，除非我們正視它，否則舊事可能重演。當初我之所以到費爾衛來，原因之一便是我尊敬它，可是，現在我該怎麼想？」

「算了吧！」我說。

事實不是「算了吧！」。兩天之後，報上登出斗大的字：

費爾衛的核子反應器有問題——研究指出可能會發生危險

很顯然，報社記者搞錯了，而且，也過於誇大問題的嚴重性。肯恩和我去找公司的公關主管艾美・湯恩，研究該如何解決這個問題。當記者再度來電的時候，肯恩的答覆是：「公司對此不表示意見！」

報導上確實提到，提供消息的人士表示，費爾衛公司是一家可靠的核能電廠建造公司，公司內人才濟濟。他之所以提供這段消息，是基於對電力用戶的道德責任感，以及對公司的鞭策。不過，這些訊息放在全文的倒數第二段，恐怕很少人會注意到。

毫無疑問，輿論的反應相當熱烈。不但反核人士大肆譴責，某些政界人士也趁機大做文章。消息上報後，公司的電話不斷。我們發現，過於謹慎的處理這件事反而讓這個問題複雜化，因此，我們決定勇敢地面對這個問題。公司提出一項正式聲明，承認 1973 年時，公司的工程人員的確發現雷頓二號的設計有了問題，並在 14 個月之後順利地解決了。肯恩不但接受大眾傳播媒體的訪問，同時也與艾美安排與地方領袖見面。此外，公司也邀請大學教授對此技術上的問題發表高見。公司活動的重點在向社會保證，公司在 1973 年以前並未發現任何設計問題，而費爾衛公司的所有產品確實都沒有安全上的顧慮。

經過艾美與肯恩的努力，事情終於沉靜下來。我對他們的表現感到驕傲。然而，像這種事情似乎不可能這麼輕易就結束。另一個問題發生了；辦公室瀰漫著一股對吉姆不信任的氣息。老同事威爾曼來跟我討論這個問題。

「鮑伯！問題並不是大家討伐吉姆，而是沒有人能瞭解他為何做出這種事。」

「事實上，並沒有人因為當初的設計錯誤而受傷致命，而他竟拿這種十幾年前發生的事情來開大家的玩笑！公司沒有人希望領失業救濟金啊！」

我為吉姆感到悲哀。我知道他為什麼這麼做，我也尊敬他的正直。但是，我也瞭解同事之所以不能諒解他的原因。

昨天早上，肯恩為了吉姆的事情到我的辦公室來。他告訴我，如果吉姆請辭的話，公司將會發給他一筆優渥的退職金。我知道肯恩的意思。他不願意辭退「告密者」，以免又招惹不必要的麻煩，可是公司可以「協助」他離職他就，以解決所有的問題。當然，肯恩是為公司考慮，我卻不能接受他的觀點。我強調，這是暫時的現象，並且指出吉姆過去卓越的表現與對公司的貢獻。我認為我應該為吉姆講幾句公道話。吉姆所做的事到底是值得尊敬的，不該落到這種下場。可是，肯恩堅持他的意見，他擔心業績，也不願意讓某個人擾亂其他人的工作情緒。他要我跟吉姆「談談」。

一見到吉姆，我就伸出手，希望表示歡迎與懷念。可是，他避開了，並急著表示他現在很忙。我決定直話直說。

「聽說你在部門裡遇到一些困擾。」

「我處理得了的。……你是說，公司要你勸我離開？」

「鮑伯！我沒做錯什麼！可是現在我卻成了唯一接受處罰的人。那份報告不是我寫的，設計圖也不是我搞錯的，憑什麼大家要責怪我？」

「我從來沒有心找那份報告出來，是它自己跑到我的桌上的。既然看到它，我就不能假裝沒看到。事實上，公司的確做錯事，這件事你我都很明白。如果這件事情就此打住，我敢打賭，費爾衛可能讓它舊事重演。」

「我告訴你，我不辭職！也不調職！」

吉姆在我反應過來之前就走了。我不知道我在椅子上發了多久的呆。整個早上，吉姆的話縈繞在我的耳旁。我如何才能兼顧公司和吉姆的立場呢？肯恩錯了嗎？或是吉姆錯了？

資料來源：中原大學品德教育研究室。

問題討論

1. 你是否贊同吉姆應該向媒體舉發這件事？
2. 公司應如何對待吉姆才稱得上倫理？
3. 人力資源部門應如何給予建議？

全球化經營下的人力資源倫理

從經營管理的層面來看，跨國企業的營運，原本就面臨「全球統合」與「當地化」的兩難。跨國企業營運還要面對不同國家之間文化、宗教、經濟發展狀況、生活背景等各方面的差異，這些因素使得相關決策更加複雜。其中各國的文化、宗教所延伸出的價值體系，往往主導行為的價值觀，成為行為判斷的依據。國際企業除了營運層面的因素之外，其經營決策加入倫理道德層面的考量時，將會成為一個複雜的過程。因此，勢必需要一套分析工具以輔助決策。

Hofstede 的五個面向是用來衡量不同國家文化差異、價值取向的一個有效架構，包含權力距離、個人主義與集體主義、男性氣質與女性氣質、不確定性規避以及長期取向與短期取向，詳述如下：

1. **權力距離**：一國範圍內人與人之間的不平等程度。權力距離是指「一個社會對組織機構中權力分配不平等的情況所能接受的程度」。在權力距離大的文化中，下屬對上司有強烈的依附性，人們心目中理想的上司是開明專制君主，是仁慈的獨裁者；在權力距離小的文化中，員工參與決策的程度較高，下屬在其規定的職責範圍內有相應的自主權。
2. **個人主義與集體主義**：個人對於人際關係（他們所屬的家庭或組織）的認同與重視程度。個人主義是指一個鬆散的社會結構，假定其中的人們都只關心自己和最親密的家庭成員；而集體主義則是在一個緊密的社會結構中，人們分為內部群體與外部群體，人們期望自己所在的那個內部群體照顧自己，而自己則對這個內部群體絕對忠誠。
3. **男性氣質與女性氣質**：男性氣質的文化有益於權力、控制、獲取等社會行，與之相對的女性氣質文化則更有益於個人、情感以及生活質量。
4. **不確定性規避**：一國範圍內人們對於結構性情景（相對於非結構性情景、非常規態勢）的偏愛程度。所謂「不確定性的規避」，是指「一個社會對不確定和模糊態勢所感到的威脅程度，試圖保障職業安全，制訂更為正式的規則，拒絕越軌的觀點和行為，相信絕對忠誠和專業知識來規避上述態勢。」
5. **長期取向與短期取向**：長期導向性、短期導向性表明一個民族對長遠利益和近期利益的價值觀。具有長期導向的文化和社會主要面向未來，較注重對未來的考慮，對待事物以動態的觀點去考察；注重節約、節儉和儲備；做任何事均留有餘地。短期導向性的文化與社會則面向過去與現在，著重眼前的利益，注重對傳統的尊重，注重負擔社會的責任；在管理上最重要的是此時的利潤，上級對下級的考績周期較短，要求立見功效，急功近利，不容拖延。

透過 Hofstede 的文化面向分析，可理解跨國經營時，企業可能遭遇的一些問題，特別是牽涉到倫理道德問題時，人力資源部門更需謹慎應對。基本上，無論歸納分析的文化差異為何，跨國企業都必須思考一個基本問題，即面對不同地區但是性質相似的營運環境時，有兩種選擇，一為建立一套全球一致的道德標準；二為採取入境隨俗的方式，採取道德相對主義，保持彈性的道德立場。道德立場的一致或彈性，基本上存在道德絕對主義與道德相對主義兩種對立的主張。

道德絕對主義論者認為，倫理道德議題在研判上有其一定的遵循法則，在任何情況下，這些準則是固定不會變動的，因此，跨國企業在面對地區差異的議題時，應該採取絕對且單一的標準，不論到哪一個國家，何種情境，都應該依循相同的倫理道德準則。

道德相對主義則認為世界上並無絕對的「是與非」、「對與錯」；換言之，不存在單一舉世通用的道德原則，不同的文化有不同的道德原則。例如：以 20 世紀初至 20 世紀中期散居阿拉斯加、格陵蘭等嚴寒地區的愛斯基摩人（Eskimos）為例，男人通常多妻，並且大方與客人共享他們的妻妾，以表示好客；然此好客的方式卻是華人儒家文化下無法容忍的行為。基本上，這些道德標準的差異，都是源自於文化、宗教、生活習慣的差異所造成。因此，跨國企業的營運就應該維持倫理道德上的彈性，而不是遵循一套死板的道德標準。即使跨國企業基於特定的道德法則，認為尊重兩性平等是合乎道德的人事決策，可是處在一個歧視特定性別的環境中，仍然要入境隨俗，尊重當地的社會價值。

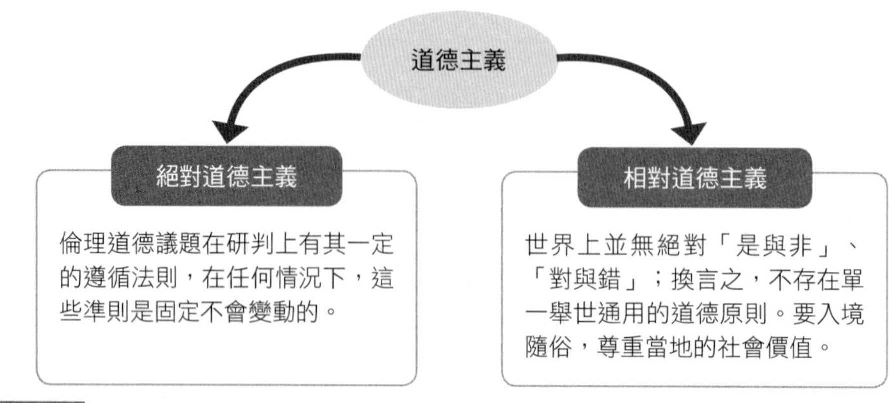

圖 15-2 兩種對立的道德主義

對全球化經營下的人力資源管理實務，更容易面對倫理兩難的情境，面臨倫理兩難時，分析的複雜性將高於單一國的情境，思考的問題點就必須更廣闊，將牽扯到母國與地主國間的道德標準。面臨倫理兩難困境時，首先要思考，母國與當地國的道德立場間是否有衝突；若有衝突時，則進一步再思考，母國企業文化的道德立場是屬於絕對主義或是相對主義。若採取絕對主義的道德立場時，則會採取一致性的普世道德原則；若採取相對道德主義，將在母國的道德主義以及當地國的道德主義間，做出折衷的決策。人力資源管理部門必須瞭解企業文化與道德立場，再透過不同觀點下的倫理道德決策分析後，方能提供適當的建議。

特殊議題

是賄賂，還是服務費？

美國某家企業在越南成立一家子公司，從事電子製造業務。該公司成立之初，越南當地政府非常歡迎他們到該地投資，給了他們一些優惠措施，這也是他們決定設廠的誘因之一。於是，美國母公司派了一位總經理與財務主管到當地接管業務。

然而，令總經理最為困擾的問題不是業績與訂單，而是揮之不去的當地相關人士的索賄。賄賂在當地可能習以為常，但是根據美國的《反海外腐敗法》（FCPA）的規定，可是會被定罪的；但是，若不賄賂他們，很多工作都無法順利推展。這讓兩位從美國派來的人員大為頭疼，不知如何是好。

問題討論

1. 如果你是母公司派來的人員，你是否會進行賄賂？
2. 身為母公司的人力資源部門主管，你如何協助公司解決此困境？

參考文獻

一、中文部分

中原大學品德教育研究室（http://psycenter.cycu.edu.tw/character.asp）。

余坤東（2008）。《企業倫理：商業的道德規範》。新北：前程文化。

余松培編譯（2002）。David J. Sharp 編著，《企業倫理》。臺北：遠流。

吳松齡（2007）。《企業倫理：開創卓越的永續經營磐石》。臺中：滄海書局。

李春旺（2009）。《企業倫理》。新北：正中書局。

周雪光（2003）。《組織社會學十講》，第一／二講。北京：社會科學文獻。

葉保強（2005）。《企業倫理》。臺北：五南出版社。

臺灣企業社會責任（http://csr.moea.gov.tw/）。

衛民（2010）。新「工會法」重要修法內容與對勞資關係衝擊之研究。《國政研究報告》，8 月 24 日。

蕭武桐（2009）。《企業倫理：理論與實務》。新北：普林斯頓國際。

嚴奇峰（1993）。互動平衡理論——從儒家倫範與正義觀點探討本土和諧人際互動關係。《中原學報》，頁 154-164。

二、英文部分

Barney, J. (1991). Firm resources and sustained competitive advantage. *Journal of Management, 17*, 99-120.

Coase, R. (1937). The Nature of the Firm. *Economica, 4*(16), 386-405.

Grossman, W. & Schoenfeldt, L. F. (2001). Resolving ethical dilemmas through international human resource management–A transaction cost economics perspective. *Human Resource Management Review, 11*, 55-72.

Weaver, G. R. & Trevino, L. K. (2001). The role of human resources in ethics/compliance management: A fairness perspective. *Human Resource Management Review, 11*, 113-134.

Wooten, K. C. (2001). Ethical dilemmas in human resource management: An application of a multidimensional framework, a unifying taxonomy, and applicable codes. *Human Resource Management Review, 11*, 159-175.

國家圖書館出版品預行編目(CIP)資料

人力資源管理／洪贊凱, 王智弘著. ——初版.
——臺北市：五南圖書出版股份有限公司,
2023.08
面；　公分

ISBN 978-626-366-439-5 (平裝)
1.CST: 人力資源管理
494.3　　112012790

1FQ5

人力資源管理

作　　者 — 洪贊凱、王智弘
發 行 人 — 楊榮川
總 經 理 — 楊士清
總 編 輯 — 楊秀麗
主　　編 — 侯家嵐
責任編輯 — 吳瑀芳
文字校對 — 張淑媏、許宸瑞
封面設計 — 陳亭瑋
內文排版 — 張淑貞
出 版 者 — 五南圖書出版股份有限公司
地　　址：106臺北市大安區和平東路二段339號4樓
電　　話：(02)2705-5066　　傳　　真：(02)2706-6100
網　　址：https://www.wunan.com.tw
電子郵件：wunan@wunan.com.tw
劃撥帳號：01068953
戶　　名：五南圖書出版股份有限公司
法律顧問：林勝安律師
出版日期：2023年8月初版一刷
定　　價：新臺幣650元